航空电子对抗设备检测技术

陶东香　张　娜　李宝鹏　陈必然　编著

国防工業出版社
·北京·

内 容 简 介

本书针对国内外航空电子对抗设备的实际，结合航空电子对抗设备的研制、生产、使用、维护和教学实践，重点介绍了航空电子对抗设备的主要性能指标、常见信号的特征和检测、主要性能指标的检测方法。

本书既可以作为初级任职教育院校航空电子对抗维修工程专业现职干部轮训、生长军官任职教育、军士中晋高升级培训、高级军士晋升培训等层次任职岗位课程的教材，又可以作为高等工科院校信息对抗技术专业本科生的教材，还可供从事电子对抗设备研制、生产、维修、管理等工作的技术人员参考。

图书在版编目（CIP）数据

航空电子对抗设备检测技术 / 陶东香等编著. —北京：国防工业出版社，2023.1

ISBN 978-7-118-12584-9

Ⅰ. ①航…　Ⅱ. ①陶…　Ⅲ. ①航空设备—电子对抗设备—检测　Ⅳ. ①TN97

中国版本图书馆 CIP 数据核字（2022）第 186837 号

※

国防工业出版社出版发行

（北京市海淀区紫竹院南路 23 号　邮政编码 100048）

北京富博印刷有限公司印刷

新华书店经售

*

开本 787×1092　1/16　印张 20¾　字数 475 千字

2023 年 1 月第 1 版第 1 次印刷　印数 1—2000 册　定价 88.00 元

国防书店：(010) 88540777　　书店传真：(010) 88540776

发行业务：(010) 88540717　　发行传真：(010) 88540762

序

电子战是先机制敌、不见“刀光剑影”的特殊战争，是现代信息化战争中攻防兼备的“杀手锏”。电子对抗设备是电子战的主战武器，是现代战争的力量倍增器，在信息作战中战功卓著。

航空电子对抗设备是装载在飞机上的电子对抗设备，是电子对抗设备家族中的一员。现代信息化战争速度快、精度高、跨度大的特点，使得航空电子对抗设备的作用愈加重要。在航空电子对抗设备的研制和实际使用中，为保证其作战效能有效发挥，要求能对其进行整机或分机性能指标的检测，这就要求研制、生产、调试和维修人员正确理解航空电子对抗设备性能指标的含义、熟悉设备常见信号的特征、掌握设备性能指标的检测方法。《航空电子对抗设备检测技术》应运而生。

本书采用总-分-总结构。首先总体阐述了航空电子对抗设备性能指标和检测要求，然后分别阐释了设备中常见低频信号、射频信号、数据域信号的特征和检测方法，最后落脚于航空电子对抗设备整机性能的检测。通篇来看，层次清晰，系统性强，突破了一般著作按分系统检测或检测仪器分章节叙述的方式，有耳目一新之感。

航空电子对抗设备检测技术研究内容涉及电子对抗理论、测试计量技术。目前，论述电子对抗理论的著作并不少见，但专门讲述航空电子对抗设备检测技术的著作鲜见，本书的出版在一定程度上弥补了这方面的缺憾，是一件非常值得庆贺的喜事。

本书的主要作者长期在高校从事航空电子对抗设备教学与科研工作，具有较深厚的专业知识积累和较高的学术水平，本书是他们长期孜孜不倦地做学问和在科研工作中不断探索的结晶。

本书内容丰富翔实，既有科学普及性又有专业针对性，是一本学术价值较高的著作，从材料组织到文字撰写都颇具匠心和学术功力，相信本书的出版会对从事电子对抗，尤其是航空电子对抗设备检测领域研究的专业人士、高校教师和学生开阔视野有所裨益。

中国工程院院士 张锡祥

前言

随着数字技术、计算机技术、微电子技术的发展和应用，国内外航空电子对抗设备的功能越来越强，自动化程度越来越高，结构越来越复杂而紧凑，大大加重了设备性能指标检测的难度。而在研制和实际使用中，为保证设备的安全性、可靠性和有效性，要求能对其进行整机或各分机功能参数、性能指标的检测，这就要求航空电子对抗设备研制和维修人员正确理解设备功能参数、性能指标的含义，熟悉电子对抗设备领域常见被测信号的特征和检测方法，掌握电子对抗设备性能参数的测量方法和步骤。作者编写本书的目的就是为业内从业人员提供一本实用的工具书，使其了解航空电子对抗设备性能指标检测的基本知识、熟悉常见被测信号的检测方法、掌握主要性能指标的检测方法。

本书取材于航空电子对抗设备研制、生产、使用、维修和教学实践，重点介绍了航空电子对抗设备的主要性能指标、常见被测信号特征和主要性能指标的检测方法。全书的撰写力求理论与实践相结合，将科学性、实用性、知识性融为一体，既反映当前航空电子对抗设备性能指标检测技术的发展水平，又突出实用性要求。另外，针对航空电子对抗设备性能指标检测活动实践性强的特点，本书在保持适当理论深度的基础上，省略了公式中复杂的数学推导过程，使得检测原理的讲述简明扼要、通俗易懂。

全书包含三部分内容。第一部分为第 1 章，主要讲述航空电子对抗设备检测基础知识，内容包括概述、主要性能指标、性能检测的依据和特点、步骤和要求；第二部分为第 2 章~第 4 章，讲述航空电子对抗设备检测领域涉及的各种信号的特征和检测方法，内容包括低频信号检测、射频信号检测、数据总线信号检测；第三部分为第 5 章~第 6 章，主要讲述航空电子对抗设备的性能检测，内容包括航空电子对抗设备性能检测、航空电子对抗设备自动检测。每章附有小结和一定数量的思考题，供读者深入理解和强化练习使用。

本书由陶东香、张娜、李宝鹏、陈必然共同编著。其中，第 1、3、5 章由陶东香编写，第 2 章由陶东香、张娜共同编写，第 4 章由陶东香、李宝鹏共同编写，第 6 章由陶东香、陈必然共同编写。在本书编写过程中，作者参考并引用了大量国内著作、厂家资料和相关标准文献，并得到有关专家的大力支持。中国工程院张锡祥院士对本书的编写给予高度关怀，亲自作序。李淑华教授、谢洪森教授对全书定位、结构编排、具体内容提出了诸多宝贵建议。杨航、张震做了大量绘图工作，在此一并表示衷心感谢。

由于航空电子对抗设备种类多，性能指标检测涉及内容多，加之作者水平有限，疏漏之处敬请广大读者批评指正。

陶东香

2021年12月于青岛

目录

第1章　概　　论

作为现代信息化战争的“杀手锏”，航空电子对抗装备是保证战争胜利、保证战机安全、保证战友生命的重要机载装备，其功能性能保持得好坏对战争的胜负具有决定性的作用。这就要求航空电子对抗装备技术保障人员做好设备检测、维护、保养工作，确保装备完好。本章从航空电子对抗设备的分类入手，系统描述了雷达、通信和光电三类对抗设备的任务、特点、分类、组成、主要性能指标。以此为基础，阐述了航空电子对抗设备检测的意义和特点、依据和时机，叙述了航空电子对抗设备检测位置的选取、采用的仪器、实现的方法、步骤和要求。本章内容的设计，旨在为读者构建完整的航空电子对抗设备体系，建立航空电子对抗设备检测的基本概念，为后续进行航空电子对抗设备检测奠定基础。

1.1　航空电子对抗设备概述

在现代战争中，飞机执行作战任务时，必然会受到多种火控系统的照射和跟踪，如机载雷达、末制导雷达、红外制导雷达、炮瞄雷达、地空导弹系统等。为了提高飞机的生存能力和突防能力，确保飞机的安全，几乎所有的作战飞机都装备了电子对抗设备，因此称为机载电子对抗设备，亦称航空电子对抗设备。航空电子对抗设备按技术领域可分为雷达对抗设备、通信对抗设备、光电对抗设备等。

1.1.1　雷达对抗设备

雷达对抗设备分为雷达侦察设备和雷达干扰设备两类。

1. 雷达侦察设备

1）雷达侦察设备的任务与分类

雷达侦察设备的任务是从敌方雷达发射的信号中检测有用的信息，并且与其他手段获取的信息综合在一起，引导我方做出及时、准确、有效的反应。

按照雷达侦察设备的具体任务，雷达侦察设备主要分为以下三类。

（1）电子情报侦察设备。

电子情报侦察（electronic intelligence，ELINT）属于战略情报侦察，要求其获得广泛、全面、准确的技术和军事情报，提供给高级决策指挥机关和中心数据库各种详实的数据。雷达侦察设备通过对敌雷达长期或定期的侦察监视，对敌雷达辐射信号的截获、测量、分析、识别及定位，获取敌雷达的技术参数及位置、类型、部署等情报，为制定雷达对抗作战计划、研究雷达对抗战术技术和发展雷达对抗装备提供依据。为了减轻侦察飞机的有效载荷，许多ELINT设备的信号截获、记录与信号处理是异地进行的，通过数据链联系在一起。为了保证情报的可靠性和准确性，电子情报侦察设备允许有较长的信号处理时间。

(2) 电子支援侦察设备。

电子支援侦察（electronic support measures，ESM）属于战术情报侦察，其任务是为战术指挥员和有关的作战系统，提供当前战场上敌方电子装备的准确位置、工作参数及其转移变化等，以便指战员和有关的作战系统采取及时、有效的战斗措施。电子支持侦察设备主要用于战时对当面之敌雷达进行侦察，通过截获、测量和识别，判定敌雷达的型号和威胁等级，直接为作战指挥、雷达干扰、火力摧毁和机动规避等提供实时情报。因此，对电子支援侦察设备的特殊要求是快速、及时，对威胁程度高的特定雷达信号优先进行处理。

(3) 雷达寻的和告警设备。

雷达寻的和告警设备（radar homing and warning，RHAW）的作用对象主要是对本平台有一定威胁程度的敌方雷达和来袭导弹。雷达寻的和告警设备连续、实时、可靠地检测它们的存在、所在的方向和威胁程度，并且通过声音或显示等措施向作战人员告警，以便平台采取对抗措施。因此，它总是和无源干扰投放器相联系。由于雷达寻的和告警设备属于接收系统，因此，又称为雷达告警接收机（radar warning receiver，RWR）。

2) 雷达侦察设备的特点

(1) 隐蔽性好。

向外界产生信号辐射，容易被敌方的侦收设备发现，不仅可能造成信息的泄露，甚至可能招来致命的攻击。辐射信号越强，越容易被发现，也就越危险。从原理上说，雷达侦察设备只接收外界的辐射信号，因此具有良好的隐蔽性和安全性。

(2) 作用距离远。

雷达接收的是目标对照射信号的二次反射波，信号能量反比于距离的四次方；雷达侦察设备接收的是雷达的直接照射波，信号能量反比于距离的二次方。因此，雷达侦察设备的作用距离都远大于雷达的作用距离，一般在1.5倍以上，从而使侦察机可以提供比雷达更长的预警时间。

(3) 获取的信息多而准。

雷达侦察设备所获取的信息直接来源于雷达的发射信号，受其他环节的“污染”少，信噪比高，因此信息的准确性较高。雷达信号细微特征分析技术，能够分析同型号不同雷达信号特征的微小差异，建立雷达“指纹”库。雷达侦察设备本身的宽频带、大视场特点又广开了信息的来源，使雷达侦察的信息非常丰富。

雷达侦察设备也有一定的局限性，如情报获取依赖于雷达的发射、单侦察站不能准确测距等。因此，完整的情报保障系统仍然需要有源、无源多种技术手段配合，取长补短，才能更有效地发挥作用。

3) 雷达侦察设备的基本组成

典型雷达侦察设备应具备对敌雷达辐射源侦察的四大功能——截获、分析、识别和定位，其基本组成如图1-1-1所示。

(1) 侦察天线和侦察接收机。

侦察天线决定了雷达侦察设备的空间方向性，它必须保证在雷达所在的方向上具有足够的增益。

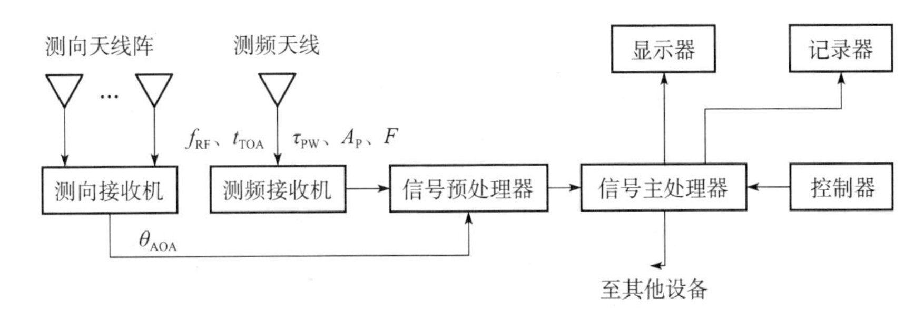

图 1-1-1 雷达侦察设备的基本组成

测向天线（阵）覆盖雷达侦察设备的测角范围 Ω_{AOA}，并与测向接收机组成对辐射源雷达信号脉冲到达角 θ_{AOA} 的检测和测量系统，实时输出检测范围内所有信号的到达角数据 θ_{DOA}；测频天线的角度覆盖范围 Ω_{AOA} 与测向天线相同，有时两者也可共享，它与测频接收机组成对其他脉冲参数的检测和测量系统，实时输出检测范围内每个脉冲的载频（f_{RF}）、到达时间（t_{TOA}）、脉冲宽度（τ_{PW}）、脉冲功率或幅度数据（A_P），有些雷达侦察设备还可以实时检测脉内调制，输出脉内调制数据（F），这些参数组合在一起，称为脉冲描述字（PDW），实时交付给信号处理器。

（2）信号处理器。

信号处理器从交叠的脉冲信号流中分离出每部雷达的脉冲，得出被截获雷达的技术参数，进而根据系统事先装订的威胁数据库识别它们，判断其威胁程度。信号处理器根据功能不同，又可分为信号预处理器和信号主处理器。信号预处理器的任务是：将实时输入的脉冲参数与各种已知雷达的先验参数和先验知识进行快速的匹配比较，按照匹配比较的结果分门别类地装入各缓存器，对于认定无用的信号立即剔除。预处理中用到的各种已知雷达的先验参数和先验知识可以是预先装载，也可以是在信号处理的过程中补充修改。信号主处理器的任务是：选取预处理分类缓存器中的数据，按照已知的先验参数和知识，进一步剔除与雷达特性不匹配的数据，然后对满足要求的数据进行雷达辐射源检测、参数估计、状态识别和威胁判断等，并将结果提交显示、记录、干扰控制设备及其他设备。

（3）显示控制器。

显示器、控制器用于雷达侦察设备的人机交互，记录器用于各种处理结果的长期保存。

对于机载平台来说，雷达告警接收机凭借其体积小、重量轻、设备简单、可靠性高而得到普遍应用。通常，RWR 主要由天线、接收机、信号分析和处理部分、加/卸载器、控制接口和显示部分以及电源部分组成。图 1-1-2 给出了典型 RWR 组成框图。

接收系统要有效地接收信号，首先要有接收天线。天线接收空间的雷达、导弹制导信号，并将信号送给接收机。因为不知道信号将从什么方位进入，接收天线的布置原则上是全向的；同时还因为不知道信号的频率，天线的工作频率范围应当尽量的宽。设计一种全向且工作频率范围很宽的接收天线，在工程上很难实现。因此通常采用多个具有方向性的天线组成一个天线阵来完成这个功能。为满足对宽频率范围和多种极化雷达信号的告警，要求天线具有宽频特性和多极化接收能力，因此，一般选用平面螺旋天线。为了实现全向告警的目的，RWR 天线通常由 4 个、6 个或 8 个天线单元组成，每一个平

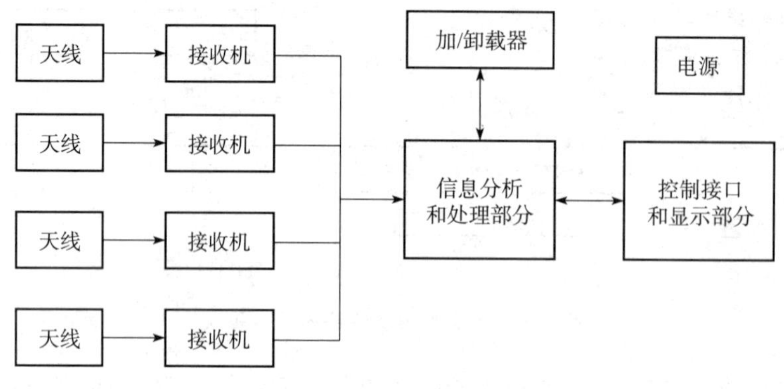

图 1-1-2　典型 RWR 组成框图

面螺旋天线覆盖一定的接收空域，多个平面螺旋天线可以覆盖 360°的接收空域，保证了 RWR 告警范围的全向性。

RWR 的接收机通常与天线对应，一般由 4 部、6 部或 8 部完全相同的接收机组成。在 RWR 中，每个接收机分别与天线单元对应连接，且安装在相应天线附近，以减少信号衰减。通常，RWR 接收机由频率分路器、检波器、对数视放等组成。接收机将微弱的、多种频率的射频信号进行限幅放大、滤波、频率分路、检波、放大后输出至信号分析和信号处理部分。RWR 的接收机在基本技术方面与普通雷达的接收机大同小异，但具有以下特点：由于 RWR 需要对付各式各样的雷达目标，因此 RWR 的接收机工作频率范围宽；因为信号是单程传播，所以 RWR 的接收机较普通雷达的接收机作用距离远；动态范围大，以保证输入信号小时 RWR 的终端显示器能有清晰的显示，信号大时也不至于造成失真。

信号分析和处理部分是 RWR 的重要组成部分，是 RWR 的“大脑”。信号分析和处理部分能对截获的多部雷达信号同时进行分选、测量①、比较②、识别③，对多部已识别的雷达信号，根据预置的威胁等级和实时战情信息来排出优先等级，按照信号的优先等级驱动控制显示部分产生相应雷达信号的告警。信号分析和处理部分内部有个雷达数据库，用于储存已知的雷达信号参数，或记录信号处理部分输出的威胁雷达各种参数，如威胁类别、等级、方位、时间等。

显控部分是实现人机交互的平台。它将信号分析和处理部分输出的告警信号以灯光、音响、字符的形式显示出来，表明威胁存在。同时，设备操作者可实现对设备的操作控制。

控制接口部分可以实现与平台上其他设备的交联。平台上其他电子设备发射的信号，由于距离很近，强度可能很大，可通过 RWR 的天线进入系统，从而阻塞接收机的

① 测量每部雷达的到达时间（t_{TOA}）、脉冲宽度（τ_{PW}）、脉冲功率或幅度（A_P）、脉内调制数据（F），这些参数组合在一起，称为脉冲描述字（PDW）。

② 将实时输入的脉冲参数与各种已知雷达的先验参数和先验知识进行快速的匹配比较，按照匹配比较的结果分门别类地装入各缓存器，对于认定为无用信号的立即剔除。

③ 按照已知的先验参数和知识，进一步剔除与雷达特性不匹配的数据，然后对满足要求的数据进行雷达辐射源检测、参数估计、状态识别和威胁判别等。

正常工作或造成虚假告警。为了克服这种现象，平台上具有发射功能的其他电子设备在工作时向 RWR 提供消隐信号，将这些信号排除在外，从而保证平台的正常工作。控制接口的另一个作用是向干扰设备提供控制信号。

电源部分是专为 RWR 各部分正常工作提供各种电源的。

加/卸载器用于地面对数据库的修改，以及对 RWR 的使用分析。

2. 雷达干扰设备

雷达干扰设备通常通过辐射、反射、散射和吸收电磁能量的方法来破坏或降低敌雷达的使用效能，使其不能正常探测或跟踪我方目标。按照工作机理，雷达干扰设备分为有源干扰设备和无源干扰设备。

1）雷达有源干扰设备

雷达有源干扰设备又称雷达干扰机。现代雷达干扰机的作战对象是一个复杂的威胁雷达网。为了合理、有效地对抗各种威胁雷达，在一部干扰机中可能含有多种干扰资源（能够按照控制命令产生干扰信号的设备称为干扰资源），它们在干扰决策、干扰资源管理设备的控制下协调、有序地工作。雷达干扰机的基本组成如图 1-1-3 所示。

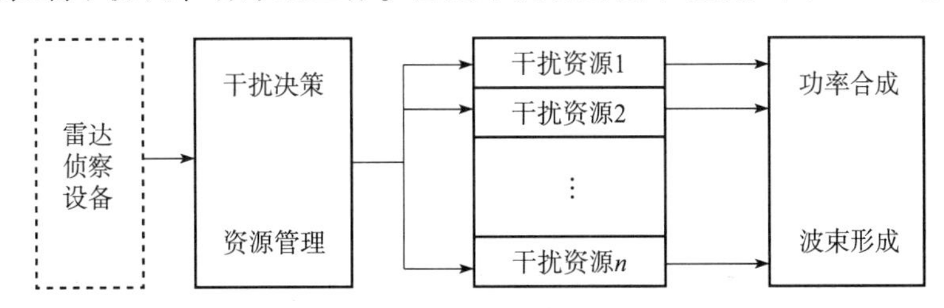

图 1-1-3　雷达干扰机的基本组成

根据干扰信号的产生原理，干扰资源主要分为引导式干扰资源和转发式干扰资源两类，分别如图 1-1-4(a)、(b) 所示。

引导式干扰资源的信号来自自身的射频压控振荡器（voltage controlled oscillator，VCO），干扰技术产生器根据干扰决策命令中的载频设置命令，控制 VCO 振荡的中心频率；根据调频参数的设置命令，产生相应的交变波形和波形参数，使 VCO 的振荡频率在中心值附近产生相应的变化；根据调幅参数的设置命令，干扰技术产生器输出相应的调幅波形和波形参数，通过幅度调制器，产生干扰信号的幅度变化；功率合成与干扰波束形成网络可能是多个干扰资源所共享的，它可根据决策命令在指定的时间里、在指定的方向上辐射出大功率的干扰信号。

转发式干扰资源主要用于自卫干扰，它的信号来自接收到的雷达照射信号，经过射频存储器（radio frequency memory，RFM），将短暂的雷达射频脉冲保存足够的时间，再经过时延、幅度和相位的干扰调制，由功率合成与干扰波束形成网络转发给雷达接收天线和接收机。干扰技术产生器的作用是根据时延、幅度和相位的干扰决策命令，产生相应的时延、幅度和相位调制信号。

2）雷达无源干扰设备

雷达无源干扰设备的任务是投放箔条干扰弹，由箔条反射电磁波对敌方雷达实施干扰，因此又称箔条诱饵投放器。雷达无源干扰设备主要由发射器、顺序器（分配器）、控制器（程序器）、显控盒等组成，其组成框图如图 1-1-5 所示。

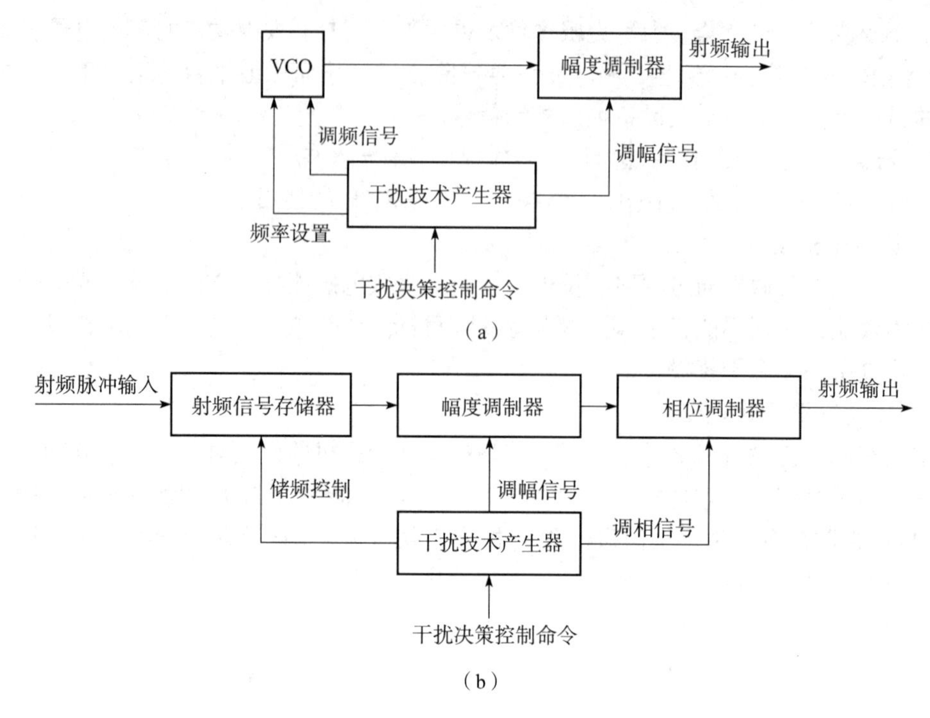

图 1-1-4 雷达干扰资源的基本组成
(a) 引导式干扰资源；(b) 转发式干扰资源。

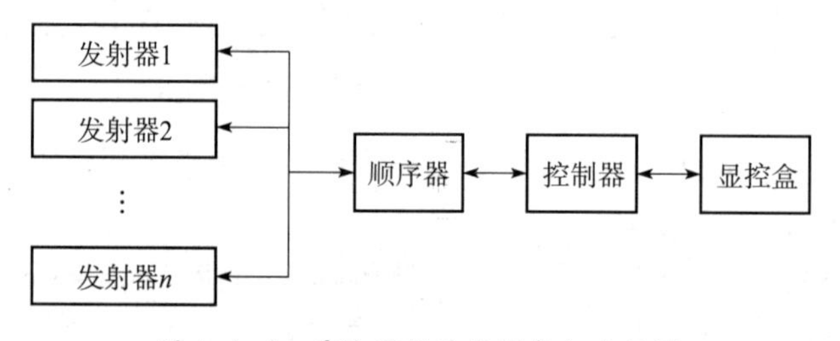

图 1-1-5 雷达无源干扰设备组成框图

发射器完成干扰弹装载和发射，通常由发射座和弹匣两部分组成。发射座固定安装在飞机上。弹匣是一种可拆卸的蜂窝发射管，发射管有圆形、正方形、矩形等形式，以对应不同截面形状的干扰诱饵。为使干扰诱饵装填方便快捷，发射器后盖板和弹匣之间采用快速锁定装置连接。

顺序器又称分配器，由多路点火脉冲分配单元组成，完成点火脉冲分配及放大、干扰诱饵种类自动识别等任务。

控制器又称程序器，是无源干扰设备的控制中心，负责与航空电子系统的通信、综合处理告警信息、对威胁信息进行干扰弹投放决策、系统控制和管理等。

显控盒是雷达无源干扰设备的人机交互接口，安装在飞机驾驶舱里，用于显示雷达无源干扰设备的工作模式和状态、干扰弹的种类、余弹数量等。飞行员操作显控盒面板上的控制开关和旋钮，选择设备的工作方式、投弹种类及数量、投放时序和发出投放指令等。

3）雷达对抗一体化设备

现代防空武器性能越来越优良，自动化、智能化、杀伤力都越来越高，作战飞机面临的威胁越来越严重，战斗一开始就形成激烈的对抗，给机组人员带来超强度、超负荷的工作量，使之处于精神紧张、手忙脚乱的境地，给执行命令、完成任务并保证生存造成不利影响。因此，急需将分立的各种雷达对抗设备综合并与航空电子系统交联，雷达对抗一体化设备应运而生。

雷达对抗一体化设备又称电子战系统，组成框图如图1-1-6所示。

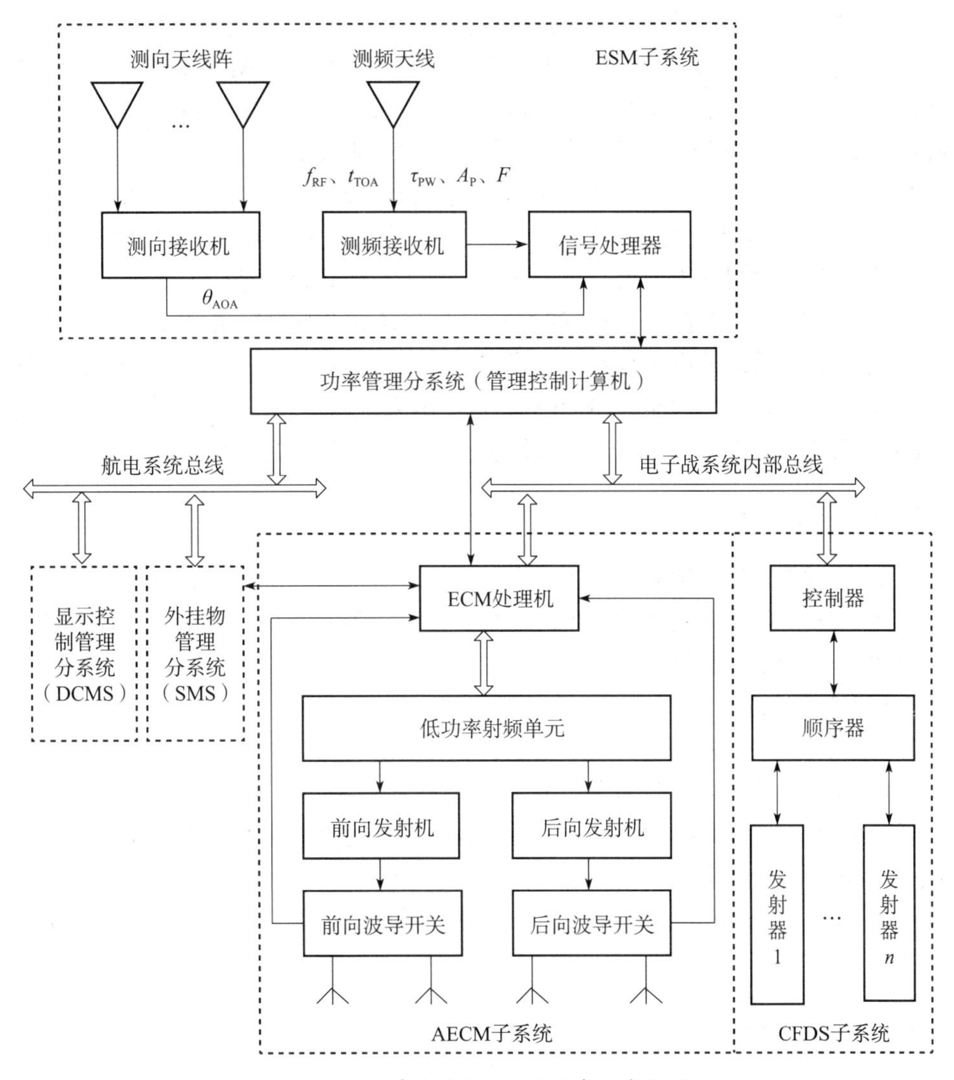

图1-1-6 雷达对抗一体化设备组成框图

雷达对抗一体化设备是飞机航电系统的一个分系统，主要功能是：在载机进行空战和对地（海）攻击任务时，能对威胁载机的敌机载火控雷达、地面（舰载）防空体系中的武器系统引导雷达进行综合告警，并按照功率管理的原则控制干扰资源的分配和使用，对威胁实施有源和无源干扰，保护载机安全，提高载机的作战生存力。雷达对抗一体化设备由电子支援子系统、功率管理子系统（power management subsystem，PMS）、有源干扰子系统（active electronic countermeasures，AECM）、箔条红外投放子系统（chaff and flare dispensing subsystem，CFDS）组成。

ESM 向飞行员提供威胁告警（显示及音响告警）及为实施有源、无源干扰和反辐射导弹打击提供引导信息。即当载机所处环境中出现常规脉冲雷达、PD 雷达、捷变频雷达、CW 雷达及导弹中制导、末制导雷达信号时，电子支援子系统的各接收机在软件控制下接收信号，并对信号的载频、到达角 θ_{AOA}、到达时间 t_{TOA} 等参数进行测量，信号处理的软硬件对测量的雷达信号参数进行信号分选，根据加载的威胁数据库进行信号识别，确认威胁源的型号、类型，并上报管理控制计算机。

PMS 又称管理控制计算机，它根据威胁信号处理结果和数据库加载的参数，进行威胁等级排序，然后上报航电系统进行显示、音响告警，并确定干扰目标和干扰技术，自动控制 AECM 资源的分配和使用，引导有源干扰和无源干扰。

AECM 的主要功能是：根据 ESM 系统威胁信号处理结果和数据库加载的参数（优先级、干扰技术）确定干扰目标和干扰技术，自动控制 AECM 资源的分配和使用，形成干扰信号，经发射机功率放大，由天线辐射出去对威胁目标进行干扰。

CFDS 接收航电系统显控分系统的控制命令、载机飞行参数信息和电子战系统控制命令等，按显控分系统或电子战系统所指定的投放程序投放无源干扰弹，形成箔条云干扰地面或机载威胁雷达。同时，CFDS 通过电子战系统内部总线将工作状态、工作方式、工作参数、余弹量等信息反馈电子战系统进行记录和上报显控分系统进行显示。

1.1.2　通信对抗设备

通信对抗设备是用于削弱、破坏敌方无线电通信系统的使用效能和保护己方无线电通信系统使用效能的正常发挥的电子设备和装置。按照设备的功能和任务的不同，分为通信侦察设备和通信干扰设备。

1. 通信侦察设备

通信侦察设备用于完成通信侦察任务。通信侦察就是截获目标辐射源的无线电通信信号，检测分析通信辐射源信号的特征参数和技术体制，测量通信辐射源的方向和位置，判断目标的类型及其搭载平台的属性，为通信干扰提供技术支持，或者获取军事通信情报。因此，一般通信侦察设备主要由天线、射频接收机、测向和定位设备、通信信号分析和处理设备、通信情报分析设备、通信链路和控制设备等组成，如图 1-1-7 所示。

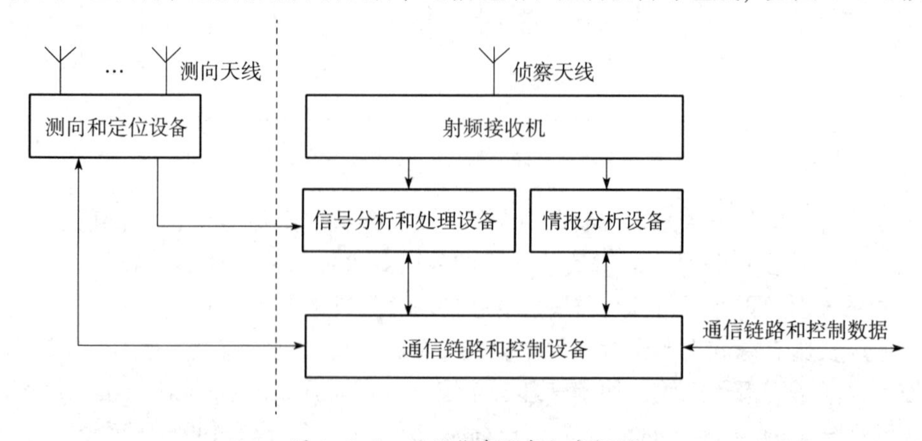

图 1-1-7　通信侦察设备组成框图

1）天线

通信侦察设备的天线包括侦察天线和测向天线，在某些情况下测向天线和侦察天线共享。侦察天线通常使用宽频段、宽波束天线。测向天线也是宽频段天线，但是根据测向方法的不同，也使用不同结构形式的多元天线阵。

2）射频接收机

射频接收机在宽频带范围内将射频信号混频、放大，为信号分析和测向处理设备提供足够强的中频输出信号。通信侦察的射频接收机可以是窄带搜索接收机，也可以是宽带接收机。对于测向系统，它的射频接收机可能是多通道的。

3）测向和定位设备

测向设备完成对通信辐射源信号到达方向的测量。目前常用的测向技术包括振幅测向、相位测向、多普勒测向、空间谱估计测向等。测向设备可以独立工作，也可以与侦察分析设备协同工作。当测向设备独立工作时，它也具备一定的信号分析和处理功能；当多个测向设备协同工作时，还可以实现对通信辐射源的定位。

4）信号分析和处理设备

信号分析和处理设备完成对通信信号的参数测量和分析，获取通信信号的频率、带宽、调制类型、调制参数等基本技术参数。它还担负通信信号类型识别、网台识别任务，以及对通信信号的解调、解扩、监听和监测任务。

5）情报分析设备

情报分析设备利用通信信号分析和处理设备得到的通信信号技术参数，测向设备得到的通信信号的到达方向参数，进行综合分析处理，得到通信情报。通信情报在通过通信网络传送到上级指挥中心的同时，也在本地记录和显示。

考虑到测向和定位设备主要完成通信信号到达方向的测量和定位，其余部分主要完成通信信号的截获、频率测量和信号参数的分析，这两个功能既有联系，也有区别，因此，有的专家将通信侦察设备分为通信信号截获和分析设备、通信测向和定位设备。

2. 通信干扰设备

通信干扰设备是利用干扰设备发射专门的干扰信号，破坏或扰乱敌方无线电通信设备正常工作能力的一种电子设备。

通信干扰设备由通信侦察引导设备、干扰控制和管理设备、干扰信号产生设备、功率放大器、天线等组成，如图 1-1-8 所示。

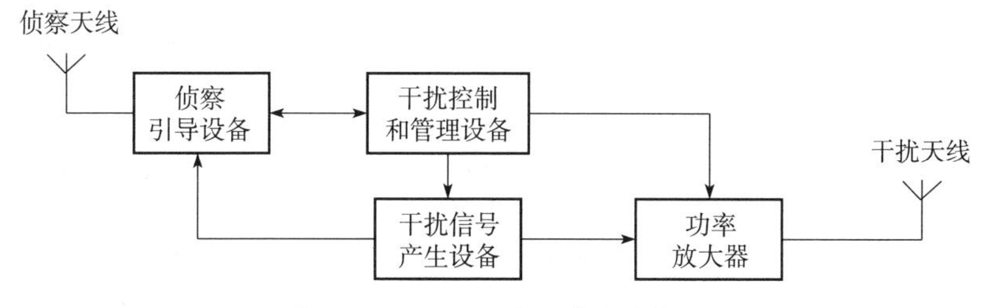

图 1-1-8　通信干扰设备组成框图

侦察引导设备主要用于对目标信号进行侦察截获，分析其信号参数，为干扰产生设备提供被干扰对象的信号参数、干扰样式和干扰参数，必要时还将进行方位引导和干扰功率管理支持。侦察引导设备在干扰过程中的另一个作用是对被干扰的目标信号进行监视，检测其信号参数和工作状态的变化，及时调整干扰策略和参数。侦察引导设备通常有独立的接收天线，也可以与干扰发射共享天线。

干扰信号产生设备根据干扰引导参数产生干扰激励信号，形成有效的干扰样式。各种干扰样式和干扰方式的形成都基于干扰信号产生设备，它能够产生多种形式的干扰样式。干扰产生设备形成的信号称为干扰激励信号，它可以在基带（中频）产生干扰波形，然后经过适当的变换（如变频、放大、倍频等），形成射频干扰激励信号；也可以直接在射频产生干扰激励信号。干扰激励信号的电平通常为0dBm左右，它送给功率放大器，形成具有一定功率的干扰信号。

功率放大器是干扰系统中的大功率设备，它的作用是把小功率的干扰激励信号放大到足够的功率电平。功率放大器输出功率一般为几百至数千瓦，在短波可以到达数十千瓦。干扰设备输出的干扰功率与干扰距离成正比，干扰距离越远，需要的干扰功率越大。受大功率器件性能的限制，在宽频段干扰时，功率放大器是分频段实现的，如将干扰频段划分为30~100MHz、100~500MHz、500~1000MHz等。

发射天线是干扰设备的能量转换器，它把功率放大器输出的电信号转换为电磁波能量，并且向指定空域辐射。对干扰发射天线的基本要求是具有宽的工作频段、大的功率容量、小的驻波比、高的辐射效率和高的天线增益。提高天线增益和辐射效率、降低驻波比可以提高发射天线的能量转换效率，使实际辐射功率增加，增强干扰效果。

干扰管理和控制设备是侦察引导和干扰产生之间的桥梁。它管理和控制整个干扰系统的工作，并且根据侦察引导设备提供的被干扰目标的参数，进行分析并形成干扰决策，对干扰资源进行优化和配置，选择最佳干扰样式和干扰方式、控制干扰功率和方向，以最大限度地发挥干扰设备的性能。

1.1.3　光电对抗设备

光电对抗设备是航空电子对抗设备的一个重要组成部分，主要功能是使用光电技术手段去探测敌方目标，同时采取必要的光谱对抗措施去削弱、阻止敌方使用光波段电磁频谱，并保护己方有效使用光波段电磁频谱。按照功能分类，可分为光电侦察告警设备、光电干扰设备、光电伪装与防护设施。按照工作波段分类，可分为激光对抗设备、紫外对抗设备、红外对抗设备等。

1. 光电侦察告警设备

光电侦察告警设备用于对敌方光电设备辐射或散射的光谱信号进行搜索、截获、定位及识别，并迅速判明威胁程度，以获取敌方目标信息情报。

光电侦察告警设备分为主动侦察告警设备和被动侦察告警设备。主动侦察告警设备是利用对方光电装备的光学特性而进行的侦察，即向对方发射光束，再对反射回来的光信号进行探测、分析和识别，从而获得敌方情报；被动侦察告警设备是利用各种光电探测装置截获和跟踪对方光电装备的光辐射，并进行分析识别以获取敌方目标信息情报。目前应用的大多为被动侦察告警设备。

根据工作波段和用途，光电侦察告警设备可分为激光侦察告警设备、红外侦察告警设备、紫外侦察告警设备等几种形式。将各单项侦察综合起来可以形成光电综合告警设备。

1）激光侦察告警设备

激光侦察告警设备是激光对抗的基本设备，具有很强的实时性。为实时完成对敌方激光辐射源的识别和分析，激光侦察告警设备通常建有平时情报侦察得来的威胁数据库，存放敌激光辐射源的参数。激光侦察告警设备利用激光传感器接收敌方激光源的辐射或散射信号，测量其技术参数，判明敌方激光源的类型、方位；或向敌方发射激光，利用其反射特性，判明敌方兵器的光学特性，识别该兵器类型，必要时测定其位置，以获取情报。因此，它分为被动激光侦察告警设备和主动激光侦察告警设备，在作战飞机上采用被动型的居多。

根据激光侦察告警设备的不同用途，可分为概略接收和成像接收两种体制。在需要进行激光波长识别的情况下，通常采用相干探测的方法。

（1）概略型激光侦察告警设备。

概略型激光侦察告警是一种比较成熟的告警体制，国外在20世纪70年代就进行了型号研究，并已大批装备部队。概略型激光侦察告警装备通常由几个探测单元列阵组成，每一个探测单元负责监视一定的空间视场，相邻单元视场之间形成交叠，构成大空域监视。探测单元的数量和分布决定了告警装备角度分辨力。探测单元数越多，其角度分辨力（即定向精度）越高，一般的激光告警装备角度分辨力为10°~30°。概略型激光告警装备技术体制结构简单、灵敏度高、视场大、响应速度快，适合于定向精度要求不高的应用场合。瑞典装载于装甲车上的概略型激光告警系统是LWS-310和LWS-500。其中，LWS-310由四个单元组成，每个探测单元的告警范围为水平110°、俯仰80°，方位分辨力为7.5°。四个探测单元组合起来完成水平360°全方位告警。LWS-500与LWS-310配合使用，它负责上半空域的激光告警，并与LWS-310告警信息进行相关处理，去除复杂地物环境对激光信号的多次反射效应。该系统的告警波段为0.5~1.7μm。

（2）成像型激光侦察告警设备。

在一些对激光告警定向精度要求较高的场合（如利用激光告警信息引导定向干扰装备），采用概略型告警已不能满足要求，此时应采用成像型激光侦察告警设备。成像型激光侦察告警设备是一种复杂的透镜组合系统，通常也由探测和显控两个部件组成，探测部件采用180°视场的等距投影型鱼眼透镜作物镜，采用面阵电荷耦合器件（charge coupled device，CCD）成像器件接收图像。由于成像型激光侦察告警系统的角分辨力通常为零点几度到几度，因而可精确确定辐射源的位置及光束特性（包括光谱特性、强度特性、偏振特性等）、时间特性、编码特性。

激光探测单元通常由光学滤光片、光阑、光电探测器、信号放大器等组成。光学滤光片用于限定特定波长的激光信号进入传感器，滤除其他干扰光；光阑主要起限定探测单元接收视场作用，同时也有消除杂散光作用；光电探测器是探测单元的核心器件，经光电转换将入射的激光信号转换为微弱的电信号；信号放大电路将探测器传出的微弱的电信号放大成可进行数字信号处理的大信号。

成像型激光侦察告警设备测向的基本原理是通过解算光斑位置，确定激光入射方向。成像型激光侦察告警的探测视场和定向精度，取决于面阵器件的像素元数和光学系统的焦距，定向精度通常可做到毫弧度量级。该技术体制角度分辨力高、体积小、功耗低。通过复杂的信号处理，可以有效提高探测灵敏度和降低虚警率。主要缺点是实时性差、动态范围小、成本较高。

（3）相干检测型激光告警设备。

在需要对来袭激光进行波长识别的场合，一般采用相干检测型激光告警设备。相干检测型激光告警设备是利用激光相干性能好的特点，采用典型干涉仪原理，对来袭激光信号进行检测。这种装备的优点是可测定激光波长，虚警率低，角分辨力高；缺点是视场小，系统复杂，工程化难度大。典型的相干检测型激光告警装备有 F-P（法布里-珀罗）型激光侦察告警器和迈克尔逊型激光告警器。

① F-P 型激光侦察告警系统。

F-P 相干型激光侦察告警工作原理如图 1-1-9 所示。

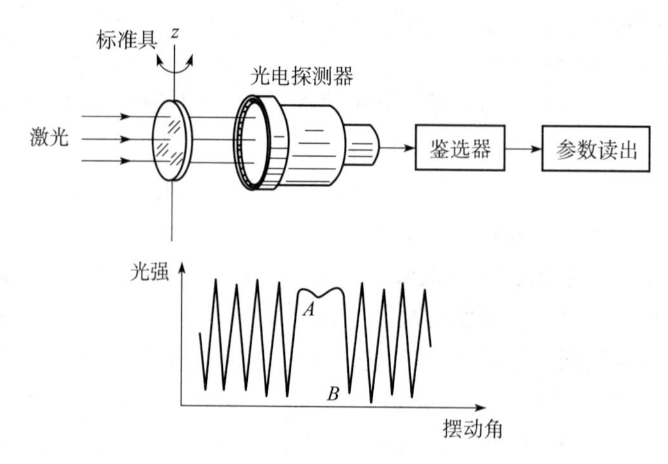

图 1-1-9　F-P 相干型激光侦察告警工作原理图

F-P 干涉仪又被称为标准具，它是一块高质量透明材料（如玻璃或锗等）平板，两个通光面高度平行并且镀有反射膜，反射率均在 40%～60%范围内，当光线入射到标准具上时，一部分光直接穿过，另一部分光在透明材料中经二反射面多次反射后再穿出标准具。因激光是相干性极好的平行光，故两部分光将产生相干叠加现象。当两部分光的光程差为波长的整数倍时，同相位叠加，此时标准具的透过率最大。当光程差为半波长的奇数倍时，两部分光相位差 180°，光强相互抵消，这时标准具的透过率最小，绝大部分光被标准具反射。光程差随入射角的不同而变化，故落在探测器上的光强与入射角有关。图 1-1-9 中，标准具 z 轴周期性左右摆动（z 轴垂直于通光面法线）时，落在探测器上的光强与标准具摆动角之间的关系如图中的曲线所示。曲线上的 A 点所对应的角度恰好是标准具的法线与激光平行时标准具的摆动角，因此，只要测定此时标准具的摆动角，就可确定激光束的入射方向。同时，确定曲线中 A 点与 B 点之间的距离，就可推算出激光波长。非相干光穿过标准具时不产生上述相干叠加现象，故落在光电探测器上的光强不产生图中曲线所示的变化，这就大大降低了虚警率，提高了鉴别激光的能力。

② 迈克尔逊型激光侦察告警系统。

迈克尔逊型激光侦察告警工作原理如图 1-1-10 所示，它由一个分束棱镜和两块球面反射镜组成，入射激光经分束镜分为两束光，然后分别由两块球面反射镜反射再次进入分束棱镜，出射后到达一个二维阵列探测器，在观测面上形成特有的“牛眼”状的同心干涉环，由微处理机对干涉条纹进行处理，根据同心环的圆心可计算出激光入射角，根据条纹间距计算出波长。若是非相干光入射，则不形成干涉条纹。

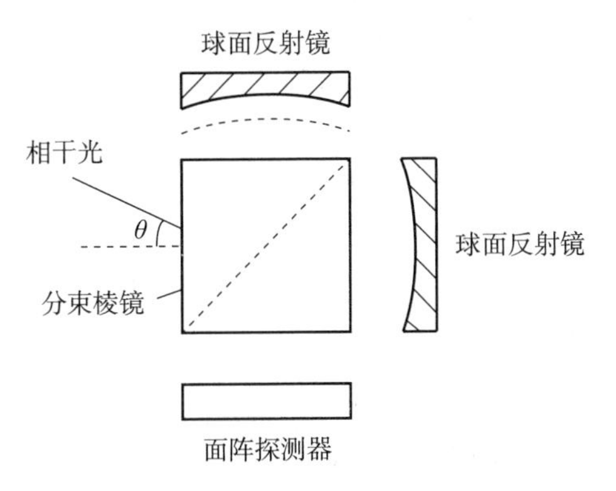

图 1-1-10 迈克尔逊型激光侦察告警工作原理图

2）红外侦察告警设备

红外侦察告警设备通过红外传感器探测飞机、导弹、炸弹或炮弹等目标本身的红外辐射或该目标反射其他红外辐射源的红外辐射，并根据测得数据和预定的判断准则发现和识别来袭的威胁目标，确定其方位并及时告警，以采取有效的对抗措施。

一般来说，红外侦察告警设备由告警单元、信号处理单元和显示控制单元构成。在告警单元中有整流罩、光学系统、光机扫描系统、制冷器、红外探测器和部分信号预处理电路，完成对整个视场空域的搜索和对目标的探测，并通过红外探测器将目标的红外辐射转换为电信号，经预处理后输出给信号处理单元，信号处理单元一般将信号放大到一定程度后，经模数转换器转换为数字信号，再采用数字信号处理方法，进一步提取和识别威胁目标，并输出威胁目标的方位角、俯仰角和告警信息，这些信息一方面直接给显示及控制单元，另一方面为其他系统提供信息。红外侦察告警设备组成如图 1-1-11 所示。

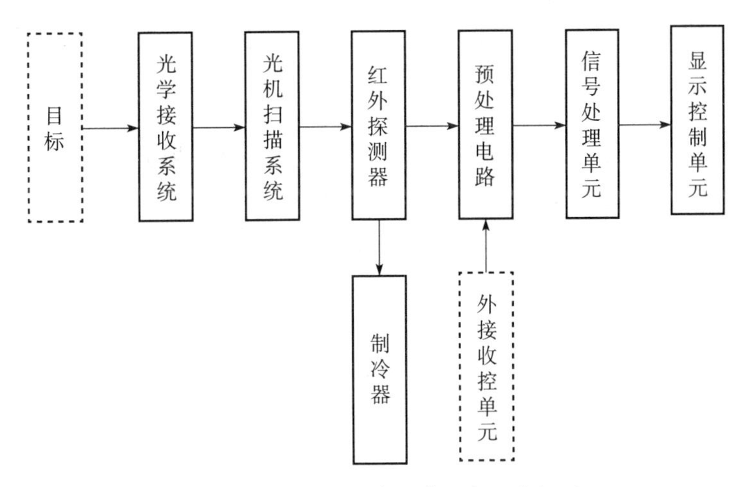

图 1-1-11 红外侦察告警设备组成框图

红外探测器是红外告警设备中最为关键的器件之一，按工作机理划分，主要分热探测器和光子探测器两大类，通常采用光子探测器。目前的红外告警设备用的红外探测器主要有锑化铟红外探测器和碲镉汞红外探测器，锑化铟红外探测器通常工作在77K下，是3~5μm波段广泛使用的一种性能优良的红外探测器。碲镉汞红外探测器有室温工作型、近室温工作型、77K下工作型等几种类型，主要用于红外成像系统。

3）紫外侦察告警设备

紫外侦察告警设备是一种基于“太阳光谱盲区”理论、通过探测导弹羽烟的紫外辐射确定导弹来袭方向及威胁程度并实时发出警报的电子设备。

紫外侦察告警设备具有隐蔽性好、虚警率低、灵敏度高、可覆盖所有可能的攻击角、结构简单的特点。紫外侦察告警设备有一个缺点，就是在作战飞机上作为导弹发射和逼近告警使用时，当导弹发动机停止工作，依靠惯性飞行时，发动机不再产生羽烟，没有紫外辐射了，所以，很可能造成紫外告警设备不能发现目标。况且目前的紫外告警设备作用距离也不远。

紫外侦察告警设备从技术体制上可分为概略型紫外告警设备和成像型紫外告警设备。前者使用光电倍增管作为探测器件，后者使用紫外阵列器件作为探测器。紫外告警设备的发展趋势是采用成像体制，提高告警距离和测角精度，引导发射红外曳光弹和引导红外定向对抗系统。

紫外侦察告警设备一般由传感器、信号处理器、综合处理器、显示控制单元等部分组成，如图1-1-12所示。

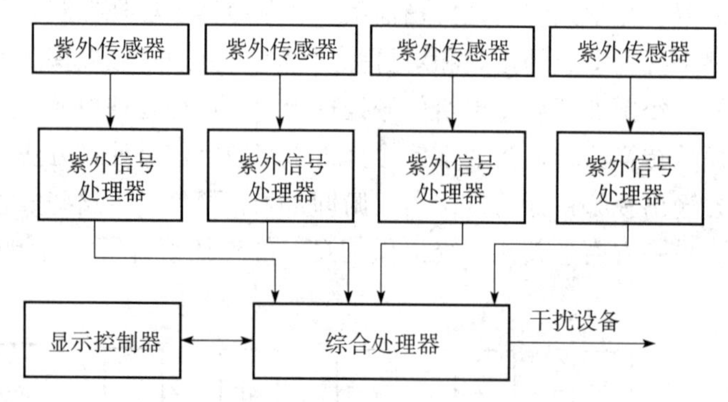

图1-1-12　紫外侦察告警设备组成框图

紫外传感器的主要任务是把视场内空间特定波长紫外辐射光子（包括目标、背景）图像经光电转换后形成光电图像，主要由像增强器、中继光学系统和CCD阵列器件组成。为了实现全向告警，通常有4个紫外传感器，分别安装在飞机机头的左前、右前，机尾的左后、右后。

信号处理器的主要任务是通过空间滤波等预处理完成对可能目标的一次判断，再利用信号的时间特征和帧相关等算法对输入信号做出有无导弹威胁的判定，若导弹出现在视场内，通过解算图像位置，得出空间相应的位置、灰度值，将信号传到综合处理器。

综合处理器的主要任务是接收4对紫外传感器和紫外信号处理器送来的威胁信息，快速处理威胁坐标数据，进行畸变计算并转换为方位、俯仰角度，并按一定的原则确定威胁等级。

显示控制器是紫外告警设备的人机交互接口，一般安装在飞机驾驶舱里，用于显示紫外告警设备的工作模式、状态、威胁信号和威胁等级。

4）光电综合告警系统

（1）紫外激光综合告警系统。

紫外激光综合告警设备由探测头、信号处理器、显控盒等组成。每个探测头的紫外、激光光学视场完全重叠且均为90°，4个探测头视场形成水平360°、俯仰90°的监视范围。紫外探测器对空间进行准成像探测。4个不同波长的激光探测器均布在紫外探测通道周围，对激光波长进行识别。当激光威胁源或红外制导导弹出现在视场内时，产生告警信号并在显示器显示相应位置。

紫外激光综合告警设备不仅在探测头结构形式上有机结合、在数据处理上有效融合，而且由于探测头输出信号均为ns级脉冲信号，因而接口、预处理电路及电源等方面可资源共享。另外，它可对激光驾束制导进行复合探测，这是因为两者视场完全重叠，当驾束制导导弹来袭后，紫外告警通过探测羽烟获得数据，激光告警通过探测激光指示信号获得数据，两者数据相关，能获得导弹来袭角信息和激光特征波长。

紫外激光告警探测头是一种光机电一体化形式。一方面，单独的紫外告警不能区分来袭的光电制导导弹是红外制导还是激光制导，只有同激光告警的数据相关后，才能做出二选一判决；另一方面，紫外激光告警可对激光驾束制导导弹进行复合告警，通过数据相关降低激光告警的虚警率。紫外激光告警具有广泛应用价值，它可与红外弹投放器、烟幕弹发射器构成光电对抗系统，装备在飞机、直升机、装甲车、坦克等机动平台上。

（2）红外激光综合告警系统。

红外激光综合告警系统采用共孔径、探测器分立设置的方式，接收的辐射经过同一光学系统会聚和分束器分光后，分别送到不同滤光片上，经滤光片选择滤波后，送至相应的探测器上。探测器每个像素视场内的光学信号随后转换成电信号。设备一般采用凝视型，以多元探测器件实现对光电威胁的精确探测，同时可抑制假目标（尤其对激光等短持续特征的信号）。

红外激光信息量较大，通常采用分布式计算机系统进行数据综合处理。从机以并行方式对告警头红外、激光威胁信息处理后，通过数据链送到信息集成及融合处理器进行处理。信息相关器把原来数据库中的一部分数据同新来的信息相关，利用各种算法使结论达到所要求的目的。信息融合通过闭环控制，对红外、激光各信道输入的信息融合的最终结果和中间结果施予反馈控制，实时进行特征提取并对威胁进行综合处理判断，如威胁源分类、多目标处理、目标等级识别及自动排序等，对激光、红外等威胁源的方向、种类自动进行战场威胁态势图显示，实施优先告警并提出对抗决策和建议。

（3）红外紫外综合告警系统。

一般情况下，红外紫外综合告警是大视场紫外告警和小视场红外告警的综合。紫外告警由多个成像型探测头构成，对空域进行全方位监视；红外告警则是一个小视场的跟踪系统。紫外告警探测、截获威胁目标后，把威胁方位信息传给中央控制器，中央控制器通过控制多轴向转动装置完成对红外告警的引导。由于导弹发动机燃烧完毕后继续有较低的红外辐射能量，红外告警可对目标继续跟踪，它具有极高的灵敏度和分辨率，能在任何方式下跟踪导弹。前者对威胁目标进行探测、截获，后者对目标进行跟踪，两者工作以“接力”方式进行。同时，数据相关还可降低虚警。

红外紫外综合告警效能互补，为先进红外对抗提供了一种新的行之有效的告警形式，它通过探测、截获、跟踪威胁目标，可使干扰装置更加有效地对抗红外导弹。

光电综合告警系统对于目标、背景、假目标的辐射特征可进行多维探测，获得丰富的信息资源，因而可充分利用信息资源，实现优化配置、功能相互支持及任务综合分配。光电综合告警的另一个重要用途是利用不同波段光辐射具有不同大气衰减系数的特点进行粗略的被动测距，它弥补了光电告警因被动方式工作一般无距离信息的缺点。

2. 光电干扰设备

光电干扰设备是指用于破坏或削弱敌方光电设备的正常工作，以保护己方目标的一种电子设备。分为有源光电干扰设备和无源光电干扰设备两种。有源光电干扰设备又称为积极光电干扰设备或主动光电干扰设备，它利用己方光电设备发射或转发敌方光电装备相应波段的光波，对敌方光电装备进行压制或欺骗干扰；无源光电干扰设备也称消极光电干扰设备或被动光电干扰设备，它利用特制器材或材料，反射、散射和吸收光波能量，或人为地改变己方目标的光学特性，使敌方光电装备效能降低或被欺骗而失效以保护己方目标。目前用于飞机的光电干扰设备主要有红外干扰机、红外诱饵投放器。

1）红外干扰机

红外干扰机是一种能够发射红外干扰信号，破坏或扰乱敌方红外探测系统或红外制导系统正常工作的光电干扰设备，主要干扰对象是红外侦察系统和红外制导导弹。红外干扰机安装在飞机平台上，可以保护飞机免受红外制导导弹的攻击。它既可单独使用，又可与告警设备和其他设备一起构成光电自卫系统。

红外干扰机是针对导弹寻的器工作原理而采取的针对性极强的有源干扰设备，其干扰机理与红外制导导弹的导引机理密切相关。红外制导导弹的核心技术是红外寻的器。对于带有调制盘的红外寻的武器，目标通过光学系统在焦平面上形成一个“热点”，调制盘和“热点”做相对运动，使“热点”在调制盘上扫描而被调制，目标视线与光轴的偏角信息就包含在通过调制盘后的红外辐射能量中。经过调制盘调制的目标红外能量被导弹的探测器接收，形成电信号，再经过信号处理后得出目标与寻的器光轴线的夹角偏差或该偏差的角速度变化量，作为制导修正依据。当干扰机信号介入后，其干扰信号也聚集在“热点”附近，并随“热点”一起被调制，同时被探测器接收。干扰机的能量是按特定规律变化的，当这种规律与调制盘对“热点”的调制规律相近或影响了调制盘对“热点”的调制规律时，偏差信号将产生错误，致使舵机修正发生错乱，从而达到干扰的目的。

红外干扰机主要分为广角型红外干扰机和定向型红外干扰机。

（1）广角型红外干扰机。

早期的红外干扰机以广角型红外干扰机为主，主要包括热光源机械调制红外干扰机和放电光源电调制红外干扰机两种形式。

① 热光源机械调制红外干扰机。

热光源机械调制红外干扰机的光源是电热光源或燃油加热陶瓷光源，其红外辐射是连续的。由干扰机理得知，要想起到干扰作用，必须将这些连续的红外辐射变成闪烁、调制的红外辐射。具有这种断续透光作用的装置，叫作调制器。这种干扰机一般由控制机构、斩波控制部分、旋转机构、红外光源和斩波圆筒构成，如图 1-1-13 所示。

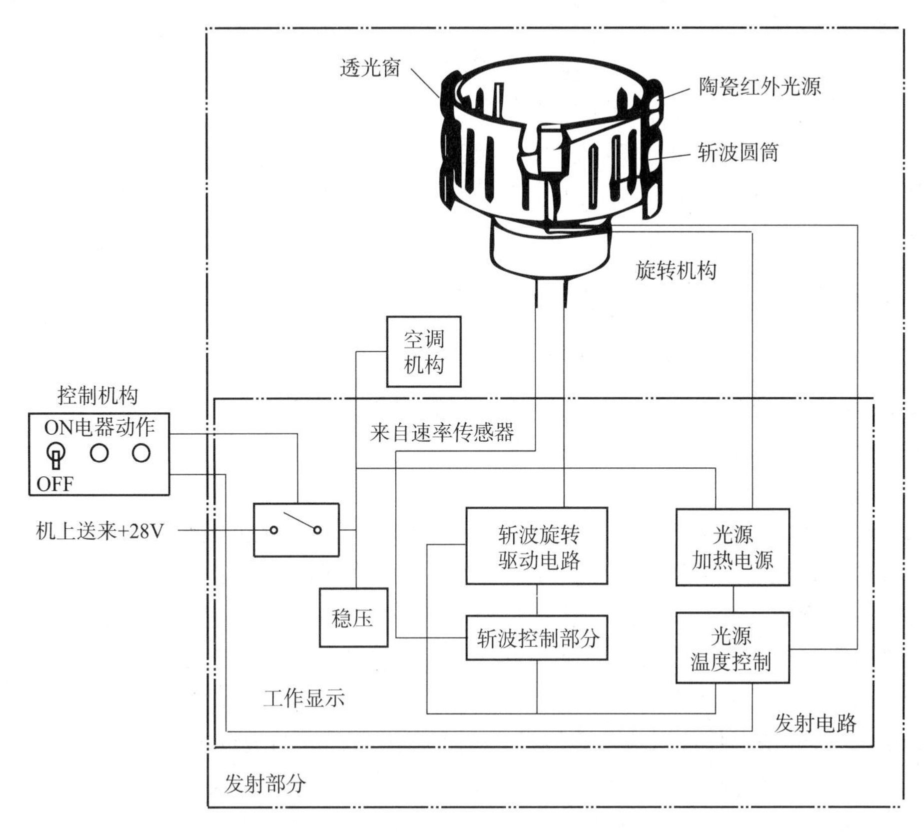

图 1-1-13　热光源机械调制红外干扰机组成框图

控制机构控制干扰机的工作状态和干扰辐射频率等，操作员可在其上进行调制频率的修改，修改信息送给斩波控制部分，然后通过旋转机构控制斩波圆筒完成对红外光源辐射的调制。从图上看，斩波圆筒由内外两个调制盘构成，成圆筒形，轴重合，光源放在轴线上，两个调制盘都沿轴线方向开一定数量的槽，槽的宽度等于槽间距的一半，两个调制盘在旋转机构的驱动下做相反方向的旋转，使光路时断时开，从而产生调制过的红外辐射干扰信号。

② 放电光源电调制红外干扰机。

放电光源电调制红外干扰机的光源是通过高压脉冲来驱动的，它本身就能辐射脉冲式的红外能量，因此不必像热光源机械调制干扰机那样加调制器，只需通过显示控制器控制光源驱动电源改变脉冲的频率和脉宽便可达到理想的调制目的。这种干扰机编码和频率调制灵活，如用微处理器在编码数据库中进行编码选择，可更有效地对多种导弹起到理想的干扰作用。这种干扰机的缺点是大功率光源驱动电源体积、重量较大，而且与辐射部分的结构相关性较小，通常整个设备由显示控制器、光源驱动电源和辐射器三部分构成。

(2) 定向型红外干扰机。

定向型红外干扰机采用非相干光源（激光）为干扰源。非相干光源以（如弧氙、氪灯）电光源为主，采用抛物反射镜面将其压缩成窄光束形成定向干扰光束。激光具有方向性好、能量密度高等特点，是定向型红外干扰机的理想光源，即使干扰模式并不匹配，也能起到很好的干扰效果。随着激光能量的进一步提高，甚至可实现对来袭导弹实施致眩或致盲干扰，而且对空间扫描型、双色及成像制导导弹都有理想的干扰效果。红外定向干扰需配备高精度的引导和跟踪装置。

美国和英国空军装备的“复仇女神”定向红外对抗系统，代号 AN/AAQ-24(V)，用于装备战术运输机、特种作战飞机、直升机及其他大型飞机，对抗地空和空空红外制导导弹的威胁。早期（20 世纪 90 年代）的 AN/AAQ-24(V) 系统采用的是非相干光源（25W 氙弧光灯），光速发散角为 5°，直径为 580mm，可干扰工作在 1μm 和 2μm 波段的红外制导导弹。到 20 世纪 90 年代后期，干扰光源改用 9.6μm 波长的 CO_2 激光器，经过晶体倍频，输出 4.8μm 波长激光，用于干扰 4~5μm 波段的新一代红外制导导弹。AN/AAQ-24(V) 系统主要由 AAR-54(V) 导弹逼近告警器、精密跟踪传感器、红外干扰发射机、控制装置、处理器和电源等组成。

2）红外诱饵投放器

航空红外诱饵投放器的任务是投放红外干扰弹。红外干扰弹是一种具有一定辐射能量和与真目标相似的红外频谱特征的干扰器材，用以欺骗或诱惑敌方红外侦测系统或红外制导系统。投放后燃烧的红外干扰弹可使红外制导系统锁定到它上面，致使跟踪精度降低或被引离攻击目标。红外干扰弹又称红外曳光弹或红外诱饵，是应用最广泛的一种红外干扰器材。在机载平台中，通常红外干扰弹与箔条干扰弹同时装备，因此，通常称为机载箔条/红外诱饵投放器或机载无源光电干扰设备，其组成框图如图 1-1-5 所示。

红外干扰弹由弹壳、抛射管、活塞、药柱、安全点火装置和端盖等零部件组成。弹壳起到发射管的作用并在发射前对干扰弹提供环境保护。抛射管内装有火药，由电底火起爆，产生燃气压力以抛射红外干扰弹。活塞用来密封火药气体，防止药柱被过早点燃；安全点火装置用于适时点燃药柱，并保证药柱在膛内不被点燃。

1.2 航空电子对抗设备主要性能指标

目前，对于航空电子对抗设备性能指标的分类方式有两种：一种是将航空电子对抗设备性能指标分为战术指标、技术指标；另一种则是将航空电子对抗设备的性能指标分为整机指标、分系统或分机性能指标。

电子对抗设备的战术性能指标是指电子对抗设备为完成一定作战任务所必须具备的、呈现给用户的特有属性，是电子对抗设备战术性能描述的进一步深化和量化，是设计电子对抗设备的依据，通常是在研制任务书或研制合同中由军方提出的。战术性能指标在设备设计定型或交付时，由军方和工业部门组织验证，交付部队后，部队很少再对战术性能指标进行测试、验证，但战术性能指标是该型电子对抗设备作战使用的主要依据。电子对抗设备的战术性能指标主要包括两大类：一类是环境适应性指标，主要衡量装备在什么样的战场环境下“能工作”和指战员在什么样的操作环境下“能工作”。这类指标涉及的因素包括对自然环境的适应性、对电磁环境的适应性、操作环境的便捷性、操作环境的安全性等。目前而言，无论是雷达对抗装备、通信对抗装备，还是光电对抗装备，通常采用群队编组方式，机动方式雷同，运用环境类似点多，在环境适应性指标方面存在诸多共性，而对运用环境有特殊要求的装备可个别说明。另一类是作战能力指标，主要衡量装备工作的“效果”问题，比如：对抗的是什么目标（数量多少），针对这些目标的防御区域是什么，目标在什么时间进入对抗领域，目标在什么位置可以被有效干扰、以什么方式实施干扰能发挥装备最佳效能。因此，作战能力指标的主体指标可从装备作战能力的时、空结构和所能对抗目标的数量因素来界定。空间结构与距离和方位相关，表示为作用距离和测向精度；时间因素与反应速度和持续作用时间有关，表示为作用时间（在不同的装备中可用反应时间和连续工作时间来表示）；所能对抗目标的数量因素可表示为多目标能力。除了主体指标，不同类型的电子对抗设备在作战能力指标方面涉及的因素不尽相同，因此其具体指标也不完全相同。对于雷达对抗装备来说，作战能力指标主要包括作用距离（可从作用距离和干扰功率两个方面给出指标）、测向精度、作用时间（包括反应时间和连续工作时间）、多目标能力、有效干扰扇面指标；对于通信对抗装备来说，作战能力指标主要包括作用距离（可从作用距离和干扰功率两个方面给出指标）、测向精度、作用时间（通常只讨论反应时间）、多目标能力等指标；对于光电对抗装备来说，作战能力指标主要包括作用距离、测向精度（用角度分辨力来表示）、作用时间（通常只讨论反应时间）、多目标能力，除此之外，由于光电对抗装备目标主要用于担负高价值点目标的光电防护任务，还应讨论散射截获半径指标（与防护面积有关）和工作波段指标。

电子对抗设备的技术性能指标是描述电子对抗设备技术性能的量化指标。电子对抗设备的战术性能指标通常是由技术性能指标保障的，所以部队接装后需要定期对电子对抗设备的技术性能指标进行测量。

电子对抗设备的整机性能指标反映的是电子对抗设备总体的战术、技术性能，电子对抗设备的分系统或分机性能指标反映的是电子对抗各分系统或分机的具体性能。根据电子对抗设备技术领域的不同，其组成结构差异很大，因此整机性能指标、分系统或分机性能指标差异也很大，本书按技术领域不同分别叙述。

需要特别说明的是，航空电子对抗设备的性能指标还包括如体积、重量、结构等构型参数指标和可靠性、可维修性、环境适应性、测试性、电磁兼容性、安全性等电子装备通用指标。这些指标在很大程度上取决于航空电子对抗设备的战术需求，比如，雷达情报侦察设备体积比较大、重量比较重、结构比较复杂，而雷达告警设备体积比较小、重量比较轻、结构比较简单。航空电子对抗设备一旦装机，这些参数已符合要求，部队一般不再关注和测量，因此本节不再论及。

1.2.1 雷达对抗设备性能指标

1. 雷达侦察设备性能指标

1）主要战术性能指标

（1）侦察空域。

侦察空域反映了雷达侦察设备的方位和俯仰角覆盖能力，又称空域覆盖范围。空域覆盖范围可以分解为方位覆盖范围和俯仰覆盖范围两个指标。雷达侦察设备的侦察空域与设备的天线和测向体制有关。一般航空雷达侦察设备的方位覆盖通常是全向的，范围为360°；俯仰覆盖范围是定向的，范围为-45°～+45°或者更小。

（2）侦察距离。

侦察距离又称侦察作用距离，是雷达侦察设备根据规定的概率可截获和侦收雷达辐射源信号的最大距离。它是雷达侦察设备的一项重要战术指标。侦察作用距离是侦察接收设备输入端的信号电平等于侦收灵敏度时的侦察距离。它与侦察设备的技术性能、敌方雷达发射机的技术性能和电波传播条件等有关。

（3）测频范围。

测频范围又称频率覆盖范围或工作频率范围，是指雷达侦察设备测频接收机能够侦察的最大频率范围。目前，雷达的工作频率已经占据了0.5～40GHz的频段，而对于接收机而言，敌辐射源工作频率是未知的，因此为了能截获到感兴趣的辐射源信号，要求测频接收机必须具有非常宽的频率覆盖范围。具体到某型雷达侦察设备的工作频率范围则由雷达侦察设备的使命和任务决定。

（4）瞬时带宽和分析带宽。

瞬时带宽是指雷达侦察接收机的任一瞬间可以测量的辐射源频率范围。瞬时带宽和测频范围是不同的概念，不同体制的接收机两者的区分度不同。例如：晶体视频接收机，其瞬时带宽和测频范围相等；而搜索超外差接收机，其瞬时带宽就明显小于测频范围。

分析带宽是指侦察接收机能够处理信号的带宽。通常一部接收机的分析带宽就是供分析信号频谱结构用的检波前的瞬时带宽。但是，在某些仅能分析信号包络的接收机中，分析带宽是检波后的带宽。

侦察接收机应当具有较宽的瞬时带宽和分析带宽，因为这样既减少了接收机的频率搜索时间，又可以获取宽带辐射源信号（如相位编码、捷变频信号等）的全部信息。但是，侦察接收机带宽的选择受技术实现的限制，通常必须根据信号环境所要求的最短响应和接收机后接的信号处理器处理能力来确定一个最佳的接收机带宽。

（5）测频精度和频率分辨率。

测频精度是测频接收机所能达到的信号频率测量误差大小。测频误差根据产生原因可分为系统误差和随机误差。系统误差由测频系统自身器件的局限引起，通常用测频误差均值表示；随机误差是由噪声等因素引起的，通常用测频方差表示。对于传统的测频接收机，最大测频误差 $\delta f_{\max}$ 主要由瞬时带宽 Δf_r 决定，即

$$\delta f_{\max} = \pm\frac{1}{2}\Delta f_r \tag{1-2-1}$$

可见，瞬时带宽越宽，测频精度越低。对于超外差接收机，测频误差还与本振频率的稳定度、调谐特性的线性度，以及调谐的滞后量等因素有关。

频率分辨率是指测频系统能区分开的最小频率差。频率分辨率跟测频系统的体制有很大关系，对晶体视频接收机，其瞬时带宽和测频范围很宽，但其频率分辨率却很低。窄带搜索超外差接收机，其瞬时带宽较窄，但位于不同频段的信号可以有效分开，即频率分辨率较高。

（6）测向精度。

测向精度一般用测角误差的均值和方差来度量，它包括系统误差和随机误差。系统

误差是由于系统失调引起的，在给定的工作频率、信号功率和环境温度等条件下，它是一个固定偏差（均值不为零）。随机误差主要是由系统内、外噪声引起的。测向精度一般可以用均方根（RMS）误差或者最大值误差来表示。

（7）角度分辨力。

角度分辨力是指能区分同时存在的特征参数相同但所处方位不同的两个辐射源之间的最小夹角，也称为方位分辨率。

（8）瞬时视野。

瞬时视野是指在给定时刻测向系统能够测量的角度范围，通常用 Ω_{IAOA} 表示。

（9）系统反应时间。

系统反应时间是指雷达侦察设备截获到指定信号到输出该信号技术参数或者情报信息所需的时间。依据输出信号技术参数或情报信息的不同，还可以细分为测向时间、测频时间、信号处理时间等。测向时间是指测向设备或系统在规定的信号强度和测向误差条件下，完成一次测向所需的时间。信号处理时间是指信号处理器在给定的信号环境条件下分析和处理信号所需的时间间隔。信号处理时间越小，信号处理器的能力越强。

2）主要技术性能指标

（1）测频灵敏度。

灵敏度是接收机检测微弱信号能力的象征。正确地发现信号是测频接收机测量信号频率的前提，要精确地测频，特别是数字式精确测频，被测信号必须比较干净，即有足够高的信噪比。如果接收机检波前的增益足够高，则灵敏度是由接收机前端器件的噪声电平确定的，通常称之为噪声限制灵敏度。如果检波器前的增益不够高，则检波器和视放的噪声对接收机输出端的信噪比影响较大，这时接收机的灵敏度称为增益限制灵敏度。

（2）动态范围。

动态范围是指接收机能处理的最大输入信号功率到最小输入信号功率间的变化范围。动态范围常用分贝（dB）表示，即接收机能处理的最大输入信号功率电平和最小输入信号功率电平之比。现代电磁环境中，各种雷达发射机的输出功率从几瓦到几兆瓦（如远程搜索雷达等），雷达天线增益从小于 10dB 到接近 40dB 的都有。就此而言，侦察接收机的动态范围至少要求达到 90dB。另外，还应考虑到对不同距离所产生的路径损失，这样对侦察接收机的动态范围要求更宽，如对接收机中线性放大器的要求一般要有 50dB，而对数或限幅放大器要求能达到 80dB。

（3）测向灵敏度。

测向灵敏度是指在规定的条件下，测向设备能测定辐射源方向所需要的最小信号的强度。通常用分贝值 dBm 来表示。

（4）信号调制参数的测量范围和精度。

信号的调制参数有脉冲宽度、脉冲重复间隔、线性调频信号的调频斜率和频率宽度、相位编码信号的结构与位数等。

（5）信号处理能力。

信号处理能力包含了三方面的意义：一是接收信号的能力；二是对同时到达信号的分离能力；三是检测和处理多种形式信号的能力。

雷达侦察接收机对信号的接收能力，由接收机后接的信号处理器的处理速度决定。接收能力没有必要超过处理速度。否则，会因此而丢掉多余脉冲，甚至阻塞信号处理器。

由于信号环境日益密集，两个或两个以上信号在时域上的重叠概率也随之增大，为此要求侦察接收机应能分别精确地测定同时到达信号的参数，而不得丢失其中的弱信号。对于脉冲信号，同时到达信号是指两个脉冲的前沿时差 $\Delta t<10\text{ns}$ 或 $10\text{ns}<\Delta t<120\text{ns}$，前者称为第一类同时到达信号，后者称为第二类同时到达信号。

现代雷达信号的种类很多，总的可分为脉冲信号和连续波信号两大类。在脉冲信号中，又分低工作比的脉冲信号、高工作比的脉冲多普勒信号、重频抖动信号、各种编码信号及扩谱信号。宽带信号的旁瓣往往遮盖弱信号，引起频率模糊，使接收机的频率分辨力降低。因此，宽带信号对截获接收机的频率测量和频谱分析能力提出了更高的要求。

连续波信号有非调频和调频两类。它们的共同特点是峰值功率低，比普通的脉冲信号要低三个数量级，这就对截获接收机的灵敏度提出了苛刻的要求。另外，连续波信号的存在将产生大量的同时到达信号，滤除连续波信号是分离同时到达信号的任务之一。

雷达侦察设备发现雷达的能力被称为信号截获能力。概括地说，对雷达信号的截获条件是：在信号出现的时候，保证雷达侦察设备在方向和频率上畅通，接收的信号强度足够，并且分析处理准确。

（6）对雷达天线特性的分析能力。

主要指对雷达天线的极化、主波束宽度、扫描特性等的分析能力。

（7）存储能力。

存储能力是指雷达侦察设备对侦察到的雷达辐射源参数的存储能力，一般的雷达情报侦察设备都可以存储2000个辐射源数据。

（8）控制方式。

雷达侦察设备的控制方式包括自动、人工、自动+人工。

2. 雷达干扰设备性能指标

1）雷达有源干扰设备性能指标

（1）有效辐射功率。

干扰机的有效辐射功率是它的发射功率 P_j 和干扰天线增益 G_j 的乘积，即 P_jG_j。对于雷达有源干扰设备而言，有效辐射功率决定了干扰设备的实际干扰功率，在某种程度上也决定了干扰设备的作用距离和威力范围。对于具有功率合成和波束合成能力的干扰机，P_j，G_j 分别表示合成以后的最大发射功率和天线增益。在一般情况下，P_j 是干扰发射机末级功放的额定输出功率，但对于直接转发式干扰机，输出功率 P_j 与接收到的雷达信号功率有关，设接收到的雷达信号功率为 P_{in}，干扰机的系统增益为 K_p，则

$$P_j = K_p P_{in} \tag{1-2-2}$$

对直接转发式干扰机，P_j 是随着干扰机离雷达的距离不同而变化的，因为 K_p 是常数，所以称直接转发式干扰机体制为恒增益体制；而对于有主振VCO的及有储频源体制的，它输入到干扰发射部分的信号功率为常数，因而发射机输出功率也是不变的，称这种体制为恒功率体制。

（2）频率范围。

工作频率范围是指干扰设备对雷达实施有效干扰的最低频率和最高频率之间的频域。干扰机的频率范围是根据被干扰雷达的频率分布和调频范围来确定的，干扰频段必须能覆盖整个被干扰雷达的频率范围。设计干扰机时必须根据被干扰对象的频率范围来选用微波管覆盖该频率范围。

（3）干扰空域范围。

干扰空域范围包括：①任意时刻天线的波束宽度 θ_j；②天线波束在空间的最大指向范围 Ω。其中 θ_j 关系到测向引导精度，所以一般情况下 θ_j 与方位引导误差统一考虑。

（4）引导误差。

引导误差分为频率引导误差和方位引导误差。

引导式干扰机的额定引导误差是设置的 VCO 主振频率与雷达载频的偏差，一般要求它不能超出雷达接收机中放带宽的一半，即

$$\Delta f \leqslant \frac{\Delta f_r}{2} \tag{1-2-3}$$

对转发干扰机不存在频率引导误差。

方位引导误差是指干扰天线波束对雷达天线波束的误差，对干扰机的方位引导误差为

$$\Delta\theta \leqslant \frac{\theta_j}{2} \tag{1-2-4}$$

（5）引导时间。

干扰机的引导时间 Δt_j 是指从接收到威胁雷达信号到发出射频干扰信号的时间。它包括接收到威胁雷达信号经过信号处理到控制管理和决策计算机发出控制命令的时间 Δt_p 与发射机接收到该命令输出射频干扰信号的时间 Δt_c，即

$$\Delta t_j = \Delta t_p + \Delta t_c \tag{1-2-5}$$

显然，对引导式干扰机，Δt_p 的时间较长，因为它涉及雷达信号的分选、分析和识别的时间；Δt_c 时间较短，因为它只是干扰资源的调控时间。

转发式干扰机的引导时间 Δt_j 实际上是接收到的雷达脉冲通过干扰机造成的延迟时间，也就是接收到的威胁雷达信号前沿到转发出干扰脉冲信号前沿的时间，由于转发式干扰机是用于飞机等自卫干扰，所以要求这个直通延迟时间越小越好，通常它应小于 100ns。

（6）对威胁雷达的干扰能力。

对多个威胁雷达的干扰能力是指雷达干扰系统能同时进行有效干扰不同雷达的部数，即同时干扰目标数。这里所说的同时不是指同一时刻，而是指在特定时间内对每一部雷达都进行有效干扰。实际上这是一个干扰功率管理问题，当侦察设备在天线波束的指向范围内接收到多部不同雷达信号之后，经过信号分选、分析和识别，确定了它们各自的威胁等级，然后进行干扰管理，决策计算机就在时间、空间、频率三维分量分配干扰资源，以求达到对多部不同雷达实施有效干扰。

（7）干扰雷达的类型。

干扰雷达的类型是指干扰设备能对哪些类型的雷达实施有效的干扰。由于现代雷达体制类型多，使得适用于干扰多种体制的雷达的能力已成为衡量干扰系统的重要指标

之一。

（8）信号环境密度。

信号环境密度是指干扰设备在单位时间内能正确测量分析雷达脉冲的最大脉冲个数，它表征了干扰设备适应密集信号环境的能力。

（9）系统反应时间。

系统反应时间是指干扰设备从截获第一个雷达脉冲到对该雷达施放出干扰之间的最小时间。

2）雷达无源干扰设备性能指标

雷达无源干扰设备的主要功能是投放箔条干扰弹，即在保证有弹打的情况下，能按程序要求，快速、有效地将箔条干扰弹投放出去。因此，雷达无源干扰设备主要性能指标有：

（1）装填方案。

装填方案是指雷达无源干扰设备所能装载干扰弹的种类、数量、方式等，它衡量了无源干扰设备能干扰的雷达的频率范围，可以打出的干扰弹的数量。一般情况下，无源干扰设备可以装载多种型号的干扰弹，装载干扰弹的数量取决于装载平台的大小，装载干扰弹的方式是一个发射器只能装载一种干扰弹。

（2）投放程序。

投放程序是指投放干扰弹的数量、时间和节奏。投放程序参数包括齐射数、点射数、组射数、点间隔、组间隔。

齐射数、点射数、组射数用来共同描述投放干扰弹的数量。齐射数是指几乎一起或同时发射的干扰弹的数量，通常为 1 或 2，因此又叫单双发。点射数是指投放几发干扰弹，组射数是指投放几组干扰弹。如果投放程序参数的齐射数为 1、点射数为 2、组射数为 3，那么就投放 6 发干扰弹；如果投放程序参数的齐射数为 2、点射数为 4、组射数为 5，那么就投放 40 发干扰弹。

组间隔、点间隔用来共同描述投放干扰弹的时间和节奏。组间隔是指投放两组干扰弹之间的间隔时间，通常为几秒。点间隔，又称弹间隔，是指每组干扰弹中相邻两发干扰弹投放的间隔时间，一般为零点几秒。通常，无源干扰设备投放干扰弹的相邻点间隔、相邻组间隔是根据需要可选择的。

（3）工作模式。

雷达无源干扰设备的工作模式一般有三种：人工、自动、应急。人工模式是指设备按照设备操纵员装订干扰弹的投放程序投放干扰弹；自动模式是指设备操纵员按下投放按钮后，无源干扰设备按雷达告警设备提供的投放程序投放干扰弹；应急模式指在紧急情况下，设备操纵员按下投放按钮后，无源干扰设备按设备本身预先装订的应急投放程序投放完所有剩余的干扰弹。

（4）反应时间。

雷达无源干扰设备的反应时间是指从施放打弹控制信号到干扰弹射出发射器所需的时间。一般要求设备反应时间小于等于 100ms。

（5）发射成功率。

雷达无源干扰设备的发射成功率是指实际打出干扰弹的数量和要求打出干扰弹的数

量之比，一般要求设备发射成功率大于等于96%。

（6）点火脉冲特性。

点火脉冲特性是指将干扰弹发射出去的瞬间对点火脉冲的电流要求和宽度要求。通常，机载无源干扰设备的点火脉冲电流要求大于等于700mA，点火脉冲宽度要求40ms左右。

（7）箔条干扰弹的主要技术指标。

箔条干扰弹的主要技术指标有干扰波段、发射初速、雷达截面积等。

箔条干扰弹的干扰波段是指箔条干扰弹的反射或散射频段的范围，一般为2~18GHz。有的可达40GHz，这主要取决于被干扰雷达的工作频率范围。

箔条干扰弹的雷达截面积是指单枚干扰弹形成的箔条云有效反射雷达波等效雷达截面积。一般每枚机载干扰弹能形成全频段内大于30m^2的雷达截面积。它是为了描述箔条云在一定入射功率条件下后向散射功率能力而引入的一个概念。它是一个假想的面积。

箔条干扰弹的发射初速度，又称弹出速度，一般机载箔条诱饵的发射初速度选取范围为20~55m/s。

1.2.2　通信对抗设备性能指标

1. 通信侦察设备性能指标

通信侦察设备的主要技术指标有三类：第一类是设备总体指标，它反映通信侦察设备的总体性能；第二类是接收机射频通道指标；第三类是信号分析和处理指标。

1）设备总体指标

（1）侦察作用距离。

侦察作用距离是通信侦察设备根据规定的概率可截获和侦收通信辐射源信号的最大距离。它是通信侦察设备的一项重要战术指标。侦察作用距离是侦察接收设备输入端的信号电平等于侦收灵敏度时的侦察距离。它与侦察设备的技术性能、敌方通信发射机的技术性能和电波传播条件等有关。

（2）空域覆盖范围。

空域覆盖范围反映了侦察设备方位和俯仰角覆盖能力。空域覆盖范围与设备的天线和测向体制有关。对于全向设备，空域覆盖范围是一个以侦察天线为中心的全球或者半球，球的直径与侦察作用距离有关。通信侦察设备的俯仰覆盖通常是全向的，方位覆盖范围是全向或者定向。空域覆盖范围可以分解为方位覆盖范围和俯仰覆盖范围两个指标。

（3）工作频率范围。

工作频率范围是通信侦察设备的重要指标。传统通信侦察设备的侦察频率范围为0.1MHz~3GHz，现代通信侦察系统的频率范围已经向微波和毫米波扩展，高端需要覆盖到40GHz甚至更高。通信侦察设备工作频率范围的确定主要由通信侦察设备的使命和任务决定。

（4）系统灵敏度。

系统灵敏度是指当侦察设备终端在规定的信噪比条件下，完成信号检测或者处理时，天线输入的最小信号功率或者天线口面上的最小信号场强。

系统灵敏度与天线增益、接收机灵敏度、检测信噪比等因素有关。它除了考虑接收机灵敏度外，还须考虑天馈系统的增益或损耗。现代通信侦察设备的系统侦收灵敏度大约为-90~-110dBm。

（5）测频精度。

测频精度（或称测频准确度）是指通信侦察设备测量目标信号频率的读数与目标信号频率真值的符合程度。测频精度的要求与工作任务的要求、工作频段有关，通常情报侦察频谱监测任务要求的测频精度最高，而在短波频段，容许的测频精度一般为1~10Hz；在超短波以上频段，允许的测频精度可稍低一些，一般为0.3~2kHz。

（6）测向精度。

测向精度是指通信侦察设备测量目标信号到达方向的读数与目标信号到达方向真值的符合程度。测向精度的要求与工作任务要求有关，通常情报侦察与频谱监测任务要求的测向精度高，而支持侦察和干扰引导任务要求的测向精度低，测向精度一般为0.1°到几度。

（7）信号截获概率。

信号截获概率是指通信侦察设备截获指定信号的可能性。它与侦察设备体制、信号环境、信号检测方法等因素有关。

（8）系统反应时间。

系统反应时间是指通信侦察设备截获到指定信号到输出该信号技术参数或者情报信息所需的时间。

2）接收机射频通道指标

（1）接收机灵敏度。

接收机灵敏度是指当侦察设备终端在规定的信噪比条件下，完成信号检测或者处理时，接收机输入端的最小信号功率。接收机灵敏度与接收机体制、内部噪声、瞬时带宽等因素有关。通常直接检波式接收机灵敏度最低，而超外差接收机的灵敏度较高。

（2）接收机瞬时带宽。

瞬时带宽是指接收机工作的带宽，通常由接收机的中频放大器带宽决定。接收机的瞬时带宽可以覆盖多个通信信道，此时称为宽带接收机，它也可以只覆盖一个通信信道，此时称为窄带接收机。通信信号的带宽变化较大，如10kHz、25kHz、200kHz等。对于扩频信号，其带宽甚至达到几十兆赫。因此，通信侦察接收机的瞬时带宽通常是可变的。

（3）频率搜索速度。

频率搜索速度是指侦察接收机在单位时间内可以搜索的频带范围值。它与接收机本振的置频速度、信号处理时间、信号环境等因素有关。侦察接收机的频率搜索速度一般为100~2000MHz/s。

（4）频率搜索间隔。

频率搜索（步进）间隔反映接收设备精确调谐的能力，一般由接收机本振的最小频率步进量决定。如短波接收机的最小频率间隔为1~10Hz，超短波接收机的最小频率间隔一般为1kHz，要求不太高的场合可为12.5kHz、25kHz等。

（5）接收机动态范围。

接收机动态范围是指为保证适应复杂的信号环境，通信侦察接收机能够正确截获和侦收的目标信号的强度变化范围。动态范围有两种定义：

① 饱和动态范围：一般指接收机灵敏度到饱和时的信号强度变化范围。过强的信号会使接收机饱和，同时还会抑制弱小信号。

② 无寄生干扰动态范围：当两个以上的信号同时进入接收机时，由于射频通道器件的非线性，会引起交调干扰。无寄生干扰动态范围是指接收机不出现交调干扰的最大信号与最小信号的电平之差。无寄生干扰动态范围比饱和动态范围小得多，一般要求动态范围不小于60dB。

（6）选择性。

通信侦察接收系统从大量复杂信号环境中选出所需的有用信号的能力称为选择性。选择性可分为单频选择性和多频选择性两类。

单频选择性包括邻道选择性、中频选择性和镜频选择性。邻道选择性一般要求不小于60dB，中频选择性和镜频选择性通常要求大于80dB。

多频选择性是指由于侦察接收机的非线性而引起的互调、交调、阻塞和倒易混频。多频选择性通常用规定条件下容许的干扰电平来表示，一般为80~100dBμV。

3）信号分析和处理指标

（1）信号环境适应能力。

信号环境适应能力是指信号分析和处理系统能够正常分析和处理的通信信号种类、信号密度的能力。信号环境可以用复杂性和密集性描述。复杂性是指可以分析和处理信号的种类，即它可处理的常规通信信号、扩频通信信号类型。密集性是指可以同时分析和处理的通信信号的数量。在现代战场中，通常通信侦察设备面临的是一个复杂、密集的信号环境。

（2）信号处理带宽。

信号处理带宽是指侦察系统信号处理器正常分析和处理信号的带宽。信号处理带宽越宽，信号处理器的能力越强。

（3）信号处理时间。

信号处理时间是指信号处理器在给定的信号环境条件下分析和处理信号所需的时间间隔。信号处理时间越小，信号处理器的能力越强。

（4）信号正确识别概率。

信号正确识别概率是指信号分析识别系统正确地识别信号类型的概率。它与信号环境密切相关，信号环境越复杂，信号识别的难度越高。

（5）频率分辨率。

频率分辨率是指系统能够区分两个不同频率信号之间的最小频率间隔。

2. 通信测向和定位设备性能指标

测向和定位设备在电性能、物理性能、环境和使用要求及接口功能等多方面都有严格的指标要求。本节主要讨论测向和定位设备在电性能方面的主要指标。

1）工作频率范围

工作频率范围是指通信测向和定位系统的工作频率范围。例如，短波测向设备的工作频率范围通常为1.5~30MHz；超短波测向设备的工作频率范围目前多数为20~1000MHz或30~1000MHz。

2）测向范围

测向范围是指通信测向和定位系统的可测向的空域范围。如方位全向工作、半向工作或者部分方向测向等。

3）瞬时处理带宽

当要求能对短持续时间信号（如短脉冲、跳频信号）进行测向或定位时，为了保证测向或定位反应时间能适应对短持续时间信号搜索截获和采样方面的要求，对测向或定位设备的瞬时射频带宽和处理带宽（如快速傅里叶变换（fast Fourier transform，FFT）处理带宽）提出了相应的要求。通常测向或定位处理器的瞬时处理带宽决定了测向或定位设备的瞬时射频带宽。

4）测向和定位误差

测向和定位误差包括测向误差和定位误差指标。

（1）测向误差。

测向误差表示在一定的来波信号强度下测向设备测得的目标方位角与其真实方位角之差的统计值，这是测向设备最重要的指标。通常，这一指标有两种表述方式。

① 设备测向误差：表示不包含测向天线的基本测向设备的测向误差。由于不涉及测向天线，不存在场地和周围环境的影响，因此这一误差很小，一般测向设备测向误差在±(0.5°~1°）范围内。

② 系统测向误差：表示包含测向天线在内的整个测向系统的总的测向误差。检测时，应在外场环境中把整个测向系统安装在规定的平台上，并在一定距离上开设目标电台，进行现场测试。在检测这一指标过程中，场地和周围环境对指标的测试结果影响很大，故对这一指标一般都要注明场地要求和周围环境要求。例如，对场地的大小、平坦度、周围的障碍物（山林、高楼、铁塔、高压线网等）和无关辐射源等都会提出一定的要求。

由于测试场地和周围环境对测向误差的影响不可能完全消除掉，因此系统测向误差不是用某一点上的测试结果来表示，而是用若干测试值的均方根值来表示。

（2）定位误差。

当采用测向法定位时，测向误差将直接影响定位误差；当采用时差定位和其他定位方法时，时间及其他参数测量的准确度等原因直接影响定位误差。定位误差一般采用所确定的目标定位模糊区域的圆概率误差（circular error probable，CEP）表示，工程上常用圆的直径与定位距离的比值来表示。

5）测向反应时间

测向反应时间通常有两种不同的表述方式。

（1）测向和定位速度。

测向和定位速度表示测向和定位设备对目标完成一次测向和定位所需要的时间，它包括接到命令把接收机置定到被测频率上截获目标信号、进行处理运算以及把结果送到显示器显示出来这一过程所需要的全部时间。

（2）容许的信号最短持续时间。

容许的信号最短持续时间表示测向和定位设备为保证测向和定位精度所需要的被测

信号的最短持续时间。一般测向和定位设备的处理器对接收机输出的中频信号需要通过采样完成模/数变换，而后进行处理运算。只有信号持续时间足够长，才能采集到足够数量的样本以保证相应的精度。

6）测向灵敏度

测向和定位灵敏度是在保证容许的测向示向度偏差（测向误差）或定位误差条件下所需被测信号的最小场强，通常以 μV/m 为单位。

测向灵敏度与工作频率有关。对一部宽频段工作的测向和定位设备而言，测向和定位灵敏度不能用某一个数值来表示，至少在不同的子频段内，灵敏度是不同的。所以在测向和定位设备产品性能介绍中，测向和定位灵敏度通常用一个数值范围来表述。有不少测向设备同时附有 E_0-f 变化曲线，这种表述方式更为确切。

测向灵敏度直接影响测向和定位误差。测向和定位误差与灵敏度直接相关，在表示测向和定位灵敏度指标时，必须同时注明容许的测向和定位误差。

7）测向方式

测向和定位设备的测向方式属于功能性要求，通常有守候式测向、扫描式测向、搜索引导式测向、规定时限的测向、连续测向等。

3.　通信干扰设备性能指标

1）干扰频率范围

干扰频率范围是通信干扰系统的重要指标。干扰频率范围一般小于或等于通信侦察系统传统的侦察频率范围。其覆盖范围一般是 0.1MHz～3GHz，现代通信干扰系统的频率范围已经向微波和毫米波扩展，高端需要覆盖到 40GHz。

2）空域覆盖范围

空域覆盖范围反映了通信干扰系统方位和俯仰角覆盖能力。通信干扰系统的俯仰覆盖通常是全向的，方位覆盖范围是全向或者定向的。空域覆盖范围可以分解为方位覆盖范围和俯仰覆盖范围两个指标。

3）干扰信号带宽

干扰信号带宽是指干扰系统的瞬时覆盖带宽。干扰信号带宽与干扰体制和干扰样式有关。拦阻式干扰的干扰信号带宽最大，可以达到几十到几百兆赫；瞄准式干扰带宽最小，一般为 25～200kHz。

4）干扰样式

干扰样式反映了通信干扰系统的适应能力。干扰样式越多，干扰系统的干扰能力越强。干扰样式包括噪声类干扰的窄带和宽带噪声干扰样式、欺骗类干扰样式等。干扰样式应依据被干扰目标的信号种类、调制方式、使用特点以及通信干扰装备的战术使命和操作使用方法等多方面因素来选取。为了能适应对多种体制的通信系统进行干扰，除常用的带限低音频高斯白噪声调频样式外，通信干扰装备一般还有多种干扰样式备用，如单音、多音、蛙鸣等干扰样式。

5）可同时干扰的信道数

可同时干扰的通信信道数是指在实施干扰过程中，干扰信号带宽可以瞬时覆盖的通信信道数目 N，它与干扰信号带宽 B_j 和信道间隔 Δf_{ch} 有关，两者之间满足关系：

$$N=\frac{B_{\mathrm{j}}}{\Delta f_{\mathrm{ch}}} \tag{1-2-6}$$

6）干扰输出功率

干扰输出功率是干扰装备体现干扰能力的重要指标。但干扰能力是一个多变量函数，比如，通信干扰装备总的干扰能力的数学表达式可以写成下面形式：

$$N_{\mathrm{j}}=\frac{AP_{\mathrm{j}}}{B_{\mathrm{j}}\Delta f} \tag{1-2-7}$$

式中：N_{j} 为干扰能力的数学表征量；A 为某一个系数；P_{j} 为干扰发射机的输出功率；B_{j} 为干扰带宽；Δf 为干扰载频相对于信号载频的瞄准偏差。

由式（1-2-7）可知，干扰发射机的输出功率只是干扰能力的一个方面。为保证一定的干扰能力，增大干扰发射机输出功率与减小干扰带宽（在一定限度内）和降低频率瞄准误差是一样可取的。因此在设计通信干扰装备时应该在这些技术参数之间权衡利弊，折中选取。一般情况下，干扰发射机的输出功率根据任务的不同可以有几瓦、几十瓦、几百瓦、几千瓦或更大。

1.2.3 光电对抗设备性能指标

1. 光电侦察设备性能指标

在航空领域，光电侦察设备以光电告警设备为主，因此本节主要讨论航空光电告警设备的性能指标。

1）工作波段

工作波段又称工作波长或告警波长，是指航空光电告警设备的告警波长范围。一般来说，紫外告警设备工作波段为0.2~0.3μm；红外告警设备工作波段为1~3μm、3~5μm、8~14μm；激光侦察告警设备的告警波长可以是单一波长，也可以是多个波长，针对不同的激光威胁源来确定，如1.06μm，1.54μm、10.6μm和0.88~0.90μm等。

2）告警距离

告警距离又称探测距离或作用距离，是指光电告警设备刚好能确认威胁对象存在时，威胁对象距被保护目标的距离。一般来说，紫外告警设备的告警距离为3~10km；红外告警设备的告警距离通常不小于5km；激光侦察告警设备的告警距离，在规定大气能见度下，针对不同的激光威胁源，通常为1~15km。

3）探测灵敏度

探测灵敏度是指光电告警设备刚好能确认威胁对象存在时，威胁对象在单位面积上辐射的最小通量，单位为瓦每平方米（$\mathrm{W/m^2}$）。一般来说，激光侦察告警设备的探测灵敏度为10^{-3}~$10^{-6}\mathrm{W/m^2}$。

4）告警视场

告警视场又称警戒视场范围，通常又细分为方位视场（方位角）和俯仰视场（俯仰角），单位为度（°）。一般来说，紫外告警设备的方位视场为360°，俯仰视场为90°，视装载平台位置不同，有的俯仰视场为+65°~-30°，有的为+45°~-45°；激光告警设备的方位视场为360°，俯仰视场为180°。

5）空间分辨率

空间分辨率又称角度分辨力，是指光电告警设备在告警视场内同一距离上恰能区分两个在方位和俯仰上比较靠近的威胁目标的最小角度。角度分辨力分为方位角分辨力和俯仰角分辨力。粗略定向的设备，角度分辨力一般为45°、30°、15°等，准确度精确到“度”；中等准确定向的设备，角度分辨力一般为几度，准确度精确到“分”；精确定向的设备，角度分辨力一般为几分（几毫弧度），准确度小于或等于角度分辨力。一般来说，紫外告警设备的角度分辨力为几度；红外告警设备的角度分辨力可达到微弧度量级；激光侦察告警设备的角度分辨力为几毫弧度。

6）方向误差

方向误差通常按方位和俯仰分别给出，也可以半锥角的形式给出，单位为度或毫弧度等。一般来说，红外告警设备的方向误差通常不大于1°。

7）探测概率

探测概率指威胁对象出现在告警设备视场内时，告警设备能够正确探测和发现对象目标并告警的概率，一般要求不小于95%。

8）虚警率

虚警是指威胁对象事实上不存在而光电告警设备误认为有威胁并发出了告警。虚警发生的平均间隔时间的倒数称为虚警率，单位为次/h。虚警率一般根据装载平台和保卫目标的特性给出，如某型机载紫外告警设备的虚警率为0.1次/h。

9）动态范围

动态范围是指光电告警设备能处理的最大输入信号到最小输入信号间的变化范围。动态范围常用分贝（dB）表示，即光电告警设备能处理的最大输入信号和最小输入信号之比。一般来说，紫外告警设备的动态范围不小于30dB；激光侦察告警设备的动态范围为40~80dB。

10）抗光干扰能力

光电告警设备在装载平台有各类光辐射和施放的红外干扰弹等人工干扰源的情况下，应能正常工作，具有抗自然光和人造光的能力。

11）威胁等级判断

威胁等级判断是指光电告警设备对威胁目标可以做出威胁等级的判断，一般为三级。

12）多目标处理能力

多目标处理能力是衡量光电告警设备能同时对威胁目标告警并判别其威胁等级的能力。

13）告警方式

一般光电告警设备的告警方式采用图形、字符、灯光、音响等方式。

14）反应时间

反应时间是指光电告警设备从接收到光电辐射到给出威胁信息告警的时间，光电告警设备的反应时间一般不大于1s。

15）连续工作时间

连续工作时间是指光电告警设备能无故障持续工作的时间。连续工作时间视装载平台和作战使命不同，有不同的要求。一般来说，光电告警设备连续工作时间不小于装载平台的连续工作时间。具有制冷系统的光电告警设备，应根据制冷系统的特性确定连续工作时间。

2. 光电干扰设备性能指标

在航空领域，光电干扰设备以红外干扰机和红外诱饵投放器为主，因此本节主要讨论红外干扰机和红外诱饵投放器的性能指标。

1）红外干扰机主要技术指标

（1）干扰波段。

干扰波段又称工作波长，是指红外干扰机的干扰波长范围。一般来说，机载红外干扰机的工作波段为1～3μm；红外定向干扰机的工作波段为3～5μm。

（2）干扰距离。

衡量红外干扰机在空间干扰作用大小的重要指标之一是干扰距离。一般来说，机载红外干扰机的干扰距离为数千米。

（3）反应时间。

反应时间是指红外干扰机对威胁目标给出干扰之间的最小时间。

（4）作战目标。

一般来说，机载红外干扰机的作战目标为红外导弹；红外定向干扰机的作战目标为红外成像体制的红外导弹。

2）红外诱饵投放器主要技术指标

在航空领域，红外诱饵投放器通常和箔条诱饵投放器组合在一起，因此，红外诱饵投放器的主要技术指标和箔条诱饵投放器的主要技术指标基本相同，可参见1.2.1节。以下仅列出红外诱饵（又称红外干扰弹）的主要技术指标。

（1）光谱特性。

红外干扰弹的光谱特性是指红外干扰弹的辐射波长范围，一般为1～5μm和8～14μm。机载红外干扰弹光谱范围通常是1～5μm，舰载红外干扰弹光谱范围一般为3～5μm和8～14μm。

（2）峰值强度。

红外诱饵的辐射峰值强度由目标的红外辐射强度所决定。大多数情况下，干扰诱饵必须在红外寻的器工作的全波段内有超过所保护目标的辐射强度。一般来说，辐射波长在3～5μm的红外辐射强度选取范围为10～60kW/sr；辐射波长在8～14μm的红外辐射强度不小于400W/sr。机载红外诱饵每产生1000W/sr的带内辐射强度，要消耗0.5～1MW的功率。

（3）起燃时间。

从点燃开始到辐射强度达到额定辐射强度值的90%时所需的时间，定义为起燃时间。在红外诱饵离开红外导引头的视场之前，必须点燃并达到其有效的辐射强度。机载红外诱饵的有效辐射强度必须在零点几秒内达到，而舰载红外诱饵可以延长到几秒。

（4）作用时间。

红外诱饵的作用时间又称红外诱饵的燃烧持续时间。干扰诱饵的持续时间最好足够长，以确保目标不被重新捕获。如果有被重新捕获的可能，就必须投放第二枚干扰诱饵。为了对红外导弹实施有效干扰，单发红外诱饵的燃烧持续时间应大于目标摆脱红外导弹的跟踪所需时间。机载红外诱饵的燃烧持续时间一般大于4.5s，而舰载红外诱饵则为40~60s。

（5）弹出速度。

弹出速度又称红外干扰弹的发射初速度，干扰诱饵必须部署在寻的器容易观察到的位置，并以寻的器跟踪极限内的速度与目标分离。干扰诱饵的分离加速度通常应高于目标的机动能力。机载红外诱饵的发射初速度选取范围一般为20~55m/s。

（6）气动特性。

红外诱饵的气动特性主要取决于干扰诱饵的空气动力学特性及释放时的相对风速。气动特性对舰载干扰诱饵是很重要的，而对机载干扰诱饵更重要。

1.3　航空电子对抗设备检测仪器

测量是按照某种规律，用数据来描述观察到的现象，即对事物做出量化描述。测量是对非量化实物的量化过程。检测是指用指定的方法检验测试某种物体指定的技术性能指标，适合于各种行业领域的质量评定。航空电子对抗设备有规范的战术技术性能指标，有规范的检测技术方法，需要使用相应的检测仪器，因此，航空电子对抗设备性能的检测就从航空电子对抗设备检测仪器开始讨论。

1.3.1　检测仪器分类

航空电子对抗设备具有技术指标或参数种类多、频率范围宽、动态范围大的特点，因此，用于完成航空电子对抗设备检测任务的仪器也比较多，按照使用范围广度，可分为通用检测仪器和专用检测仪器。

1. 通用检测仪器

航空电子对抗设备检测中需要用到一些电子测量常用的测量仪器，通用检测仪器是为了测量某一个或某一些基本电参量而设计的，它能用于各种电子测量。通用检测仪器的品种比较多。

按照测量的参数，可分为时域测量仪器、频域测量仪器、数据域测量仪器；按照仪器的控制方式，可分为手控仪器、程控仪器、手控/程控仪器；按照仪器的物理属性，可分为实体仪器和虚拟仪器；按照仪器的功能是提供信号还是测量信号，可分为信号源类仪器和测量类仪器；按照仪器的显示方式，可分为模拟式仪器和数字式仪器。模拟式仪器主要是用指针方式直接将被测量结果在标度尺上指示出来，如各种模拟式万用表和电子电压表等。数字式仪器是将被测的连续变化的模拟量转换成数字量之后，以数字方式显示测量结果，以达到直观、准确、快速的效果。如各种数字电压表、数字频率计等。下面简要介绍几种常用的仪器。

1）信号发生器

信号发生器主要用来提供测量中需要的各种信号。在航空电子对抗设备的检测中，常常需要提供各种信号，有正弦波、方波、脉冲、三角波、抽样函数等各种波形，有射频、中频、视频、工频、直流等各种频率信号，有功率可调的调幅波、调频波、调相波、脉冲调制波、单边带调制信号、等幅报等各种调制信号。因此，需要用到各种各样的信号发生器：函数发生器、脉冲信号发生器、任意波形发生器、低频信号发生器、高频信号发生器、扫频信号发生器、微波信号发生器等。

2）电平测量仪器

电平测量仪器主要用于测量电信号的电压、电流、电平。如电流表、电压表、电平表、多用表等。

3）信号分析仪器

信号分析仪器主要用来观测、分析和记录各种电量的变化。如各种示波器、波形分析仪、失真度分析仪、谐波分析仪和频谱分析仪等。

4）频率、时间和相位测量仪器

频率、时间和相位测量仪器主要用来测量电信号的频率、时间间隔和相位。这类仪器有各种频率计、相位计、波长表以及各种时间、频率标准测量仪器等。

5）电子元器件测试仪器

电子元器件测试仪器主要用来测量各种电子元器件的各种电参数是否符合要求。根据测试对象的不同，可分为晶体管测试仪、集成电路（模拟、数字）测试仪和电路组件（如电阻、电感、电容）测试仪（如万用电桥和高频 Q 表）等。

6）电波特性测试仪

电波特性测试仪主要用于对电波传播、干扰强度等参量进行测量。如测试接收机、场强计、干扰测试仪等。

7）网络特性测量仪器

本书所说的网络特性是指模拟电路网络的特性，所以网络特性测量仪器也可以称为模拟电路特性测量仪器。网络特性测量仪器有阻抗测试仪、频率特性测试仪（或称之为扫频仪）、网络分析仪和噪声系数分析仪等，主要用来测量电气网络的各种特性。这些特性主要指频率特性、阻抗特性、功率特性等。

8）数字电路特性测试仪

数字电路特性测试仪包括逻辑分析仪、特征分析仪、数字 I/O 和总线仿真器等，是数据域测试不可缺少的仪器。其中，逻辑分析仪是专门用于分析数字系统的数据域测量仪器。利用它对数字逻辑电路和系统在实时运行过程中的数据流或事件进行记录和显示，并通过各种控制功能实现对数字系统的软件、硬件故障分析和诊断。面向微处理器的逻辑分析仪，则用于对微处理器及微型计算机的调试和维护。

9）辅助仪器

辅助仪器主要用于配合上述各种仪器对信号进行放大、检波、隔离、衰减，以便使这些仪器更充分地发挥作用。各种交直流放大器、选频放大器、检波器、衰减器、记录器及交直流稳压电源等均属于辅助仪器。

10）智能仪器

由于微型计算机的应用，微机化仪器和自动测试系统得到了迅速发展，相继出现了以微处理器为基础的智能仪器，比如利用 GPIB 接口总线将一台计算机和一组电子仪器联合在一起组成自动测试系统，以及以微型计算机为基础，用仪器电路板的扩展箱与微型计算机内部总线相连的仪器。人们习惯上把内部装有微型计算机的新一代仪器，或者把可以进行过程控制的仪器，称为智能仪器。在电子测量仪器领域中，这是一个应用广泛而且很有前途的方向。

11）虚拟仪器

前述传统的电子测量仪器，除电源和信号源之外，都要完成以下三大功能：信号的采集和控制、信号的分析和处理、结果的表达与输出。这些功能都是由硬件功能模块或固化软件完成的。根据对信号的分析、处理功能及相应的结果显示方式，电子测量仪器有很多不同类型：电子示波器、电子计数器、电子电压表等。这些仪器只能由仪器厂家定义和制造，而用户无法改变。

虚拟仪器则是对传统仪器概念的重大突破，它是计算机技术与电子仪器相结合而产生的一种全新的仪器模式。它改变了传统测量仪器的观念，许多过去在传统仪器由硬件完成的功能，可以由软件来实现。通常，可以将虚拟仪器定义为无操作控制面板，所有动作均在PC中通过图形化的虚拟控制面板来完成的仪器。

虚拟仪器将仪器的三大功能全都放在计算机上完成。在微型计算机上插数据采集卡，完成信号采集；用计算机软件实现各种各样的信号分析与处理，完成多种不同测试功能；用软件在计算机显示器屏幕上方便地生成各种仪器的控制面板，以各种形式表达输出检测结果。

在虚拟仪器中，硬件仅仅解决信号的输入、输出，软件才是整个仪器系统的关键。仪器的功能由软件来体现，就是所谓的“软件即仪器”（software is instrument）。用户可以根据自己的需要，设计自己的仪器系统，满足多种多样的应用需求，彻底打破仪器只能由厂家定义、用户无法改变的模式。

在实际使用中，用户通过鼠标和键盘操作虚拟仪器，就像操作传统的电子测量仪器一样，用户可以充分发挥自己以前使用传统仪器的特长，只需经过很少训练即可很快适应虚拟仪器的使用，特别是有Windows操作经验的用户。

虚拟仪器技术利用计算机技术实现和扩展传统仪器的功能，既然是使用计算机，当然离不开计算机软件编程。虚拟仪器的软件开发平台首推美国国家仪器公司的图形化编程软件LabView。这种图形化、交互式的编程环境，面向没有编程经验的科研及工程技术人员，使用者无需软件专业背景，经过极短时间培训后即可开始编程。LabView除了具备其他语言所提供的常规函数功能外，还集成了大量的生成图形界面的模板，丰富实用的数据分析、数字信号处理功能以及多种硬件设备驱动功能，为用户开发仪器控制系统节省大量时间。

2. 专用检测仪器

除了常规的通用检测仪器之外，还有一些紫外辐射计、紫外信号模拟器、红外靶标、模拟激光源、转台等仪器属于专用检测仪器。

专用检测仪器是为特定的目的专门设计制作的，适用于特定对象的测量。航空电子对抗设备的专用测量仪器分为两类：一是仪器公司为某类设备测试研制的专用测试仪器，如IFR公司为应答机测试专门研制的IFR ATC-1400A检测仪，可以进行应答机发射功率、发射频率、接收机最小触发电平、接收机动态范围等多种性能指标的测量；二是航空电子对抗设备生产厂家在交付航空电子对抗设备时，为了解决该型电子对抗设备的测试等技术保障问题专门配备的专用检测仪或检测台。通常，按照专用检测仪或检测台的功能定位，分为外场检查仪和内场检查仪。比如，用于紫外告警设备外场检查的紫外模拟器，用于雷达告警设备外场检查的雷达信号模拟器，用于电子情报侦察设备内场检测的电子情报侦察设备二线检测仪，等等。

专用检测仪或检测台具有以下特点：

（1）外场检查仪通常是便携式的，只能完成功能检查，不能完成性能检测；

（2）内场检查仪既能完成功能检查，又能完成性能检测，但并不是电子对抗设备的所有技术指标都可检测；

（3）外场检查仪和内场检查仪在使用过程中都有专门的检查或检测流程，用户必须按照检测流程，完成电子对抗设备的检查或检测。

1.3.2 检测仪器主要技术指标

仪器的技术指标又称性能指标。在拟定具体的测量方案时，需要选择测量仪器，而选择合适的测量仪器，基本依据是其技术指标。电子测量仪器的技术指标确定了它能实现何种测量功能，以及实现该种测量功能的优劣和适应性。

电子测量仪器的技术指标主要包括频率范围、测量精度、量程与分辨力、响应特性、输入特性和输出特性、稳定性和可靠性、测量的环境条件以及电磁兼容性等方面。这些技术指标既反映了电子测量仪器的适用范围，又反映了它的工作能力。仪器的技术指标中，最重要的是工作条件、测量范围和误差大小。

1. 频率范围

仪器的频率范围是指仪器能保证其他指标正常工作的有效频率范围。对于正弦波测量或测试信号，只要其工作频率在所选择仪器的有效频率范围之内，即可满足要求。但是，当被测量或测试信号含有多种谐波时，仪器的有效频率范围应同时满足其中高次谐波分量的要求。对于显示类仪器，有时还要考虑其幅频特性、相频特性和过渡特性。

2. 测量精度

仪器的测量精度用来同时表示测量结果中系统误差和随机误差大小的程度。仪器的测量精度，也称为准确度，通常以容许误差或不确定度的形式给出。仪器误差往往是测量误差的主要成分，它们与各种影响因素（仪器内部及外部）都有着密切的关系，因此在估计仪器的准确度时，必须考虑以下几点：仪器是否具有有效检定的合格证书；根据仪器说明书的要求，分析测量过程中的环境条件、测量人员的操作使用情况以及工作频率、量程、输入特性可能对仪器产生的影响，并做出估计，确定修正和削弱这些影响的方法。采用间接测量方案时，应按照误差的分配原则，根据总误差的要求使每台仪器及设备的误差指标都满足要求。

1）固有误差与基本误差

仪器在基准工作条件下的容许误差（又称为极限误差）称为固有误差。它大致反映了仪器所具有的最高使用精度，通常用于仪器误差的检定、比对和检验。国际电工委员会（international electrotechnical commission，IEC）推荐的基准条件见表 1-3-1。

表 1-3-1 IEC 推荐的基准条件表

<table>
<tr><th>影响量</th><th>基准数值或范围</th><th>公差</th><th>备注</th></tr>
<tr><td>环境温度</td><td>20℃，23℃，25℃，27℃，未指明时为 20℃</td><td>±1℃</td><td rowspan="13">β 称为失真因子，交流供电波形应保持在 $(1+\beta)\sin\omega t$ 与 $(1-\beta)\sin\omega t$ 所形成的包络之内。ΔU 为纹波电压峰-峰值，U_0 为直流供电电压额定值</td></tr>
<tr><td>相对湿度</td><td>40%~75%</td><td></td></tr>
<tr><td>大气压强</td><td>101kPa</td><td></td></tr>
<tr><td>交流供电电压</td><td>额定值</td><td>±2%</td></tr>
<tr><td>交流供电频率</td><td>50Hz</td><td>±1%</td></tr>
<tr><td>交流供电波形</td><td>正弦波</td><td>$\beta \leqslant 0.05$</td></tr>
<tr><td>直流供电电压</td><td>额定值</td><td>$\Delta U/U_0 \leqslant \pm 1\%$</td></tr>
<tr><td>通风</td><td>良好</td><td></td></tr>
<tr><td>太阳辐射效应</td><td>避免直射</td><td></td></tr>
<tr><td>周围大气速度</td><td>0~0.2m/s</td><td></td></tr>
<tr><td>振动</td><td>测不出</td><td></td></tr>
<tr><td>大气中沙、尘、盐、污染气体或水蒸气、液态水等</td><td>均测不出</td><td></td></tr>
<tr><td>工作位置</td><td>按制造厂规定</td><td></td></tr>
</table>

基本误差是仪器在正常工作条件下的容许误差。正常工作条件比基准工作条件范围稍宽。例如，环境温度：20℃±5℃；相对湿度：65%±15%；交流电压：额定值×(1+±2%) 等。

早期生产的电子测量仪器分别给出基本误差及各项附加误差（如温度误差、频率特性误差、量程误差等）。至于该仪器的总误差，则需要使用人员根据误差理论进行计算。

2）工作误差

工作误差是指在仪器的额定工作条件内，在任一点上求得的仪器某项特性的误差。额定工作条件包括仪器本身的全部使用范围和全部外部工作条件，因此在最不利的组合情况下，会产生最大误差。仪器的工作误差常以极限的形式给出，在确定的置信概率（通常为 95%）下，工作误差处于该误差极限之内。工作误差包括仪器的固有误差（或基本误差）及各种影响量共同作用的总效应，电子测量仪器的工作误差指标在其说明书中必须给出，固有误差则可视情况给出。

3. 量程与分辨力

量程是指测量仪器的测量范围。分辨力是指通过仪器所能直接反映出的被测量变化的最小值，即指针式仪表刻度盘标尺上最小刻度代表的被测量大小或数字仪表最低位的“1”所表示的被测量大小。量程的选择应充分利用仪器所提供的精度。各种仪器对于同一被测量用不同的量程去测量时，其测量精度可能会有很大的差别。

分辨力反映仪器区分被测量细微变化的能力。同一仪器不同量程的分辨力不同，通常以仪器最小量程的分辨力（最高分辨力）作为仪器的分辨力。显然，在最小量程上，仪器具有最高分辨力。量程与分辨力的选择，应结合被测量大小和仪器的特点来进行。

4. 响应特性

一般说来，仪器的响应特性是指输出的某个特征量与其输入的某个特征量之间的响应关系或驱动量与被驱动量之间的关系。被测对象的特征信息往往是多方面的。因此仪器的响应特性在电信号的测量中显得特别重要。非正弦信号及噪声电压的测量就是一个典型的例子。电压表响应的是峰值、均值或有效值。至于最后显示的结果代表哪种意义，则完全取决于交-直流转换器的响应特性及表头的刻度特性。除此之外，有时还要考虑允许的响应时间、带宽或频率补偿探头的使用等。

5. 输入特性与输出特性

输入特性主要包括测量仪器的输入阻抗、输入形式等。由于电子测量绝大多数属于接触式测量，当测量仪器接入被测电路或系统时，常会在不同程度上改变其原有的工作状态，在测试回路时也会产生反射、驻波等，这样就会产生误差。为了消除或削弱这种影响，通常从三个方面采取措施：一是改进测量方法；二是选择合适的仪器；三是在一定的条件下对仪器输入特性的影响加以计算和修正。

输出特性主要包括测量结果的指示方式（即按什么方式进行读数或显示）、输出电平、输出阻抗、输出形式等。在有的测试系统中，还要考虑是否要求仪器输出某种形式的电平或编码，去控制其他设备或被测对象。

6. 稳定性与可靠性

仪器的稳定性是指在一定的工作条件下，在规定的时间内，仪器保持指示值或供给值不变的能力。电子测量仪器的稳定性是以稳定误差的形式来表示的。影响仪器稳定性的因素有很多，主要有温漂、电源的波动、元器件的稳定性、电路的抗干扰性能以及环境条件的改变等。在精密测量及长时间的测量中，为了减小仪器稳定误差的影响，应在测量前或测量的过程中进行仪器的自校准或外部校准。在计量测试中有时还要求在测量结束时，对校准仪器或量具进行复检。

仪器的可靠性是指其在规定的条件下，完成规定功能的可能性，是反映仪器是否耐用的一种综合性和统计性的质量指标。仪器不可靠的原因是多方面的，从使用的角度看，除了正确进行操作外，还必须配备有关的保护、检测、报警等装置及应急电源、备用设备或附件等。

7. 环境条件

对环境条件的适应性也是电子测量仪器的重要性能指标。选择仪器时，要注意其使用的环境条件是否满足，必要时应对环境条件不理想所造成的误差加以评估或修正。一般情况下，应着重注意环境温度、湿度和电源电压的影响，必要时应采取恒温、干燥和稳压等措施。根据具体的测量任务及仪器技术要求，IEC 将电子测量仪器按工作环境条件分为五个组别，见表 1-3-2。

表 1-3-2 IEC 推荐的工作范围表

工作组别	工作条件说明
A	此环境用于标准实验室，用以进行校准或仲裁测量
B	这是一组室内环境条件。通常指一般的实验室及轻工业部门的工作场所，在仪器操作方面要求细心
C	通常指重工业部门的工作场所

续表

工作组别	工作条件说明
D	本组对环境不加控制，对仪器操作方面无特别要求
E	这是一组适用于野外工作的特殊环境

8. 电磁兼容性

电磁兼容性是指电子系统在规定的电磁环境中按设计要求工作的能力，即在不损失有用信号所包含信息的条件下，信号和干扰共存的能力。也就是说电磁兼容性是评价电子系统对环境造成的电磁污染的危害程度和抵御电磁污染的能力。提高测量系统的电磁兼容性的主要工作是对各种干扰设法加以有效的抑制。

1.4 航空电子对抗设备检测

航空电子对抗设备检测是指航空电子对抗设备战术技术性能指标的检测，贯穿于航空电子对抗设备全寿命周期的各个阶段，它是航空电子对抗设备整机验收、技术等级鉴定、维护检修等活动的一项基础性技术工作，是检验航空电子对抗设备性能指标是否满足设计要求和评价其质量优劣的重要途径。本节阐述了航空电子对抗设备检测的意义和特点、依据和时机、检测点选取、检测方法选择、检测基本要求和检测基本步骤。

1.4.1 意义和特点

1. 意义

电子对抗设备性能参数测量，不仅对于研制生产阶段确保电子对抗设备设计合理、节约生产调试成本具有极其重要的作用，同时对于使用阶段提高电子对抗设备的可用度，确保电子对抗设备始终处于良好的工作状态，充分发挥电子对抗设备的战斗力也具有极为重要的意义。通过参数测量工作，不仅能够了解电子对抗设备的技术状态，对其战术性能做出正确评估，为电子对抗设备部队指挥员的作战使用，以及操纵员搜索、监视目标提供依据，还能进行故障定位，提高装备维修质量、维修效率，减少元器件消耗，因此，无论是电子对抗设备的研制人员，还是验收、使用和维修人员，都离不开性能参数测量工作。可以说，熟悉参数测量的内容、掌握正确的测量方法，是电子对抗设备检测人员必须具备的基本技能。

在电子对抗设备出厂前开展军检验收工作时，虽然对整机及各分系统的性能指标都进行了测试标定，但在电子对抗设备使用阶段，各项性能指标是会变化的，单项指标的下降会影响到电子对抗设备战术技术性能，甚至导致电子对抗设备故障。因此，必须定期检测电子对抗设备的关键性能参数，及时掌握电子对抗设备的技术状态，如果发现某项指标下降，应采取相应措施，尽快排除故障，使电子对抗设备恢复到良好的工作状态。由此可见，在电子对抗设备使用阶段，开展性能参数测量工作的目的之一就是检验电子对抗设备性能。另外，当电子对抗设备的性能下降时也需要通过参数测量来进一步查明原因。电子对抗设备对抗能力下降就是典型的故障实例，当发现电子对抗设备对抗能力下降，可能的原因有发射功率下降、馈线损耗增大、接收机增益下降，必须通过参数测量来查明故障原因，进一步定位故障部位。由此可见，在电子对抗设备使用阶段，开展参数测量工作的另一个目的就是判明故障原因，隔离定位故障。

2. 特点

1）被测参数种类多

用以描述电子对抗设备性能的参数，除了电子测量技术中常用的电压、电流、功率、频率等基本物理量外，还有很多属于电子对抗设备本身特有的性能参数，如一致性、干扰样式、引导误差等。另外，随着电子对抗设备技术的不断进步，各种新材料、新器件和新工艺的出现和广泛采用，电子对抗设备的技术领域越来越广，电子对抗设备的性能指标日趋复杂，电子对抗设备性能指标测量内容日趋增多。

2）频率范围宽

电子对抗设备种类繁多，功能各异。工作频率范围可从通信领域的几十兆赫到雷达领域的几十吉赫乃至光电领域。即使在同一部电子对抗设备内，也存在着射频、中频、视频、工频及直流等各种不同频率的电信号。对不同的频率范围，参数的含义往往会有所不同，所采用的测量技术和测量仪器也各不相同。

3）动态范围大，精度要求高

电子对抗设备参数的量值范围差别很大，例如，测量侦察接收机灵敏度时，信号为-60～-70dBmW，而测量干扰机发射功率时则达到几百瓦，量值相差 12 个数量级。因此，在电子对抗设备性能参数测量活动中，对于同一种量的测量，在不同量级测量时，其测量手段也是不相同的。

此外，在电子对抗设备性能参数测量活动中，某些参数的测量精度要求很高（例如，某型雷达干扰机稳定本振的瞬时频率稳定度为 $10^{-6}\sim10^{-7}$ 量级），这无疑对测量手段提出了更高要求。

4）影响测量的因素多

由于电子对抗设备的工作频率较高，对来自电子对抗设备系统内部和外部的各种影响测量的因素都比较敏感，而且各种影响因素的特性也较复杂，例如，引线电感、分布电容会产生不需要的耦合，各种外部噪声干扰、电磁干扰、电源起伏、环境条件变化等因素也都会对测量产生影响。另外，测量仪器、仪表的工作特性（如检波特性、频率特性）也会影响到测量结果。因此，在测量时应根据具体情况，采取措施，减少不利影响，以保证获得精确的测量结果。

5）测量手段复杂

电子对抗设备性能参数测量的上述特点决定了测量中所使用的仪器和仪表种类多、结构复杂、价格昂贵，对测量人员的技术要求较高。而且对于特定的电子对抗设备性能参数，必须具备相应的仪器和仪表才能进行测量。同时要求测量人员必须熟练掌握各种测量仪器的操作使用方法。

6）测量技术发展快

随着超大规模数字集成电路技术、计算机技术和通信技术的高速发展，以及相关技术在电子测量中的广泛应用，电子对抗设备性能参数测量发生了革命性变化：电子对抗设备性能参数测量技术正朝着自动化、智能化和一体化方向发展。例如，由于现代网络分析仪能够很容易地测量出被测电路网络的幅频特性和相频特性，因此，网络分析仪不仅广泛用于电子对抗设备天馈分系统的反射系数、驻波比、损耗以及馈线电气长度的测量，还用于接收机的增益、带宽、平坦度和带外抑制度等参数的测量，而且具有使用简便、测量精度高、测量速度快等优点。另外，随着测量技术的发展，新型电子对抗设备的机内测试设备可在电子对抗设备正常工作状态下完成分系统主要性能参数的测量，逐渐实现了状态监测、性能测试和故障诊断等功能的一体化。

1.4.2 依据和时机

1. 基本依据

1）履历本

履历本是用于记录航空装备整个服役过程中设备状态、性能的技术文件，是航空装备必备的重要技术文件，是使用、维护和修理航空装备的技术依据。它载明了设备的出厂编号，描述了设备和各分机的简要性能指标，记录了设备新品出厂检验、返修出厂检验和部队定期检修的结果，并附有装配者或检验员的亲笔签名或盖章，确保了航空装备的质量。航空电子对抗设备也不例外，航空电子对抗设备履历本是航空电子对抗设备测量的依据。

2）维护规程

《飞机维护规程》是航空维修的主要技术法规，其内容是根据各型航空装备的技术条件和使用特点，规范航空装备的日常保养、周期工作等工作的具体内容、时限、技术要求及操作程序和方法，是维护各型航空装备的主要技术依据。它详细规范了部队内外场对机载电子对抗设备进行的维护工作。因此，《飞机维护规程》是航空电子对抗设备测量的依据。

3）故障诊断需求

在实际使用航空电子对抗设备的过程中，常常需要在设备异常时，针对其异常现象，分析故障原因、识别故障部位、评价故障危险程度等，这就需要尽可能多地测量和挖掘技术数据，因此，故障诊断的需求也是航空电子对抗设备测量的依据之一。

2. 检测时机

1）出厂前设备检验

航空电子对抗设备出厂前或大修后都要进行性能测试。新设备出厂前的检验是由军方按照产品订购合同，依据军用产品质量的检验规范进行的设备检验，需要由军代表签字确认。这种检验具有检测项目丰富、检验时间长的特点。采用先进的检测技术，不仅可以提高设备的检验质量、降低检验人员的劳动强度，而且可以提高工效。目前，自动检测技术已成为设备质量检验的主要手段。

2）使用中的日常检查

使用中的日常检查是指外场电子对抗专业地勤保障人员（电子对抗师或电子对抗员）在进行机务准备、机械日工作时对航空电子对抗设备进行的检查，主要内容包括外部检查、通电检查、用模拟器检查、机上设备交联功能检查。外部检查，就是检查设备的外部有没有划伤、破损、变形，设备连接电缆连接是否正确、有没有松动；通电检查，就是检查设备在加电的情况下，设备工作是否正常，能否正确进行自检；用模拟器检查，就是检查设备在加电的情况下，侦察或干扰工作是否正常；机上设备交联功能检查，就是检查设备与机上交联的设备配合是否正常、有无相互影响等。这些检查通常都是功能检查，属定性检查。

3）使用中的定期检修

定期检修（简称定检）是指航空装备使用到一定的时限（次数）以后所实施的预防性工作。定检的主要内容是检查航空装备的技术状况，发现和排除设备、机件的故障缺陷，并进行调整、清洗、润滑等保养工作；目的是保持和恢复装备的可靠性，保证装备能在下个周期内正常使用。定期检修工作通常在内场（修理厂）进行。

定期检修主要依据部队《飞机维护规程》。不同机型定期检修工作的时间间隔不同，如反潜直升机定期检修工作按每飞行400h、800h和1200h开展工作；轰-6飞机按照300h±20h、600h±20h开展工作；运-7系列飞机按照100h±10h、500h±20h、1000h±50h开展工作；运-8飞机按照300h±25h、600h±50h、1200h±100h开展工作。

1.4.3　检测点选取

目前，对航空电子对抗设备的测量分为三级：第一级是对设备或系统整机的测试，第二级是对分机或外场可更换单元（line replaceable unit，LRU）的测试，第三级是对内场可更换单元（shop replaceable unit，SRU）的测试。因此，对航空电子对抗设备的测量点的选取也分三种情况：第一种是基于设备或系统整机性能指标的测量；第二种是基于分机的测量，主要是基于分机物理接口的信号特征，针对某个分机性能指标进行的测量；第三种是基于分机内插件板的测量，它是在深度维修时，对分机开盖而进行的测试。

1. 基于设备或系统的检测

基于设备或系统的检测往往检查航空电子对抗设备整机性能指标是否合格。比如，侦察设备的侦察距离、灵敏度、动态范围、测向精度、测频精度、电源消耗等指标，干扰设备的最小干扰距离、干扰样式、干扰功率、反应时间等。基于设备或系统的测量往往在新装备出厂前、新装备装机前、装备大修后进行，测量完成后都要填写航空电子对抗设备或系统的履历本。

2. 基于分机物理接口的测量

基于分机的测量，是针对某个分机性能指标进行的测量。比如，侦察设备中某个测频接收机，其指标为灵敏度、动态范围、测频精度、电源适应性等指标。基于分机的测量往往在设备定期检测中进行，测量完成后都要填写航空电子对抗设备的分机履历本。基于分机的测量，是基于分机物理接口信号进行的测量，其测量结果取决于分机物理接口信号的多少。有的分机设有分机信号连接器和测试信号连接器，有的分机只有分机信号连接器，分机测试只能依据分机信号电连接器，结果是信号量往往不够，对于分机故障诊断功能的实现显得捉襟见肘。

3. 基于分机内插件板的测量

基于分机内插件板的测量，是针对某个分机内SRU的测量，其主要意义在于实现插件板的排故。航空电子对抗设备在设计时，为了设备调试方便，在分机内部往往设计有自检电路、测试点或测试端口。自检电路可以监控电子对抗设备的工作情况，甚至有的自检结果直接就输出到SRU测试插座，因此，测试这些信号的正常与否就可以实现插件板的排故。一般情况下，这些测量结果只用于排故参考，不填写履历本。

1.4.4 检测方法选择

一个物理量的测量，可以通过不同的方法实现。测量方法选择正确与否，直接关系到测量结果的可信赖程度，也关系到测量工作的经济性和可行性。不当或错误的测量方法，除了得不到正确的测量结果外，甚至会损坏测量仪器和被测设备。有了先进精密的测量仪器设备，并不等于就一定能获得准确的测量结果。航空电子对抗设备的测量也不例外，必须根据不同的测量对象、测量要求和测量条件，选择正确的测量方法、合适的测量仪器，构成合理的测量系统，进行正确细心的操作，才能得到理想的测量结果。

航空电子对抗设备测量的分类形式有多种，下面介绍几种常见的分类方法。

1. 按测量的过程分类

航空电子对抗设备的测量按照测量的过程，可分为直接测量、间接测量、组合测量。

1）直接测量

它是指直接从测量仪表的读数获取电子对抗设备性能参数的方法，比如用数字电压表测量电子对抗设备电源组件的输出电压，用欧姆表测量电源组件的输入电阻值，用微波频率计测量电子干扰机的发射频率，用微波功率计直接测量电子干扰机的峰值功率等。直接测量的特点是不需要对被测量与其他实测的量进行函数关系的辅助运算，因此测量过程简单迅速，是工程测量中广泛应用的测量方法。

2）间接测量

它是利用直接测量的量与被测量之间的函数关系（可以是公式、曲线或表格等），间接得到被测量量值的测量方法。例如，需要测量电阻 R 上消耗的直流功率 P，可以通过直接测量电压 U、电流 I，而后根据函数关系 $P=UI$ 计算间接获得功耗 P。再如，如果没有微波功率计，采用“检波器+示波器”获得发射机输出射频脉冲电压幅度，查表换算出发射机峰值功率，就是间接测量方法。再如，要测量接收机灵敏度 P_{smin}，可以通过直接测量带宽 B_{n}、噪声系数 F_{o}，而后根据函数关系 $P_{\text{smin}}=-114\text{dB}+10\lg B_{\text{n}}(\text{MHz})+10\lg F_{\text{o}}$ 计算间接获得灵敏度 P_{smin}。可以看出，间接测量费时费事，常在下列情况下使用：直接测量不方便，或间接测量的结果较直接测量更为准确，或缺少直接测量仪器等。

3）组合测量

当某项测量结果需用多个未知参数表达时，可通过改变测量条件进行多次测量，根据测量量与未知参数间的函数关系列出方程组并求解，进而得到未知量，这种测量方法称为组合测量。比如，电阻器电阻温度系数的测量。已知电阻器温度值 R_t 与温度 t 间满足关系

$$R_t=R_{20}+\alpha(t-20)+\beta(t-20)^2 \tag{1-4-1}$$

式中：R_{20} 为 $t=20℃$ 时的电阻值，一般为已知量；α、β 称为电阻的温度系数；t 为环境温度。为了获得 α、β 值，可以在两个不同的温度 t_1、t_2 下（t_1、t_2 可由温度计直接测得）测得相应的两个电阻值 R_{t_1}、R_{t_2}，代入式（1-4-1）得到联立方程组

$$\begin{cases} R_{t_1}=R_{20}+\alpha(t_1-20)+\beta(t_1-20)^2 \\ R_{t_2}=R_{20}+\alpha(t_2-20)+\beta(t_2-20)^2 \end{cases} \tag{1-4-2}$$

求解式（1-4-2），就可以得到 α、β 值，如果 R_{20} 也未知，显然可在三个不同温度下，分别测得 R_{t_1}、R_{t_2}、R_{t_3}，列出由三个方程构成的方程组求解，进而得到 R_{20}、α、β。

2. 按测量的方式分类

1）偏差式测量法

在测量过程中，用仪器仪表指针的位移（偏差）表示被测量大小的测量方法，称为偏差式测量法。例如，使用模拟式万用表测量电压、电流等。由于是从仪表刻度上直接读取被测量，包括大小和单位，因此这种方法也叫直读法测量。用这种方法测量时，作为计量标准的实物并不装在仪表内直接参与测量，而是事先用标准量具对仪表读数、刻度进行校准，实际测量时根据指针偏转大小确定被测量量值。

这种方法的显著优点是简单方便，在航空电子对抗设备测量中广泛采用。

2）零位式测量法

零位式测量法又称作零示法或平衡式测量法。测量时用被测量与标准量相比较（又称为比较测量法），用指零仪表（零示器）指示被测量与标准量相等（平衡），从而获得被测量。利用惠斯通电桥测量电阻（或电容、电感）就是这种方法的一个典型例子。

只要零示器的灵敏度足够高，零位式测量法的测量准确度几乎等于标准量的准确度，因而测量准确度很高，这是它的主要优点，常用在实验室，作为精密测量的一种方法。但由于测量过程中为了获得平衡状态，需要反复调节，即使采用一些自动平衡技术，测量速度仍然较慢，这是这种方法的不足。

3）微差式测量法

偏差式测量法和零位式测量法相结合，构成微差式测量法。它通过测量待测量与标准量之差（通常该差值很小）来得到待测量量值。这种方法的测量准确度基本上取决于标准量的准确度。而和零位式测量法相比，它又可以省去反复调节标准量大小以求平衡的步骤。因此，它兼有偏差式测量法的测量速度快和零位式测量法测量准确度高的优点，微差式测量法除在实验室中用作精密测量外，还广泛地应用在生产线控制参数的测量上，如监测连续轧钢机生产线上的钢板厚度等。

3. 按被测量的性质分类

如果按被测航空电子对抗设备参数的性质，测量还可以做如下分类：

1）时域测量

时域测量也称为暂态测量、瞬态测量，时域测量是测量被测对象在不同时间的特性。这时把被测信号看成一个时间的函数。例如，用数字示波器观察干扰机发射干扰信号检波后的上升沿、下降沿、平顶降落等脉冲包络参数，以及动态电路的暂态过程等。时域测量还包括一些周期性信号的稳态参量的测量，如正弦交流电压，虽然它的瞬时值会随时间变化，但是交流电压的振幅值和有效值是稳态值，可用指针式仪器测量。目前自动测试系统 ATS 存在的主要缺点之一就是只对被测量在时域做一次性暂态测试，而不是工作过程监控。如果航空电子对抗设备某器件是工作一段时间后才故障，ATS 无法检测到。

2）频域测量

频域测量也称为稳态测量，主要目的是获取待检测量与频率之间的关系。如用频谱分析仪分析发射信号的频谱，测量干扰机中频放大器的幅频特性和相频特性等。

3）数据域测量

数据域测量是指对数字系统逻辑状态进行的测量，即测量数字信号是“1”还是“0”。数据域测量也称为逻辑量测量，逻辑分析仪是数据域测量的典型仪器，它能分析离散信号组成的数据流，可以观察多个输入通道的并行数据，也可以观察一个通道的串行数据，还可以借助计算机分析大规模集成电路芯片的逻辑功能等。随着微电子技术的发展，数据域测量及其测量智能化、自动化显得越来越重要。

目前，航空电子对抗设备采用总线通信比较多，既有与外部交联设备通信的外部总线，又有设备内部通信的内部总线。外部总线通常采用MIL-STD-1553B总线、ARINC429总线、RS422总线、RS232总线等，内部总线通常采用RS485总线、RS422总线等，另外，航空电子对抗设备内部还涉及一些并行通信，雷达信号处理器、数据处理器的检测也是数据域检测。

4）随机测量

随机测量又称统计测量，主要是对各类噪声信号、干扰信号进行动态测量和统计分析，这是一项较新的测量技术，尤其是在通信领域有着广泛的应用。

5）空域测量

航空电子对抗设备侦察空域、侦察距离、方位分辨率、瞬时视野、干扰空域等指标的测量都属于空域测量。

4. 其他分类

电子测量方法还有很多，如按对测量精度的要求不同分类，分为精密测量和工程测量。精密测量多在实验室或计量室进行，是深入研究测量误差问题的测量。工程测量指对测量误差的研究不很严格的测量，往往一次测量获得结果，但工程测量所选用的仪器仪表的准确度等级必须满足实际使用的需要。根据测量过程的控制不同，分为人工测量和自动测量；根据被测量与测量结果获取地点的关系，分为本地测量和远地测量；根据被测量在测量过程中是否有变化，分为动态测量和静态测量；根据测量的统计特性，分为平均测量和抽样测量。在实际测量过程中，上述多种测量形式或者相互补充，或者组合运用，以完成特定的电子测量任务。

5. 测量方法的选择原则

在选择测量方法时，应综合考虑被测量本身的特性、所要求的测量精确程度、环境条件、所具有的测量仪器设备等因素，再确定采用哪种测量方法和选择哪些测量仪器设备。

选择测量方法的原则：①所选择的测量方法必须能够达到测量要求（包括测量的精确度）；②在保证测量要求的前提下，选用简便的测量方法；③所选用的测量方法不能损坏被测元器件；④所选用的测量方法不能损坏测量仪器。

下面举例说明如何根据具体情况选择合适的测量方法：

1）根据被测物理量的特性选择测量方法

例如，测量线性电阻（如金属膜电阻），由于其阻值不随流经它的电流的大小而变化，可选用电桥（比较式仪器）直接测量，这种方法简便，精确度高。

测量非线性电阻（如二极管、灯丝电阻等），由于这类电阻的阻值随流经它的电流的大小而变化，宜选用伏安法间接测量，并做 $I-V$ 曲线和 $R-I$ 曲线，然后由曲线求得对应于不同电流值的电阻。同理，测量线性电感时，可选用交流电桥直接测量；测量非线性电感时，可选用伏安法间接测量。

2）根据测量所要求的精度选择测量方法

例如，测量市电 220V 电压，可用指针式电压表（或万用表）直接测量，它直观、方便。而在测量电源的电动势时，不能用指针式电压表（或万用表）直接测量，这是由于指针式电压表的内阻不是很大，接入后电压表指示的电压是电源的端电压，而不是电动势。在测量标准电池的电动势时，更不能用电压表或万用表，其原因是：①电压表或万用表的内阻都不是很大，接入后，标准电池通过电压表或万用表的电流会远远超过标准电池所允许的额定值。标准电池只允许在短时间内通过几微安的电流。②标准电池的电动势的有效数字要求较多，一般有 6 位，指针式电压表达不到要求。因此，测量标准电池电动势应该选用电位差计用平衡法进行测量，平衡时，标准电池不供电。

3）根据测量环境及所具备的测量仪器的技术情况选择测量方法

例如，用万用表欧姆挡测量晶体管 PN 结电阻时，应选用 R×100 或 R×1k 挡，而不能选用 R×1 挡或高阻挡。这是因为，若用 R×1 挡测量时，万用表内部电池提供的流经晶体管的电流较大，可能烧坏晶体管，而高阻挡内部配有高电动势（9V、12V 或 15V）的电池，高电压可能使晶体管击穿。

总之，进行某一测量时，必须事先综合考虑以上情况选择正确的测量方法和测量仪器；否则，得出的数据可能是错误的，或产生不容许的测量误差，也可能损坏被测的元器件，损坏测量仪器、仪表。

1.4.5 检测基本要求

1. 熟悉航空电子对抗设备结构

航空电子对抗设备种类繁多、结构复杂，在开展性能参数测量前测量人员必须熟悉航空电子对抗设备结构，各测量参数相对应分机的位置、测试插孔、转接头、测试电缆型号和所需测量仪器等，以便预先准备好测量仪器、设备，正确连接测量线路。

2. 熟悉测量内容的方法步骤

航空电子对抗设备种类不同，测量同一参数的方法不同，所使用的仪器仪表也不同，测量前必须对航空电子对抗设备说明书中有关部分进行认真阅读。

3. 熟悉被测航空电子对抗设备参数的技术指标

在有条件的情况下必须熟悉参数测量的军品标准，军标中明确规定了测试环境条件、仪表精度、操作方法和适用范围，在产品验收时，它具有权威性，可信度高。此外，在航空电子对抗设备的技术说明书中，通常也给出了航空电子对抗设备各分系统性能参数的技术指标要求。

需要指出的是，随着航空电子对抗设备技术的发展，所需要测试的技术指标越来越多，对航空电子对抗设备进行全面测试也变得越来越复杂，因此必须按照分机测试、分系统测试和整机测试的先后顺序来进行分阶段性能测试，特别是在航空电子对抗设备研制生产阶段，分阶段性能测试是确保整机技术指标达到设计要求的重要保证。

4. 了解测量误差

在测量航空电子对抗设备性能参数时，由于测量方法、测量仪器、环境条件以及人员的操作都可能引起测量误差，测量误差是不可避免的，然而可以通过对测量误差的认识，采取相应措施来减少测量误差。因此，了解测量误差对于性能参数测量工作来说是必不可少的。例如，当使用某个仪表进行测量时，只有知道该仪表的额定允许误差，才能估计出使用该仪表进行测量时产生误差的大小程度。通常，仪表的额定允许误差在使用说明书中都有明确规定，如±0.5%、±1%等。理解仪表的额定允许误差等概念的含义，才能得出测量数据与真实数值之间的实际误差，从而才能正确判定航空电子对抗设备性能是否合格，所测数据是否可用。

测量误差通常可以使用绝对误差和相对误差两种表示方法进行描述。下面对测量误差的这两种表示形式的定义和特点进行说明。

1）绝对误差

（1）定义。

被测量的测量值 x 与其真值 A_0 之差，称为绝对误差，用 Δx 表示，即

$$\Delta x = x - A_0 \tag{1-4-3}$$

Δx 既有大小，又有符号和量纲。绝对误差是误差的代数值，量纲与测量值相同。真值是一个理想的概念，实际上是不知道的，实际应用中通常用实际值 A 来代替真值 A_0。因此绝对误差一般按下式计算

$$\Delta x = x - A \tag{1-4-4}$$

实际值是根据测量误差的要求，用更高一级的标准器具测量所得之值，也可以把经过修正的多次测量得到的算术平均值作为实际值，并用来代替真值。

（2）特点。

绝对误差具有以下特点：

① 有单位量纲，其数值大小与所取单位有关；

② 能反映出误差的大小与方向；

③ 不能更确切地反映出测量结果的精确程度；

④ 是一种常用的误差表示方法，较广泛地应用于各种测量。

（3）应用举例。

例 1-4-1　用甲波长表测量 100kHz 的标准频率，波长表测得数值为 101kHz，则绝对误差为 $\Delta x = 101 - 100 = 1$kHz。又如用乙波长表测量 1MHz 标准频率，测得数值为 1.001MHz，则绝对误差为 $\Delta x = 1.001 - 1 = 0.001$MHz $= 1$kHz。

上述两个波长表的绝对误差虽然相同，但显然乙波长表测量精确度高，因其测量 1MHz 时才差 1kHz，而甲波长表测 100kHz 时就差 1kHz。由于绝对误差只能说明测量结果偏离实际值的情况，而对测量结果的精确程度不能确切地反映出来，所以除了用绝对误差以外，通常还使用相对误差来表示。

2）相对误差

为说明测量精确度的高低，经常采用相对误差的形式来描述测量误差，它反映的是测量的准确程度。

（1）定义。

相对误差定义为绝对误差与约定值的比值，常用百分数来表示，也可用分贝（dB）形式来表示。约定值可以是实际值、示值或仪表量程的满度值。由于约定值的不同，相对误差有不同的名称。常用的相对误差表示方法有以下三种。

① 实际相对误差。实际相对误差是绝对误差 Δx 与被测量实际值 A 的百分比值，即

$$\gamma_A = \frac{\Delta x}{A} \times 100\% \tag{1-4-5}$$

式中：γ_A 为实际相对误差；Δx 为绝对误差；A 为被测量的实际值。

② 示值相对误差。示值相对误差是绝对误差 Δx 与仪器的示值 x 的百分比值，即

$$\gamma_x = \frac{\Delta x}{x} \times 100\% \tag{1-4-6}$$

式中：γ_x 为示值相对误差；Δx 为绝对误差；x 为被测量的读数值。示值可以直接通过仪表的读数装置获得，因此它是应用较多的一种方法。

③ 满度相对误差。满度相对误差是绝对误差 Δx 与仪器当前测量量程的满度值 x_{m} 的百分比值，即

$$\gamma_{\mathrm{m}} = \frac{\Delta x}{x_{\mathrm{m}}} \times 100\% \tag{1-4-7}$$

式中：γ_{m} 为满度相对误差；Δx 为绝对误差；x_{m} 为被测量所在量程的满刻度值。

（2）特点。

相对误差具有以下特点：

① 相对误差是一个比值，其数据与被测量所取的单位无关；

② 能反映出误差的大小与方向；

③ 能更确切地反映出测量结果的精确程度。

γ_A 与 γ_x 多用于无线电仪器中，当相对误差较小时，两者相差甚微，一般仪表说明书中不具体指明是实际相对误差或示值相对误差。当相对误差较大时，若说明书中仍未指明时，则可理解为示值相对误差。γ_{m} 通常用于电磁测量中的电表，也常用于以电表为读数机构的热工仪表及无线电仪表，后者如真空管电压表、微波小功率计等。这是因为电表的表头部分由于摩擦等原因，使指针偏转的角度产生一定的误差，这个误差的大小与不同的被测值（即测量时指针偏转角度）的大小关系较小，而与测量上限（即与表头满刻度值量程）关系较大，故采用满度相对误差 γ_{m} 来表示。

（3）应用举例。

例 1-4-2　如例 1-4-1 所述，两波长表的绝对误差都是 1kHz，但相对误差却差别很大。两者的实际相对误差分别如下：

甲波长表的实际相对误差为

$$\gamma_{A甲} = \frac{\Delta x}{A_0} \times 100\% = \frac{1}{100} \times 100\% = 1\%$$

乙波长表的实际相对误差为

$$\gamma_{A乙} = \frac{\Delta x}{A_0} \times 100\% = \frac{0.001}{1} \times 100\% = 0.1\%$$

由此可见，后者的测量精度要比前者高一个数量级。

例1-4-3 对某信号源的输出功率进行检定，在其刻度盘的读数为100μW时，用标准功率计测量得到其输出功率为90μW，已知其允许误差为±10%，请问该信号源是否合格？

解： $\Delta x = 90 - 100 = -10\mu W$

如果采用示值相对误差表示，则有 $\gamma_x = (-10/100) \times 100\% = -10\%$，此时可判定该信号源合格；但是如果采用实际相对误差来表示，则有 $\gamma_A = (-10/90) \times 100\% = -11.1\%$，此时得到的判定结论为信号源不合格。由此可见，当相对误差较大时，γ_A 与 γ_x 相差较大，应慎重考虑选用哪种相对误差作为判定依据。

1.4.6 检测基本步骤

航空电子对抗设备性能参数测量工作的基本步骤分为三步：①测量前的准备工作；②实施测量；③撰写测量报告。

1. 测量前的准备工作

性能参数测量前的准备工作主要包括：

1）明确参数的含义

开展航空电子对抗设备性能参数测量的测量人员必须在熟悉所测航空电子对抗设备工作原理的基础上，明确被测参数的含义，以及各分系统性能参数之间的联系和相互影响。需要注意的是，对于同一参数而言，如果其定义不同，则相应的测量方法和测量结果也不相同。

2）确定测量方案

测量方案的重要内容是选择产品在规定维修级别（场所）的测试种类，可从不同的角度出发，区分测试。

（1）系统测试与单元测试。系统测试是将系统作为一个整体，向其输入一组激励，观察记录其响应，以了解系统的状况。显然这是我们所希望的一种测试方式。航空电子对抗设备大修后、新品装机前，需要进行系统测试确认航空电子对抗设备修理是否正常或航空电子对抗设备是否符合装机条件。单元测试是对航空电子对抗设备的各LRU进行测试，它常常作为系统测试的补充，用以检测与隔离故障。

（2）在线测试和离线测试。在线测试是在不中断装备正常工作的情况下进行的测试，离线测试则相反。如雷达正常工作时，利用显示回扫期测量接收机灵敏度是在线测试；若测量接收机灵敏度只能在关掉雷达发射机时进行，那么这种测试就是离线测试。对于航空电子对抗设备，就测试的时机或功能而言，有时还分开机自检、周期自检、定时测试、监控测试和故障隔离等。

（3）联机检测与脱机检测。被测部分安装在系统上并在其运行环境中进行测试为联机测试，航空电子对抗设备的各种机内自检，均属于联机检测；反之为脱机测试。基层级维修一般用联机测试，中继级及基地级常用脱机测试。

（4）定量测试与定性测试。定量测试可以测量出具体的参数值，从而做出预测性的评估；而定性测试只说明某种属性是否存在，常用于分队现场维修或快速检测。

（5）原位测试与离位测试。通常对于航空电子对抗设备整机的性能参数必须采用原位测试，而对于各分机的性能参数可以采用原位测试也可以采用离位测试。在航空电子对抗设备的研制和生产阶段，生产工厂进行分机性能参数测试时，通常使用测试台来模拟整机工作条件，在测试台中安装有专用的测试电路和显示装置，从而使测量过程简化。在部队开展航空电子对抗设备性能参数测量工作时，限于仪表、设备和环境等条件，通常均采用原位测试，以整机作测试台，在航空电子对抗设备正常工作条件下开展参数测量工作。需要注意的是，在拉出分机进行测试时，有时须考虑修理电缆长度对高频参数的影响。

3）确定测量方法，选择测量设备

根据参数的含义，以及对测量精度的要求，确定测量方法，并选择相应的测量仪表和测量设备。要求所确定的测量方法在理论上应该是正确的、严密的，并必须确保所选择的仪表、设备条件是可行的，而且各种测量仪器必须附有适用的配套附件（有时可能还需要一些自制件）。测试设备通常有以下几种分类方法。

（1）按照测试设备操纵使用的自动化程度分类，可分为全自动、半自动、人工3种。显然，自动化程度越高，测试的时间越短，人力消耗越少，但测试设备的费用会提高且需要更多的保障。

（2）按通用程度分类，可分为专用测试设备与通用测试设备。专用测试设备是专门为某系统或某部分设计的，其使用简单方便且效率高，但使用范围窄。通用测试设备则反之，有利于减轻保障负担。为了综合两者的优点，推广“积木式”设计原理和采用专用软件是行之有效的途径。

（3）按与航空电子对抗设备的关联分类，可分为机内测试设备（BITE）和外部测试设备。机内测试设备省去了连接的时间，有较高的测试效率，能对装备实施连续监控或周期性测试。它还能利用装备运行中的各种信息及装备的硬件，减轻保障负担，但它只是该电子对抗设备专用的。外部测试设备则相反，无论专用或通用，都可用一台外部检测设备来保障多套电子对抗设备。

（4）按使用场所分类，可分为在工厂生产线、在基地修理厂、在部队和分队使用的测试设备，其要求及性能显然不同。

为了逐步实现航空电子对抗设备参数测量的规范化，部队在开展测量工作时，应尽量使用统一配发的仪表，如有精度较高的仪表，也可以进行对比校核。使用仪表的精度应高于待测参数技术指标要求一个数量级。应对仪表进行定期检定、校准，以保持其精度。在开展测量工作前，测量人员必须熟悉仪表的正确使用方法，以保证获得准确的测量结果，确保人员、设备的安全。

4）确定测试点

首先应根据参数的定义来确定参数的测试点。例如，测量接收机的噪声系数时，噪声信号从接收机的信号输入插座输入，而测量整机噪声系数时，噪声信号经天线输入。这说明测试点不同，所表示的参数含义是不同的。其次，在测试点的选择方面，应确保不影响被测电路的正常工作。

5）选择合适的测量环境

航空电子对抗设备参数测量工作都是在有一定要求的环境条件下进行的，而部队在使用航空电子对抗设备时的环境条件往往较差，因此，对测量时必须具备的环境条件

(如气候、外界电磁干扰、电源等)应预先做考虑和准备，尽量在合适的环境条件下开展性能参数测量工作，使环境条件对测量结果的影响降低到最小程度。

6）准备好被测装置

开展航空电子对抗设备性能参数测量工作通常有以下两种情况。一种情况是航空电子对抗设备无故障情况下进行测量，比如在航空电子对抗设备定期维护工作中所进行的例行测量，或在对航空电子对抗设备进行技术等级评定时所进行的测量，此时，测量前应将航空电子对抗设备整机调整正常，使其处于良好的工作状态。另一种情况则是在航空电子对抗设备故障修理期间进行测量，其目的是通过测量来确定故障部位。

2. 实施测量

性能参数测量的具体实施步骤如下：

(1）连接测量线路。根据确定的测量方法和选择的仪表与测量设备来连接测量线路。在连接测量线路时应注意以下几点：①仪表、设备和被测装置应良好接地；②各连接电缆的型号、长度、走向以及接插件的配合应满足测量要求；③仪表、设备、被测装置及有关部分的开关、旋钮的位置应正确无误；④测量大功率、高电压时的安全措施应当落实。

(2）接通仪表、设备、被测装置及有关部分的电源，按规定预热。进行此步骤时应注意仪器输出信号的幅度不要过大，以避免损坏被测装置；同时还要注意防止被测装置的高压进入仪表，以避免损坏仪表和测量设备。

(3）按规定步骤校验仪表。如表头指针校零、刻度标志的检查等。

(4）按规定步骤调谐仪表、设备和被测装置，读出仪表的刻度指示并记录。进行此步骤时要注意测量人员的位置，尽量避免和减少读数时的视角误差。

(5）关机，拆除测量线路，并将被测装置恢复到原来的工作状态。

需要说明的是：如果是在航空电子对抗设备故障修理期间进行测量，其目的是通过测量来确定故障的部位，并针对确定的故障部位开展修理工作。当完成修理后测量人员必须进行重复测量，直至相应性能参数满足技术要求，并做好故障修理记录。

3. 撰写测量报告

(1）对测试数据进行处理，包括按照修正曲线对读数进行修正、按照给定的公式计算出最后结果、将测量结果绘成图形等。

(2）对测试结果进行分析判断，作出合格（满足技术要求）或不合格（不满足技术要求）的结论。

(3）按规定格式填写《参数测量记录表》，写出本次参数测量结果报告。

小结

航空电子对抗设备检测工作贯穿于电子对抗设备全寿命周期的各个阶段，它是电子对抗设备整机验收、技术等级鉴定、维护检修等活动的一项基础性技术工作，是检验电子对抗设备性能指标是否满足设计要求和评价其质量优劣的重要途径。通过本章的学习，使读者建立航空电子对抗设备检测的基本概念，了解航空电子对抗设备检测的基本知识，为后续内容学习奠定良好的基础。本章主要内容如下：

1. 目前国内外航空电子对抗设备主要分为雷达对抗设备、通信对抗设备和光电对抗设备三大类，三类对抗设备体制不同、采用的技术不同，结构也有所差异。

2. 雷达对抗设备、通信对抗设备、光电对抗设备三类设备的主要性能指标，是进行航空电子对抗设备检测的基础。

3. 航空电子对抗设备检测所需各种仪器和仪器的主要技术指标。用于航空电子对抗设备测量的各种仪器很多，按照测量的参数，可分为时域测量仪器、频域测量仪器、数据域测量仪器三大类；按照仪器的控制方式，可分为手控仪器、程控仪器、手控/程控仪器；按照仪器的物理属性，可分为实体仪器和虚拟仪器；按照仪器的显示方式，可分为模拟式和数字式两大类；按照仪器的功能是提供信号还是测量信号，可分为信号源类仪器、测量类仪器、辅助仪器。本节按照仪器功能简要介绍了信号发生器，电平测量仪器，信号分析仪器，频率、时间和相位测量仪器，电子元器件测试仪器等。

4. 航空电子对抗设备检测的意义和特点、检测依据和检测时机、检测点的选取和检测方法，检测的步骤和要求，以及测量误差的基本知识。

思考题

1. 航空电子对抗设备都有哪些？
2. 雷达对抗设备的主要性能指标有哪些？
3. 通信对抗设备的主要性能指标有哪些？
4. 光电对抗设备的主要性能指标有哪些？
5. 简述航空电子对抗设备检测的意义和主要特点。
6. 简述航空电子对抗设备检测的基本依据和检测时机。
7. 目前，在进行航空电子对抗设备检测时，检测点是如何选取的？
8. 航空电子对抗设备检测中用到的通用电子测量仪器按照其功能进行分类，主要包含哪些类型的仪器？
9. 常用电子测量仪器的主要技术指标有哪些？
10. 对于进行航空电子对抗设备测量的人员有哪些基本要求？
11. 简述测量误差的分类。

第 2 章　低频信号检测

在航空电子对抗设备检测领域，表面上看是测量作用距离、侦察空域、工作频率范围、测向精度、测频精度、反应时间、连续工作时间、多目标能力、有效干扰扇面、干扰功率、接收机灵敏度等各种各样的性能指标，但本质上是构建设备正常工作的环境，按照指标定义要求，监测各种各样的低频信号、射频信号、数字信号等。在航空电子对抗设备分机或功能电路的检测中，经常需要检测各种各样的低频信号，如雷达侦察接收机的自检脉冲、对数视频放大器输出的视频脉冲、频分检波组件输出的视频脉冲、保幅展宽电路输出的视频脉冲、制导信号接收机通道检测信号、雷达射频脉冲包络、通信电台射频包络、航管应答机发射脉冲包络等。低频（low frequency，LF）是个相对概念，是相对于高频而言的。按照国际无线电波谱的波段划分，30~300kHz 的电磁波为低频，300~3000kHz 的电磁波为中频（medium frequency，MF），3~30MHz 的电磁波为高频（high frequency，HF）。本章重点讨论各种低频信号的特性参数、波形特征、测量或检测方法等。

2.1　低频信号概述

“信号”一词在人们的日常生活与社会活动中有着广泛的含义。严格地说，信号是消息的表现形式与传送载体，而消息则是信号的具体内容。但是，消息的传送一般都不是直接的，需借助某种物理量作为载体。例如，通过声、光、电等物理量的变化形式来表示和传送消息。因此，信号可以广义地定义为随一些参数变化的某种物理量。在数学上，信号可以表示为一个或多个变量的函数。例如，语音信号是空气压力随时间变化的函数 $f(t)$，图 2-1-1 所示为语音信号“我爱北京天安门”的波形。

在可以作为信号的诸多物理量中，电是应用最广的物理量。电易于产生与控制，传送速率快，也容易实现与非电量的相互转换。因此，本书主要讨论电信号。电信号通常是随时间变化的电压或电流（电荷或磁通），由于是随时间而变化的，在数学上常用时间 t 的函数来表示。

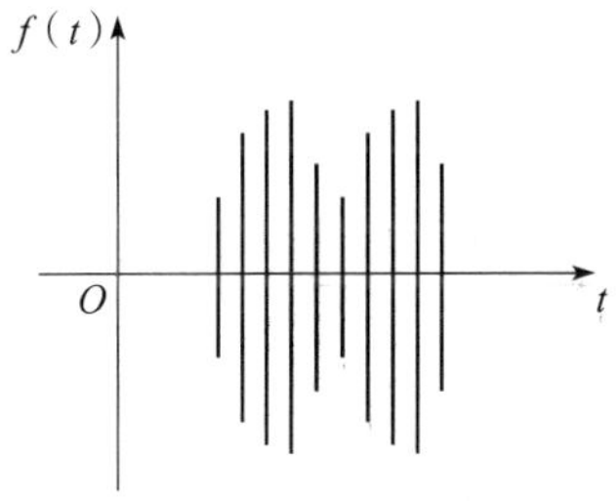

图 2-1-1　语音信号“我爱北京天安门”的波形

信号的分类方法很多，可以从不同的角度对信号进行分类。

1. 确定信号与随机信号

按照信号的确定性来划分，信号可分为确定信号与随机信号。确定信号是指能够以确定的时间函数表示的信号，其在定义域内的任意时刻都有确定的函数值。图 2-1-2(a) 所示的正弦信号就是一个确定信号。随机信号也称为不确定信号，它不是时间的确定函数，其在定义域内的任意时刻没有确定的函数值。图 2-1-2(b) 所示混合有噪声的正弦信号就是一个不确定信号，即随机信号，它无法以确定的时间函数来描述，也无法根据过去的记录准确地预测未来情况，只能用统计规律来描述。

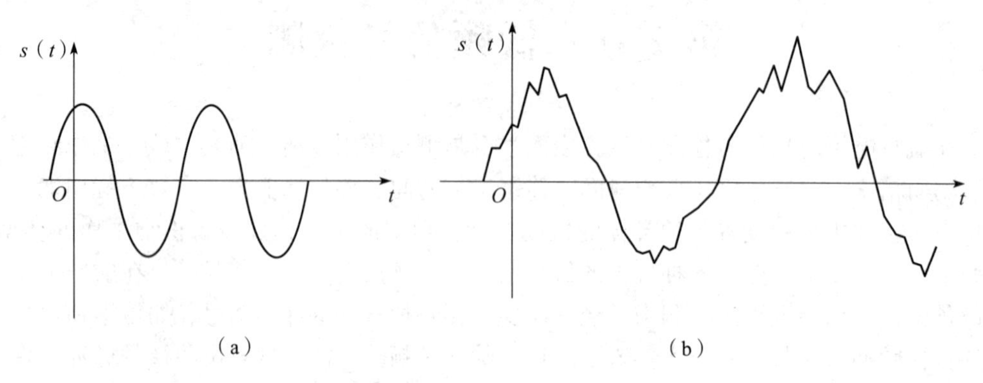

图 2-1-2　确定信号与随机信号波形

(a) 确定信号的波形；(b) 随机信号一个样本的波形。

2. 连续时间信号与离散时间信号

按照信号自变量取值的连续性划分，信号可分为连续时间信号与离散时间信号。连续时间信号是指在信号的定义区间内，除有限个间断点外，任意时刻都有确定函数值的信号，如图 2-1-3(a) 所示。通常以 $s(t)$ 表示连续时间信号。

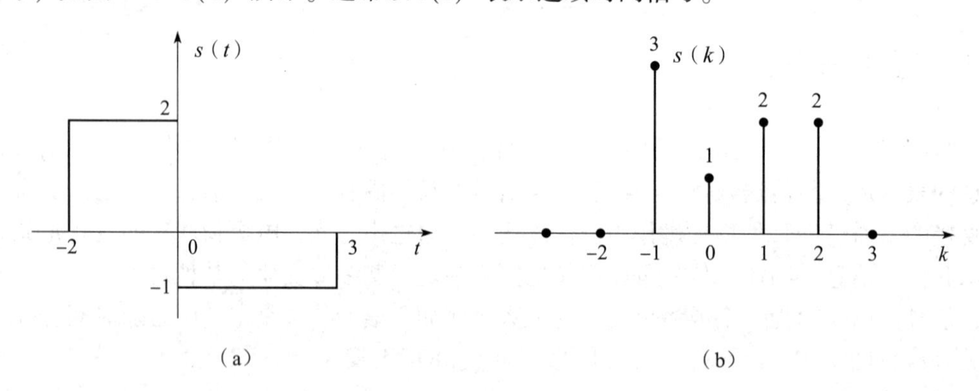

图 2-1-3　连续时间信号与离散时间信号波形

(a) 连续时间信号的波形；(b) 离散时间信号的波形。

离散时间信号是指信号的定义域为一些离散时刻，通常以 $s(k)$ 表示。离散时间信号最明显的特点是其定义域为离散的时刻，而在这些离散的时刻之外无定义，如图 2-1-3(b) 所示。比如人口统计中的一些数据、股票市场指数等。

连续信号的幅值可以是连续的，也可以是离散的。时间和幅值均连续的信号称为模拟信号。离散时间信号的幅值也可以是连续的或离散的。时间和幅值均离散的信号称为数字信号。

3. 周期信号与非周期信号

按照信号的周期性划分，信号可以分为周期信号与非周期信号。周期信号都是定义在区间 $(-\infty, +\infty)$ 上，且每隔一个固定的时间间隔重复变化。连续周期信号的数学

表示式为

$$s(t)=s(t+T_0),\quad -\infty<t<\infty \tag{2-1-1}$$

离散周期信号的数学表示式为

$$s(k)=s(k+N),\quad -\infty<k<\infty,\quad k\text{ 取整数} \tag{2-1-2}$$

满足式（2-1-1）和式（2-1-2）中的最小正数 T_0、N 称为周期信号的基本（基波）周期。

非周期信号是不具有重复性的信号。

2.2　正弦信号检测

正弦信号是频率成分最为单一的一种周期信号，工业及照明用电是频率为 50Hz 的标准正弦周期信号，一般的 LC、RC 振荡器产生的也是正弦周期信号。

1. 正弦信号

正弦信号如图 2-2-1 所示，时域上看信号波形是数学上的正弦曲线。连续时间正弦信号是物理学中简谐振动的数学描述。此外，振动物质在弹性媒质中形成的机械波，振动电荷或电荷系在周围空间产生的电磁波以及声波、光波等物理现象在一定条件下都可以用正弦信号来描述。

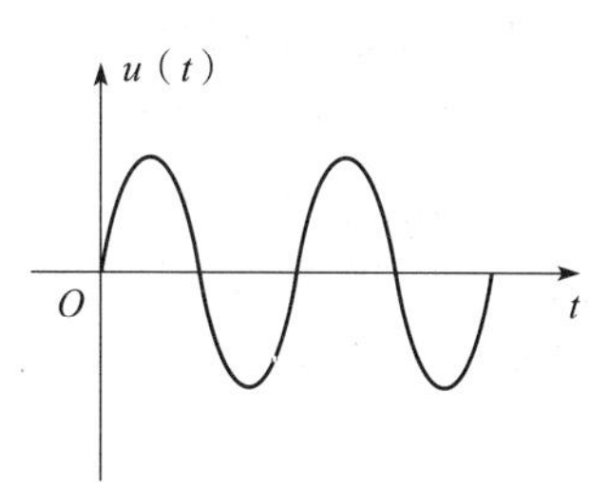

图 2-2-1　正弦信号

一个正弦信号可表示为

$$u(t)=A\sin(\omega t+\varphi)=A\cos\left(\omega t+\varphi-\frac{\pi}{2}\right) \tag{2-2-1}$$

式中：A 为振幅；ω 为角频率；φ 为初相位。这三个参量称为正弦信号的三要素。除了这三个要素，正弦信号还有周期 $T=\frac{2\pi}{\omega}$、频率 $f=\frac{\omega}{2\pi}$ 两个参数。实际上频率这个参数用的比角频率还更广泛。由于余弦信号与正弦信号只是在相位上相差 $\frac{\pi}{2}$，所以将它们统称为正弦周期信号。

正弦信号作为一种基本信号，它具有以下非常有用的性质：

（1）是周期信号；

（2）是无时限信号；

（3）两个同频率的正弦信号相加，虽然它们的振幅与相位各不相同，但相加的结果仍然是原频率的正弦信号；

（4）如果有一个正弦信号的频率 f_1 等于另一个正弦信号频率 f 的整数倍，即 $f_1=nf$，则其合成信号是非正弦周期信号，其周期等于基波（上面那个频率为 f 的正弦信号就称作基波）的周期 T，也就是说合成信号是频率与基波相同的非正弦周期信号；

（5）正弦信号对时间的微分与积分仍然是同频率的正弦信号。

以上这些优点给运算带来了许多方便，因而正弦信号在实际中作为典型信号或测试信号而获得广泛应用。

2. 正弦信号的检测

正弦周期信号的三个要素是振幅、频率、初相位，这也是正弦周期信号的三个待测参数。

将肉眼看不到的电信号在示波管或显示屏上以静止波形显现出来的仪器叫作示波器。示波器是电子测量中一种最常用的仪器，它能够直接观测和真实显示被测信号随时间变化的情况，是时域分析的最典型的仪器。在示波器显示屏上，用 X 轴代表时间，用 Y 轴代表信号的幅度。利用示波器可以进行电压、频率、相位差以及其他物理量的测量。

测量正弦周期信号这样按照一定规律周期性变化的信号，可以使用频率计或示波器。利用示波器既可以测量一个正弦周期信号的振幅、频率，也可以测量两个正弦周期信号的相位差。

1）振幅的测量

利用示波器测量电压有它独特的特点，那就是它可以测量各种波形的电压幅度，具有正弦周期信号特征的电压的振幅测量尤其方便。

被测信号与示波器连接时，可以用引线连接，也可以用示波器探头，还可以用同轴电缆连接。直接从示波器屏幕上量出被测电压波形的高度，然后换算成电压值。若已知 Y 通道的偏转灵敏度，则可求得被测电压值：

$$V_P = Sh \tag{2-2-2}$$

式中：V_P 为被测正弦周期信号电压的峰-值（V）；S 为偏转灵敏度（V/cm）；h 为被测正弦周期信号电压波形的峰值高度（cm）。图 2-2-2 示意了某个正弦周期信号幅度的测量画面，其振幅 $V_P = 5\text{mV/cm} \times 3.9\text{cm} = 19.5\text{mV}$。

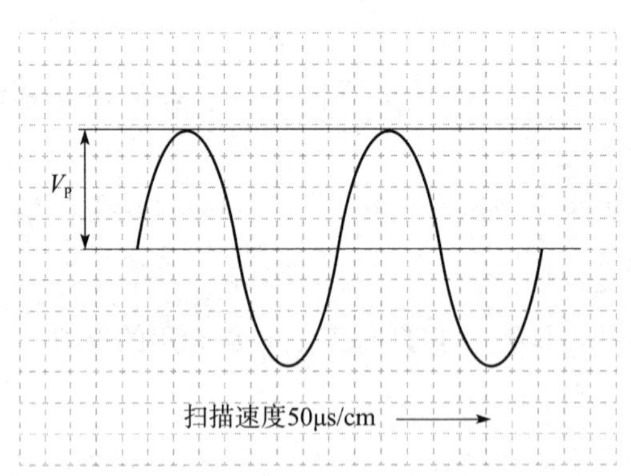

图 2-2-2　正弦周期信号幅度的测量

示波器测量信号时，通常有两种方式，即手动方式和自动方式。手动方式就是人工设置仪器的量程等状态、人工测量关注的参数、人工读出测量参数的值，自动测试就是采用程序控制仪器的量程等状态、测量关注的参数、输出测量参数的值。自动测试通常应用自动测试软件进行，任何与微软视窗系统的 32 位动态链接库（DLL）兼容的应用开发环境均可与 WIN 框架下的软件模块一起工作，可作为自动测试软件开发平台。目前，比较流行的测试软件开发平台分为三类：一是面向对象的软件开发平台，如 Microsoft 公司的 Visual Basic、Visual C++，Borland 公司的 Delphi，Sybase 公司的PowerBuilder等。该类软件平台采用文本式编程语言，面向对象编程，编程灵活，编程工作量大，对测试程序开发人员要求较高，早期的测试系统用的比较多，如哈尔滨工业大学的网络化的半导体激光器ATS的软件开发，选用VB和VC混合编程方案，其中VB作为界面开发工具，VC提供动态链接库支持。二是面向仪器的软件开发平台，最有代表性的是NI公司的LabWindows/CVI和LabView，Agilent公司的Agilent VEE等。该类软件平台利用仪器提供的接口函数，直接面向仪器功能编写测试程序，编程灵活。由于这种环境和仪器驱动程序具有很好的接口，使得在测试软件中对有关仪器的操作十分简便。但是，要求测试程序开发人员必须非常了解ATE硬件平台中仪器的性能和功能，编程工作量大。ATS中用这类平台的比较多，如电子科技大学的VXI ATC综合测试系统等。三是面向信号的软件开发平台，有代表性的是法国宇航公司的SMART、美国TYX公司的PAWS、海军航空大学青岛校区与Easbeacon公司合作开发的GPATS等。

例2-2-1　测量一个频率大致为100kHz，峰-峰值电压为0.5~0.7V的正弦交流信号的峰-峰值电压。采用GPATS语言编写的自动测试程序如下：

```
000010 REQUIRE, 'DSO_ACVOLTPP', SENSOR(VOLTAGE-PP), AC SIGNAL,
              CAPABILITY,
                       FREQ MAX 5MHZ  ERRLMT +-1HZ,
                      VOLTAGE-PP MAX 50V  ERRLMT +-0.1V,
             LIMIT,
                       VOLTAGE RANGE 0.1V TO 50 V BY 0.1V,
             CNX HI $
000020 REQUIRE, GLOBAL, 'DSOEM1', EVENT MONITOR(VOLTAGE-INST), PULSED DC,
             CAPABILITY,
                        VOLTAGE-INST RANGE 3.5V TO 3.5V,
                        VOLTAGE RANGE 0 V TO 5V,
             CNX HI $
000031 IDENTIFY, EVENT 'EVENT1'  AS(VOLTAGE-INST),
             PULSED DC USING 'DSOEM1',
             EQ 1V, INCREASING,
             VOLTAGE-INST RANGE 0.5V TO 3.5V,
             VOLTAGE RANGE 0 V TO 5 V,
             CNX HI P1_2 $
000051 MEASURE,(VOLTAGE-PP INTO'READING'),
             AC SIGNAL USING 'DSO_ACVOLTPP',
             VOLTAGE-PP RANGE 0.5 V TO 0.7 V,
             FREQ MIN 100 KHZ,
             STROBE-TO-EVENT 'EVENT1',
CNX HI P1_1 $
```

从上面的程序可以看出，面向信号的软件开发平台采用通用缩略测试语言（abbreviated test language for all systems，ATLAS）面向被测信号编程，使用的标识符与英语单词非常接近，易读性强。实际上，通用自动测试软件（general purpose automatic test software，GPATS）是一套以标准ATLAS716编译器及IVI COM技术为核心的集开发、调试、集成和运行功能于一体的通用ATS软件平台，还具有以下特点：①具有较强的系统资源配置管理能力；②任何满足标准ATLAS716-1995语法的测试程序都能在GPTS上正常编译，信号库可由用户任意扩充，底层驱动同时支持IVI-COM和IVI-C，开放性好、通用性强；③采用动态仪器绑定技术使测试程序与系统所使用的总线及仪器无关，便于实现仪器互换，TPS的系统无关性好；④提供编程模板和向导，不依赖硬件资源进行开发，不需充分熟悉仪器资源即可完成TPS的编写、仿真运行、脱机调试，开发效率高；⑤所有软件模块都采用组件技术实现，可维护性好；⑥提供各种仪器软面板，方便测试程序开发、调试和UUT故障诊断。

2）频率或周期的测量

周期的测量，本质上是时间间隔的测量，即一个周期信号波形上，同相位两点之间的时间间隔的测量。

测量正弦周期信号这一类按一定规律周期性变化信号的周期和频率时，可以使用示波器进行。图2-2-3示意了某个正弦周期信号周期的测量画面。

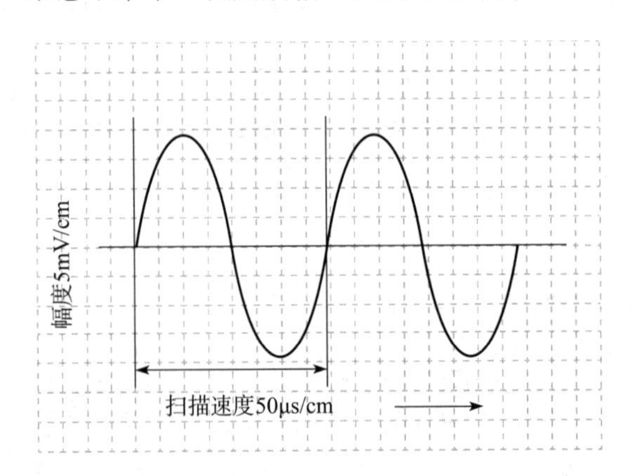

图2-2-3　正弦周期信号周期的测量

在图2-2-3中，当扫描速度为50μs/cm时，周期的长度为7.9cm，这时正弦信号周期可由下式给出：

$$T=50\mu s/cm\times 7.9cm=395\mu s$$

则正弦信号频率为

$$f=\frac{1}{T}=\frac{1}{395\times 10^{-6}}=\frac{10^6}{395}=2.5316kHz$$

例2-2-2　测量一个周期大致为20μs、有效值电压为1~3V的正弦交流信号的周期。采用GPATS语言编写的自动测试程序如下：

```
000006 REQUIRE,'DSO_ACPER', SENSOR(PERIOD), AC SIGNAL,
           CAPABILITY,
                PERIOD  MAX 20 USEC ERRLMT +- 1E-7SEC,
                 VOLTAGE MAX 50V  ERRLMT +-0.1V,
```

```
          LIMIT,
               VOLTAGE RANGE 0.1V TO 50 V BY 0.1V,
          CNX HI
000020 REQUIRE,GLOBAL,'DSOEM1', EVENT MONITOR(VOLTAGE-INST), PULSED DC,
          CAPABILITY,
                VOLTAGE-INST RANGE 3.5V TO 3.5V,
                VOLTAGE RANGE 0 V TO 5V,
          CNX HI  $
000031 IDENTIFY,EVENT 'EVENT1'   AS(VOLTAGE-INST),
            PULSED DC USING 'DSOEM1',
             EQ 1V,INCREASING,
            VOLTAGE-INST RANGE 0.5V TO 3.5V,
            VOLTAGE RANGE 0 V TO 5 V,
            CNX HI P1_2  $
            DECLARE,VARIABLE,'READING'IS DECIMAL INITIAL = 0  $
000051 MEASURE,(PERIOD INTO 'READING'),
            AC SIGNAL USING 'DSO_ACPER',
            VOLTAGE RANGE 1 V TO 3 V,
            PERIOD MAX 20 USEC,
            STROBE-TO-EVENT 'EVENT1',
            CNX HI P1_1  $
```

3）相位差的测量

相位差的测量通常采用示波器，下面介绍两种简单的方法。

（1）双线法或多线法。

相位差的测量通常是对两个或两个以上的同频率正弦信号波形的两点之间的时间间隔的测量，这需要用到双踪或多踪示波器，通常采用双线法或多线法测试。所谓双线法或多线法是指把两个或多个信号分别加到双踪或多踪示波器的两个或多个输入端，调节示波器使其显示屏上显示稳定清晰的波形，并使两个波形的基线与显示屏前坐标的横轴重合（图 2-2-4），通过读出波形一周期所占横坐标长度和两个或多个波形过 O 点的间隔，从而计算出相位差的方法。

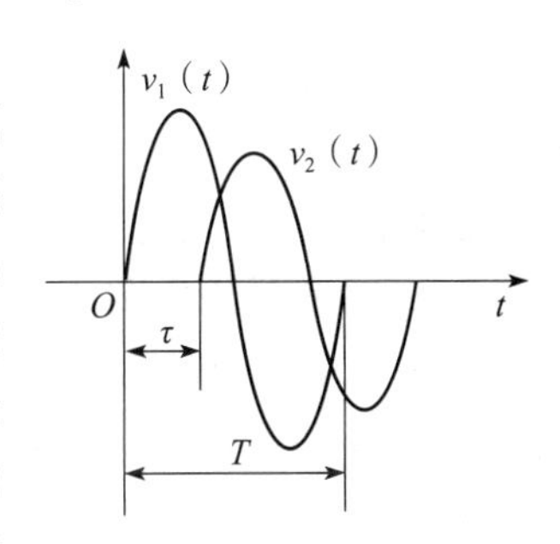

图 2-2-4　正弦周期信号相位差的测量

在图 2-2-4 中，假设两波形过 O 点的间隔为 τ，波形一周期所占横坐标长度为 T，则相位差为

$$\varphi=\varphi_1-\varphi_2=\frac{\tau}{T}\times 360^\circ \tag{2-2-3}$$

这种方法使用简便，但测量精度不高，误差来源主要是示波器的两个输入通道相移不等、视差及光迹不够细等原因，一般误差达±5°左右。

(2) 李沙育图形法。

设把两个同频率正弦电压

$$V_1(t)=V_{m1}\sin(\omega t+\varphi)$$
$$V_2(t)=V_{m2}\sin\omega t$$

分别加到示波器的 Y 轴和 X 轴输入端，显示屏上光点轨迹同时满足

$$X=A\sin\omega t \tag{2-2-4}$$

$$Y=B\sin(\omega t+\varphi) \tag{2-2-5}$$

式 (2-2-4) 和式 (2-2-5) 中 A 和 B 分别是显示屏上电子束沿 X 轴和 Y 轴的偏移振幅，展开式 (2-2-5) 得

$$Y=B(\sin\omega t\cos\varphi+\cos\omega t\sin\varphi)=B(\sin\omega t\cos\varphi+\sqrt{1-\sin^2\omega t}\sin\varphi) \tag{2-2-6}$$

由式 (2-2-4) 得 $\sin\omega t=\frac{X}{A}$，代入式 (2-2-6) 经整理得

$$Y=\frac{B}{A}(X\cos\varphi+\sqrt{A^2-X^2}\sin\varphi) \tag{2-2-7}$$

式 (2-2-7) 是广义椭圆方程，当 $\varphi=0°$ 或 $180°$ 时，$Y=\pm\frac{B}{A}X$，显示屏上的图形是一条与 X 轴成 $\pm\frac{B}{A}$ 斜率的直线，其夹角

$$\alpha=\arctan\left(\pm\frac{B}{A}\right) \tag{2-2-8}$$

当 $\varphi=90°$ 或 $270°$ 时，式 (2-2-7) 为

$$\frac{X^2}{A^2}+\frac{Y^2}{B^2}=1 \tag{2-2-9}$$

这是半轴为 A 和 B 的椭圆方程。当振幅 $A=B$ 时，即得半径为 A (或 B) 的圆的方程 $X^2+Y^2=A^2$。

当相位差 φ 为任意值时，椭圆的两个半轴不与 X、Y 轴坐标重合，形成倾斜的椭圆。

图 2-2-5 是用作图法画出在两个同频率等幅正弦电压 V_y 和 V_x (V_y 超前 V_x φ 角) 作用下，电子束的扫描轨迹。图 2-2-5(b) 画出了该两个正弦电压具有不相同的相位差的图形，这些图形称为李沙育图。我们依据示波器显示图形的不同即可判断两正弦量的相位差。

由图 2-2-5(a) 看出，如果求出椭圆与纵轴的交点 Y' 和电子束沿纵轴的偏转幅度 B，则相位差由式 (2-2-10) 决定。

$$\varphi=\pm\arcsin\left(\frac{Y'}{B}\right) \tag{2-2-10}$$

同理，当求出椭圆与横轴的交点 X' 和电子束沿横轴的偏转幅度 A，有

$$\varphi=\pm\arcsin\left(\frac{X'}{A}\right) \tag{2-2-11}$$

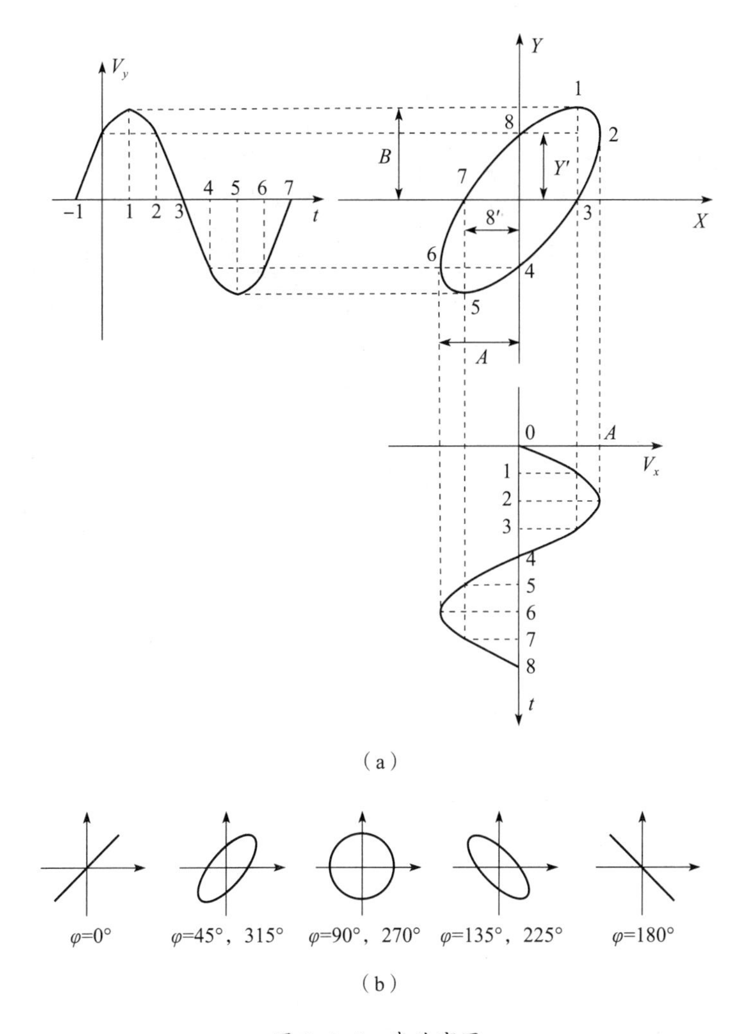

图 2-2-5　李沙育图

（a）图形的构成；（b）不同相位差的波形。

例 2-2-3　运用 Agilent 54621A 示波器（图 2-2-6）通过李沙育法测量两个相同频率信号的相位差。

Agilent 54621A 示波器的 XY 水平模式用两个输入通道把示波器从电压对时间的显示转换成电压对电压的显示。通道 1 是 X 轴输入，通道 2 是 Y 轴输入。

① 把一个正弦波信号接到通道 1，另一同频但不同相的正弦波信号接到通道 2。

② 按下 Autoscale 键、Main/Delayed 键，然后按下 XY 软键。

③ 用通道 1 和通道 2 位置（$\frac{\Delta}{\nabla}$）旋钮把信号放到显示中心。为便于查看，用通道 1 和 2 伏/格旋钮及通道 1 和 2 Vernier 软键扩展信号。Agilent 54621A 示波器将信号调整在显示中心如图 2-2-7(a) 所示，可使用式(2-2-12) 计算相差角 φ，A、B、C、D 参数描述如图 2-2-7(b) 所示。

$$\sin\varphi = \frac{A}{B} \quad \text{或} \quad \frac{C}{D} \tag{2-2-12}$$

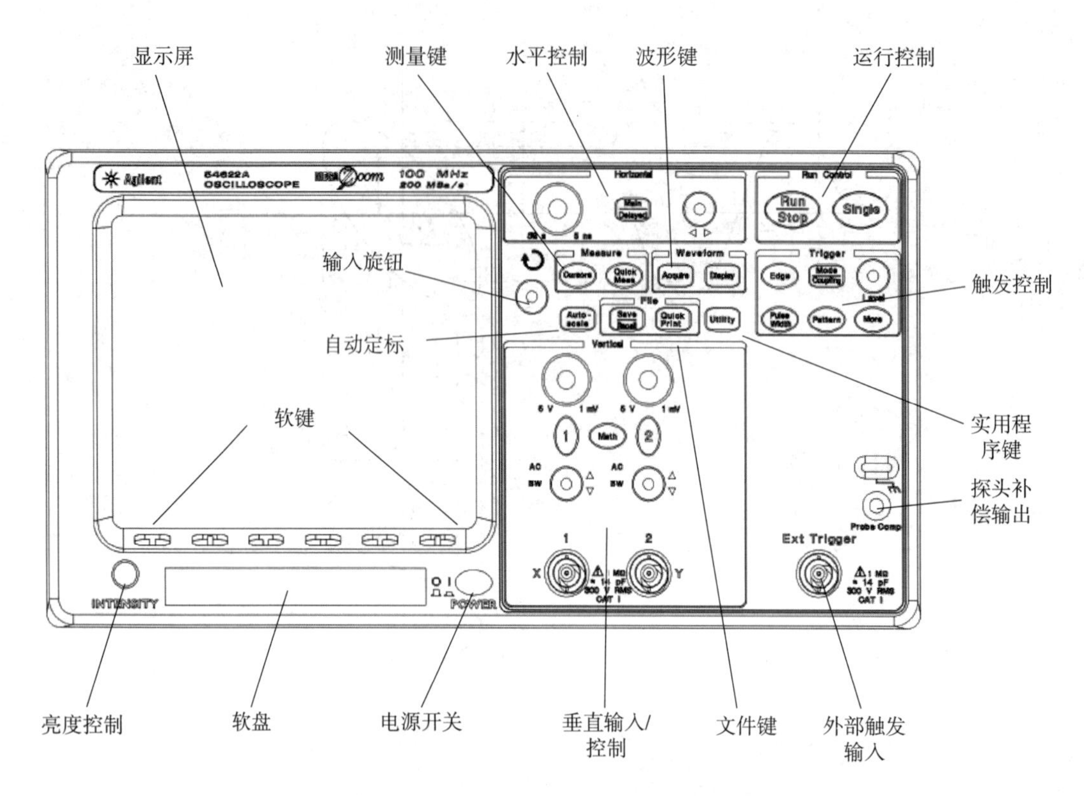

图 2-2-6　Agilent 54621A 示波器前面板

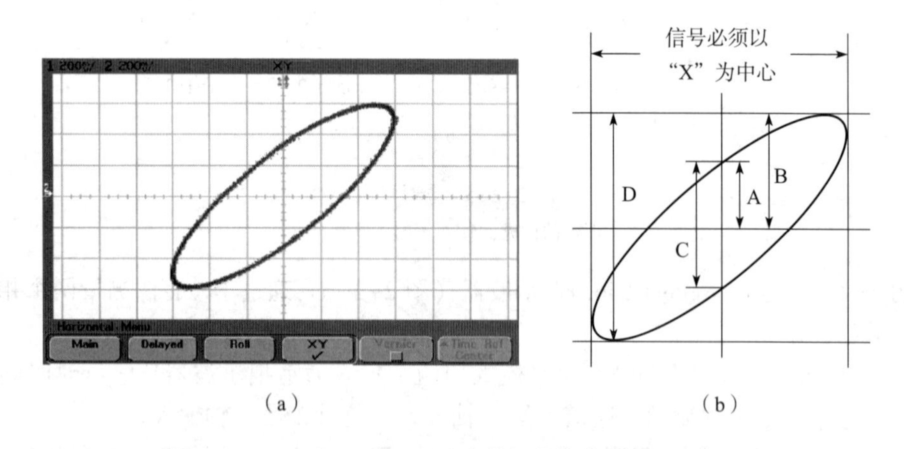

（a）　（b）

图 2-2-7　Agilent 54621A 示波器把信号放置在显示中心

（a）Agilent 54621A 示波器信号在显示中心；（b）A、B、C、D 参数描述。

④ 按下 Cursors 键。

⑤ 把 Y2 游标置于信号顶部，把 Y1 置于信号底部。记录显示底部的 ΔY 值。在本例中使用了 Y 游标，也可以使用 X 游标。图 2-2-8 示意了显示信号上的游标设置。

⑥ 把 Y1 和 Y2 游标移到信号与 Y 轴的交叉点上。再次记录显示底部的 ΔY 值，如图 2-2-9 所示。

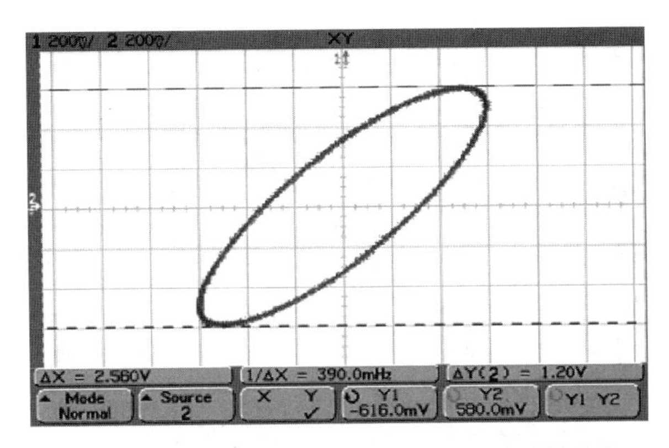

图 2-2-8　Agilent 54621A 显示信号上的游标设置

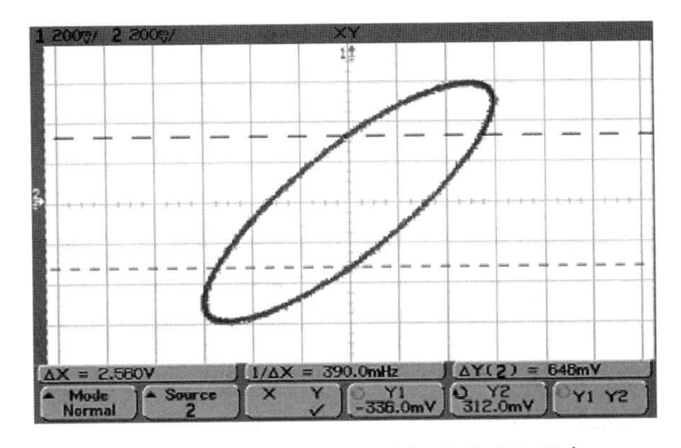

图 2-2-9　Agilent 54621A 游标设置于信号中心

⑦ 用下式计算相位差。

$$\sin\varphi=\frac{\text{第二个 }\Delta Y}{\text{第一个 }\Delta Y}=\frac{0.648}{1.20};\quad \varphi=32.68°(\text{相移}) \tag{2-2-13}$$

⑧ 图 2-2-10 和图 2-2-11 分别示意了相位差为 90°和 0°时 Agilent 54621A 示波器显示的波形。

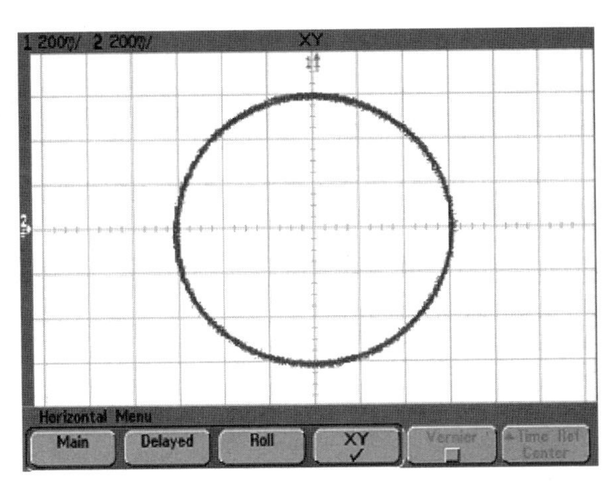

图 2-2-10　相位差为 90° Agilent 54621A 显示波形

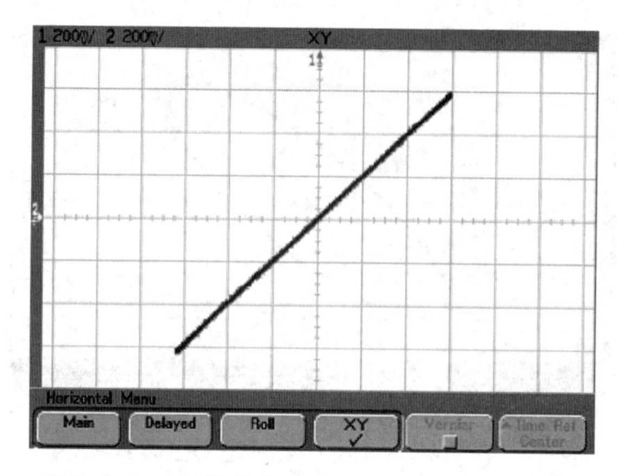

图 2-2-11　相位差为 0° Agilent 54621A 显示波形

2.3　常见信号检测

常见信号按照其是否具备周期性可分为非正弦周期信号和非周期信号。非正弦周期信号是指不是正弦波形的周期信号，如周期矩形脉冲信号、周期方波信号、周期三角形脉冲信号、周期锯齿波信号等，这些信号最大的特征是时间上的周期性，频域上的离散性、谐波性、收敛性。

1. 离散性

所有周期信号的频谱都是由间隔为 ω_0 的谱线组成。周期信号的离散频谱是周期信号频谱的重要特征。

2. 谐波性

不同的周期信号，其频谱分布的形状不同，但都是以基频 ω_0 为间隔分布的离散频谱，如 ω_0、$2\omega_0$、$3\omega_0$、$4\omega_0$……。由于谱线的间隔 $\omega_0=2\pi/T_0$，故信号的周期决定其离散频谱的谱线间隔大小。信号的周期越大，其基频 ω_0 就越小，则谱线越密；反之，T_0 越小，ω_0 越大，则谱线越疏。

3. 收敛性

不同的周期信号对应的频谱不同，但都有一个共同特性，就是频谱幅度的衰减特性。也就是说，当周期信号的幅度频谱随着谐波 $n\omega_0$ 增大时，幅度频谱 $|C_n|$ 逐渐衰减，并最终趋于零。尽管不同的周期信号其幅度频谱的衰减速度不同，但都最终衰减为零。

由于非正弦周期信号频域上的离散性、谐波性、收敛性的共性特征，其个性特征差别不是很大，而非正弦周期信号时域参数很多，且表现各异，所以研究时域参数是非常重要的，一般都研究非正弦周期信号的时域参数。

2.3.1　矩形脉冲检测

1. 矩形脉冲信号的参数

理想矩形脉冲信号如图 2-3-1 所示，它在一个周期 T 内有一幅度为 E、宽度为 τ 的矩形波形，这个信号的一个周期可表示为

$$s(t)=\begin{cases}E, & -\dfrac{\tau}{2}\leqslant t\leqslant\dfrac{\tau}{2}\\ 0, & \text{其他}\end{cases} \tag{2-3-1}$$

由于式（2-3-1）在书写时不方便，而且只表示了一个周期内的波形，为此，我们引入一个函数符号来表示矩形脉冲信号。矩形脉冲只需要有幅度 E、宽度 τ 和中心位置 t_0 三个参数就能完全确定，因此，要表示矩形脉冲信号也需要这三个参数，可用下式表示。

$$E\cdot\mathrm{rect}\left(\frac{t-t_0}{\tau}\right)=\begin{cases}E, & t_0-\dfrac{\tau}{2}\leqslant t\leqslant t_0+\dfrac{\tau}{2}\\ 0, & \text{其他}\end{cases} \tag{2-3-2}$$

也可用 $EP_\tau(t-t_0)$ 表示。利用式（2-3-2），一般周期矩形脉冲信号可表示为

$$s(t)=\sum_{n=-\infty}^{\infty}E\cdot\mathrm{rect}\left(\frac{t-t_0-nT}{\tau}\right),\quad \tau<T \tag{2-3-3}$$

而图 2-3-1 所示的信号则写为

$$s(t)=\sum_{n=-\infty}^{\infty}E\cdot\mathrm{rect}\left(\frac{t-nT}{\tau}\right),\quad \tau<T \tag{2-3-4}$$

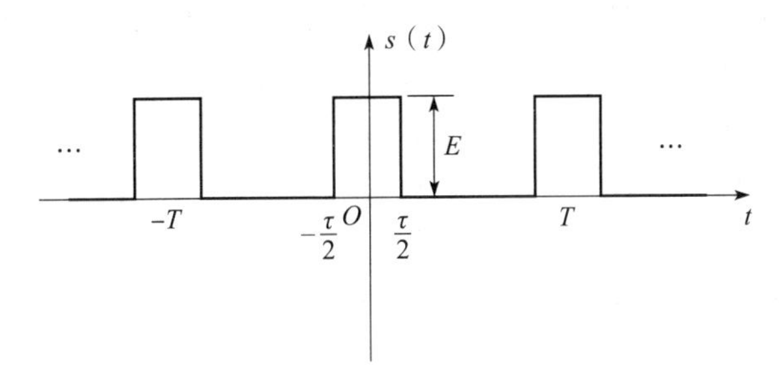

图 2-3-1　理想矩形脉冲波形

理想矩形脉冲是一种离散信号，形状多种多样，与普通模拟信号（如正弦波）相比，波形之间在时间轴不连续（波形与波形之间有明显的间隔），但具有一定的周期性。最常见的脉冲波是矩形波。脉冲信号可以用来表示信息，也可以用来作为载波，比如脉冲调制中的脉冲编码调制（pulse code modulation，PCM）、脉冲宽度调制（pulse width modulation，PWM）等，还可以作为各种数字电路、高性能芯片的时钟信号。

图 2-3-1 是一个理想矩形脉冲波形，它的描述比较简单，只要用三个参数就可以完整地表示出波形的特性，即脉冲幅度（pulse amplitude，PA）、脉冲重复间隔（pulse repetition interval，PRI）或脉冲周期、脉冲宽度（pulse width，PW）。由于脉冲重复频率（pulse repetition frequency，PRF）和脉冲重复间隔互为倒数关系，有时也用脉冲幅度、脉冲重复频率和脉冲宽度描述。

实际的矩形脉冲波形和理想的矩形脉冲波形之间有较大的区别，这是由于形成矩形脉冲波形电路本身存在着电容充放电的过渡过程以及晶体管内部存在着电荷存储效应，使得波形在变化过程中，它的上升和下降都需经历一定的时间，因此它的描述过程相对要复杂得多。图 2-3-2 是一个实际矩形脉冲波形图。

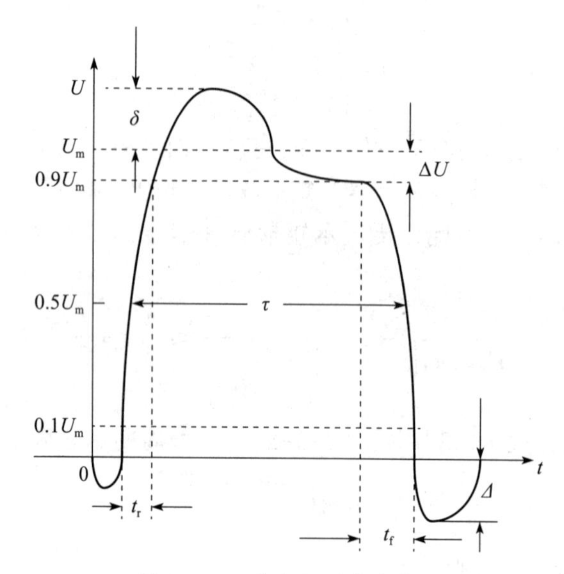

图 2-3-2　实际矩形脉冲波形

对于实际矩形脉冲波形的描述，通常用以下参数来表示：

（1）脉冲幅度 U_m：脉冲从起始到峰值之间的变化量称为脉冲幅值。

（2）脉冲前沿：用来描述脉冲开始变化时的暂态过程。

（3）脉冲后沿：用来描述脉冲结束变化时的暂态过程。

（4）脉冲上升时间 t_r：通常指脉冲由 $0.1U_m$ 上升至 $0.9U_m$ 所需的时间，t_r 越短，脉冲上升得越快。

（5）脉冲下降时间 t_f：通常指脉冲由 $0.9U_m$ 下降至 $0.1U_m$ 所需要的时间，t_f 越短，脉冲下降越快。

（6）脉冲宽度 t_p：指脉冲前后沿 $0.5U_m$ 两点间的时间间隔，又称脉冲持续期，常用 τ 表示。

（7）脉冲间隔 t_g：指前一个脉冲后沿 $0.5U_m$ 处，到后一个脉冲 $0.5U_m$ 处的时间间隔，又称为脉冲休止期。

（8）脉冲周期 T：对于周期性重复脉冲，前后两个相邻脉冲的时间间隔，称为脉冲周期，又称为脉冲重复间隔。

（9）脉冲频率 f：单位时间内脉冲信号重复出现的次数称为脉冲频率，其倒数为脉冲周期。

（10）占空系数 τ/T：脉冲宽度 τ 与脉冲周期 T 的比值称为占空系数或占空比。占空比为 50%的矩形脉冲信号，称为方波信号。方波是矩形脉冲信号的特例，其脉冲波形如图 2-3-3 所示。

（11）上冲量 δ：脉冲上升边沿超过平顶值 U_m 以上所呈现的突出部分，称为上冲，或者称过冲。

（12）下冲量 Δ：脉冲下降超过底值以下所呈现的下突出部分，称为下冲量，或者下过冲、反冲量。

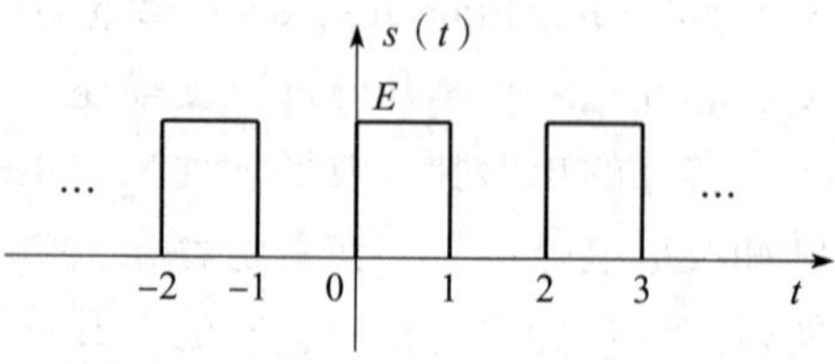

图 2-3-3　方波脉冲波形

（13）平顶落差 ΔU：又称平顶降落、顶降，脉冲顶部不能保持平坦而降落的幅度。

（14）偏移 E：矩形脉冲通常以水平零轴为基准，有些脉冲发生器输出脉冲可在零轴上下平移，其平移的幅度称为偏移。

脉冲波形的描述过程中，还存在着正负脉冲之分。所谓正脉冲是指脉冲的峰值大于它的起始值，而负脉冲是指脉冲的峰值小于它的起始值，如图2-3-4所示。

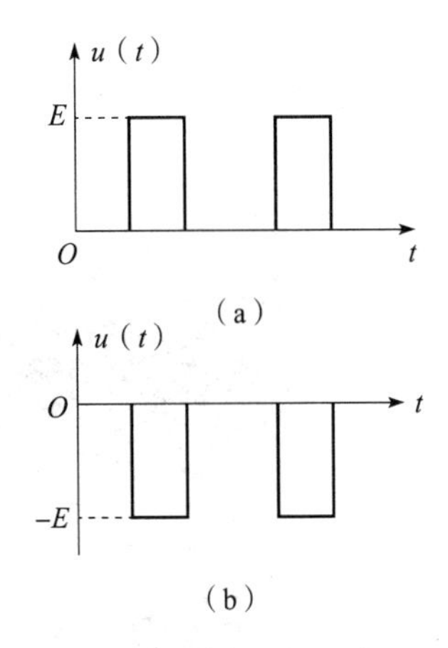

图2-3-4　正负矩形脉冲波形
（a）正脉冲；（b）负脉冲。

在航空电子对抗设备领域，经常需要检测各种各样的脉冲信号，如电子侦察系统接收到的常规脉冲雷达、频率捷变雷达、频率分集雷达、重频参差雷达、重频抖动雷达、重频跳变雷达、重频滑变雷达、脉内调频雷达（线性调频、三角调频、余弦调频、相位编码、二相码）、脉内调相雷达、线性调频脉冲压缩雷达、相位码编码脉冲压缩雷达、脉冲多普勒雷达信号的解调信号，空中交通管制系统中询问信号和应答信号的调制信号等，图2-3-5示意了电子对抗领域常见雷达射频包络矩形脉冲串。

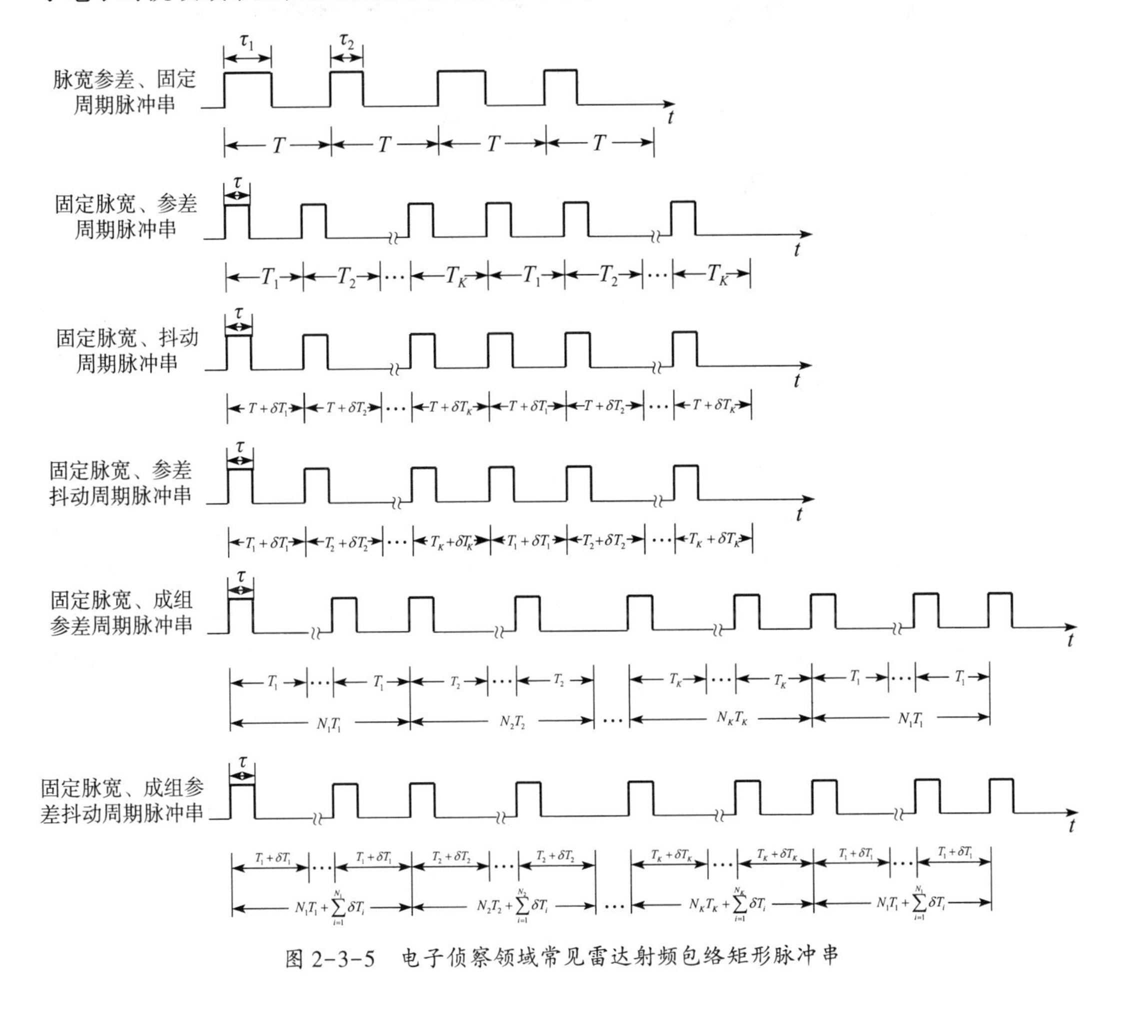

图2-3-5　电子侦察领域常见雷达射频包络矩形脉冲串

雷达射频脉冲包络相关参数的好坏直接影响着雷达装备的探测距离、距离分辨率、最小探测距离等指标，而电子侦察系统解调雷达信号脉冲相关参数的好坏直接影响着对雷达威胁的判断。图 2-3-6 示意了带有 SPI 的飞机代码 7777 回答脉冲串。

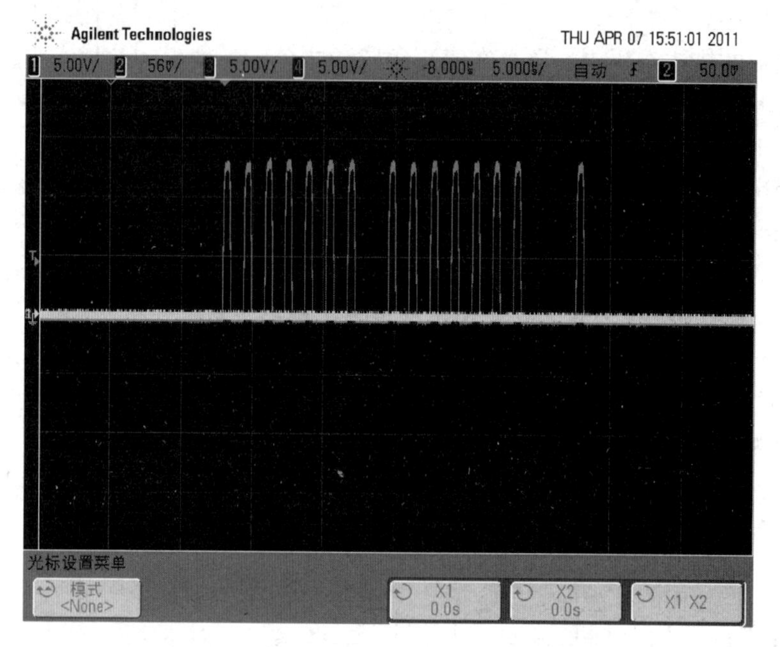

图 2-3-6 带有 SPI 的飞机代码 7777 回答脉冲串

2. 矩形脉冲信号的检测

矩形脉冲信号的参数很多，与时间有关的参数主要有脉冲宽度、脉冲周期、脉冲间隔、脉冲上升时间、脉冲下降时间，与幅度有关的参数有脉冲幅度、上冲、下冲、平顶落差、偏移等。直接测量的参数有脉冲宽度、脉冲周期、脉冲间隔、脉冲上升时间、脉冲下降时间、脉冲幅度、上冲、下冲、平顶落差、偏移等，间接测量的参数有占空系数、脉冲频率等。

1）脉冲宽度和频率的检测

测量脉冲波这一类按一定规律周期性变化信号的周期和频率时，可以使用频率计或示波器。示波器测量被测信号时，通常有两种方式：一种是手动方式，即手动游标 Cursors 测量波形数据；另一种是自动方式，即手动 Quick Meas 快速测量方式对通道源或运行中的数学函数进行自动测量。这两种方式归根结底都是人工方式。还有一种全自动方式，就是将信号接入示波器的通道后，靠后台程序控制示波器完成参数的测量。下面运用 Agilent 54621A 示波器对信号进行时间或电压测量。

（1）手动游标测量脉冲宽度和频率。

① 把信号接到示波器的通道输入端，得到稳定的显示。

② 按下 Cursors 键，然后按下 Mode 软键。在该软键上显示 X 和 Y 游标信息。ΔX、1/ΔX、ΔY 和二进制及十六进制值显示在该软键上面的行中。三种游标模式为：Normal 方式、Binary（二进制）方式、Hex（十六进制）方式。Normal 方式显示 ΔX、1/ΔX 和 ΔY 值。ΔX 是 X1 和 X2 游标间的差。ΔY 是 Y1 和 Y2 游标间的差。

③ 按下 Source 软键选择 Y 游标在上面标明测量结果的模拟通道。

④ 选择 X 和 Y 软键进行测量。

XY：按下该软键选择用于调整的 X 游标或 Y 游标。当前分配给输入旋钮的游标，其显示比其他游标亮。X 游标是进行水平调整的垂直虚线，通常指示相对于触发点的时间。当与 FFT 数学函数一起作为源使用时，X 游标代表频率。Y 游标是进行垂直调整的水平虚线，通常指明 Volts 或 Amps，这取决于通道 Probe Units 设置。当把数学函数作为源使用时，测量单位对应于该数学函数。

X1 和 X2：X1 游标（垂直短虚线）和 X2 游标（垂直长虚线）用来进行水平调整，指示除 FFT 数学函数（指示频率）外所有源相对于触发点的时间。在 XY 水平模式中，X 游标显示通道 1 的数值（Volts 或 Amps）。对于所选的波形源，游标值在 X1 和 X2 软键中显示。

X1 和 X2 之差（ΔX）和 1/ΔX 显示在该软键上面的专用行中，在选择某些菜单时，它也在显示区中示出。

当选择了 X1 和 X2 软键时，旋转输入旋钮可对其进行调节。

Y1 和 Y2：Y1 游标（水平短虚线）和 Y2 游标（水平长虚线）用来进行垂直调整，除了 FFT 数学函数用来指示与 0dB 的相对值外，均指示与波形接地点的相对值。在 XY 水平模式中，Y 游标显示通道 2 的数值（Volts 或 Amps）。对于所选的波形源，游标值在 Y1 和 Y2 软键中显示。

Y1 和 Y2 之差（ΔY）显示在该软键上面的专用行中，在选择某些菜单时，它也在显示区中示出。

当选择了 Y1 和 Y2 软键时，旋转输入旋钮可对其进行调节。

X1　X2：按下该软键可通过旋转输入旋钮同时调节 X1 和 X2 游标。由于是同时调节游标，ΔX 值将保持不变。也可同时调节 X 游标，检查脉冲列中脉冲宽度的变化。

Y1　Y2：按下该软键可通过旋转输入旋钮同时调节 Y1 和 Y2 游标。由于是同时调节游标，ΔY 值将保持不变。图 2-3-7 示意了用游标测量非 50%点处的脉冲宽度的情形。图 2-3-8 示意了用游标测量脉冲振铃的频率的情形。图 2-3-9 示意了理想矩形脉冲信号脉宽和脉冲周期的测量画面。

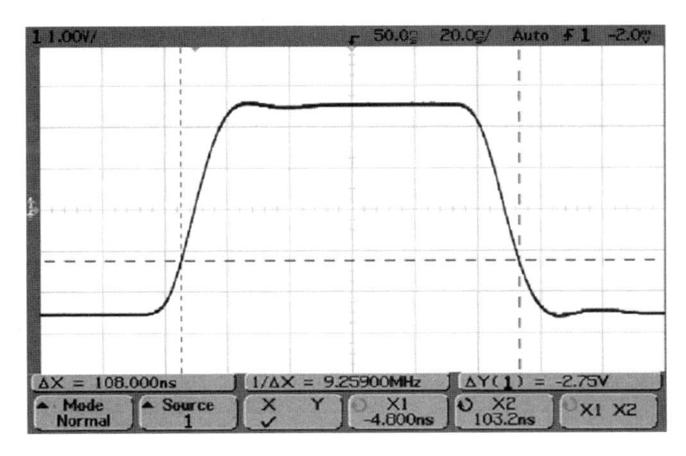

图 2-3-7　Agilent 54621A 示波器游标测量非 50%点处的脉冲宽度

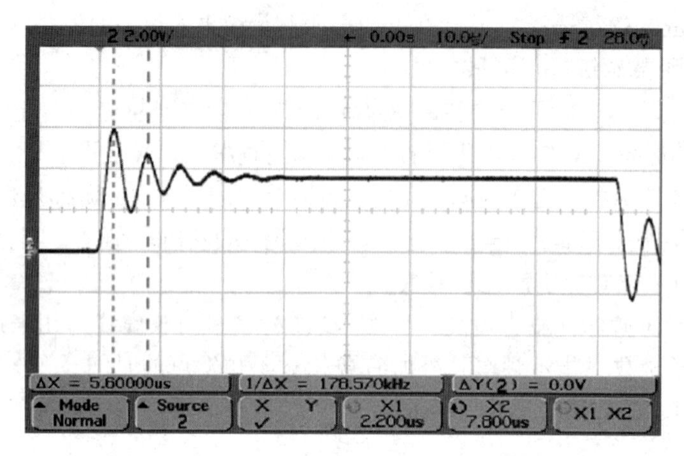

图 2-3-8 Agilent 54621A 示波器游标测量脉冲振铃的频率

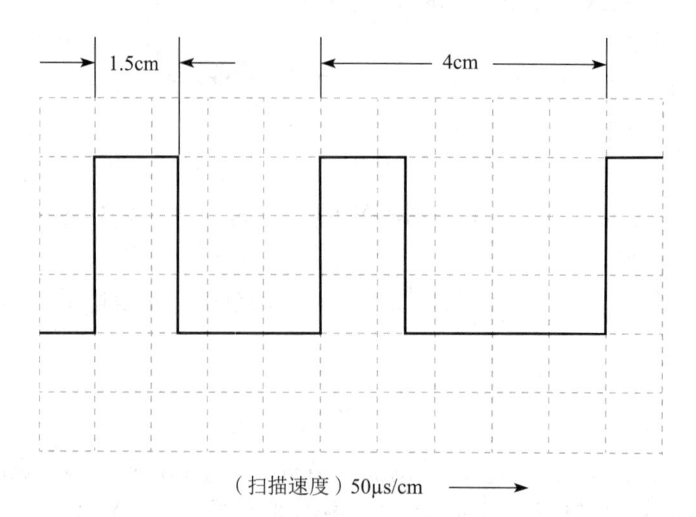

图 2-3-9 理想矩形脉冲信号脉宽和脉冲周期的测量

在图 2-3-9 中，当扫描速度为 50μs/cm 时，脉冲周期的长度为 4cm，这时的脉冲周期可由下式给出：

$$T = 50\mu s/cm \times 4cm = 200\mu s$$

则脉冲频率为

$$f = \frac{1}{T} = \frac{1}{200 \times 10^{-6}} = \frac{10^6}{200} = 5kHz$$

测量脉冲宽度时，脉冲宽度的长度为 1.5cm，由于扫描速度为 50μs/cm，则计算脉冲宽度为

$$T_w = 50\mu s/cm \times 1.5cm = 75\mu s$$

（2）手动 Quick Meas 快速测量脉冲宽度和频率。

Quick Meas 可对任何通道源或任何运行中的数学函数进行自动测量。所选择的最后三次测量结果显示在该软键上方的专用行上，或当选择某些菜单时在显示区中示出。在平移或缩放时，也可用快捷测量方法测量已停止的波形。

① 按下 Quick Meas 键显示自动测量菜单，如图 2-3-10 所示。

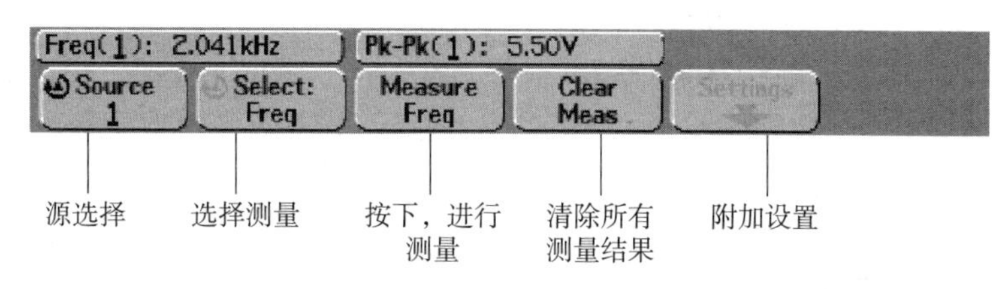

图 2-3-10　Agilent 54621A 示波器自动测量菜单

② 按下 Source 软键选择要进行快捷测量的通道或运行数学函数。只有显示的通道或数学函数能用于测量。如果选择了无效的源通道进行测量，测量将默认至列表中使源有效的最近的通道。如果要测量的波形部分未显示，或不能为测量显示足够的分辨率，测量结果将显示“No Edges（无边沿）”“Clipped（被削波）”“Low Signal（低信号）”“<值”或“>值”或类似的消息，说明测量可能不可靠。

③ 按下 Clear Meas 软键停止测量，从该软键上方显示行中擦除测量结果。当再次按下 Quick Meas 时，默认的测量是频率和峰-峰值。

④ 按下 Select 软键，然后旋转输入旋钮，选择要进行的测量。

⑤ 在某些测量中，可以使用 Settings 软键进行其他测量设置。

⑥ 按下 Measure 软键，进行测量。

⑦ 要关闭 Quick Meas，再次按下 Quick Meas 键，至该键不再被点亮。

（3）程序控制示波器测量脉冲宽度和脉冲周期。

程序控制示波器测量就是采用程序控制仪器的量程等状态、测量关注的参数、输出测量参数的值。下面是一个采用面向信号的软件开发平台，用 GPATS 语言编写的测量脉冲宽度的测试程序。

例 2-3-1　测量一个频率大致为 1kHz、脉冲宽度最大为 1μs、幅度最大为 50V 的脉冲信号的脉冲宽度。采用 GPATS 语言编写的自动测试程序如下：

```
000019 REQUIRE,'DSO_PULSED_WIDTH', SENSOR(PULSE-WIDTH), PULSED DC,
       CAPABILITY,
            VOLTAGE-P MAX 6V ERRLMT +- 0.5 V,
            PRF MIN 1 KHZ ERRLMT +- 0.01KHZ,
            VOLTAGE MAX 50V  ERRLMT +-0.1V,
            PULSE-WIDTH MAX 1 USEC,
       LIMIT,
            VOLTAGE RANGE 0.1V TO 50 V BY 0.1V,
       CNX HI $
000020 REQUIRE,GLOBAL,'DSOEM1', EVENT MONITOR(VOLTAGE-INST), PULSED DC,
       CAPABILITY,
            VOLTAGE-INST RANGE 3.5V TO 3.5V,
            VOLTAGE RANGE 0 V TO 5V,
       CNX HI $
000021 IDENTIFY,EVENT 'EVENT1'  AS(VOLTAGE-INST),
```

```
        PULSED DC USING 'DSOEM1',
        EQ 1V,INCREASING,
        VOLTAGE-INST RANGE 0.5V TO 3.5V,
        VOLTAGE RANGE 0 V TO 5 V,
        CNX HI P1_2 $
000022 MEASURE,(PULSE-WIDTH INTO 'READING'),
        PULSED DC USING 'DSO_PULSED_WIDTH',
        VOLTAGE-P MAX 6V ,
       PRF MIN 1 KHZ,
       PULSE-WIDTH MAX 1 MSEC ,
       STROBE-TO-EVENT 'EVENT1',
       CNX HI P1_1 $
```

2.3.2　锯齿波检测

1. 锯齿波信号的参数

锯齿波（sawtooth wave）是常见的波形之一。标准锯齿波的波形先呈直线上升，然后陡落，再上升，再陡落，如图 2-3-11 所示。锯齿波的特点是渐渐增大突然降到零，是主要在 CRT 作显示器件的扫描电路的波形。锯齿波信号在一个周期 T 内有一幅度为 E、宽度为 T 的锯齿波形，这个信号的一个周期可表为

$$s(t)=\frac{E}{T}t,\quad 0\leqslant t\leqslant T \tag{2-3-5}$$

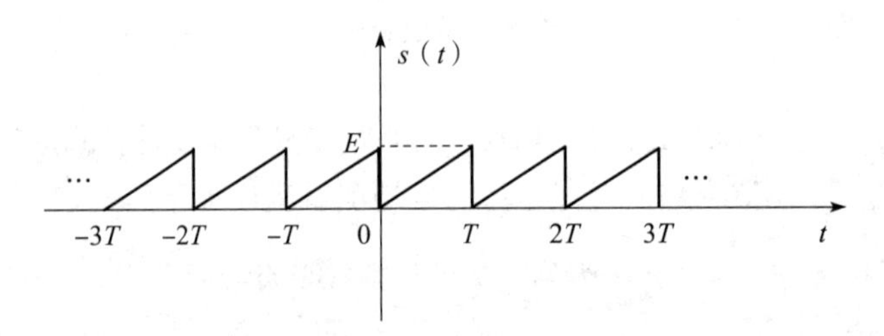

图 2-3-11　锯齿波波形

图 2-3-11 是一个理想锯齿波波形，它的描述比较简单，只要用周期 T 或频率 F、峰值、上升时间或下降时间、直流偏置（DC-OFFSET）就可以完整地表示出波形的特性。在图 2-3-11 中，锯齿波周期为 T，频率 $F=\frac{1}{T}$、峰值为 E、上升时间为 T、直流偏置为$\frac{E}{2}$。

2. 锯齿波信号的检测

锯齿波信号与时间有关的参数主要有周期或频率、上升时间或下降时间，与幅度有关的参数有峰值、直流偏置等。直接测量的参数有周期、上升时间或下降时间、峰值、直流偏置，间接测量的参数有频率。

1）时间类参数的检测

测量锯齿波信号这一类按一定规律周期性变化信号的周期、上升时间或下降时间等时间类参数时，可以使用示波器。用示波器测量锯齿波信号的方法和测量矩形脉冲信号的方法类似，不同之处在于：手动游标 Cursors 测量波形数据选择位置不同；Quick Meas 快速测量时对通道源或运行中的数学函数不同；全自动方式时信号参数描述和触发条件不同。下面是一个采用面向信号的软件开发平台，用 GPATS 语言编写的测量锯齿波信号周期的测试程序。

例 2-3-2 测量一个周期最小为 1000ms、幅度最大为 50V 的锯齿波信号的周期。采用 GPATS 语言编写的自动测试程序如下：

```
000033 REQUIRE,'DSO_RAMP_PER', SENSOR(PERIOD), RAMP SIGNAL,
          CAPABILITY,
              VOLTAGE-PP MAX 50V ERRLMT +-0.1V,
              PERIOD MIN 1000 MSEC ERRLMT +-1E-3MSEC,
          LIMIT,
              VOLTAGE-PP RANGE 0.1V TO 50 V BY 0.1V,
              CNX HI  $
000070 REQUIRE,GLOBAL,'DSOEM1', EVENT MONITOR(VOLTAGE-INST), PULSED DC,
          CAPABILITY,
              VOLTAGE-INST RANGE 3.5V TO 3.5V,
              VOLTAGE RANGE 0 V TO 5V,
          CNX HI  $
000081 IDENTIFY,EVENT 'EVENT1'   AS(VOLTAGE-INST),
          PULSED DC USING 'DSOEM1',
          EQ 1V,INCREASING,
          VOLTAGE-INST RANGE 0.5V TO 3.5V,
          VOLTAGE RANGE 0 V TO 5 V,
          CNX HI P1_2  $
000178 MEASURE,(PERIOD INTO 'READING'),
          RAMP SIGNAL USING 'DSO_RAMP_PER',
          VOLTAGE-PP MAX 6V ,
          PERIOD MIN 10 MSEC,
          STROBE-TO-EVENT 'EVENT1',
          CNX HI P1_1  $
```

2）幅度类参数的检测

测量锯齿波信号这一类按一定规律周期性变化信号的峰值、直流偏置等幅度类参数时，可以使用示波器。用示波器测量锯齿波信号的方法和测量矩形脉冲信号的方法类似。下面是一个采用面向信号的软件开发平台，用 GPATS 语言编写的测量锯齿波信号直流偏置的测试程序。

例 2-3-3 测量一个周期大约为 1ms、幅度为 3.5V 的锯齿波信号的直流偏置。采用 GPATS 语言编写的自动测试程序如下：

```
000030 REQUIRE,'DSO_RAMP_DC', SENSOR(DC-OFFSET), RAMP SIGNAL,
          CAPABILITY,
               VOLTAGE-PP MAX 50V ERRLMT +-0.1V,
               FREQ MAX 1 KHZ ERRLMT +- 0.01KHZ,
               DC-OFFSET MAX 10V ERRLMT +-0.001V,
          LIMIT,
               VOLTAGE-PP RANGE 0.1V TO 50 V BY 0.1V,
               CNX HI $
000040 REQUIRE,GLOBAL,'DSOEM1', EVENT MONITOR(VOLTAGE-INST), PULSED DC,
          CAPABILITY,
               VOLTAGE-INST RANGE 3.5V TO 3.5V,
               VOLTAGE RANGE 0 V TO 5V,
          CNX HI $
000050 IDENTIFY,EVENT 'EVENT1'  AS(VOLTAGE-INST),
               PULSED DC USING 'DSOEM1',
               EQ 1V,INCREASING,
               VOLTAGE-INST RANGE 0.5V TO 3.5V,
               VOLTAGE RANGE 0 V TO 5 V,
               CNX HI P1_2 $
000060 MEASURE, (DC-OFFSET INTO 'READING'),
               RAMP SIGNAL USING 'DSO_RAMP_DC',
               VOLTAGE-PP MAX 6V ,
               FREQ MAX 1 KHZ,
               STROBE-TO-EVENT 'EVENT1',
               CNX HI P1_1 $
```

2.3.3 三角波检测

1. 三角波信号的参数

三角波（triangular wave）是常见的波形之一。标准三角波的波形先呈直线上升，然后直线下降，再上升，再下降。三角波波形如图2-3-12所示，它在一个周期T内有一幅度为E、宽度为T的三角波形，这个信号的一个周期可表示为

$$s(t)=\begin{cases} E+\dfrac{2E}{T}, & -\dfrac{T}{2}\leqslant t\leqslant 0 \\ E-\dfrac{2E}{T}t, & 0\leqslant t\leqslant \dfrac{T}{2} \end{cases} \tag{2-3-6}$$

图2-3-12是一个理想三角波波形，同锯齿波一样，它的描述比较简单，只要用周期T或频率F、峰值、上升时间或下降时间、直流偏置（DC-OFFSET）就可以完整地表示出波形的特性。在图2-3-12中，其周期为T，频率$F=\dfrac{1}{T}$、峰值为E、上升时间为$\dfrac{T}{2}$、直流偏置为$\dfrac{E}{2}$。

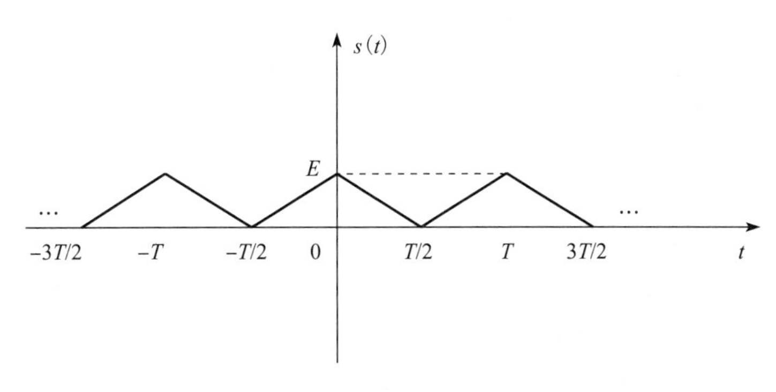

图 2-3-12　三角波波形

2. 三角波信号的检测

三角波信号与时间有关的参数主要有周期或频率、上升时间或下降时间，与幅度有关的参数有峰值、直流偏置等。直接测量的参数有周期、上升时间或下降时间、峰值、直流偏置，间接测量的参数有频率。

1）时间类参数的检测

测量三角波信号这一类按一定规律周期性变化信号的周期、上升时间或下降时间等时间类参数时，可以使用示波器。用示波器测量三角波信号的方法和测量锯齿波信号的方法类似。

例 2-3-4　一个采用面向信号的软件开发平台，用 GPATS 语言编写的测量三角波信号周期的测试程序如下：

```
000054 REQUIRE,'DSO_TRI_PER', SENSOR(PERIOD), TRIANGULAR WAVE SIGNAL,
            CAPABILITY,
                 VOLTAGE-PP MAX 60V ERRLMT +- 0.5 V,
                 VOLTAGE-P MAX 50V ERRLMT +-0.1V,
                 PERIOD MIN 1 MSEC,
            LIMIT,
                 VOLTAGE RANGE 0.1V TO 50 V BY 0.1V,
                 CNX HI  $
000070 REQUIRE,GLOBAL,'DSOEM1', EVENT MONITOR(VOLTAGE-INST), PULSED DC,
      CAPABILITY,
                 VOLTAGE-INST RANGE 3.5V TO 3.5V,
                 VOLTAGE RANGE 0 V TO 5V,
      CNX HI  $
000081 IDENTIFY,EVENT 'EVENT1'   AS(VOLTAGE-INST),
      PULSED DC USING 'DSOEM1',
      EQ 1V,INCREASING,
      VOLTAGE-INST RANGE 0.5V TO 3.5V,
      VOLTAGE RANGE 0 V TO 5 V,
      CNX HI P1_2  $
```

```
000199 MEASURE,(PERIOD INTO 'READING'),
         TRIANGULAR WAVE SIGNAL USING 'DSO_TRI_PER',
         VOLTAGE-PP MAX 6V ,
         PERIOD MIN 1 MSEC,
         STROBE-TO-EVENT 'EVENT1',
         CNX HI P1_1 $
```

2）幅度类参数的检测

测量三角波这一类按一定规律周期性变化信号的峰值、直流偏置等幅度类参数时，可以使用示波器。用示波器测量三角波信号的方法和测量锯齿波信号的方法类似。下面是一个采用面向信号的软件开发平台，用 GPATS 语言编写的测量三角波信号峰-峰值电压的测试程序。

例 2-3-5 测量一个频率最大为 2kHz、峰-峰值最大为 10V 的三角波信号的峰-峰值电压。采用 GPATS 语言编写的自动测试程序如下：

```
000056 REQUIRE,'DSO_TRI_VPP', SENSOR(VOLTAGE-PP), TRIANGULAR WAVE SIGNAL,
        CAPABILITY,
            VOLTAGE-PP MAX 10V ERRLMT +- 0.5 V,
            FREQ MAX 2 KHZ ERRLMT +- 0.01KHZ,
            VOLTAGE-P MAX 5V ERRLMT +-0.1V,
        LIMIT,
            VOLTAGE RANGE 0.1V TO 50 V BY 0.1V,
            CNX HI $
000070 REQUIRE,GLOBAL,'DSOEM1', EVENT MONITOR(VOLTAGE-INST), PULSED DC,
        CAPABILITY,
            VOLTAGE-INST RANGE 3.5V TO 3.5V,
            VOLTAGE RANGE 0 V TO 5V,
            CNX HI $
000081 IDENTIFY,EVENT 'EVENT1'  AS(VOLTAGE-INST),
          PULSED DC USING 'DSOEM1',
          EQ 1V,INCREASING,
          VOLTAGE-INST RANGE 0.5V TO 3.5V,
          VOLTAGE RANGE 0 V TO 5 V,
          CNX HI P1_2 $
000201 MEASURE,(VOLTAGE-PP INTO 'READING'),
          TRIANGULAR WAVE SIGNAL USING 'DSO_TRI_VPP',
          VOLTAGE-PP MAX 6V ,
          FREQ MAX 2 KHZ,
          STROBE-TO-EVENT 'EVENT1',
          CNX HI P1_1 $
```

2.3.4　直流信号检测

1. 直流信号的参数

直流信号的函数定义式为

$$s(t)=E,\quad t\in R \tag{2-3-7}$$

式中：E 为实常数，直流信号的波形如图 2-3-13 所示。直流信号也称为常量信号。若 $E=1$，则称之为单位直流信号。

图 2-3-13 是一个理想直流信号波形，它的描述最为简单，只要用幅度就可以完整地表示出波形的特性。在图 2-3-13中，其幅度为 E。

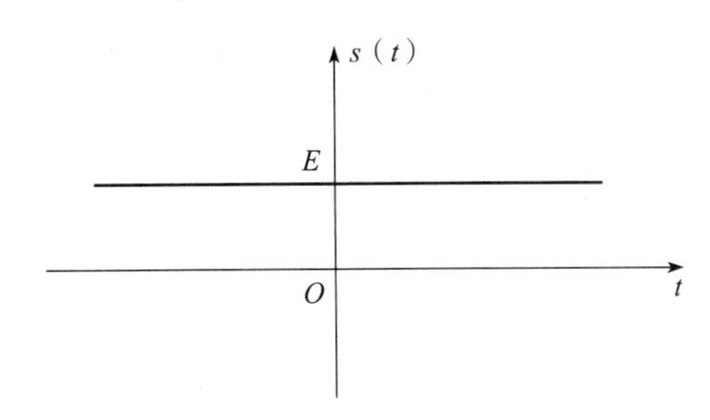

图 2-3-13　直流信号波形

2. 直流信号的检测

直流信号与幅度有关的参数就是幅值。实际的直流信号波形或多或少都会含有一些交流分量，这就涉及交流分量频率、交流分量幅度的测量。

例 2-3-6　测量一个幅度约为 5V 的直流信号。采用 GPATS 语言编写的自动测试程序如下：

```
000013 REQUIRE,'DSO_DCVOLT', SENSOR(VOLTAGE), DC SIGNAL,
          CAPABILITY,
                VOLTAGE MAX 50V  ERRLMT +-0.1V,
          LIMIT,
                VOLTAGE RANGE 0.1V TO 50 V BY 0.1V,
          CNX HI $
000070 REQUIRE,GLOBAL,'DSOEM1', EVENT MONITOR(VOLTAGE-INST), PULSED DC,
          CAPABILITY,
                 VOLTAGE-INST RANGE 3.5V TO 3.5V,
                 VOLTAGE RANGE 0 V TO 5V,
          CNX HI $
000081 IDENTIFY,EVENT 'EVENT1'  AS(VOLTAGE-INST),
          PULSED DC USING 'DSOEM1',
          EQ 1V,INCREASING,
          VOLTAGE-INST RANGE 0.5V TO 3.5V,
          VOLTAGE RANGE 0 V TO 5 V,
          CNX HI P1_2 $
```

```
000159 MEASURE, (VOLTAGE INTO 'READING'),
            DC SIGNAL USING 'DSO_DCVOLT',
            VOLTAGE RANGE 0.5 V TO 0.7 V,
            STROBE-TO-EVENT 'EVENT1',
            CNX HI P1_1  $
```

例 2-3-7　测量一个幅度约为 1V 的直流信号的交流分量幅度。采用 GPATS 语言编写的自动测试程序如下：

```
000012 REQUIRE,'DSO_DCAC', SENSOR(AC-COMP), DC SIGNAL,
            CAPABILITY,
                    VOLTAGE MAX 50V ERRLMT +-0.1V,
                    AC-COMP MAX 10V ERRLMT +-0.1V,
            LIMIT,
                    VOLTAGE RANGE 0.1V TO 50 V BY 0.1V,
            CNX HI  $
000070 REQUIRE,GLOBAL,'DSOEM1', EVENT MONITOR(VOLTAGE-INST), PULSED DC,
            CAPABILITY,
                    VOLTAGE-INST RANGE 3.5V TO 3.5V,
                    VOLTAGE RANGE 0 V TO 5V,
            CNX HI  $
  000081 IDENTIFY,EVENT 'EVENT1'   AS(VOLTAGE-INST),
            PULSED DC USING 'DSOEM1',
            EQ 1V,INCREASING,
            VOLTAGE-INST RANGE 0.5V TO 3.5V,
            VOLTAGE RANGE 0 V TO 5 V,
            CNX HI P1_2  $
000158 MEASURE, (AC-COMP INTO 'READING'),
            DC SIGNAL USING 'DSO_DCAC',
            VOLTAGE RANGE 0.5 V TO 0.7 V,
            AC-COMP MAX 2 V ,
            STROBE-TO-EVENT 'EVENT1',
            CNX HI P1_1  $
```

例 2-3-8　测量一个幅度约为 1V 的直流信号的交流分量频率。采用 GPATS 语言编写的自动测试程序如下：

```
000011 REQUIRE,'DSO_DCACF', SENSOR(AC-COMP-FREQ), DC SIGNAL,
            CAPABILITY,
                    VOLTAGE MAX 50V   ERRLMT +-0.1V,
                    AC-COMP-FREQ MAX 1MHZ ERRLMT +-10HZ,
            LIMIT,
                    VOLTAGE RANGE 0.1V TO 50 V BY 0.1V,
            CNX HI  $
```

```
000070 REQUIRE,GLOBAL,'DSOEM1', EVENT MONITOR(VOLTAGE-INST), PULSED DC,
         CAPABILITY,
               VOLTAGE-INST RANGE 3.5V TO 3.5V,
               VOLTAGE RANGE 0 V TO 5V,
               CNX HI $
000081 IDENTIFY,EVENT 'EVENT1'  AS(VOLTAGE-INST),
         PULSED DC USING 'DSOEM1',
         EQ 1V,INCREASING,
         VOLTAGE-INST RANGE 0.5V TO 3.5V,
         VOLTAGE RANGE 0 V TO 5 V,
         CNX HI P1_2 $
000151 MEASURE,(AC-COMP-FREQ INTO 'READING'),
         DC SIGNAL USING 'DSO_DCACF',
         VOLTAGE RANGE 0.5 V TO 0.7 V,
         AC-COMP-FREQ MIN 100 KHZ ,
         STROBE-TO-EVENT 'EVENT1',
         CNX HI P1_1 $
```

2.3.5　任意信号检测

不论是正弦周期信号还是非正弦周期信号都是周期信号，其最大特征是时间上的周期性，频域上的离散性、谐波性、收敛性。非周期信号和周期信号名称上只有一字只差，它们之间有着密切的联系，那就是非周期信号频谱函数曲线和相应的周期性信号频谱的包络形状完全相同。由于非周期信号在时间上的非周期性，又称为任意信号，本节主要讨论任意信号的检测。

1. 任意信号的特点

由于时间上的非周期性，任意信号在时间上表现为规律性不强，在频域上表现为频谱连续性和收敛性。如衰减余弦波波形（图 2-3-14）、阶跃信号（图 2-3-15）等。

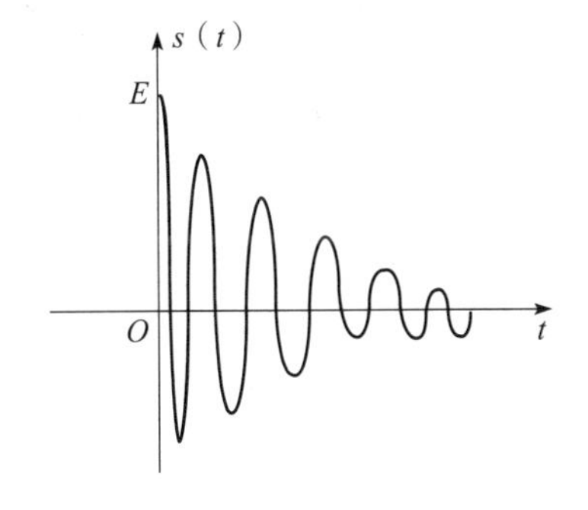

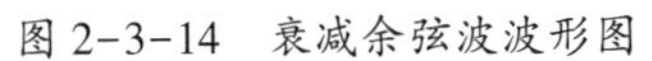
图 2-3-14　衰减余弦波波形图

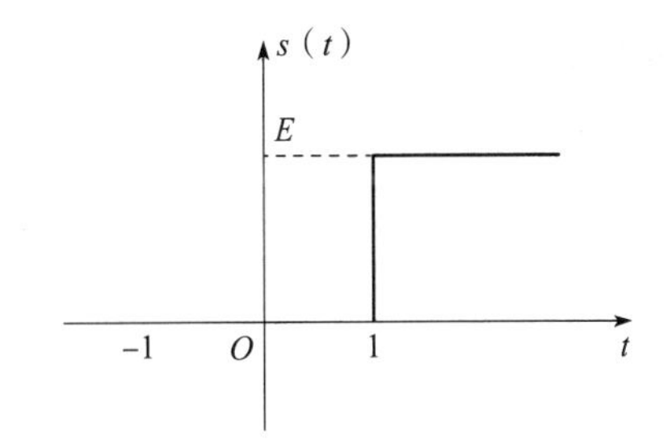

图 2-3-15　阶跃信号波形图

2. 任意信号的检测

任意信号在时间上表现为没有规律性，所以任意信号的检测具有复杂性和个体性。比如开关、继电器触电火花、毛刺干扰等信号，由于是不规范的非周期信号，用一般的示波器就显得无能为力了。由于这类偶尔突发的信号时间短、幅度大，只有带有存储功能的数字示波器才能将它们记录下来，然后才可以对它们进行详细的观察和分析。对于这样的信号，只要示波器的带宽范围允许，任意信号都可以使用示波器来进行测量，如调幅信号、调频信号或者其他的复杂信号，这时需要用户把这些信号都当作任意波形信号进行处理，将结果数据采集回来放置于一个数组中，然后再对结果数组进行指定的分析，就得到用户希望的信息。

例 2-3-9　用泰克 TDS2002 型数字存储示波器采样测量直流电源开关开启和闭合时产生的毛刺脉冲。方法如下：

（1）开机后，首先对数字存储示波器做功能检查和探头补偿校准。

（2）将示波器的 CH1 通道的探头接到直流电源开关相关测试点上，打开直流电源开关，调节直流电源的电压输出旋钮，选取一固定值，如设定为 2.00V，屏幕上会显示一条 2.00V 的黄色直流电平直线。

（3）调整仪器面板右侧“触发电平”旋钮，设定捕捉脉冲电平比信号电平稍高一点，这里设定稍高 0.2V，也就是说，只要出现高于 2.20V 以上的脉冲都能捕捉到。在调整仪器面板右侧“触发电平”旋钮的同时，屏幕上的黄色箭头跟着上移；同时屏幕下方显示“2.20V”字样和“上升沿触发”等标志。

（4）调整“水平位置”旋钮，设定突发脉冲在 X 轴上的位置，此处设置在 X 轴（即时间轴）原点处。调整“水平位置”旋钮的同时，屏幕上的白色箭头在水平方向做相应移动。

（5）按一下“单次（SINGLE）”主控按钮准备捕获触发脉冲，屏幕白色箭头上方显示“Ready”字样，表示准备好了。

（6）将直流电源开关置于“关闭”位置，这时由于开关在关闭的瞬间将产生一个抖动脉冲，这个抖动脉冲即被数字存储示波器所捕获，在屏幕白色箭头上方显示“Acq-Complete（捕获完成）”字样，并且在屏幕上能看到在原直流电平的横线上、位于 X 轴原点附近有一个尖脉冲波。

（7）这个被捕获的尖脉冲波形将被数字存储示波器保存下来，供我们做进一步的分析和研究，只要调整面板上的“秒/格”和“伏/格”等旋钮，即可放大和移动被捕获的脉冲波形。

例 2-3-10　采样测量一个幅度约为 5V 的任意信号。采用 GPATS 语言编写的自动测试程序如下：

```
000060 REQUIRE,'DSO_WAVE', SENSOR(SAMPLE), WAVEFORM,
          CONTROL,
              SAMPLE-TIME RANGE 1E-5SEC TO 10SEC CONTINUOUS ERRLMT +- 1E-6SEC,
          CAPABILITY,
              SAMPLE-TIME RANGE 1E-5SEC TO 10SEC ERRLMT +- 1E-6SEC,
              VOLTAGE MAX 50V ERRLMT +-0.1V,
          LIMIT,
              VOLTAGE RANGE 0.1V TO 50 V BY 0.1V,
          CNX HI  $
```

```
000070 REQUIRE,GLOBAL,'DSOEM1', EVENT MONITOR(VOLTAGE-INST), PULSED DC,
        CAPABILITY,
                VOLTAGE-INST RANGE 3.5V TO 3.5V,
                VOLTAGE RANGE 0 V TO 5V,
        CNX HI  $
000081 IDENTIFY,EVENT 'EVENT1'   AS(VOLTAGE-INST),
            PULSED DC USING 'DSOEM1',
            EQ 1V,INCREASING,
            VOLTAGE-INST RANGE 0.5V TO 3.5V,
            VOLTAGE RANGE 0 V TO 5 V,
            CNX HI P1_2  $
000082 DECLARE,VARIABLE,'DATA8'IS ARRAY(1 THRU 499)OF DECIMAL INITIAL=
(499 OF 0) $
000205 MEASURE,(SAMPLE),WAVEFORM USING 'DSO_WAVE',
            VOLTAGE MAX 10V,
            SAMPLE-TIME 4 MSEC,
            RESP 'DATA8'(1 THRU 499 BY 1),
            STROBE-TO-EVENT 'EVENT1',
            CNX HI P1_1  $
```

小结

在航空电子对抗设备检测尤其是分机或功能电路的检测中，经常需要检测各种各样的低频信号，如雷达侦察接收机的自检脉冲、对数视频放大器输出的视频脉冲、频分检波组件输出的视频脉冲、保幅展宽电路输出的视频脉冲、制导信号接收机通道检测信号、数字射频存储器基带输入信号、数字射频存储器基带复制输出信号、数字合成器输出干扰信号等，这些信号正常与否，直接决定了航空电子对抗设备功能性能的正常与否，因此研究这些信号的特征和检测方法是极其重要的。

本章重点讨论了正弦信号、矩形脉冲、锯齿波、三角波、直流信号、任意信号的定义、特性参数、波形特征、测量或检测方法。学完本章后，应能掌握以下几点：

1. 了解常见的低频信号；
2. 熟悉正弦信号的特性参数和检测方法；
3. 掌握矩形脉冲信号的特性参数和检测方法；
4. 熟知锯齿波信号的特性参数和检测方法；
5. 熟知三角波信号的特性参数和检测方法。
6. 了解任意波形的检测方法。

思考题

1. 什么是低频信号？请列举几种常见的低频信号。

2. 正弦信号的特性参数有哪些？如何测量？
3. 矩形脉冲的特性参数有哪些？如何测量？
4. 锯齿波信号的特性参数有哪些？如何测量？
5. 三角波信号的特性参数有哪些？如何测量？
6. 数字示波器和模拟示波器有哪些不同？有哪些优点？
7. 什么是面向信号的测试？什么是面向仪器的测试？什么是面向对象的测试？

第3章　射频信号检测

射频（radio frequency，RF），顾名思义，就是辐射到空间的电磁波的频率。电磁波频率低于100kHz时，电磁波会被地表吸收，不能形成有效的传输；但电磁波频率高于100kHz时，电磁波可以在空气中传播，并经大气层外缘的电离层反射，形成远距离传输能力，我们把具有远距离传输能力的高频电磁波称为射频。射频信号就是经过调制的、拥有一定发射频率的电磁波。高于10kHz时，称为高频，射频（300kHz~300GHz）是高频的较高频段，微波频段（300MHz~300GHz）又是射频的较高频段。在航空电子对抗设备检测领域，表面上看是测量作用距离、侦察空域、工作频率范围、测向精度、测频精度、反应时间、连续工作时间、多目标能力、有效干扰扇面、干扰功率、接收机灵敏度等各种各样的性能指标，但本质上是构建设备正常工作的环境，按照指标定义要求，监测各种各样的低频信号、射频信号、数字信号等，本章就重点讨论各种各样的射频信号，如调幅信号、调频信号、脉冲调制信号等，讨论射频信号特征参数、射频信号相关仪器和器件、射频信号的检测等内容。

3.1　射频信号概述

在现代信息化战争中，通信、导航、雷达、电子对抗装备之所以在指挥、控制、情报、探测、对抗领域发生了重要作用，关键是完成了信息的有效传输。通信网传输的信号都是射频信号，原因在于：一是射频信号更适合于信道传输或者实现信道复用，二是射频信号可以提高系统传输的可靠性和有效性。

射频信号就是经过调制的、拥有一定发射频率的电磁波。与中频信号（intermediate frequency signal，IF，射频信号经过变频而得到的一种信号，载频相对较低）相比，几乎具有相同的信号特征。实际上，在雷达对抗领域，中频信号频率常常高于无线电通信领域射频信号的频率。因此，中频信号的产生和测量方法完全类同于射频信号，本节就重点讨论各种各样的射频信号。

1. 载波

载波（carrier wave）是一个物理概念，是被调制以传输信号的电磁波。在电子领域，载波是传递信息的工具，是能够承载信息的电磁波。

1）载波波形和频谱

载波就是一个特定的、频率比较高的正弦波，波形和频谱如图3-1-1所示。

2）载波特征参数

载波的参数有幅度、频率和初相位三个，数学表达式为

$$c(t)=A_0\cos(2\pi f_c t+\varphi)=A_0\cos(\omega_c t+\varphi) \tag{3-1-1}$$

式中：$c(t)$ 为载波；A_0 为载波幅度（V或A）；f_c（或 ω_c）为载波频率（或角频率）

(Hz 或 rad/s)；φ 为初相位（rad），φ 一般情况下为 0。由于载波是信息传递的承载工具，所以其频率较高，一般要求载波频率远远高于调制信号的带宽，否则会发生混叠，使传输信号失真。

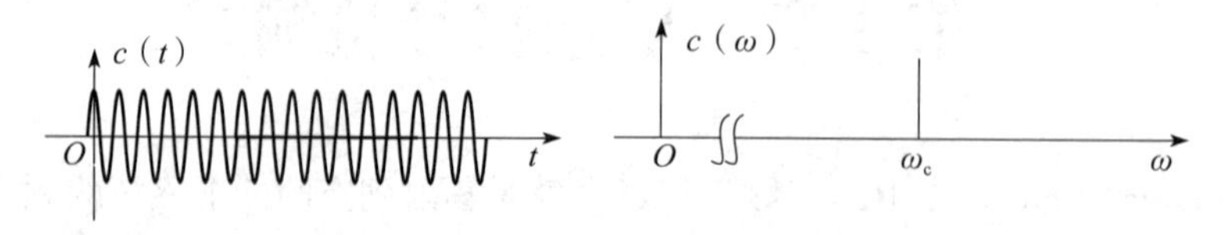

图 3-1-1 载波的时域波形和频谱

常用的模拟调制以正弦波信号作为载波，用模拟调制信号控制正弦载波的幅度、频率和相位，分别称为幅度调制（amplitude modulation，AM）、频率调制（frequency modulation，FM）和相位调制（phase modulation，PM），调制后得到的分别是调幅信号、调频信号、调相信号。

2. 调幅信号

调幅信号（AM）是最常用的模拟调制信号之一，时域波形和频谱如图 3-1-2 所示。

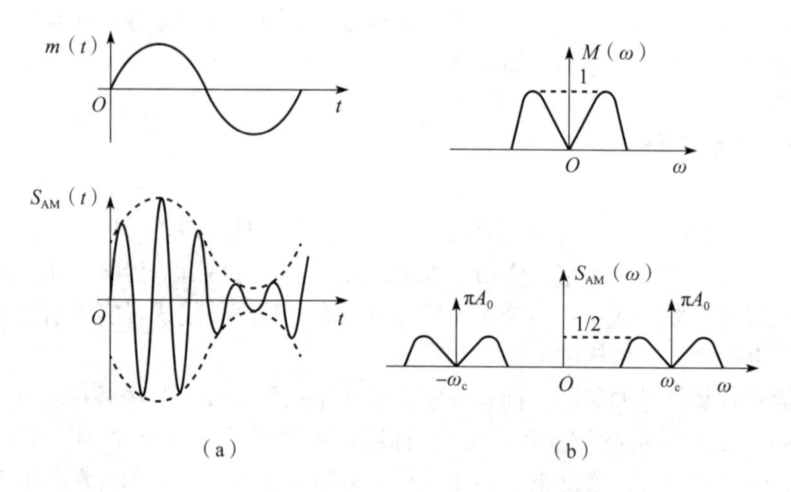

图 3-1-2 调幅信号的时域波形和频谱

(a) 时域波形；(b) 频谱图。

下面分析调幅信号的基本特点。假设载波信号表示为 $c(t)=A_0\cos(2\pi f_c t+\varphi)$，用调制信号 $m(t)$ 去控制载波信号的幅度，于是得到调幅信号的时域表达式：

$$s_{AM1}(t)=A_0[1+m_a m(t)]\cos(2\pi f_c t+\varphi)=A(t)\cos(2\pi f_c t+\varphi) \qquad (3-1-2)$$

式中：$s_{AM1}(t)$ 为调幅信号；A_0 为载波幅度；m_a 是调幅度；$m(t)$ 是模拟调制信号，也称基带信号，并且满足 $|m(t)|<1$。

设模拟调制信号的频谱为 $M(\omega)$，则对上式进行傅里叶变换，可得到调幅信号的频谱为

$$S_{AM1}(\omega)=\pi A_0 m_a[\delta(\omega-\omega_c)+\delta(\omega+\omega_c)]+\frac{A_0}{2}[M(\omega-\omega_c)+M(\omega+\omega_c)] \qquad (3-1-3)$$

式（3-1-3）是调幅信号的频域表达式。

1）双边带调幅信号

AM 信号的频谱中，除了载波（又称载频），还有上下两个边带，因此，称为双边带调幅信号（double sideband amplitude modulation，AM-DSB）。从图 3-1-2 中可以看出，双边带调幅信号中存在的载波分量，是它频谱函数中的冲击函数分量。

2）抑制载波的双边带调幅信号

在式（3-1-2）中，如果基带信号不包含直流分量，它将成为抑制载波的双边带调幅信号（double sideband suppressed carrier AM，AM-SC-DSB），其时域表示为

$$S_{AM2}(t)=A_0 m_a m(t)\cos(2\pi f_c t+\varphi) \tag{3-1-4}$$

可见，抑制载波的双边带调幅信号的频谱中没有载波谱分量。

3）单边带调幅信号

对抑制载波的双边带调幅信号进行滤波，滤除其中的一个边带，就变成了单边带调幅信号（single sideband suppression AM，AM-SSB）。单边带信号有两种形式，它们是上边带（upper sideband，USB）和下边带（lower sideband，LSB）。其时域和频域表示分别为

$$s_{AM3,4}(t)=\frac{A_0}{2}[m(t)\cos(2\pi f_c t)\pm\hat{m}(t)\sin(2\pi f_c t)] \tag{3-1-5}$$

式中：$\hat{m}(t)$ 为基带信号的希尔波特变换，其定义为

$$\hat{m}(t)=\frac{1}{\pi}\int_{-\infty}^{\infty}\frac{m(\tau)}{t-\tau}\mathrm{d}\tau \tag{3-1-6}$$

式（3-1-5）中，如果取减号，得到的是 USB 信号；如果取加号，得到的是 LSB 信号。单边带信号的频谱可以表示为

$$S_{AM3,4}(\omega)=\frac{A_0}{2}[M(\omega+\omega_c)+M(\omega-\omega_c)]H(\omega) \tag{3-1-7}$$

其中，当滤波器 $H(\omega)$ 为理想高通滤波器时，得到的是上边带信号；当滤波器是理想低通滤波器时，可以得到下边带信号。

4）残留边带信号

式（3-1-7）中，如果滤波器的特性是非理想高/低通滤波器，则会得到残留边带信号（vestigial sideband AM，AM-VSB）。边带的概念及其频谱结构如图 3-1-3 所示。

设基带调制信号的最高频率分量为 f_m，即基带信号的频率范围为 $0\sim f_m$，则 AM-DSB 信号的带宽为

$$B_{AM}=2f_m \tag{3-1-8}$$

也就是说，AM-DSB 信号的带宽是基带信号带宽的 2 倍，而 AM-SSB 信号的带宽是基带信号带宽的 1 倍。

从上述的分析可以看出，AM 信号的基本特点是：

（1）其包络是变化的，且变化规律与基带信号有关。

（2）其载波频率是恒定的，与基带信号无关。

（3）AM 信号的带宽是基带信号带宽的 1~2 倍。当它是 DSB 形式时，已调信号的带宽是基带调制信号的 2 倍；当它是 SSB 形式时，已调信号的带宽与基带调制信号相同；当它是 VSB 形式时，已调信号的带宽处于基带调制信号 1~2 倍。

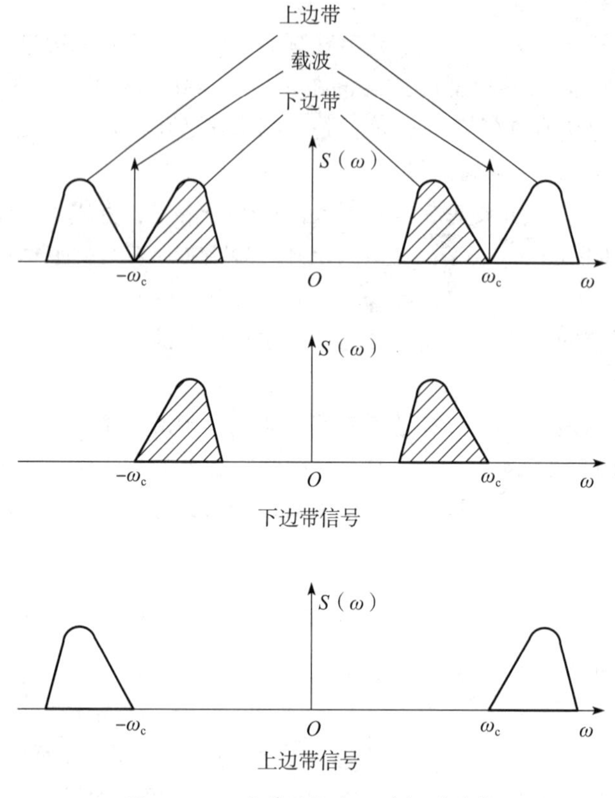

图 3-1-3 边带的概念及其频谱结构

（4）AM 信号中如果包含载波分量，是 DSB 信号；如果不包含载波分量，是 SC-DSB 信号。

（5）调幅前后信号的频谱形状没有变化，仅仅是频谱的位置发生变化，因此属于线性调制。

3. 调频信号

调频信号（FM）应用最广泛。FM 可以表示为

$$s_{\mathrm{FM}}(t)=A_0\cos\left[2\pi f_c t+K_f\int_{-\infty}^{t}m(\tau)\mathrm{d}\tau\right]=A_0\cos\left[\omega_c t+K_f\int_{-\infty}^{t}m(\tau)\mathrm{d}\tau\right] \quad (3-1-9)$$

式中：A_0 是载波幅度；$m(\tau)$ 是模拟基带信号，并且满足 $|m(t)|<1$；K_f 是调频斜率，$K_f\int_{-\infty}^{t}m(\tau)\mathrm{d}\tau$ 为瞬时相偏，$K_f\left|\int_{-\infty}^{t}m(\tau)\mathrm{d}\tau\right|_{\max}$ 为最大相偏，$K_f m(t)$ 为瞬时频偏，$K_f|m(t)|_{\max}$ 为最大频偏。K_f 与调频指数 m_f 的关系为

$$m_f=\frac{K_f|m(t)|_{\max}}{\omega_m}=\frac{\Delta\omega}{\omega_m}=\frac{\Delta f}{f_m} \quad (3-1-10)$$

式中：$\Delta\omega$ 是最大调频角频偏；Δf 是最大调频频偏；f_m 是基带信号的最高频率分量；ω_m 是基带信号的最高角频率分量。

调频信号的波形如图 3-1-4 所示，瞬时特征如图 3-1-5 所示。

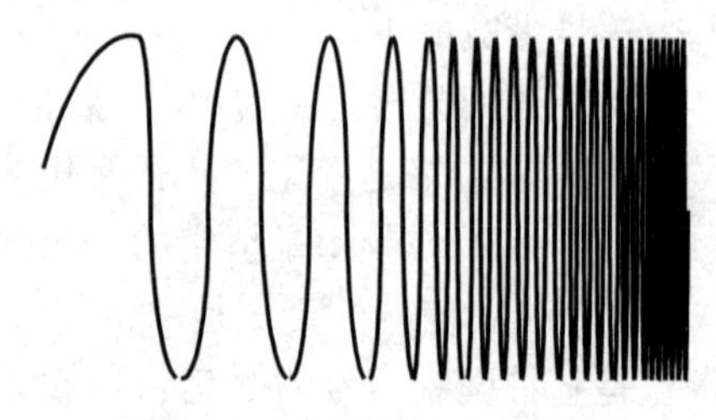

图 3-1-4 调频信号的波形

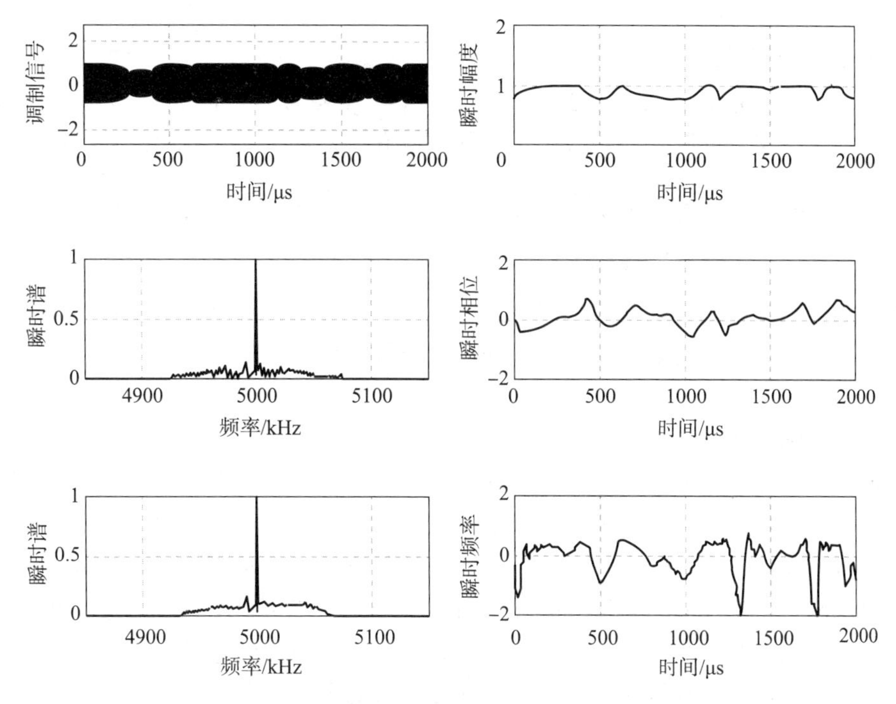

图 3-1-5　调频信号的瞬时特征

调频信号分为宽带调频和窄带调频两种，实际中以宽带调频应用为主。调频调制是一种非线性调制，调制后信号的频谱用贝塞尔函数表示。宽带调频后，FM 信号的带宽为

$$B_{\mathrm{FM}}=2(\Delta f+f_{\mathrm{m}})=2(m_{\mathrm{f}}f_{\mathrm{m}}+f_{\mathrm{m}})=B_{\mathrm{AM}}(m_{\mathrm{f}}+1) \tag{3-1-11}$$

对于宽带调频，$m_{\mathrm{f}}\gg 1$，因此 FM 信号的带宽近似表示为

$$B_{\mathrm{FM}}\approx m_{\mathrm{f}}B_{\mathrm{AM}} \tag{3-1-12}$$

可见宽带调频信号的带宽比调幅信号宽得多。因此它需要较大的输出带宽，这需要占用较多的信道资源，但是它可以极大地改善解调器输出的信噪比，得到比 AM 信号更好的抗干扰性能。

从上述的分析可以看出，FM 信号的基本特点是：

（1）其包络是恒定的。

（2）其载波频率是变化的，其变化规律与基带信号有关。

（3）FM 信号的带宽与基带信号带宽和调频指数有关，通常其带宽比 AM 信号宽得多。

（4）FM 信号除了进行频谱搬移之外，不再保持原来基带信号的频谱形状，也就是说，FM 信号频谱与基带信号频谱之间存在着非线性变换关系，因此，频率调制是一种非线性调制。

4. 调相信号

调相信号（PM）就是相位调制后得到的信号。所谓相位调制，是指载波的振幅不变，载波的瞬时相位随着基带调制信号的大小而变化，或者说载波瞬时相位偏移与调制信号成比例关系。即

$$\Phi(t)=K_{\mathrm{p}}m(t) \tag{3-1-13}$$

式中：K_p 为调相灵敏度。

调相信号的表示式为

$$S_{PM}(t)=A_0\cos[2\pi f_c t+K_p m(t)]=A_0\cos[\omega_c t+K_p m(t)] \tag{3-1-14}$$

由式（3-1-14）可得：$\omega_c t+K_p m(t)$ 为瞬时相位；$K_p m(t)$ 为瞬时相偏；$K_p|m(t)|_{max}$ 为最大相偏；$\omega_c+K_p\left[\frac{dm(t)}{dt}\right]$为瞬时频率；$K_p\left[\frac{dm(t)}{dt}\right]$为瞬时频偏；$K_p\left|\frac{dm(t)}{dt}\right|_{max}$ 为最大频偏。

由于频率或相位的变化都可以看成是载波角度的变化，所以频率或相位调制又称角度调制。角度调制是一种非线性调制，即已调信号频谱与基带信号频谱之间存在着非线性变换关系。

5. 脉冲调制信号

脉冲调制信号有两种含义：一是指脉冲本身的参数（幅度、宽度和位置）随调制信号发生变化的信号，如脉幅调制（pulse amplitude modulation，PAM）信号、脉宽调制（pulse width modulation，PWM）信号、脉位调制（pulse position modulation，PPM）信号、脉码调制（pulse code modulation，PCM）信号等；二是指用脉冲信号去调制高频振荡后的信号。前者的频率一般不太高，难以直接辐射，还要进行第二次调制，属于中间调制方式，广泛应用于遥测、卫星、光纤通信领域的中端；后者属于末端调制方式，属于射频信号，广泛应用于通信、雷达和对抗领域。本节重点讨论后者。

根据脉冲调制信号形式的不同，有幅移键控信号、相移键控信号、频移键控信号、正交相移键控信号、线性调频信号等。

1）幅移键控信号

幅移键控（amplitude shift keying，ASK）信号，就是用数字基带信号去控制正弦载波的振幅参量后得到的信号。数字基带信号可以是二进制的，也可以是多进制的，对应的就是二进制数字调制与多进制数字调制。这里着重讨论二进制数字调制，即 2ASK，它用载波振幅的两种不同取值来表征“1”或“0”，如用载波振幅有（载波接通）来表征“1”，用载波振幅无（载波断开）来表征“0”，又称 OOK（on-off keying）。

（1）2ASK 信号的表达式和波形。

2ASK 信号的表达式为

$$e_{2ASK}(t)=b(t)\cos\omega_c t \tag{3-1-15}$$

式中：$b(t)$ 为数字基带信号，其表达式为

$$b(t)=\sum_n a_n g(t-nT_s) \tag{3-1-16}$$

式中：a_n 可取为 0、+1（或+A），分别对应于数字信息 0、1（也可相反）；T_s 为码元宽度；$g(t)$ 为每个码元期间的基带脉冲波形。为简便起见，假设 $g(t)$ 是高度为 1、宽度等于 T_s 的矩形脉冲，于是 $b(t)$ 就简化为单极性 NRZ 码。$e_{2ASK}(t)$ 的波形如图 3-1-6 所示。

（2）2ASK 信号的功率谱及带宽。

2ASK 信号是调制信号和载波的乘积，是一种特殊的幅度调制信号，因此其功率谱密度为

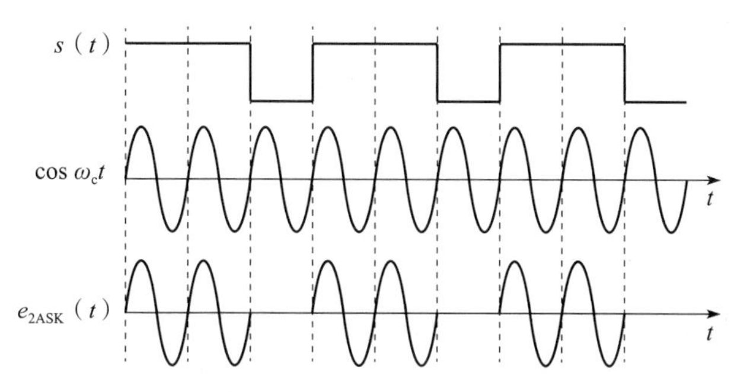

图 3-1-6　2ASK 信号波形

$$P_e(f)=\frac{1}{4}[P_b(f+f_c)+P_b(f-f_c)] \tag{3-1-17}$$

式中：$P_b(f)$ 为基带信号 $b(t)$ 的功率谱密度，若 $b(t)$ 为单极性 NRZ 码，且等概率，则

$$P_b(f)=\frac{T_s}{4}\text{Sa}^2(\pi fT_s)+\frac{1}{4}\delta(f) \tag{3-1-18}$$

把式（3-1-18）代入式（3-1-17）可得

$$P_e(f)=\frac{T_s}{16}\text{Sa}^2(\pi(f-f_c)T_s)+\frac{T_s}{16}\text{Sa}^2(\pi(f+f_c)T_s)+\frac{1}{16}\delta(f-f_c)+\frac{1}{16}\delta(f+f_c) \tag{3-1-19}$$

2ASK 信号的功率谱如图 3-1-7 所示。

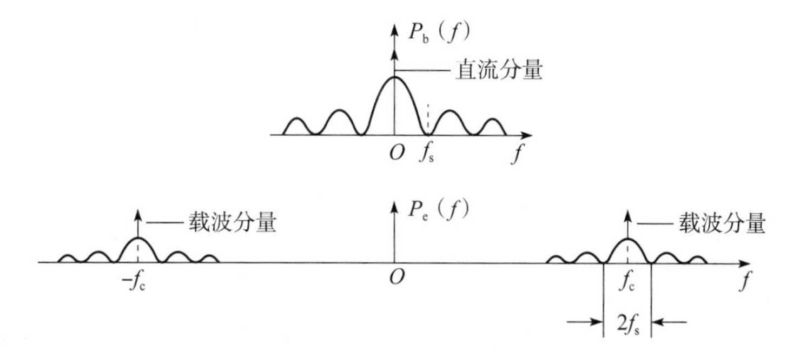

图 3-1-7　2ASK 信号的功率谱

由图 3-1-7 可得出如下结论：

① 2ASK 信号的功率谱密度 $P_e(f)$ 是将相应的单极性数字基带信号功率谱密度 $P_b(f)$ 形状不变地平移到 $\pm f_c$ 处形成的，所以 2ASK 信号的功率谱密度由连续谱和离散谱两部分组成。它的连续谱取决于数字基带信号基本脉冲的频谱；它的离散谱是位于 $\pm f_c$ 处的一对频域冲击函数，这意味着 2ASK 信号中存在着可作载频同步的载波频率 f_c 的成分。

② 2ASK 信号的带宽为

$$B_{2ASK}=2f_s,\quad f_s=\frac{1}{T_s} \tag{3-1-20}$$

频带利用率为

$$\eta_b=\frac{R_b}{B}=\frac{f_s}{2f_s}=0.5\text{b}/(\text{s}\cdot\text{Hz}) \tag{3-1-21}$$

（3）2ASK 信号的基本特点：

① 其包络是变化的，其载波频率是恒定的。

② 功率谱中包含载波分量。

③ 功率谱的连续谱的形状是 Sa 函数，其第一零点宽度为 $2f_s$。

④ 信号带宽是基带脉冲波形带宽的 2 倍，近似为 $2f_s$。

2）相移键控信号

相移键控信号（phase shift keying，PSK）信号，就是用数字基带信号去控制正弦载波的相位参量后得到的信号。数字基带信号可以是二进制的，也可以是多进制的，对应的就是二进制数字调制与多进制数字调制。这里着重讨论二进制数字调制，即 2PSK，也称作 BPSK（binary-phase shift keying）。

（1）2PSK 信号的表达式和波形。

2PSK 信号是用两个频率相同但相位不同的载波信号来表示二进制数字 1 和 0，通常这两个信号的相位相差 180°，其表达式为

$$e_{2PSK}(t)=b(t)\cos\omega_c t \tag{3-1-22}$$

式中：$b(t)$ 为双极性 NRZ 码。由于双极性码在等概率时无直流，因而 $e_{2PSK}(t)$ 对应于 DSB 信号，其波形如图 3-1-8 所示。

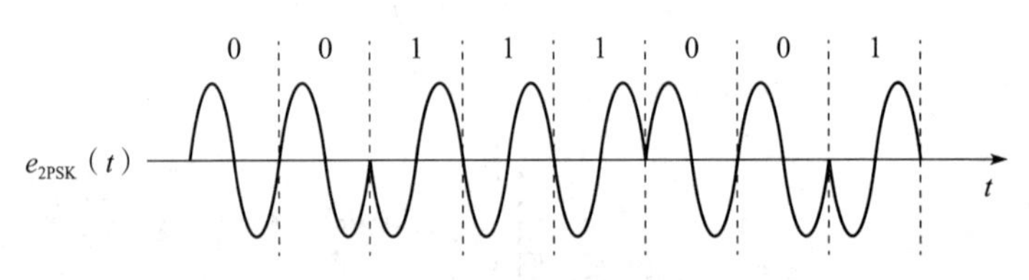

图 3-1-8　2PSK 信号波形

由图 3-1-8 可知，二进制数字信号与相位之间是一一对应的关系，即用载波相位的取值来表示所传输的数字序列，或者说已调信号相位的变化都是相对于一个固定的参考相位（未调载波相位）来取值的，所以，这种信号称作绝对相移键控信号。

2PSK 信号的另外一种形式是相对（差分）相移键控信号（differential phase-shift keying，dPSK），它利用前后相邻码元的载波相位差表示二进制信息。当 2PSK 和 2DPSK 的时域波形完全一致时，它们表示的信息却完全不同。或者说，如果不知道采用绝对还是相对相移调制，则从波形上无法区分它们。

（2）2PSK 信号的功率谱及带宽。

2PSK 信号也是一种幅度调制信号，它的功率谱表达式和 2ASK 是一样的，即

$$P_e(f)=\frac{1}{4}[P_b(f+f_c)+P_b(f-f_c)] \tag{3-1-23}$$

与 2ASK 不同的是，2PSK 的基带信号是双极性的，当 0、1 等概率出现时，无直流分量，即

$$P_b(f)=T_s\text{Sa}^2(\pi fT_s) \tag{3-1-24}$$

所以，2PSK 信号的功率谱密度为

$$P_e(f)=\frac{T_s}{4}\mathrm{Sa}^2(\pi(f-f_c)T_s)+\frac{T_s}{4}\mathrm{Sa}^2(\pi(f+f_c)T_s) \tag{3-1-25}$$

2PSK 信号相应的功率谱如图 3-1-9 所示。

由图 3-1-9 可得出以下结论：

① 由于基带信号无直流分量，所以 2PSK 信号的功率谱不存在离散的载波分量。

② 2PSK 信号的带宽和频带利用率与 2ASK 相同，即

$$B_{2PSK}=2f_s,\quad f_s=\frac{1}{T_s} \tag{3-1-26}$$

频带利用率为

$$\eta_b=\frac{R_b}{B}=\frac{f_s}{2f_s}=0.5\mathrm{b/(s\cdot Hz)} \tag{3-1-27}$$

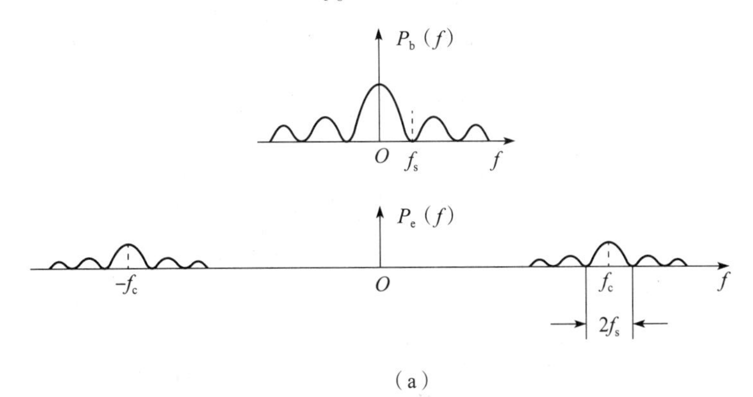

(a)

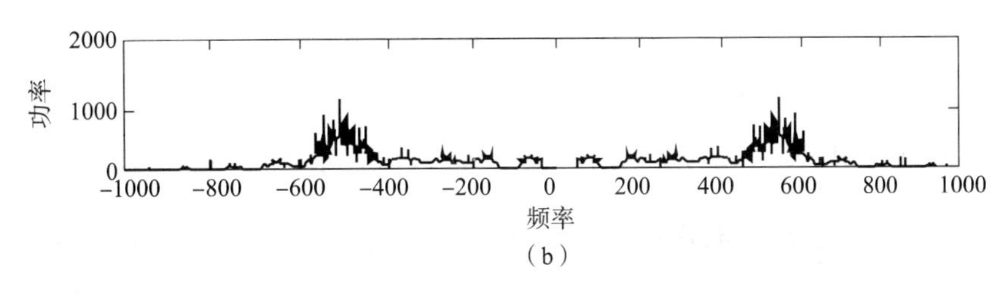

(b)

图 3-1-9　2PSK 信号的功率谱

(a) 2PSK 信号的理想功率谱；(b) 实际的 2PSK 信号频谱。

(3) 2PSK 信号的基本特点：

① 其包络是恒定的，其载波频率是恒定的。

② 信号中各码元的初始相位与信息码有关。

③ 功率谱可能不包含载波分量，其连续谱的形状是 Sa 函数，其第一零点宽度为 $2f_s$。

④ 信号带宽是基带脉冲波形带宽的 2 倍，近似为 $2f_s$。

3) 频移键控信号

频移键控（frequency shift keying，FSK）信号，就是用数字基带信号去控制正弦载波的频率参量后得到的信号。数字基带信号可以是二进制的，也可以是多进制的，对应

的就是二进制数字调制与多进制数字调制。这里着重讨论二进制数字调制，即 2FSK。

（1）2FSK 信号的表达式和波形。

2FSK 信号是用两个不同频率（f_1、f_2）的正弦信号分别表示二进制数字 1 和 0 的，其时域表达式为

$$e_{2FSK}(t)=b(t)\cos\omega_1 t+\overline{b(t)}\cos\omega_2 t \tag{3-1-28}$$

式（3-1-28）中：$b(t)$ 为单极性 NRZ 码；$\overline{b(t)}$ 为 $b(t)$ 对应的反码。2FSK 信号的波形如图 3-1-10 所示。

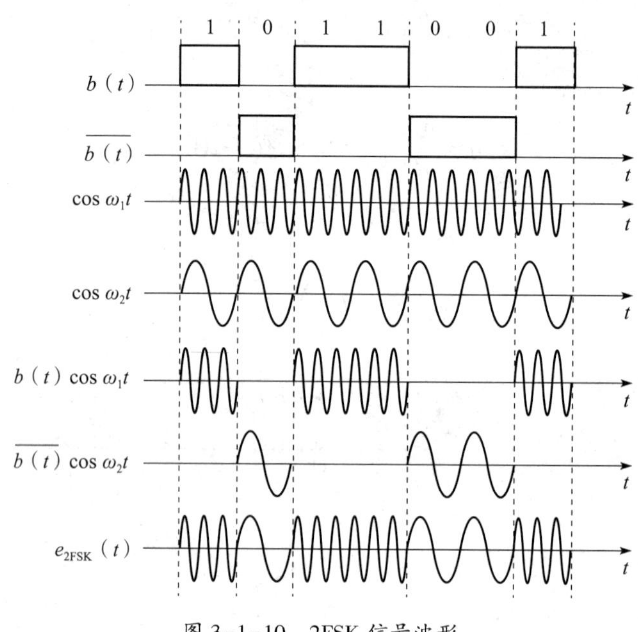

图 3-1-10　2FSK 信号波形

（2）2FSK 信号的功率谱及带宽。

相位不连续的 2FSK 信号的功率谱可视为两个 2ASK 信号功率谱之和，即

$$\begin{aligned}P_e(f)=&\frac{T_s}{16}\mathrm{Sa}^2(\pi(f-f_1)T_s)+\frac{T_s}{16}\mathrm{Sa}^2(\pi(f+f_1)T_s)+\\&\frac{T_s}{16}\mathrm{Sa}^2(\pi(f-f_2)T_s)+\frac{T_s}{16}\mathrm{Sa}^2(\pi(f+f_2)T_s)+\\&\frac{1}{16}\delta(f-f_1)+\frac{1}{16}\delta(f+f_1)+\frac{1}{16}\delta(f-f_2)+\frac{1}{16}\delta(f+f_2)\end{aligned} \tag{3-1-29}$$

2FSK 信号的频域特性如图 3-1-11 所示。

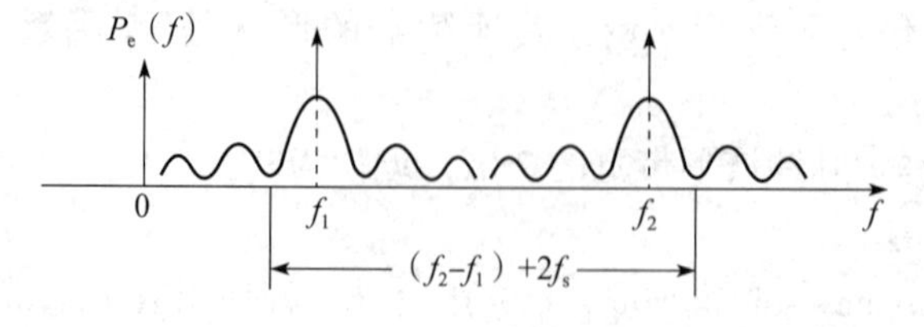

图 3-1-11　2FSK 信号频域特性

设两个载频的频差为 Δf，即

$$\Delta f=|f_2-f_1| \tag{3-1-30}$$

定义调制指数（或移频指数）为

$$h=\frac{|f_2-f_1|}{R_B}=\frac{\Delta f}{R_B}=\frac{\Delta f}{f_s} \tag{3-1-31}$$

式中：R_B 为数字基带信号的码元速率，且 $R_B=f_s=1/T_s$。

由图 3-1-11 可得出以下结论：

① 2FSK 的功率谱包含连续谱和离散谱（f_1、f_2）；

② 若 $|f_2-f_1|$ 较小，则波形为单峰曲线，而随着 $|f_2-f_1|$ 的增大，逐渐出现双峰；

③ 带宽和频带利用率分别为

$$B_{2FSK}=|f_2-f_1|+2f_s,\quad f_s=\frac{1}{T_s} \tag{3-1-32}$$

$$\eta_b=\frac{R_b}{B_{2FSK}}=\frac{f_s}{|f_2-f_1|+2f_s} \tag{3-1-33}$$

至于相位连续的 2FSK 信号的功率谱，因为是一个调频信号，求其功率谱就变得十分复杂，在此不再详细分析。和相位不连续的情况类似，随着两个载频距离的加大，所占带宽也增加，也由单峰变为双峰，但在相同的调制指数情况下，相位连续的 FSK 要比相位不连续的 FSK 所占用的带宽小，因此频谱效率高。

（3）2FSK 信号的基本特点：

① 其包络是恒定的，其载波频率是变化的，它有两个发送频率 f_1 和 f_2。

② 信号的发送频率与信息码有关。

③ 功率谱可能包含载波分量，位于其两个发送频率 f_1 和 f_2。

④ 信号带宽为 $B=|f_2-f_1|+2f_s$。

6. 脉内调制信号

脉内调制（intra-pulse modulation，IPM）信号，就是在脉冲内部载波的频率或相位按照调制信号的变化而变化的信号。按照脉冲内部载波变化的复杂度，可分为普通脉冲信号、脉冲调频信号、脉冲编码信号、脉冲串信号等，如图 3-1-12 所示。

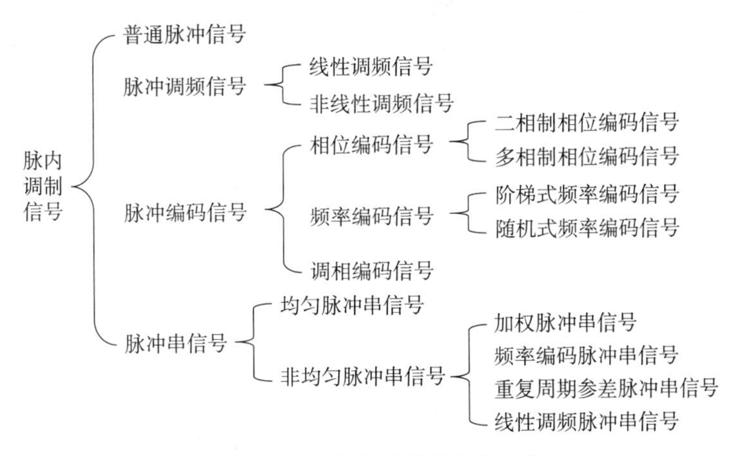

图 3-1-12　脉内调制信号的分类

1）普通脉冲信号

普通脉冲（common pulse，CP）信号，又叫常规脉冲、单个射频脉冲、常规单载频脉冲、固定载频的脉冲、单载频信号、恒载频信号、单载频矩形脉冲信号、单一频率的脉冲序列，由于常规脉冲雷达发射这种信号，因此又叫常规脉冲雷达信号。普通脉冲信号表达式为

$$s(t)=\begin{cases}A\exp\{j(2\pi f_0 t+\varphi)\}, & 0\leqslant t\leqslant T\\0, & 其他\end{cases} \tag{3-1-34}$$

式中：A 为脉冲幅度；f_0 为信号载频；φ 为信号初相；T 为脉冲宽度。瞬时自相关函数为

$$r(t,\tau)=A^2\exp\{2\pi f_0\tau\},\quad \tau\leqslant t\leqslant T \tag{3-1-35}$$

瞬时频率表达式为

$$f(t)=f_0 \tag{3-1-36}$$

从式（3-1-36）中可以看出，常规脉冲雷达信号的瞬时频率是一个定值，是一条直线。理想常规脉冲雷达信号波形和频谱如图 3-1-13 所示，仿真波形和频谱如图 3-1-14 所示，瞬时频率图如图 3-1-15 所示。

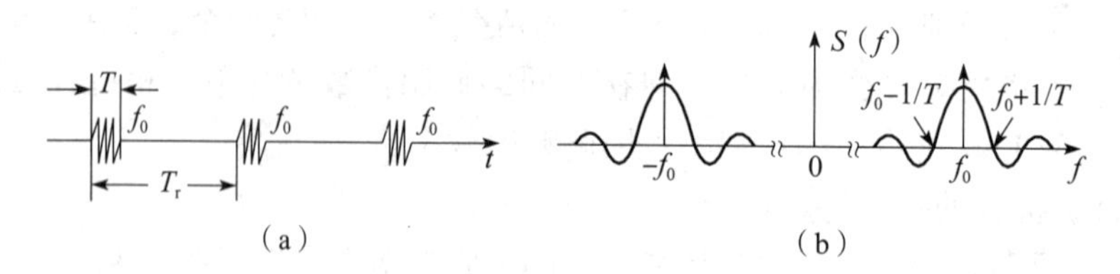

图 3-1-13　理想 CP 信号波形和频谱

（a）波形图；（b）频谱图。

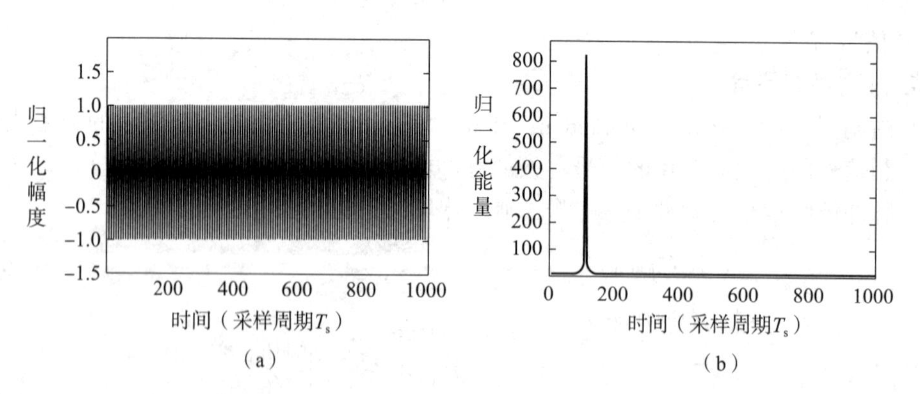

图 3-1-14　CP 信号仿真波形和频谱（$f_0=100$MHz，$f_s=500$MHz，$T=10\mu$s，$A=1$，$S/N=10$dB）

（a）时域图；（b）频谱图。

CP 信号的频谱是将矩形脉冲的频谱搬移到载频 f_0 处的连续谱线，第一个过零点在 $1/T$ 处。CP 信号的能量集中于载频处，这使其在频率域内形成一能量峰值，原理简单，性能稳定，因此被广泛应用于雷达和电子对抗中。

若将 CP 信号的载频拓展为频率集的几个频率上，就构成频率分集信号，由于频率分集雷达发射的就是这种信号，因此又叫频率分集雷达信号。频率分集信号表达式为

$$
s(t)=\begin{cases}\sum_{i=1}^{N}A\exp\{\mathrm{j}(2\pi f_i t+\varphi)\}, & 0\leqslant t\leqslant T\\ 0, & \text{其他}\end{cases} \tag{3-1-37}
$$

式中：A 为脉冲幅度；$f_i\in\{f_1, f_2, \cdots, f_N\}$ 为频率集；N 为频率数；φ 为信号初相；T 为脉冲宽度。理想频率分集信号波形和频谱如图 3-1-16 所示。

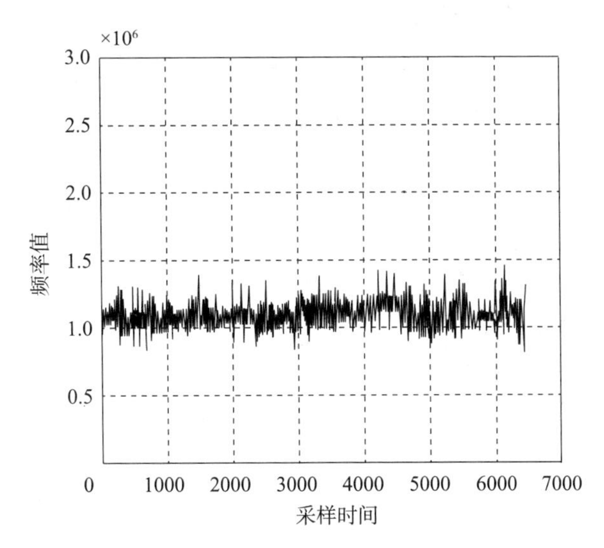

图 3-1-15　CP 信号瞬时频率仿真图（$f_0=1\mathrm{MHz}$，$f_s=10\mathrm{MHz}$，$T=13\mu\mathrm{s}$，$S/N=10\mathrm{dB}$）

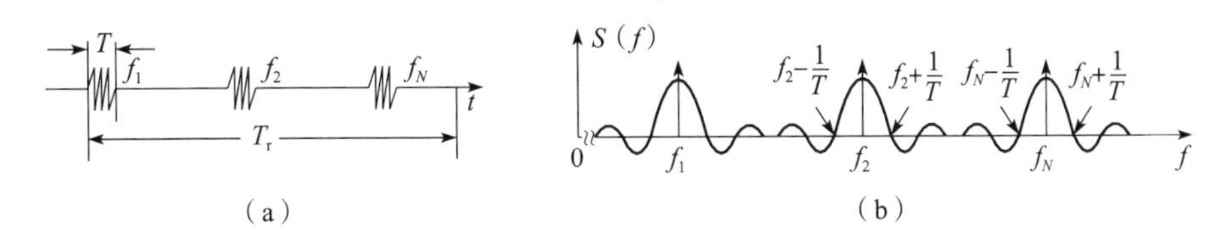

图 3-1-16　理想频率分集信号波形和频谱

（a）波形图；（b）频谱图。

2）脉冲调频信号

脉冲调频信号就是在脉冲内部载波的频率按照调制信号的变化而变化的信号，是一种脉内连续调频信号。脉冲调频信号分为线性调频信号和非线性调频信号。

（1）线性调频信号。

线性调频信号（linear frequency modulated signal，LFM），又称载频线性调制的脉冲信号、线性调频矩形脉冲，指在脉冲持续期间内部载波的频率按照调制信号连续线性变化的信号，是一种常用的雷达信号。线性调频信号表达式为

$$
s(t)=\begin{cases}A\exp\left\{\mathrm{j}2\pi\left(f_0 t+\dfrac{1}{2}kt^2+\varphi\right)\right\}, & 0\leqslant t\leqslant T\\ 0, & \text{其他}\end{cases} \tag{3-1-38}
$$

式中：A 为脉冲幅度；f_0 为初始频率或中心频率；k 为调频斜率；φ 为初相；T 为脉冲宽度。瞬时自相关函数为

$$r(t,\tau)=A^2\exp\left\{\mathrm{j}2\pi\left(f_0\tau+k\tau t-\frac{1}{2}\mu\tau^2\right)\right\},\quad \tau\leqslant t\leqslant T \tag{3-1-39}$$

瞬时频率表达式为

$$f(t)=kt+f_0-\frac{1}{2}k\tau \tag{3-1-40}$$

式中：$f_0-\frac{1}{2}k\tau$ 为常数，所以 LFM 信号的瞬时频率是一个斜率为 k 的直线。理想 LFM 信号波形和频谱如图 3-1-17 所示，仿真波形和频谱如图 3-1-18 所示，瞬时频率仿真图如图 3-1-19 所示，某雷达侦察设备侦测的某 LFM 雷达信号如图 3-1-20 所示。

线性调频信号具有较大的时宽带宽积，且在其所占的频带上有相对较均匀的能量分布，能量峰值低，有着很好的低截获概率，因此，线性调频雷达信号也是一种典型的低截获率雷达信号，普遍地应用于脉冲压缩雷达中，可以帮助雷达提高探测距离和距离分辨率，高分辨雷达、合成孔径雷达、逆合成孔径雷达均利用这一特点来识别目标。另外，在时频平面上的能量分布呈一条具有一定斜率及长度的直线，其能量大部集中在此直线之上，具有非常突出的线性特征，因此，可以针对这种特征对线性调频雷达信号进行分析与判别，在电子对抗领域应用前景广阔。

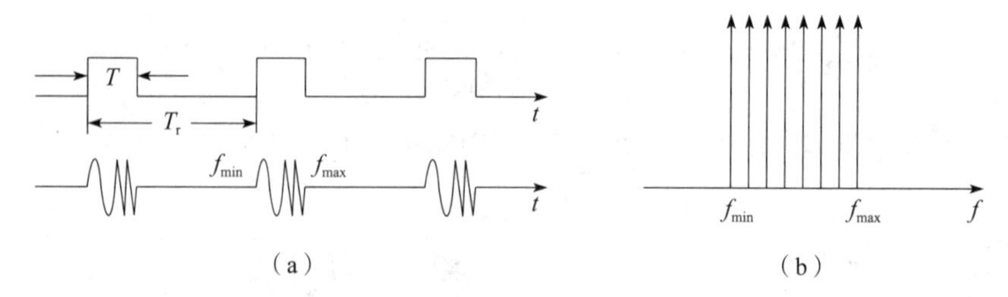

图 3-1-17　理想 LFM 信号波形和频谱
（a）波形图；（b）频谱图。

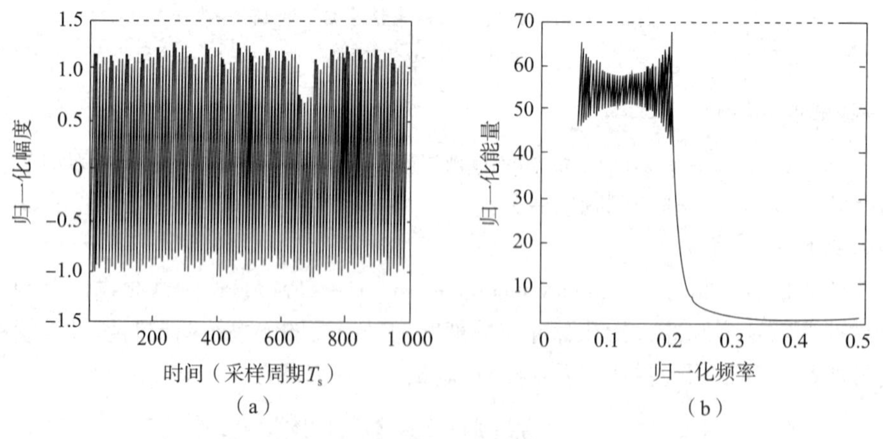

图 3-1-18　LFM 信号仿真波形和频谱
（f_0=150MHz，f_s=500MHz，T=10μs，A=1，S/N=10dB）
（a）时域图；（b）频谱图。

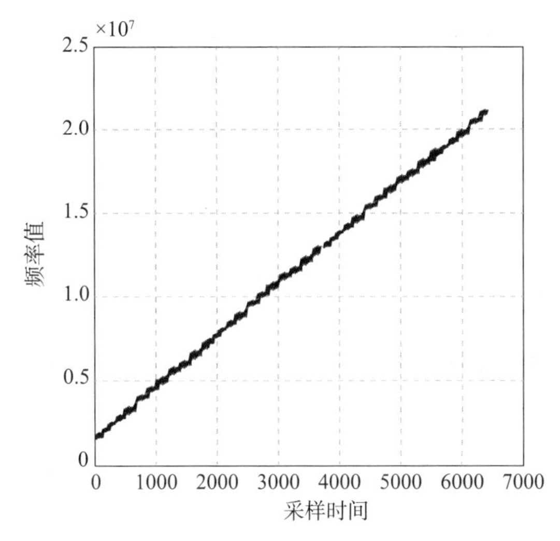

图 3-1-19　LFM 信号的瞬时频率仿真图（$f_0=1\text{MHz}$，$f_s=10\text{MHz}$，$T=13\mu\text{s}$，$S/N=10\text{dB}$）

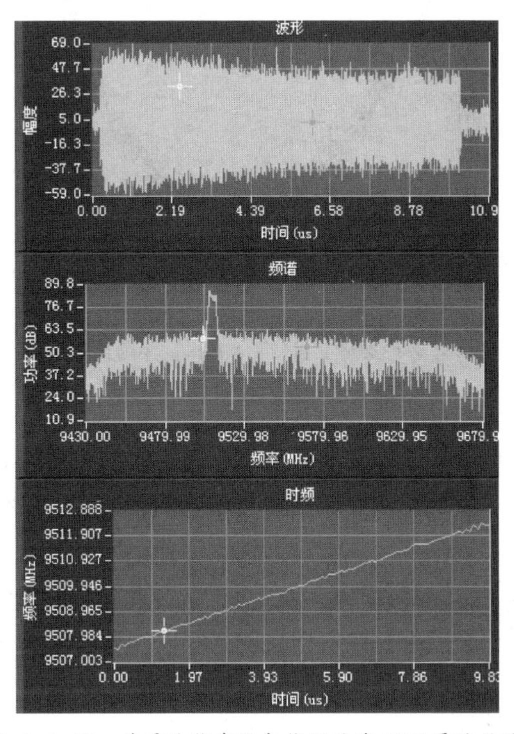

图 3-1-20　某雷达侦察设备侦测的某 LFM 雷达信号

（2）偶二次调频信号。

偶二次调频（even quadratic frequency modulation，EQFM）信号，是一种非线性调频脉冲信号（non-linear frequency modulation signal，NLFM），指在脉冲内部载波的频率按照调制信号的二次函数变化的信号。偶二次调频信号表达式为

$$s(t)=\begin{cases}A\exp\left\{\mathrm{j}\left(2\pi f_0 t+\pi k\left(t-\dfrac{T}{2}\right)^3\right)\right\}, & 0\leqslant t\leqslant T\\ 0, & \text{其他}\end{cases} \tag{3-1-41}$$

式中：T 为脉冲宽度；k 为调制系数。k 与 T 和带宽的关系为 $k=\frac{8B}{3T^2}$。

瞬时自相关函数为

$$r(t,\tau)=A\exp\left\{\mathrm{j}\left[2\pi f_0\tau+\pi k\tau^2+3\pi k\tau\left(t-\frac{T}{2}\right)^2+3\pi k\tau^2\left(t-\frac{T}{2}\right)\right]\right\} \tag{3-1-42}$$

瞬时频率表达式为

$$f(t)=f_0+\frac{k\tau}{2}+\frac{3k}{2}\left(t-\frac{T}{2}\right)^2+\frac{3k\tau}{2}\left(t-\frac{T}{2}\right) \tag{3-1-43}$$

由式（3-1-43）可以看出，EQFM 信号瞬时频率为一个二次抛物线。EQFM 信号瞬时频率仿真图如图 3-1-21 所示。

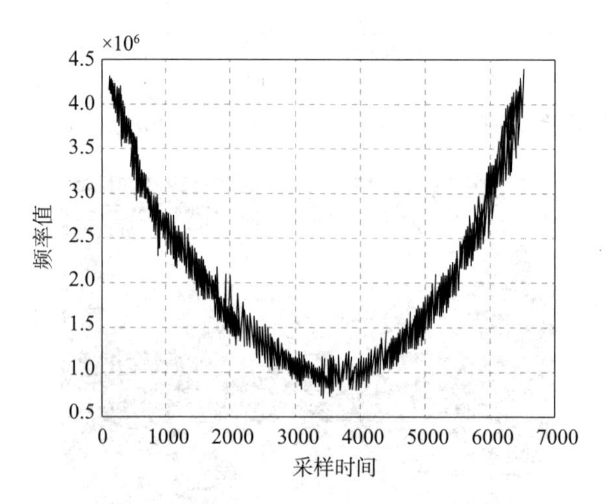

图 3-1-21　EQFM 信号的瞬时频率仿真图（$f_0=1\mathrm{MHz}$，$f_s=10\mathrm{MHz}$，$T=13\mu s$，$S/N=10\mathrm{dB}$）

3）脉冲编码信号

脉冲编码信号，又称脉冲脉内编码信号，是指在脉冲内部载波的频率或相位按照码元的变化而变化的信号。脉冲脉内编码信号包括脉内相位编码和脉内频率编码。

（1）脉内相位编码信号。

脉内相位编码信号（in-pulse PSK signals），又称载频相位编码调制的脉冲信号，是指信号的载频不变，但在脉冲持续时间内信号相位以固定的间隔在 N 个确定值之间进行转换。其信号表达式为

$$s(t)=A\sum_{i=1}^{N}\exp\{\mathrm{j}(2\pi f_c+\varphi_i)\}u_{T_p}(t-\mathrm{i}T_p) \tag{3-1-44}$$

式中：$\varphi_i\in\left\{\frac{2\pi}{M}(m-1),\ m=1,\ 2,\ \cdots,\ M\right\}$ 为相位码组；M 为相位数；N 为码元数；T_p 为码元宽度。$M=2$ 时，为 BPSK（binary phase shift keying）信号，亦称 2PSK 信号。如果相位只取 0、π 两个值，则称二相码，如巴克（Bark）码、M 序列、L 序列、Gold 序列、混沌二相码、P4 码、组合巴克码、互补码等。其中，巴克码具有非常理想的非周期自相关函数，其自相关峰值为 N，副瓣均匀，主副瓣比等于压缩比，被认为是最优二元序列，因而在雷达系统中得到了最重要的应用。在信号侦察中，巴克码也是受关注的

重点对象之一。不同位数巴克码编码序列见表 3-1-1，图 3-1-22 示意了 13 位巴克码信号的波形。如果相位取 2 个以上的值时，则称多相码，如弗兰克（Frank）码、霍尔曼码、伪随机码等。$M=4$ 时为 QPSK 信号。在此只分析 BPSK 的瞬时频率，QPSK 与此类似，不再赘述。

表 3-1-1　不同位数的巴克码表

编码长度	编码序列	编码长度	编码序列
2 位	++，+-	7 位	+++--+-
3 位	++-	11 位	+++---+--+-
4 位	+++-，++-+	13 位	+++++--++-+-+
5 位	+++-+		

注："+" 代表+1，"-" 代表-1。

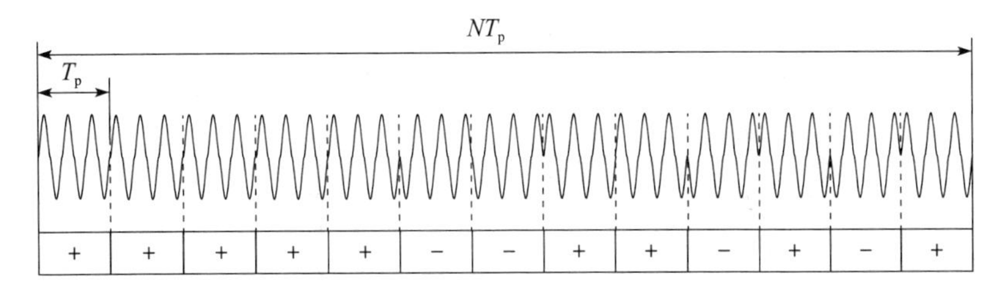

图 3-1-22　13 位巴克码信号的波形

BPSK 信号的瞬时自相关函数为

$$r(t,\tau)=\begin{cases}A^2\exp\{\mathrm{j}2\pi f_0\tau\}, & iT_p+\tau\leqslant t\leqslant(i+1)T_p\\ A^2\exp\{\mathrm{j}(2\pi f_0-\phi_{i+1}+\phi_i)\}, & (i+1)T_p<t\leqslant(i+1)T_p+\tau\end{cases}\tag{3-1-45}$$

BPSK 信号的瞬时频率表达式为

$$f(t)=\begin{cases}f_0, & iT_p+\tau\leqslant t\leqslant(i+1)T_p\\ f_0-(\phi_{i+1}-\phi_i)/\tau, & (i+1)T_p<t\leqslant(i+1)T_p+\tau\end{cases}\tag{3-1-46}$$

从式（3-1-46）可以看出，一个码元宽度内其瞬时频率是恒定值 f_0，在码元跳变点处其瞬时频率将会产生一个冲击。理想 BPSK 信号的波形如图 3-1-23 所示，仿真波形和频谱如图 3-1-24 所示，瞬时频率仿真图如图 3-1-25 所示。

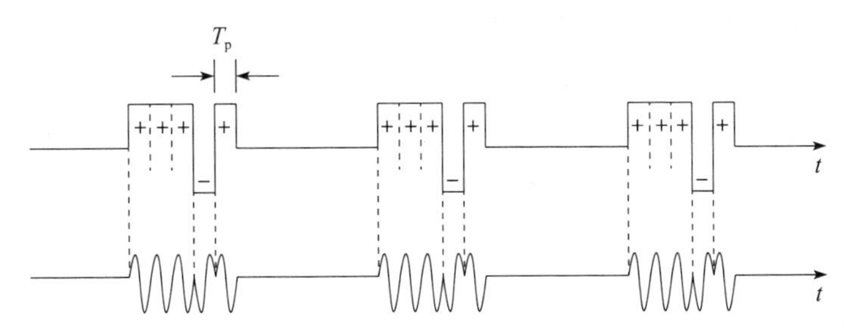

图 3-1-23　理想 BPSK 信号的波形

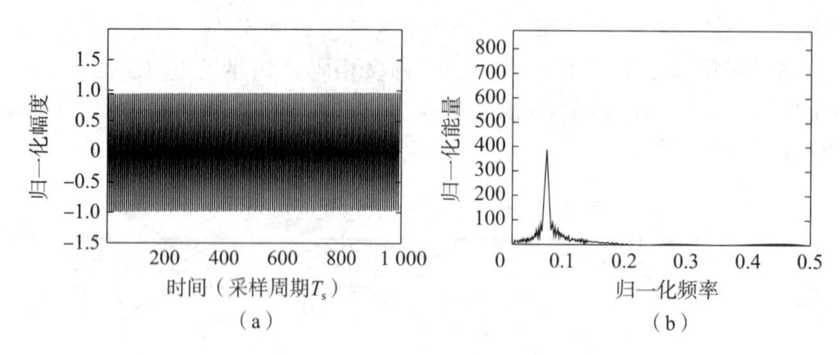

图 3-1-24 BPSK 信号仿真波形和频谱

（a）时域图；（b）频谱图。

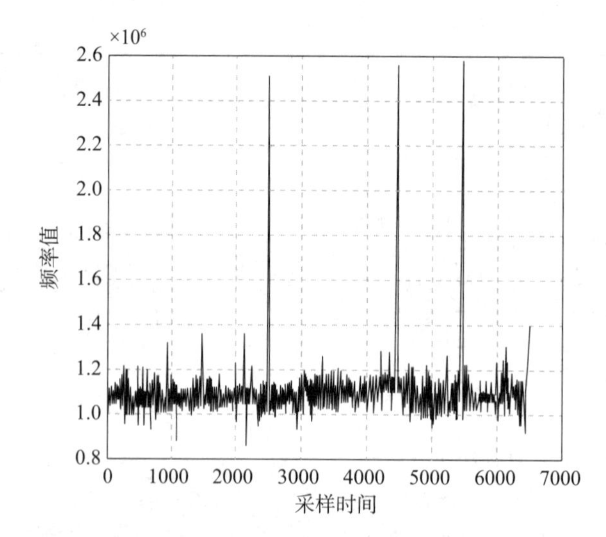

图 3-1-25 BPSK 信号瞬时频率仿真图

（$f_0=1\text{MHz}$，$f_s=10\text{MHz}$，$T=13\mu\text{s}$，13 位巴克码，$S/N=10\text{dB}$）

BPSK 信号大部分能量集中于载频处，形成能量冲激，包含突变点，突变点处有丰富的谐波，突变点两侧不存在频率阶跃，频谱呈偶对称。脉内相位编码信号的技术简单成熟，且抗干扰性强。相位编码信号通过信号的时域非线性调相达到扩展频宽的目的，其相位编码脉冲的调制函数是离散的有限状态。这种信号的突出优点是可以极大地降低雷达的峰值发射功率，从而达到低截获的目的。因此，这种信号是现代高性能雷达体制所广泛采用的信号波形之一。在小时宽带宽积的情况下，压缩性能好，主副瓣比大，雷达的峰值发射功率得到显著降低。最主要的缺点是对多普勒频移很敏感（与调频信号相比），一般在脉宽 τ 内，当多普勒频移大于 1/4 波长时，脉冲压缩的性能显著下降；另一缺点是时间取样损失大。由于相位编码信号在编码上灵活，具有可实现波束捷变和低截获的特点，越来越广泛地应用到高性能雷达上。

（2）脉内频率编码信号。

脉内频率编码信号（in-pulse frequency-coded signal）是在一个宽脉冲内包含多个不同载频的子脉冲，是一种脉内离散调频信号，可以看作由不同频率的单载频脉冲拼接而成的，所以其性质与单载频脉冲有诸多类似之处。其信号表达式为

$$s(t)=A\sum_{i=1}^{N}\exp\{\mathrm{j}(2\pi f_i+\theta_i)\}u_{T_\mathrm{p}}(t-iT_\mathrm{p}) \tag{3-1-47}$$

式中：$f_i\in\{f_1, f_2, \cdots, f_M\}$ 为载波频率码组，M 为频率数；N 为码元数；T_p 为码元宽度。瞬时自相关函数为

$$r(t,\tau)=\begin{cases}A^2\exp\{\mathrm{j}2\pi f_i\tau\}, & iT_\mathrm{p}+\tau\leqslant t\leqslant(i+1)T_\mathrm{p}\\ A^2\exp\{\mathrm{j}2\pi(f_i-f_{i-1})t+f_{i-1}\tau\}, & (i+1)T_\mathrm{p}<t\leqslant(i+1)T_\mathrm{p}+\tau\end{cases} \tag{3-1-48}$$

瞬时频率表达式为

$$f(t)=\begin{cases}f_i, & iT_\mathrm{p}+\tau\leqslant t\leqslant(i+1)T_\mathrm{p}\\ (f_i-f_{i-1})\dfrac{t}{\tau}+f_{i-1}, & (i+1)T_\mathrm{p}<t\leqslant(i+1)T_\mathrm{p}+\tau\end{cases} \tag{3-1-49}$$

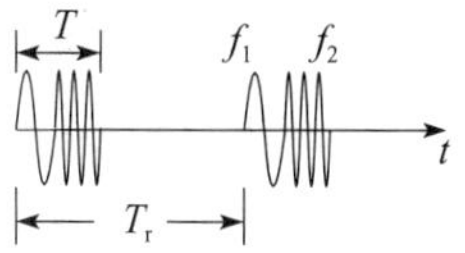

T　f_1　f_2　t　T_r

图 3-1-26　理想 2FSK 信号波形图

理想 2FSK 信号的波形如图 3-1-26 所示，仿真波形和频谱如图 3-1-27 所示，瞬时频率仿真图如图 3-1-28 所示。

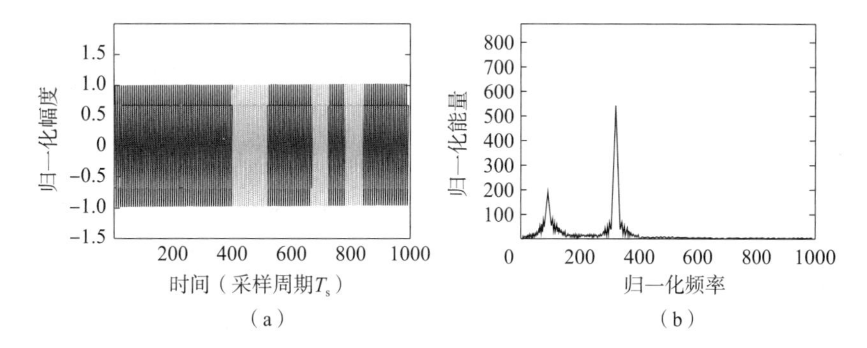

图 3-1-27　2FSK 信号仿真波形和频谱

(a) 时域图；(b) 频谱图。

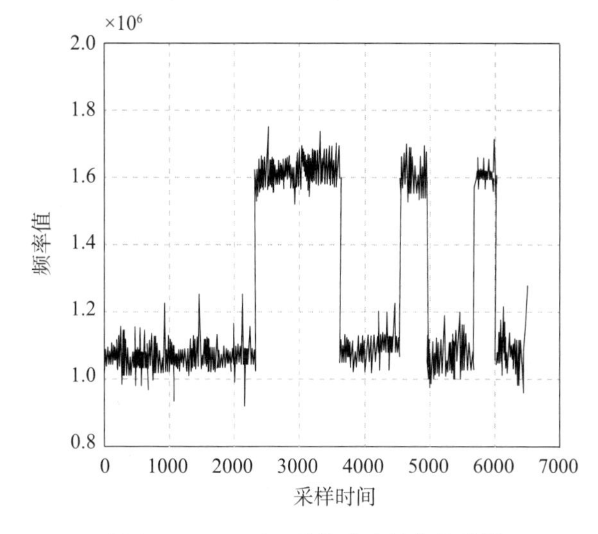

图 3-1-28　2FSK 信号瞬时频率仿真图

(f_0 = 1MHz，f_s = 10MHz，T = 13μs，7 位巴克码，S/N = 10dB)

从式（3-1-49）和图 3-1-28 可以看出，频率编码信号的瞬时频率为一些矩形脉冲。从图 3-1-27 可以看出，2FSK 信号大部分能量集中于载频处，形成能量冲激；包含两个冲激；包含突变点，突变点处有丰富的谐波，2FSK 信号突变点两侧存在频率阶跃，频谱呈奇对称。

4）脉冲串信号

脉冲串信号，顾名思义，指的是一系列的脉冲串成的信号，当然，这里指的是射频脉冲串。根据脉冲串的宽度、重复周期的变化情况，可分为均匀脉冲串信号和非均匀脉冲串信号。

（1）均匀脉冲串信号。

均匀脉冲串信号是相参脉冲串信号中最简单但也是最重要的一种，相参脉冲串信号指脉冲串中子脉冲的幅度恒定，子脉冲的重复周期和子脉冲的宽度也恒定的脉冲串信号。图 3-1-29 给出了均匀脉冲串信号的时域波形。

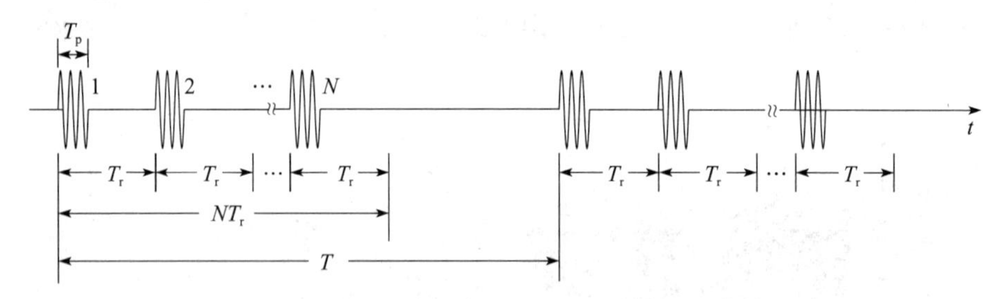

图 3-1-29　均匀脉冲串信号波形

均匀脉冲串信号复包络的数学表达式写为

$$u(t)=\frac{1}{\sqrt{N}}\sum_{n=0}^{N-1}u_1(t-nT_r) \tag{3-1-50}$$

其中
$$u_1(t)=\begin{cases}\dfrac{1}{\sqrt{T_p}}, & 0\leqslant t\leqslant T_p\\ 0, & \text{其他}\end{cases}$$

式中：$u_1(t)$ 为子脉冲包络函数；T_p 为子脉冲宽度；T_r 为子脉冲间隔；N 为子脉冲数目。

（2）非均匀脉冲串信号。

非均匀脉冲串信号指的是脉冲串中子脉冲的幅度不恒定、重复周期不恒定、宽度不恒定的脉冲串信号。非均匀脉冲串信号种类很多，图 3-1-30 示意了各种各样的非均匀脉冲串信号。

① 重复周期参差脉冲串信号。

重复周期参差脉冲串信号，与均匀脉冲串信号不同之处在于脉冲间隔是非均匀的，实际运用时不需增加信号的技术产生难度，只需在均匀脉冲串的基础上改变子脉冲间隔，信号产生和处理简单。重复周期参差脉冲串信号复包络表达式为

$$u(t)=\frac{1}{\sqrt{N}}\sum_{n=0}^{N-1}u_1(t-nT_r-\Delta T_n) \tag{3-1-51}$$

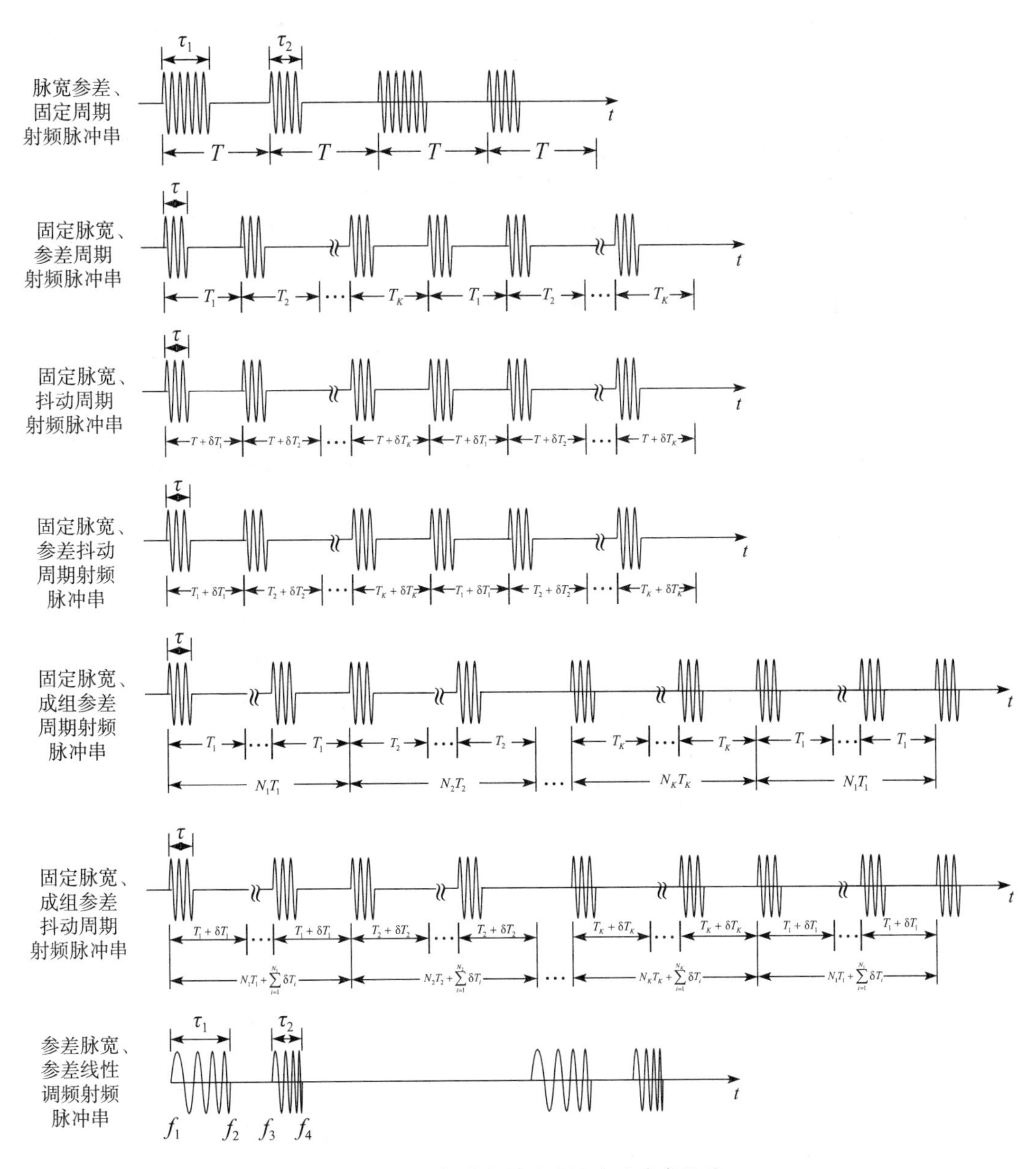

图 3-1-30　各种各样的非均匀脉冲串信号

式中：$u_1(t)$ 为子脉冲包络函数；ΔT_n 为第 n 个脉冲间隔的增量（$|\Delta T_n| \leqslant T_r/2$）。

② 线性调频脉冲串信号。

线性调频脉冲串（pulse trains of linear frequency-modulated，PTLFM）信号是一种典型的宽带多普勒敏感信号，具有频率调制、脉冲分裂等特点，PTLFM 信号的表达式为

$$s(t) = \sum_{n=0}^{N-1} A(n)p(t - nT_p) \tag{3-1-52}$$

式中：$A(n)$ 为包络；$p(t)$ 为线性调频子脉冲。包络分为矩形包络和正弦平方包络，线性调频子脉冲又分为锯齿状调频形式和对称三角状调频形式。其中正调频或负调频形式为锯齿状调频形式，正负（负正）调频形式为对称三角状调频形式。

脉冲串信号保留了脉冲信号高距离分辨力的特性，又兼具连续波雷达的速度分辨力性能，信号实现及控制便捷，可控参数多，是现代雷达应用最广泛的信号之一。

从以上分析可以看出，不同调制方式的脉内调制信号的瞬时频率的形状是不同的，常规脉内调制信号的瞬时频率为一条直线，线性调频信号瞬时频率为一条斜线，相位编码信号的瞬时频率是带有突变的直线，频率编码信号的瞬时频率为一些矩形脉冲，偶二次调频的瞬时频率是二次曲线。这些形状人的肉眼可以明显区分出来，但是用计算机直接进行识别确实存在困难。

现代雷达利用这些特点，用于不同的用途。用于精密距离跟踪的脉冲压缩雷达，发射脉冲内部为线性调频或相位编码的脉冲序列。为了提高雷达的抗积极干扰能力，频率捷变雷达发射脉间频率捷变脉冲序列。高质量的动目标显示雷达发射全相参的、具有不同重复周期的脉冲序列。在固态发射机中，常采用长脉冲加短脉冲的信号形式，长脉冲信号平均能量大，雷达作用距离远，而短脉冲可保证对近距离目标的正常探测。

3.2　射频信号三要素

在射频/微波系统中，频率特性、功率特性和阻抗特性是表征射频/微波系统及电路的全部特性的三类关键参数，而射频信号是射频/微波系统处理的激励源和响应结果，因此，又称频率、功率和阻抗为射频信号的三要素，三个要素既有独立特性，又相互影响。射频信号频率、功率和阻抗之间的关系如图 3-2-1 所示。

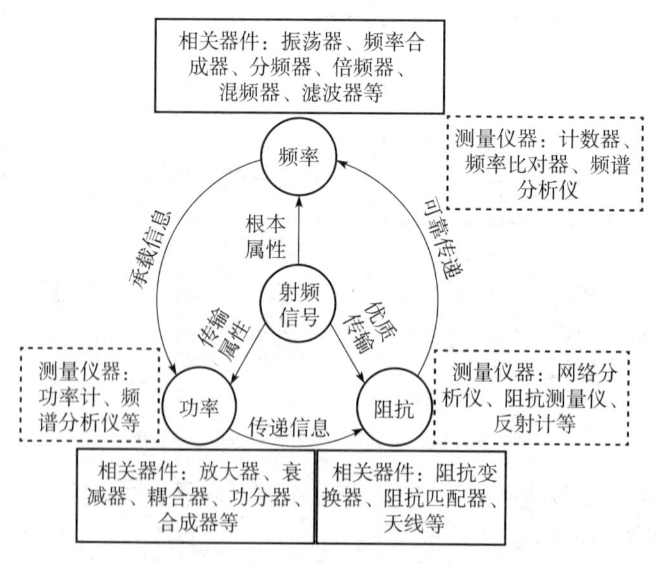

图 3-2-1　射频信号三要素之间的关系

3.2.1　频率

频率一词在电子领域中是非常重要的。以一个正弦波为例，信号在 1s 内完成一个完整正弦波的次数（即每秒振荡周期数）就是信号的频率，单位为赫兹（Hz）。例如，航空电子对抗系统使用 9GHz 信号，也就是说在 1s 内信号振荡 90 亿次，以今天的标准看，这还不算是一个很高的频率。

频率可以说是无线电通信、导航、雷达、对抗系统的一个关键参数，反映着射频信号的特质，因此完全可以依据信号的频率判定其应用功能领域。例如，1.5~30MHz 是短波通信的频率范围，30~300MHz 是超短波通信的频率范围，800~2500MHz 是移动通信的频率范围，1.5~500MHz 是通信侦察和通信干扰的频率范围，2~40GHz 是雷达侦察和雷达干扰的频率范围。对于雷达而言，工作频率更是直接反映了雷达的用途和技术体制。例如，1~2GHz 频段多为远程警戒雷达，2~4GHz 多为机载预警雷达，4~8.5GHz 多为地空导弹制导雷达；8.5~12GHz 多为火控雷达，12~40GHz 多为毫米波导弹主动末制导雷达。

3.2.1.1　与频率相关的参数

带宽（bandwidth）是无线电领域非常重要的概念之一，指信号所占据的频带宽度。例如，语音信号的带宽为 3400Hz。另外，它也可以用来描述电路或器件的工作带宽或工作频率范围，它等于电路或器件应用中最高频率和最低频率的差值，所以需要两个频率值来定义带宽。例如，某一个移动通信系统使用频率范围是 825~835MHz，也可以表示为（830±5）MHz，那么它的带宽就是 10MHz。再如，某型电子侦察设备的工作频率范围是 2~18GHz，它的带宽就是 16GHz。

对于宽频带电路或器件，带宽可用工作频率的上、下限之比表示，如 10：1 的带宽表示上限频率是下限频率的 10 倍。对于窄带电路或器件，带宽用上、下限频率差与频带中心频率的百分比表示，如 5%的带宽表示可允许的工作频率差是频带中心频率的 5%。

3.2.1.2　与频率相关的器件

在射频/微波电路里，直接与信号频率有关的电路有振荡器、频率合成器、频率变换器、频率选择电路等。

1. 振荡器

射频/微波振荡器（microwave generator）用来产生射频/微波信号，是所有射频/微波系统中必不可少的一个部件，是微波信号发生器、矢量网络分析仪、频谱分析仪的核心部件。小信号振荡器用于接收机的本振和测量系统，大信号振荡器用于发射机。射频/微波振荡器是一种能量转换装置，主要将直流电能转换为具有一定频率的交流电能，是一种有源器件或电路，图 3-2-2 示意了一种微波振荡器的外形结构。

图 3-2-2　微波振荡器

微波振荡器主要利用频率合成技术产生需要的频率或波形信号，其在微波毫米波仪器及系统应用范围广，需求大。

1）分类

目前，常用产生微波的振荡器有两大类，即微波电真空器件（又称微波管）与微波半导体器件（又称固体器件）。电真空器件主要包括微波速调管、返波管、行波管、磁控管等；固体器件有晶体三极管、体效应二极管（亦称耿氏二极管）、雪崩二极管等。因此，微波振荡器分为电真空器件振荡器与固体器件振荡器两类。电真空器件振荡器可进一步细分为反射速调管振荡器、磁控管振荡器等；固体器件振荡器可进一步细分为体效应二极管振荡器、硅三极管振荡器、场效应管振荡器等。

2）主要技术指标

（1）工作频率。

振荡器的输出信号基本上就是一个正弦信号。要做到振荡频率绝对准确是不可能的。频率越高，误差越大。

① 频率精度：有绝对精度（Hz）和相对精度（ppm）两种表示方式。绝对精度是给定环境条件下的最大频偏；相对精度是最大频偏和中心频率的比值。影响频率的因素很多，如环境温度、内部噪声、元件老化、机械振动、电源纹波等。实际设计中，针对指标侧重点，应采取相应的补偿措施。调试中，也要有经验和技巧，才能达到一定的频率指标。

② 频率稳定度：通常是微波源最重要的性能指标之一。任何振荡器的振荡频率都可能随环境温度、负载变化、电源波动等因素的变化而发生频率漂移，因此，频率稳定度通常又由频率温度稳定度、负载变化频率稳定度、电源变化频率稳定度、长期频率稳定度、短期频率稳定度等指标衡量。

对给定的频率来说，漂移越大，稳定度越差。为了提高频率稳定度，通常要采取稳频措施。一种方法是加装高稳频腔；另一种方法是用高稳定度的有源频率标准对微波源进行自动频率微调、注入同步或锁相等。后一种方法可使微波源的频率稳定度达到参考源频率稳定度的同等水平。

③ 谐波、杂波抑制度：也是微波源一个重要指标。理论上应输出一个单频信号，实际上，因振荡电路的非线性、器件内部噪声和噪声对单频的调制等原因，都会导致输出频谱中存在谐波和噪声边带。为尽可能提高谐波、杂波抑制度，微波振荡器必须通过调整工作状态或加装高质量输出滤波器等措施，使谐波、杂波输出减小到允许的程度。

（2）输出功率。

功率是振荡器的又一重要指标。如果振荡器有足够的功率输出，就会降低振荡器内谐振器的有载 Q 值，导致功率随温度变化而变化。因此，选用稳定的晶体管或采用补偿的办法，也可增加稳幅电路。这样，又会增加成本和噪声。为了降低振荡器的噪声，让振荡器输出功率小一些，可降低谐振器的负载，增加一级放大器，以提高输出功率。通常，振荡器的噪声比放大器的噪声大，因此功率放大器不会增加额外噪声。如果振荡器是可调谐的，还要保证频带内功率平坦度。

3）选型

常见的射频/微波振荡器见表 3-2-1。一般以指标、成本来选择射频/微波振荡器，特殊需求的要专门定制。

表 3-2-1　常见的射频/微波振荡器

谐振器类型	频率范围	品质因数 Q	说明
LC	1Hz~100GHz	0.5~200	Q 低，平面，成本高
变容管	1Hz~100GHz	0.5~100	Q 低，非线性，噪声大，可调
带状线、微带线	1MHz~100GHz	100~1000	尺寸大，平面，成本低，Q 高
波导	1~600GHz	1000~10000	尺寸大，成本高，Q 高

续表

谐振器类型	频率范围	品质因数 Q	说明
YIG	1～50GHz	1000	需外加磁场，成本高，速度低，Q 高，调谐线性好
TL	0.5～3GHz	200～1500	成本高，Q 高，温度稳定
蓝宝石	1～10GHz	50000	成本高，Q 高，温度稳定
介质 DR	1～30GHz	5000～30000	成本和体积大，Q 高
晶振	1kHz～0.5GHz	100000～2500000	频率低，Q 高，温度稳定
声表 SAW	1MHz～2GHz	500000	频率低，成本高，Q 高

2. 频率合成器

频率合成器（frequency synthesizer）就是将一个高稳定度和高精度的标准频率信号经过加、减、乘、除等四则算术运算，产生有相同稳定度和精确度的大量离散频率的电路单元或仪器。频率合成源是微波系统的重要功能电路，在收发信机、雷达探测、通信、电子对抗、检测仪器等电子设备中被广泛使用为本地振荡器。

1）分类

根据实现方式的不同，频率合成器可分为直接频率合成器（direct frequency synthesizer，DFS）、锁相环频率合成器（phase-locked Loop frequency synthesizer，PLL）、直接数字频率合成器（direct digital synthesizer，DDS）、PPL+DDS 混合结构。其中，第一种已很少使用，第二、三、四种都有广泛的使用，要根据频率合成器的使用场合、指标要求来确定使用哪种方案。

2）主要技术指标

频率合成器也是一种振荡源，因此，除了振荡器的基本指标外，频率合成器还有其他一些指标。经常需要考查的指标有频率、功率、相位、噪声等。

（1）频率有关指标。

频率稳定度：与振荡器的频率稳定度相同，包括时间频率稳定度和温度频率稳定度。

频率范围：频率合成器的工作频率范围由整机工作频率确定，输出频率与控制码一一对应。

频率间隔：输出信号的频率步进长度，可等步进或不等步进。

频率转换时间：频率变换的时间，通常关心最高和最低频率的变换时间，即最长时间。

（2）功率有关指标。

输出功率：振荡器的输出功率通常用 dBm 表示。

功率波动：频率范围内，各个频点输出功率的最大偏差。

（3）相位噪声。

相位噪声是频率合成器的一个极为重要的指标，与频率合成器内的每个元件都有关。降低相位噪声是频率合成器的主要设计任务。

（4）其他。

控制码对应关系：指定控制码与输出频率的对应关系。

电源：通常需要有两组以上电源。

3. 频率变换器

频率变换器，又称频率变换电路，通常是将某一个频率信号变为另一个所希望的频率信号，具体的电路有混频器、变频器、检波器、分频器、倍频器等。

1）混频器

混频器（mixer）是射频/微波的频率变换电路或器件，如图 3-2-3 所示。混频器是超外差接收机和测量仪器的前端电路，与本振源结合，把信号频率降为中频信号，如图 3-2-4 所示。

图 3-2-3　混频器器件

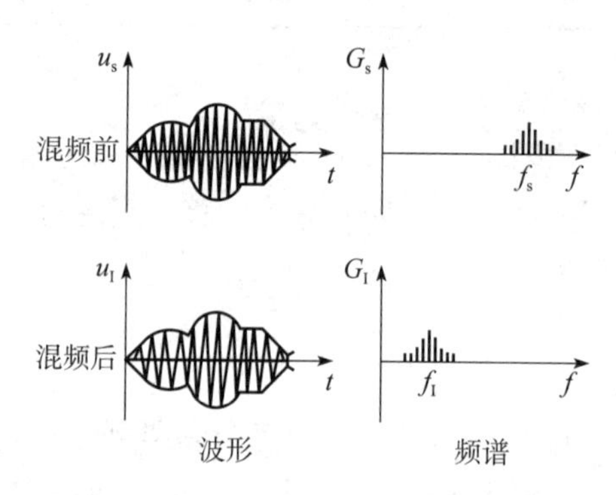

图 3-2-4　混频前后信号的波形和频谱

混频器的主要技术指标有：

（1）变频损耗。

变频损耗定义为混频器射频输入端口的微波信号功率与中频输出端信号功率之比。尽管混频器的工作方式是幅度非线性，但我们希望它是一个线性移频器。变频后输出信号的幅度变化就是变频损耗或增益。一般地，无源混频器都是变频损耗，二极管混频器的变频损耗包括混合网络损耗（1.5dB 左右）、边带损耗（3dB 左右）、谐波损耗（1dB 左右）和二极管电阻损耗（1.5dB 左右），典型值为 7dB 左右。

（2）噪声系数。

噪声系数描述信号经过混频器后质量变坏的程度，定义为输入信号的信噪比与输出信号的信噪比的比值。这个值的大小主要取决于变频损耗，还与电路的结构有关。

（3）线性特性。

1dB 压缩点：在正常工作情况下，射频输入电平远低于本振电平，此时中频输出将随射频输入线性变化，当射频电平增加到一定程度时，中频输出随射频输入增加的速度减慢，混频器出现饱和，拐点与线性增加相差 1dB 时的输入信号功率值。混频器的 1dB 压缩点与本振功率有关，因为混频器是本振功率驱动的非线性电阻变频电路。

1dB 减敏点：描述混频器的灵敏度迟钝的特性，与 1dB 压缩点有关。对于双平衡混频器，1dB 减敏点比 1dB 压缩点低 2～3dB。

动态范围：最小灵敏度与 1dB 压缩点的距离，用 dB 表示。通常动态范围要大于 60dB。动态范围的提高，意味着系统的成本大幅度增加。

谐波交调：与本振和信号有关的交调杂波输出。

三阶交调：输入两个信号时的IP3，定义为1dB压缩点与三阶输出功率线的距离。

（4）本振功率。

混频器的本振功率是指最佳工作状态时所需的本振功率。混频器的指标受本振功率控制。若本振功率不够，混频器就达不到预定指标。混频器都是按功率dBm值分类的，如7dBm、10dBm、17dBm本振。

（5）端口隔离。

混频器通常是一种三端口非线性器件，各端口间的频率相互隔离，包括本振与射频、本振与中频、射频与中频之间的隔离。隔离度定义为本振或射频信号泄漏到其他端口的功率与输入功率之比，单位为dB。三个端口LO、RF、IF频率不同，互相隔离指标，隔离度越高越好。端口隔离与电路设计、结构、器件和信号电平有关，一般要大于20dB。

（6）端口VSWR。

端口驻波比直接影响混频器在系统中的使用，它是一个随功率、频率变化的参数。三个端口的驻波比越小越好。尤其是RF口，它会影响到整机灵敏度。

（7）直流极性。

一般地，射频和本振同相时，混频器的直流成分是负极性。

（8）功率消耗。

功率消耗简称功耗。功耗是所有电池供电设备的首要设计因素。无源混频器消耗本振功率，而本振消耗直流功率，本振功率越大，消耗直流功率越多。混频器的输出阻抗对中放的要求也会影响中放的直流功耗。

2）变频器

变频器是将信号频率由一个量值变换为另一个量值的模块或组件，包括混频器和本振源，如图3-2-5所示。变频器主要实现频谱的搬移，输出频率低于输入频率时为下变频，输出频率高于输入频率时为上变频。

3）检波器

检波器如图3-2-6所示。也是射频/微波的频率变换电路。检波器直接提取中频信号的包络，通常用于功率检示。一般地，检波器是实现峰值包络检波的电路，输出信号与输入信号的包络相同。

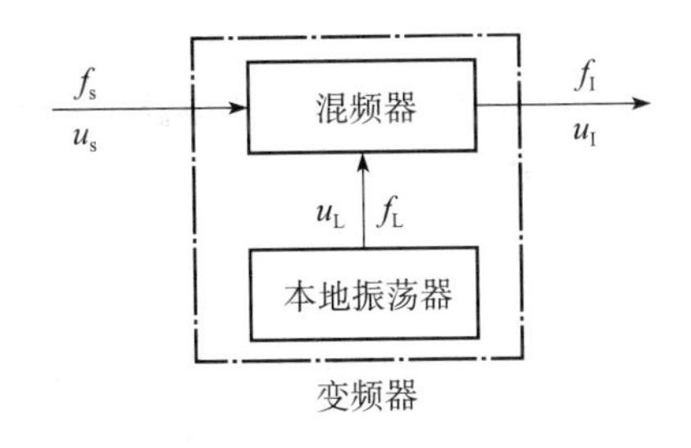

图3-2-5　变频器与混频器的关系

图3-2-6　检波器

检波器的技术指标很多，有工作频带、功率容量、驻波比、连接器类型、工作环境等，其他指标前面已多次提及，在此只介绍检波器特有的指标。

（1）灵敏度。

灵敏度定义为输出电流与输入功率之比。一般地，检波输出信号的频率小于 1MHz 时，闪烁噪声对检波灵敏度的影响较大。闪烁噪声又称为 $1/f$ 噪声，由半导体工艺或表面处理引起，噪声功率与频率成反比。为了避免这个影响，采用混频器构成超外差接收机，30MHz 或 70MHz 中频放大后再检波。这并不影响微波检波器的使用，大部分情况下，检波器用于功率检示，输入功率较强，检波灵敏度能满足设备要求。

（2）标称可检功率。

标称可检功率（nominal detector power，NDS）是输出信噪比为 1 时的输入信号功率。它不仅与检波器的灵敏度有关，还与后续视频放大器的噪声和频带有关。

（3）正切灵敏度。

输入脉冲调幅的微波信号，检波后为方波。调整输入信号的幅度，输出信号与噪声叠加后信号的底部与基线噪声（只有内部噪声时）的顶部在一条直线上（相切），则称此输入脉冲信号功率为切线信号灵敏度 P_{TSS} 或正切信号灵敏度（tangential signal sensitivity，TSS）。图 3-2-7 示意了切线信号灵敏度测量时在示波器上的显示。不难证明：当检波器的视频输出电压上升到比噪声电压大 8dB 时，此时的射频输入功率电平定义为正切灵敏度。由于 TSS 概念清晰，使用方便，在工程中得到了普遍使用。TSS 也常用于接收机的灵敏度描述。TSS 比 NDS 高 4dB，如 NDS＝-90dBm，则 TSS＝-86dBm。

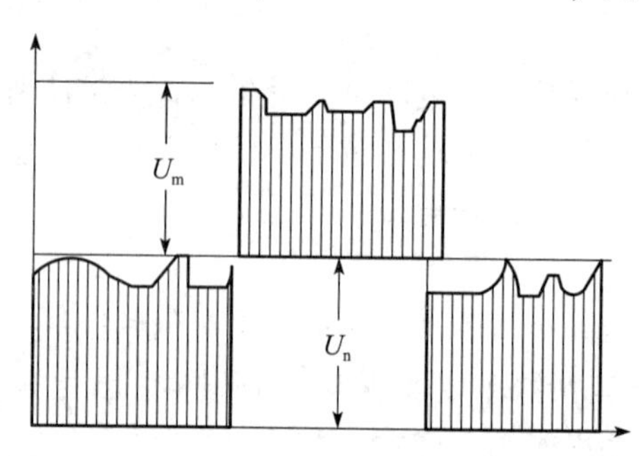

图 3-2-7 切线信号灵敏度示意图

对检波器的要求是高检波灵敏度、小输入 VSWR、宽动态范围、宽频带、高效率。工作中可根据实际的应用需求，结合其灵敏度、驻波比、工作频带等指标，折中选择。部分检波器型号和技术参数见表 3-2-2。

4）分频器

分频是一种微波信号产生方式，用于产生微波分频信号的器件或电路叫微波分频器（dividers）。微波分频器主要用于锁相环和频率合成器中。分频器的输入信号为 f_0，输出信号为 f_0/N。

5）倍频器

倍频是一种微波信号产生方式，用于产生微波倍频信号的器件或电路叫微波倍频器（microwave multiplier）。倍频器通常配合频率合成器使用，已经广泛用于各类微波系统和测试仪器中。倍频器输入信号为 f_0，输出信号为 nf_0。微波倍频器分成两类：低次倍频器和高次倍频器。低次倍频器的单级倍数 n 不超过 5，高次倍频器单级倍频次数可达 20 以上。

表 3-2-2　部分检波器型号和技术参数表

型号	频率范围/GHz	频响/dB		最大驻波比		低电平灵敏度(-30dBm)	最大功率/mW	连接器形式
		普通型	精密性	普通型	精密性			
SHX-803-S-4	0.01~4	±0.3	±0.3	1.2	1.2	≥0.5mV	100	输入：SMA（M） 输出：SMA，BNC（F）
SHX-803-S-8	0.01~8	±0.3	±0.3	1.4	1.4			
SHX-803-S-12	0.01~12	±0.7	±0.5	1.7	1.5			
SHX-803-S-18	0.01~18	±1.0	±0.6	2.0	1.8			
SHX-803-S-26	0.01~26.5	±0.6 (0.01~18GHz)	±0.6 (0.01~18GHz)	1.5 (0.01~18GHz)	1.5 (0.01~18GHz)	≥0.5mV (18GHz)		输入：SMA（J） 输出：SMA（K）
		±1.5 (18~26.5GHz)	±1.5 (18~26.5GHz)	2.2 (18~26.5GHz)	2.2 (18~26.5GHz)	≥0.18mV (26.5GHz)		

4. 频率选择电路

在射频/微波电路，常常需要把信号频谱进行恰当的分离，这就需要采用频率选择电路，这种电路有滤波器、陷波器、双工器、多工器、频率分路器等，理论上，这类电路均属于无耗元器件。

1）滤波器

滤波器，顾名思义，是对电磁波进行过滤的电路或器件。

（1）分类。

按所通过信号分为信号滤波器和电源滤波器；按信号处理的方式分为模拟滤波器和数字滤波器；按所通过信号的频带分为低通、高通、带通和带阻滤波器；按所采用的元器件分为无源和有源滤波器；按所采用的元器件材料可分为声表面波滤波器（swrface acoustic wave，SAW）、晶体滤波器、陶瓷滤波器、机械滤波器、锁相环滤波器、开关电容滤波器、腔体滤波器等；按安放位置分为板上滤波器和面板滤波器；按所采用的控制方式可分为可调滤波器、不可调滤波器。图 3-2-8 示意了一种带通滤波器。

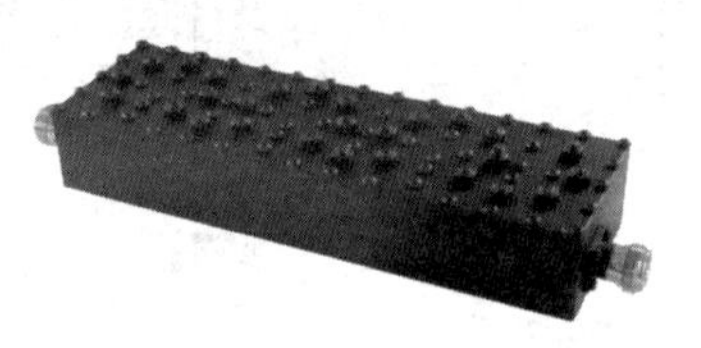

图 3-2-8 SHX-BPF 带通滤波器

（2）主要技术指标。

滤波器的指标形象地描述了滤波器的频率响应特性。下面对这些技术指标做一简单介绍。

① 工作频率：滤波器的通带频率范围，有两种定义方式：3dB 带宽：由通带最小插入损耗点（通带传输特性的最高点）向下移 3dB 时所测的通带宽度。这是经典的定义，没有考虑插入损耗，易引起误解，工程中较少使用。插损带宽：满足插入损耗时所测的带宽，这个定义比较严谨，在工程中常用。

② 插入损耗（insertion loss，IL）：由于滤波器的介入，在系统内引入的损耗。滤波器通带内的最大损耗包括构成滤波器的所有元件的电阻性损耗（如电感、电容、导体、介质的不理想）和滤波器的回波损耗（return Loss，RL）。插入损耗限定了工作频率，也限定了使用场合的两端阻抗。

③ 带内纹波：插入损耗的波动范围。带内纹波越小越好，否则，会增加通过滤波器的不同频率信号的功率起伏。

④ 带外抑制：规定滤波器在什么频率上会阻断信号，是滤波器特性的矩形度的一种描述方式。也可用带外滚降来描述，就是规定滤波器通带外每频率下降的分贝数。滤波器的寄生通带损耗越大越好，也就是谐振电路的二次、三次等高次谐振峰越低越好。

⑤ 承受功率。在大功率发射机末端使用的滤波器要按大功率设计。元件体积要大，否则，会击穿打火，发射功率急剧下降。

（3）选择。

在实际工作中，工程师一开始正确找出满足特定应用的滤波器，能大大节省时间和金钱。而要做到这一点，需要对滤波器的性能参数进行快速重温。

① 了解基本响应曲线。

滤波器的基本响应曲线包括带通、低通、高通、带阻、双工器等。每一个特定形状都决定了哪些频率可以通过，哪些不能通过。

② 给出所有必要技术参数。

给出所有必要的信息就是详细给出所有频率参数，如中心频率（f_0）、截止频率（f_c）、抑制频率、阻带、隔离、插入损耗、回波损耗、群延迟（group delay，GD）、形状因子（shevpe factor，SF）、阻抗、相对衰减、纹波、工作温度等。

③ 不要追求不切实际的滤波器特性。

工程师有时会提出如下要求：“我需要通频带为 1490~1510MHz，1511MHz 处的抑制大小为 70dB。”这一要求无法实现。实际上，抑制是逐渐变化的，不是 90°急剧下降，更实际的参数为偏离中心频率约 10%。另一种情况是要求滤波器例如“抑制 1960MHz 频率以上的所有成分。”这时，工程师必须意识到不可能衰减该抑制频率直到无限高频率之间的所有频率。必须设置某些边界。更现实的方法或许是，将通频带附近的特定抑制频率衰减 2~3 倍。

④ 争取实现合理的电压驻波比。

常使用电压驻波比（voltage standing wave ratio，VSWR）表示滤波器通带内信号是否良好匹配传输。VSWR 为一比值，大小在 1 到无穷大之间，用来表示反射能量的大小。1 表示所有能量都无损耗通过。大于 1 的所有值都表示有部分能量被反射，即浪费了。但是，在实际的电子电路中，1∶1 的 VSWR 几乎不可能达到。通常，比值 1∶5 更实际一些。如果要求达到的值小于该值，则会降低效益成本比。

⑤ 考虑功率处理能力。

功率处理能力为以瓦为单位的额定平均功率，超过该值则滤波器性能会降低或者失效。此外还需要注意，滤波器的尺寸在某种程度上取决于其功率处理能力的要求。一般地，功率越大，则滤波器所占电路板面积越大。制造商（如 Anatech）一直致力于使用新型算法来满足这些挑战性的利益需求，预先在算法上做规划节省成本。

⑥ 同时、双向通讯中的隔离因素。

隔离是双工器的一个特别重要的方面，从接收通道看时，隔离表示滤波器抑制传输频率的能力，反之亦然。隔离越大，则两者分得越开，传输信号和接收信号就越干净。

⑦ 注意作出取舍。

性能越高则成本越高。这正是为什么需要准确定义的原因，因为准确定义可以减少不需要的极端情况，因而能够避免不必要的费用开支。除此之外，对其他因素也需要互相权衡。例如，抑制频率与中心频率越接近，则滤波器越复杂，有时会造成插入损耗更大。

另外，滤波器性能越高通常使其占板面积越大。例如，从通频带到抑制的非常陡峭的转变需要具备更多腔体和段数，使滤波器更复杂。但是如果电路板费用很重要，则性能有时必须有所削减。

⑧ 寻找可以在各种要求之间做出平衡的制造商。

虽然滤波器制造商与滤波器性能的固有特性无关，但选择滤波器制造商时，还是需要像关注元件本身要求一样予以关注。一个优秀而稳定的专门生产滤波器的制造商，能时常生产出特定部件来弥补产品设计缺陷。部分滤波器型号和技术参数见表 3-2-3。

表 3-2-3 部分滤波器型号和技术参数表

型号	通带/MHz	阻带/MHz	插入损耗/dB	回波损耗/dB	阻带衰减/dB	连接器形式
SHX-BPF-1710-1785-70	1710~1785	DC-1705 1790~3000	≤5.0	≥15	70	N
SHX-BPF-1880-1915-70	1880~1915	DC-1875 1920~3000	≤4.5	≥15	70	N
SHX-BPF-1920-1980-70	1920~1980	DC-1915 1985~3000	≤5.0	≥15	70	N
SHX-BPF-2320-2370-70	2320~2370	DC-2315 2375~3000	≤4.8	≥15	70	N
SHX-BPF-2575-2615-70	2575~2615	DC-2570 2620~3000	≤4.5	≥15	70	N

2）陷波器

陷波器，就是能让特定频率的电磁波陷入而无法输出的电路或器件，它能在保证其他频率信号不损失的情况下，有效抑制输入信号中某一频率信息。当电路中需要滤除某一特定频率的干扰信号时经常用到。因此，它是一种带阻滤波器，一般情况下阻带较窄。

3）双工器

双工器（duplexer）由两个不同频率的带通滤波器组合而成，常用于收发共用天线前端，如在频分双工系统中，双工器可以将发射机和接收机的信号按频率分离开来，如图 3-2-9 所示。在双工器中，隔离度指标非常重要。考虑接收（RX）通道时为抑制传输（TX）频率的能力，称为 RX/TX 隔离；考虑传输（TX）频率时为抑制接收（RX）频率的能力，称为 TX/RX 隔离。隔离度越高越好。在某型航管应答机中就用双工器完成了询问信号和回答信号的分离。当然，这两个不同频段不能重叠。部分双工器型号和技术参数见表 3-2-4。

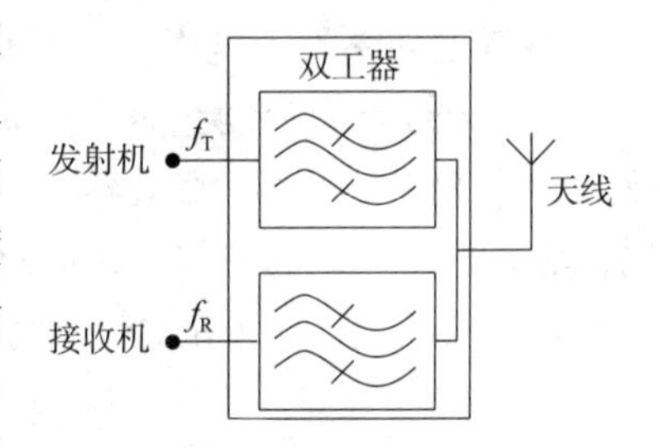

图 3-2-9 双工器的应用

表 3-2-4 部分双工器型号和技术参数表

型号	频率范围/MHz	插入损耗/dB	阻带衰减/dB	驻波比	隔离度/dB	连接器形式
SHX-DUP-791M-862M	RX：832~862	≤1.2	≥60dB@ DC-822MHz ≥60dB@ 872~4000MHz	≤1.58	≥50	N
	TX：791~821	≤1.2	≥60dB@ DC-781MHz ≥60dB@ 831~4000MHz			
SHX-DUP-2500M-2690M	RX：2500~2570	≤1.8	≥60dB@ DC-2490MHz ≥60dB@ 2580~4000MHz	≤1.58	≥50	N
	TX：2620~2690	≤1.8	≥60dB@ DC-2610MHz ≥60dB@ 2700~4000MHz			

4）多工器

多工器（diplexer）由多个不同频率的带通滤波器组成，常用于多部发射机的发射天线共用场合，如图 3-2-10 所示。

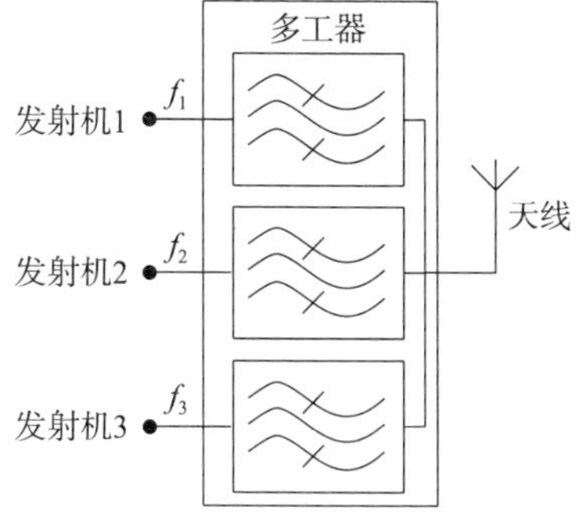

图 3-2-10　多工器的应用

5）频率分路器

频率分路器，就是能让一定频率范围内的信号按频率分路输出的电路或器件。它由许多按照一定频率间隔排列的通带和阻带滤波器组成，只让某些特定频率范围的信号通过。由于其频率特性曲线像梳子一样，故称梳状滤波器。在雷达告警接收机中，为了实现快速测频、宽测频范围、宽瞬时带宽、高截获概率和结构简单，常用到频率分路器。

3.2.2　功率

在低频电路中，信号的大小通常用电压或电流来表示。而在射频电路中，由于传输线上存在驻波，电压和电流失去了唯一性，所以射频信号的大小常用功率来表示，是射频或微波信号很重要的参数。

3.2.2.1　功率的表示方法

1. 瓦特（W）

功率的基本定义是单位时间内的能量大小。国际单位组织规定功率的单位为瓦特（W），1W=1J/s（焦耳/秒）。根据功率的定义表达式，某个被测系统的传输功率为 1W 表示能量以 1J/s 的速率进行传输。在行波条件下，射频功率也可以采用类似低频电路表达方式：

$$P=IV=I^2Z_0=\frac{V^2}{Z_0} \tag{3-2-1}$$

式中：P 为功率（W）；I 为电流（A）；V 为电压（V）；Z_0 为无耗传输线的特性阻抗。功率的常用单位还有千瓦、毫瓦、微瓦、纳瓦等。

2. 分贝（dB）

在不同的发射和接收系统中，所遇到的射频信号功率相差很大，即使在同一个系统中，也会出现相差数万亿倍的功率电平。比如，在雷达对抗系统中，接收的雷达信号和发射的雷达干扰信号分别为 10^{-14}W 和 100W。为了避免过大和过小的数值同时出现，也为了直接相加减计算，通常采用对数单位分贝（dB）来描述功率的大小。

$$N_{\mathrm{d}}[\mathrm{dB}]=10\lg\frac{P_x[\mathrm{W}]}{P_{\mathrm{ref}}[\mathrm{W}]} \tag{3-2-2}$$

式中：P_x 为被计量功率；P_{ref} 是基准功率；N_{d} 是以分贝为单位的数。可以看出，分贝是个对数计数单位，不是一个物理量的单位，是一个表征相对值的值，只表示两个量的相对大小关系，没有单位。分贝数与功率比值可以互相换算。某一分贝数对应一定的功率比值，同样，某一功率比值也与一定的分贝数相对应。常用分贝和功率比值转换关系见表 3-2-5。

表 3-2-5　常用分贝和功率比值转换关系表

dB	功率比	备注	dB	功率比	备注	dB	功率比	备注
0	1	不变	50	100000	增大	13	20	增大
1	1.259	增大	-1	0.8	减小了 20%	17	50	增大
3	2	增大	-3	0.5	减小了 50%	20	100	增大
6	4	增大	-6	0.25	减小了 75%	30	1000	增大
10	10	增大	-10	0.1	减小了 90%	40	10000	增大

可见，采用分贝（dB）来表示功率更为简洁。在测量射频微波器件和电路的增益或衰减时，所关心的是功率的比值，常用相对功率值来描述，而不是绝对功率值。相对功率通常也称为相对功率电平，用分贝（dB）表示。

3. 绝对功率电平（dBm）

在式（3-2-2）中，若以基准量 $P_{ref}=1\text{mW}$ 作为零功率电平（0dBm），则任意被计量功率 P_x 的功率电平定义为

$$P_x[\text{dBm}]=10\lg\frac{P_x}{P_{ref}}=10\lg\frac{P_x[\text{mW}]}{1[\text{mW}]} \tag{3-2-3}$$

P_x[dBm] 为绝对功率电平，当 $P_x>1\text{mW}$ 时，dBm 值为正；而 $P_x<1\text{mW}$ 时，dBm 值为负。采用 dBm 为单位后，功率之间的各种测量和计算变得非常方便。还是前面雷达对抗系统中接收的雷达信号和发射的雷达干扰信号分别为 10^{-14}W 和 100W，采用 dBm 为单位后，信号绝对功率电平分别为-110dBm 和 50dBm。与 dBm 相对应的还有 dBW，是以 1W 为参考电平，但是比较少用。

3.2.2.2　与功率相关的参数

射频信号在沿着导行系统传输或通过射频电路和器件（图 3-2-11）时，由于导行系统或射频电路和器件的存在，或多或少都会对射频信号产生影响。从信号的大小或功率而言，表现为损耗或增益。

1. 损耗（L）

在图 3-2-11(a) 中，如果射频输出的信号小于射频输入的信号，表明射频电路和器件有“损耗”。也就是一个大的射频信号进去，变成一个小的射频信号出来，剩下的那部分没有出来的信号转变成了热能，射频电路和器件将变热，损耗越大就越热，甚至烧毁。在实际工程中使用无源或有源器件时要特别注意无源或有源器件的功率容量。

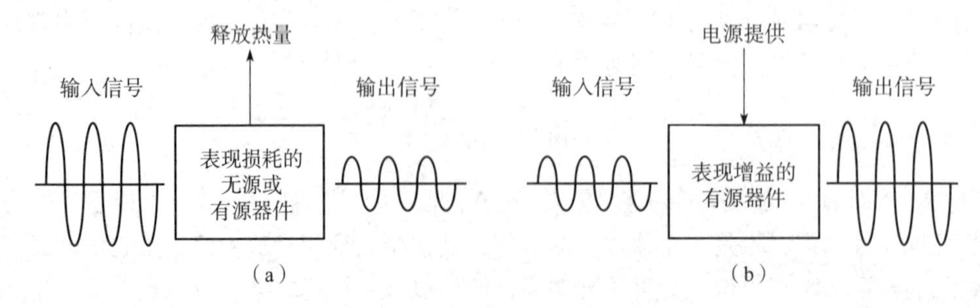

图 3-2-11　射频信号通过射频电路或器件

(a) 有损耗的射频电路器件；(b) 有增益的射频电路器件。

2. 增益（G）

在图3-2-11(b) 中，如果射频输出的信号大于射频输入的信号，表明射频电路和器件有“增益”，这样的射频电路和器件一般叫作放大器，所有放大器都是有源器件。在手机里，电池就和若干个放大器连接着，如果没有电池，手机将完全无法工作。

3.2.2.3　与功率相关的器件

在射频/微波电路里，直接与信号功率有关的电路或器件有放大器、衰减器、限幅器、微波开关、功率分配/合成器、定向耦合器、隔离器、环行器等。

1. 放大器

放大器是提高射频/微波信号功率的电路，在射频/微波工程中地位极为重要。放大器可分为低噪声放大器、高增益放大器、中功率放大器、大功率放大器。用于接收的是小信号放大器，该类放大器重点要求低噪声、高增益。用于发射的是功率放大器，对于该类放大器，为了达到要求的输出功率，可以不惜器件和电源成本。用于测试仪器的放大器，完善和丰富了仪器的功能。这里重点讨论射频大功率放大器。

射频功率放大器（RF power amplifier）是提高射频信号功率的有源器件，是各种无线电发射机的重要组成部分。在发射机的前级电路中，调制振荡电路所产生的射频信号功率很小，需要经过一系列的放大-缓冲级、中间放大级、末级功率放大级，获得足够的射频功率以后，才能馈送到天线上辐射出去。

射频功率放大器的工作频率很高，但相对频带较窄，射频功率放大器一般都采用选频网络作为负载回路。射频功率放大器可以按照电流导通角的不同，分为甲（A）、乙（B）、丙（C）三类工作状态。甲类放大器电流的导通角为360°，适用于小信号低功率放大，乙类放大器电流的导通角等于180°，丙类放大器电流的导通角则小于180°。乙类和丙类都适用于大功率工作状态，丙类放大器的输出功率和效率是三种放大器中最高的。射频功率放大器大多工作于丙类，但丙类放大器的电流波形失真太大，只能用于采用调谐回路作为负载谐振功率放大。由于调谐回路具有滤波能力，回路电流与电压仍然接近于正弦波形，失真很小。

除了以上几种按照电流导通角分类的工作状态外，还有使电子器件工作于开关状态的丁（D）类放大器和戊（E）类放大器，丁类放大器的效率高于丙类放大器。

1）主要技术指标

（1）输出功率。

输出功率是射频功率放大器极为重要的指标之一。功率放大器的功率指标严格来讲又有标称输出功率和最大瞬间输出功率之分。前者就是额定输出功率，它可以解释为谐波失真在标准范围内变化、能长时间安全工作时输出功率的最大值；后者是指功率放大器的“峰值”输出功率，它解释为功率放大器接收信号输入时，在保证信号不受损坏的前提下瞬间所能承受的输出功率最大值。

在发射系统中，射频功率放大器输出功率的范围可以小至毫瓦，大至数千瓦，但是这是指末级功率放大器的输出功率。为了实现大功率输出，末级就必须要有足够高的激励功率电平。为了实现有效的能量传输，天线和放大器之间需要采用阻抗匹配网络。

（2）效率。

效率是射频功率放大器极为重要的指标之一。工作效率描述供电电源的能量转化为信号功率的程度。效率用百分比表示，分为直流效率和功率增加效率。

直流效率（η_{DC}）是放大器的射频输出功率与放大器所消耗的直流功率之比，即

$$\eta_{DC}=\frac{P_{out}}{P_{DC}} \tag{3-2-4}$$

式中：P_{out} 为放大器的 1dB 压缩点输出功率（W）；P_{DC} 为消耗的直流功率（W）。

功率增加效率（$\eta_{\Delta P}$）更加有意义，它是放大器产生的净功率，即射频输出功率和输入功率之差与放大器所消耗的直流功率之比。

$$\eta_{\Delta P}=\frac{P_{out}-P_{in}}{P_{DC}} \tag{3-2-5}$$

式中：P_{in} 为放大器的射频输入功率（W）。功率增加效率与放大器的增益有关。

（3）增益。

对功率放大器，常用的功率增益定义为交付给负载的功率 P_L 对输入功率 P_{in} 之比，即

$$G=\frac{P_L}{P_{in}} \tag{3-2-6}$$

增益是放大器的基本指标，单位常用 dB 来表示。按照增益可确定放大器的级数和器件类型。

（4）噪声系数。

噪声系数是输入信噪比与输出信噪比的比值，表示信号经过放大器后信号质量的变坏程度。级联网络中，越靠前端的元件对整个噪声系数的影响越大。在接收前端，必须做低噪声设计。噪声的好坏主要取决于器件和电路设计。

（5）1dB 压缩点。

图 3-2-12 表示射频功率放大器的输出功率与输入功率之间的关系。当输入的信号功率不大时，输出功率与输入功率呈线性关系，输入功率大到一定值时，放大器就会饱和，输出功率不随输入功率线性增加，增益开始滑落或称为压缩，而后保持一个定值。为描述这个特性，定义 1dB 压缩点，即放大器的增益比线性增益低 1dB 时的输出功率值，或者说被压缩 1dB 时的输出功率，记为 P_{1dB}，该点常用以表征放大器的功率处理能力。1dB 压缩点输出可表示为

$$P_{out,1dB}=P_{in,1dB}+G-1 \tag{3-2-7}$$

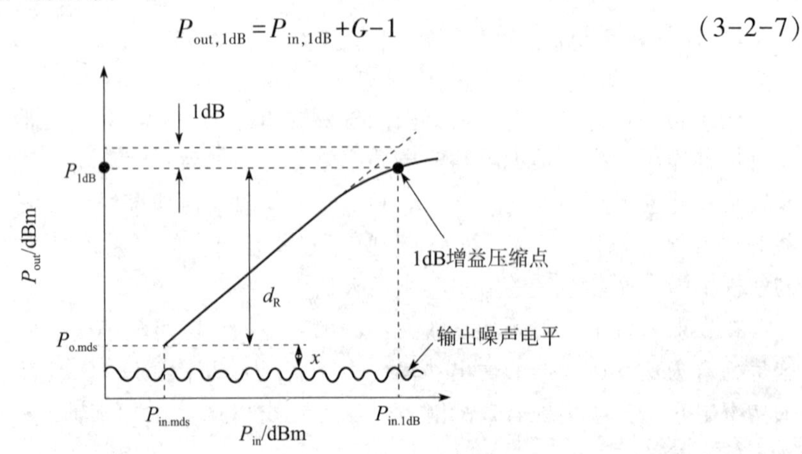

图 3-2-12　射频功率放大器输出功率与输入功率的关系

（6）动态范围。

两个末端功率之差称为功率放大器的动态范围，以 dB 表示。

$$d_{\mathrm{R}}=P_{1\mathrm{dB}}-P_{\mathrm{o,mds}} \tag{3-2-8}$$

最小输入功率为接收灵敏度，最大输入功率是引起 1dB 压缩的功率。以 dB 表示的动态范围是功率放大器的一个十分重要的特性，它表示对给定的输入，放大器能很好工作于甲类工作状态的工作范围以及输出的功率。

（7）频率范围。

放大器的工作频率范围是选择器件和电路拓扑设计的前提，是指功率放大器在规定的失真度和额定输出功率条件下的工作频带宽度，即最低工作频率至最高工作频率之间的范围，单位为 Hz。放大器实际的工作频率范围可能会大于定义的工作频率范围。

（8）交调。

交调也是输入大信号时的一个特性。输入大信号时，输出端会有干扰信号输出，尤以三阶干扰最为突出。在双频信号输入时，必须考虑三阶交调。这里，三阶是功率的变换倍数，并非频率的倍数。若直角坐标中，信号是 1∶1 线性，则三阶干扰是 1∶3 线性，干扰信号的输出就会很快与信号的输出幅度相同并超过，由于频率靠近，输出滤波器无法抑制此干扰。如图 3-2-13 所示，用无失真动态范围描述这个特性，灵敏度门限与三阶信号的交点到信号的距离为动态范围。从图 3-2-13 还可看出，干扰信号由背景噪声变为输出信号的过程很短，要避免输入信号接近这一区域，否则输出信号就会有干扰。输出信号比交调干扰高的量度就是 1dB 压缩点与三阶交调线的距离，称为交调干扰（inter-modulation distortion，IMD）。

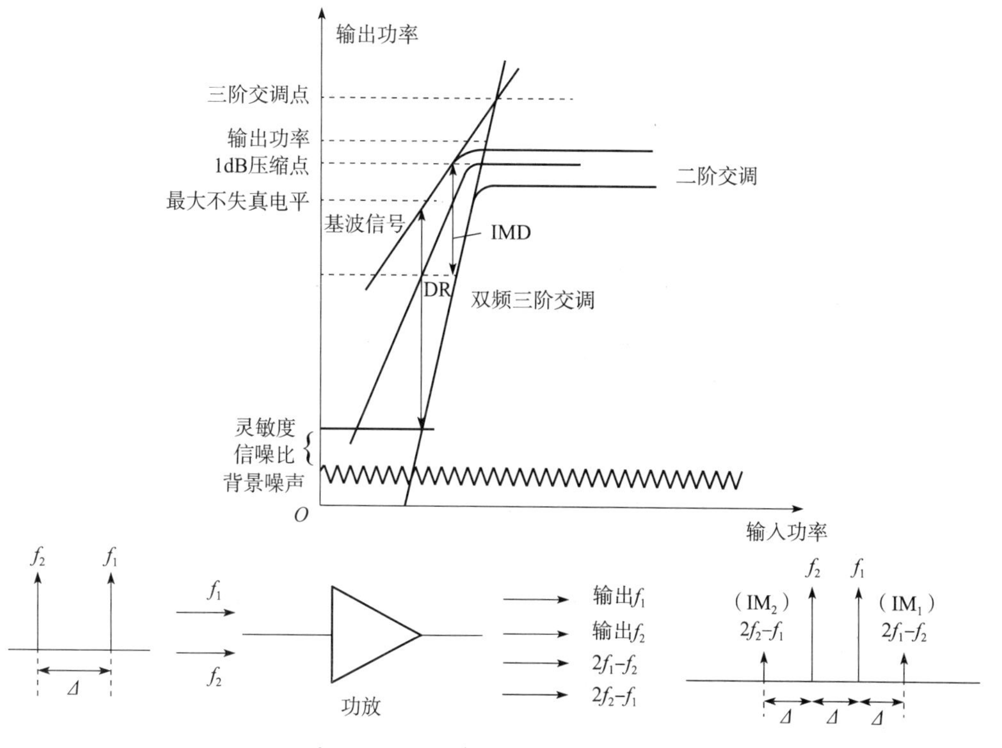

图 3-2-13　功率放大器的压缩和交调

2）选择

选择射频功率放大器时，主要是对输出功率、激励电平、功耗、失真、效率、尺寸和重量等问题做综合考虑。1200～1600MHz 25W 功率放大器技术参数见表 3-2-6。

表 3-2-6　1200～1600MHz 25W 功率放大器技术参数表

输入频率 （任意时刻单信号工作）	信号 1：（1575.42±5）MHz；信号 2：（1561.098±8）MHz； 信号 3：（1207.14±35）MHz；信号 4：（1268.52±35）MHz； 信号 5：（1602±10）MHz
输入信号功率	0dBm±0.5dB
带内波动	≤1dB。
带外抑制	≥40dB@（1100MHz，1700MHz）
驻波比	输入：≤1.5；输出：≤2.0
输出功率（P-1dB）	最大输出功率（44±1）dBm
输出功率调节范围	0～100dB
最小可调功率衰减步进量	1dB
输出功率稳定时间	≤3s
控制方式	串口 RS232
输出功率误差	≤±1.5dBm
全功率范围内，输出信号准确度	优于±1dB
工作电压	直流 28V（1±5%）与直流 5V（1±5%）（内带电源模块）
工作电流	5A@28V 与 1A@5V
接口类型	射频输入（IN）：SMA-50KF；射频输出（OUT）：N-50KF；控制（CTRL）：DB9
阻抗	50Ω
温度	工作温度：-20～+55℃；存储温度：-30～+65℃

2. 衰减器

射频衰减器（attenuator）是一种无源器件，基本作用是降低射频信号的幅度，属于能量损耗性器件，器件内部含有电阻性材料。

1）主要技术指标

衰减器的技术指标包括衰减量、功率容量、工作频带、回波损耗等。

（1）衰减量。

衰减量是衰减器最主要的技术指标，用于描述射频信号传输过程中从一端到另一端减少的量值，常用倍数或分贝数描述。

无论形成功率衰减的机理和具体结构如何，总可以用图3-2-14所示的两端口网络来描述衰减器。

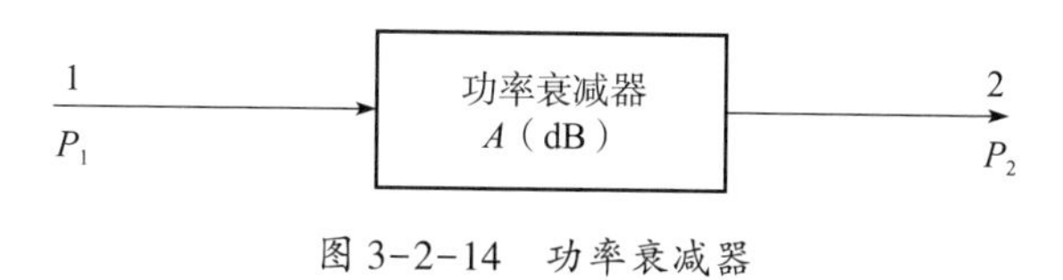

图3-2-14　功率衰减器

在图3-2-14中，信号输入端的功率为P_1，而输出端的功率为P_2，衰减器的功率衰减量为A（dB），则

$$A(\mathrm{dB}) = 10\lg\frac{P_2}{P_1} \tag{3-2-9}$$

需要注意的是，P_1、P_2均采用同一单位的功率值（kW，W，mW，μW）。若P_1、P_2以分贝毫瓦（dBm）表示，则两端功率间的关系为

$$P_2(\mathrm{dBm}) = P_1(\mathrm{dBm}) - A(\mathrm{dB}) \tag{3-2-10}$$

可以看出，衰减量描述信号通过衰减器后功率变小的程度。衰减量的大小由构成衰减器的材料和结构确定。常见的衰减量为3dB，6dB，10dB，15dB，20dB，30dB，40dB，在一些小功率衰减器（2W以下）中，可以见到1dB，2dB，…，10dB的衰减量；少数特大功率的衰减器有50dB以上的衰减量；精密衰减器可以做到小数点后一位的衰减量，例如3.3dB。

（2）功率容量。

衰减器的功率容量是指在衰减器输出端接特性阻抗，环境温度为25℃时可长期加到衰减器输入端的最大平均功率。当工作温度上升至125℃时，允许的输入功率降到额定功率的10%，衰减器的其他指标不应该发生变化。需要注意的是，输入到射频衰减器中的绝大部分射频能量均被转换成热能并通过散热片消耗掉，所以衰减器工作时有较高的表面工作温度。可以想象，材料结构确定后，衰减器的功率容量就确定了。如果让衰减器承受的功率超过这个极限值，衰减器就会被烧毁。设计和使用时，必须明确功率容量。

（3）工作频带。

衰减器的工作频带是指在给定频率范围内使用衰减器，衰减量才能达到指标值。由于射频/微波结构与频率有关，不同频段的元器件，结构不同，也不能通用。现代同轴结构的衰减器使用的工作频带相当宽，设计或使用中要加以注意。

（4）回波损耗。

回波损耗就是衰减器的驻波比，要求衰减器两端的输入输出驻波比应尽可能小。我们希望衰减器是一个功率消耗元件，不能对两端电路有影响，也就是说，与两端电路都是匹配的。

（5）功率系数。

衰减器的功率系数是指当输入功率从10mW变化到额定功率时衰减量的变化系数，表示为dB/(dB·W)。衰减量的变化值的具体计算方式是将功率系数乘以总衰减量（dB）和功率（W）。以一个50W的衰减器为例，如果其功率系数为0.0003dB/(dB·W)，那么一个 30dB 的衰减器从初始状态到 50W 满负荷工作并达到平衡时，衰减量会变化 0.0003×30×50＝0.45dB。

在射频衰减器的各项技术指标中，功率系数是一项评估衰减器在大功率状态下衰减精度的重要指标，但这项指标却被大多数的制造商和使用者所忽视。只有少数制造商在其部分衰减器产品中标注了这项指标。

2）分类

衰减器从不同的角度有不同的分类方法。按照衰减量可否调整或结构特征来分，分为固定衰减器和可变衰减器，可变衰减器还可分为手动可调衰减器、可编程衰减器、连续可调衰减器、步进可调衰减器；按功率的大小来分，分为高功率型衰减器和低功率型衰减器；按照材料来分，有波导型衰减器、同轴线型衰减器或微带线型衰减器；按照工作原理来分，分为吸收式衰减器、截止式衰减器、极化式衰减器、电调式衰减器、场移式衰减器等多种。图 3-2-15 示意了常见的衰减器。

图 3-2-15　常见的衰减器

3）主要用途

衰减器在射频/微波系统中应用广泛，主要用途如下。

（1）控制功率电平：在微波超外差接收机中对本振输出功率进行控制，获得最佳噪声系数和变频损耗，达到最佳接收效果。在微波接收机中，实现自动增益控制，改善动态范围。

（2）去耦组件：作为振荡器与负载之间的去耦合组件。

（3）相对标准：作为比较功率电平的相对标准。

（4）用于雷达抗干扰中的跳变衰减器（一种衰减量能突变的可变衰减器，平时不引入衰减，遇到外界干扰时，突然加大衰减）。

因此，在搭建系统时，衰减器的选择就显得非常重要了。

4）选择或选型

衰减器广泛使用于需要功率电平调整的各种场合。衰减器的选择应根据实际的测试或应用需求，结合其衰减量、工作频带、功率容量、回波损耗、连接器类型、工作环境等指标，折中选择。50Ω 系列同轴固定衰减器型号和技术参数见表 3-2-7。

表 3-2-7　50Ω 系列同轴固定衰减器型号和技术参数表

型号	平均功率/W	峰值功率/kW	频率范围/GHz	驻波比	标称衰减值/dB	连接器形式
DTS800	800	10	DC-4	1.20~1.50	40，50，60	N，7/16
WDTS1000(-B)	1000	10	DC-6	1.35	50	N，7/16
DTS3000	3000	50	DC-2	1.30	30，40，50	N，7/16
DTS5000	5000	100	DC-1	1.40	30，40，50	7/16，L36，L52
DTS10000	10000	100	DC-1	1.40	30，40，50	7/16，L36，L52

3. 限幅器

微波限幅器是一种自控衰减器，是一种功率调制器件。当信号输入功率较小时，几乎无衰减通过，当输入功率增大到超过某一值时，衰减会迅速增大，这一功率值称为门限电平，输入功率超过门限电平后，输出功率保持几乎恒定，因此又称削波器，如图 3-2-16 所示。

图 3-2-16　限幅器

1）主要技术指标

（1）限幅门限：限幅器开始限幅时的输入功率值。

（2）插入损耗：系统中接入限幅器后，输入电平低于门限电平时对输入信号的损耗，通常在-10dBm 输入功率下测量。

（3）承受功率：指限幅器所能承受的最大输入功率（脉冲功率、脉冲平均功率（与占空比有关）、连续波功率）。

（4）频率范围：指在规定的插入损耗和隔离度条件下使用限幅器的最低频率至最高频率之间的范围。

（5）恢复时间：从输入脉冲终止开始，到限幅器损耗比插入损耗大 3dB 为止的时间。对接收系统来讲，“恢复时间”是一个很重要但又比较容易忽视的指标，因为在恢复时间内接收系统是不能正常工作的，此时系统会产生一个盲区。视输入功率的不同，恢复时间从 100ns 到几微秒不等。

2）应用

微波限幅器可用在接收机的放大器或混频器的前面保护它们免受强信号的影响而烧毁，因而，在通信、遥感、雷达系统和高频仪器领域得到了广泛应用，其应用在微波扫频信号源或相位检测系统中，可使输出信号幅度保持稳定。

3）选择和选型

一般情况下，微波限幅器基本上都是为整机需要而专门设计的。实际工作中，也可根据实际需要，明确限幅器的频率范围、需承受的功率、微波脉冲宽度、占空比、工作环境等要求后，在市场上选择和选型。有特殊需求的也可致电微波器件生产厂商进行定制。部分限幅器型号和技术参数见表 3-2-8。

表 3-2-8　部分限幅器型号和技术参数表

型号	频率范围/GHz	限幅电平/mW	承受功率		插入损耗/dB	驻波比
			P_{CW}/W	P_P/W		
JXF-130	0.1~2	10	1	100	0.8	1.5
JXF-210	2~8	30	1	100	1.4	1.5
JXF-330	8~18	10	1	100	2.3	1.8
JXF-410	2~18	30	1	100	2.0	2.0
JXF-430	2~18	10	1	100	2.5	2.0

注：以上数据为25℃条件下的特征值。

（1）承受功率 P_P 一般为脉宽 1μs、占空比 0.1%条件下的测量值。

（2）存储温度：-65~+125℃；工作温度：-55~+85℃。

（3）环境条件：振动：10*g*；冲击：50*g*。

4. 微波开关

微波开关（microwave switch）又称射频开关（RF switch），基本作用是控制微波信号通道转换或通断。射频和微波开关广泛用于仪器和待测设备（device under test，DUT）之间的信号路由控制。将开关组合到开关矩阵系统中，可以将来自多个仪器的信号路由到单个或多个 DUT。这使得多个测试可以在相同的设置下执行，无需频繁地连接和断开连接。整个测试过程可以自动化，从而提高大批量测试环境中构建和撤收效率。

1）结构

开关器件与微波传输线的结合就构成微波开关组件。任何一种开关都有相应的驱动电路。驱动电路实际上是一个脉冲放大器，把控制信号（通常为 TTL 电平）放大后输出足够大的电流或足够高的电压。

2）分类

按照开关接口数量或用途，可分为单刀单掷（single pole single throw，SPST）、单刀双掷（single pole double threw，SPDT 或 SP2T，如图 3-2-17 所示）、单刀多掷（single pole n threw，SPnT）、双刀双掷（double pole double threw，DPDT）、矩阵开关等；按照开关接口类型，可分为同轴开关、波导开关等；按照开关工作原理，可分为机电开关和固态开关；按照开关构成器件，可分为铁氧体开关、PIN 管（positive-intrinsic-negative，PIN）开关、金属-半导体场效应晶体管（metal-semiconductor field effect transistor，MESFET）开关、场效应管（field effect transistor，FET）开关或双极结型晶体管（bipolar junction transistor，BJT）开关。不同器件材料微波开关性能指标比较见表 3-2-9。

图 3-2-17　单刀双掷同轴开关

表 3-2-9 不同器件材料微波开关性能指标比较表

指标	铁氧体	PIN	FET/BJT
开关类型	—	固态开关	固态开关
开关速度	慢（ms）	快（μs）	快（μs）
插入损耗	低（0.2dB）	低（0.5dB）	增益
承受功率	高	低	低
驱动器	复杂	简单	简单
体积、重量	大、重	小、轻	小、轻
成本	高	低	低
应用场合	中功率	小功率	小功率

3）主要技术指标

（1）插入损耗。

插入损耗又称接通损耗。由于开关器件在低阻抗状态的阻抗并非为零，所以，开关电路不是理想的“通”。因此开关在导通时衰减不为零，称为正向插入损耗。它是衡量开关优劣的主要指标之一，一般希望开关的插入损耗小。

（2）隔离度。

隔离度又称关断损耗。由于开关器件在高阻抗状态的阻抗并非为无穷大，开关电路不是理想的“断”。因此开关在断开时其衰减也非无穷大，称为隔离度。它是衡量开关优劣的主要指标之一，一般希望开关的隔离度大。

（3）功率容量。

功率容量是指在给定的工作条件下，微波开关能够承受的最大微波输入功率。它与开关的类型（串联或并联）、使用材料、工作状态（连续波或脉冲）及散热条件等有关。超过功率容量使用开关，一种结果是电压击穿（常见于脉冲功率），另一种是热烧毁（常见于连续波）。

（4）频率范围。

频率范围是指在规定的插入损耗和隔离度条件下使用微波开关的工作频带宽度，即最低工作频率至最高工作频率之间的范围。

（5）切换时间。

微波开关从接通转变为关断所需的时间为开关切换时间。开关速度定义为将开关端口（臂）的状态从“ON”改变为“OFF”或从“OFF”改变为“ON”所需的时间。

（6）切换次数。

开关寿命规定为使用次数，即开关从一个位置到另一位置，再返回原位置的次数。切换次数越多，说明开关寿命越长。

4）选择和选型

一般情况下，对微波开关的要求是接通损耗尽可能小，关断损耗尽可能大，频带和功率满足系统要求即可。实际工作中，要根据实际需要，明确开关类型、频率范围、激励方式、工作电压、连接器形式、切换方式、工作环境等之后，在市场上选择和选型。有特殊需求的也可致电微波开关生产厂商进行定制。部分同轴开关型号和技术参数见表 3-2-10。

表 3-2-10 部分同轴开关型号和技术参数表

型号	频率范围 /GHz	驻波比	隔离度 /dB	插入损耗 /dB	工作电压 /V	切换时间 /ms	连接器形式
SHX801-01 系列 1145	DC-26.5	1.15~1.60	55~90	0.2~0.6	DC 12，24，28	≤15	SMA
SHX801-01 系列 2379	DC-18	1.25~1.70	55~70	0.25~0.8	DC 12，24，28	≤20	N
SHX801-06 系列 3572	DC-22	1.15~1.50	60~90	0.2~0.4	DC 12，24，28	≤20	SMA
SHX801-00 系列 4176	DC-12	1.15~1.50	60~90	0.15~0.5	DC 12，24，28	≤20	N
SHX801-6M 系列 3572	DC-8	1.20~1.40	65~90	0.2~0.5	DC 12，24	≤20	SMA

5. 功率分配/合成器

在进行航空电子对抗设备测量中，有时需要将传输功率分几路传送到不同的负载中，或将几路功率合成为一路功率，以获得更大的功率，此时便需要应用功率分配/合成器件（power divider/combiner）。

功率分配器是将一路射频/微波信号分成若干路的器件，一般是等分的。例如二功分器、三功分器。功分器也可以作为合路器使用，在各个支路口接不同频率的信号，在主路合路输出。

1）工作原理

功分器用于功率的分配，一分为二功率分配器是三端口网络结构，如图 3-2-18 所示。信号输入端的功率为 P_1，而其他两个输出端口的功率分别为 P_2 和 P_3。由能量守恒定律可知 $P_1=P_2+P_3$。

如果 $P_2(\mathrm{dBm})=P_3(\mathrm{dBm})$，三端功率间的关系可写成 $P_2(\mathrm{dBm})=P_3(\mathrm{dBm})=P_1(\mathrm{dBm})-3\mathrm{dB}$。当然，$P_2$ 并不一定要等于 P_3，只是相等的情况在实际电路中最常用。因此，功率分配器可分为等分型（$P_2=P_3$）和比例型（$P_2=kP_3$）两种类型。

2）分类

按照能量分配的比例，功率分配器可分为等分型和比例型，如 1∶4、1∶2、1∶3、1∶1 等多种规格；按照能量分配的路数，功率分配器可分为两路型和多路型；按照电路工作原理的不同，功率分配器可分为集总参数型和分布参数型；按照结构构成，功率分配器可分为微带线、带状线、波导、同轴型；按照输入输出插座型号，可分为 L16、N 及非标准多种规格；按照结构外形，可分为 T 型、Y 型等。图 3-2-19 示意了等分型六路功分器。

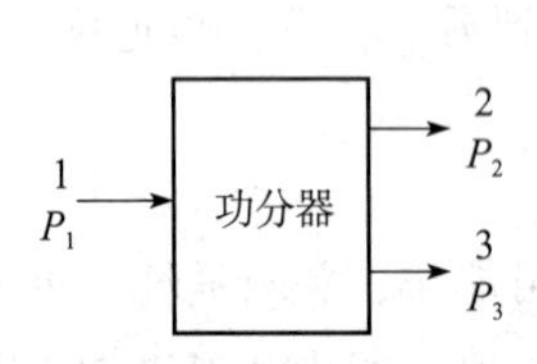

图 3-2-18 功率分配器示意图

图 3-2-19 等分型六路功分器

3）主要技术指标

功率分配器的技术指标包括频率范围、承受功率、主路到支路的分配损耗、输入输出间的插入损耗、支路端口间的隔离度、每个端口的电压驻波比等。

（1）频率范围。这是各种射频/微波电路的工作前提，功率分配器的设计结构与工作频率密切相关。

（2）承受功率。在大功率分配器/合成器中，电路组件所能承受的最大功率是核心指标，它决定了采用什么形式的传输线才能实现设计任务。一般地，传输线承受功率由小到大的次序是微带线、带状线、同轴线、波导，要根据设计任务来选择用何种传输线制作功率分配器。

（3）分配损耗。此指标主要用于衡量功率分配器的性能。主路到支路的分配损耗实质上与功率分配器的功率分配比有关。如两等分功率分配器的分配损耗是3dB，四等分功率分配器的分配损耗是6dB。定义

$$A_{\mathrm{d}}=10\lg\frac{P_{\mathrm{in}}}{P_{\mathrm{out}}} \tag{3-2-11}$$

式中：

$$P_{\mathrm{in}}=kP_{\mathrm{out}} \tag{3-2-12}$$

（4）插入损耗。输入输出间的插入损耗是由于传输线（如微带线）的介质或导体不理想等因素，考虑输入端的驻波比所带来的损耗。定义

$$A_i=A-A_{\mathrm{d}} \tag{3-2-13}$$

式中：A 是实际测量值。在其他支路端口接匹配负载，测量主路到某一支路间的传输损耗。可以想象，A 的理想值就是 A_{d}。在功率分配器的实际工作中，几乎都是用 A 作为研究对象。

（5）隔离度。支路端口间的隔离度是功率分配器的另一个重要指标。如果从每个支路端口输入功率只能从主路端口输出，而不应该从其他支路输出，这就要求支路之间有足够的隔离度。在主路和其他支路都接匹配负载的情况下，i 口和 j 口的隔离度定义为

$$A_{ij}=10\lg\frac{P_{\mathrm{in}i}}{P_{\mathrm{out}j}} \tag{3-2-14}$$

隔离度的测量也可按照这个定义进行。

（6）驻波比。每个端口的电压驻波比越小越好。

4）选择和选型

对功率分配器的基本要求是损耗小、驻波比小、频带宽。实际使用中，要根据需要，在明确功率分配器的平均功率、频率范围、隔离度、最大驻波比、插入损耗、连接器形式、工作环境等之后，可以根据具体的电缆衰减量补偿值在市场上选择相应功率分配比的功分器。有特殊需求的也可致电功分器/合路器生产厂商进行定制。部分功分器/合路器型号和技术参数见表3-2-11。

表3-2-11　部分功分器/合路器型号和技术参数表

型号	平均功率/W	频率范围/GHz	隔离度/dB	最大驻波比	插入损耗/dB	连接器形式
SHX-GF2-100（二分器）	50	0.8~2.5	≥20	≤1.25	≤3.4	N(F)，SMA(F)

续表

型号	平均功率/W	频率范围/GHz	隔离度/dB	最大驻波比	插入损耗/dB	连接器形式
SHX-GF3-100（三分器）	50	0.8~2.5	≥20	≤1.30	≤5.5	N(F)，SMA(F)
SHX-GF4-100（四分器）	50	0.8~2.5	≥20	≤1.30	≤6.6	N(F)，SMA(F)
SHX-2PD（二分器）	50-200	0.03~6	≥15	≤1.60	≤11.5	SMA，N
六路高频率功分器	20	0.8~40	≤16	1.60-1.70	≤4.0	SMA

6. 定向耦合器

定向耦合器（directional coupler）是一个四端口网络，如图 3-2-20 所示。定向耦合器是指向某一方向耦合部分能量的器件，是一种有方向性的无源射频/微波功率分配器件。定向耦合器由主线和副线构成，通过耦合机构或装置将主线上的功率耦合到副线，如图 3-2-21 所示。其功用是按一定比例从主馈线中提取能量，并使之在副线中沿一定方向输出，常用于微波电路的监视和测量。例如，在雷达发射系统中，可利用定向耦合器耦合主路的一小部分功率到耦合端，用以监测主路信号的工作状态是否正常，主路信号接天线，使雷达能正常工作。

图 3-2-20　定向耦合器实物照片

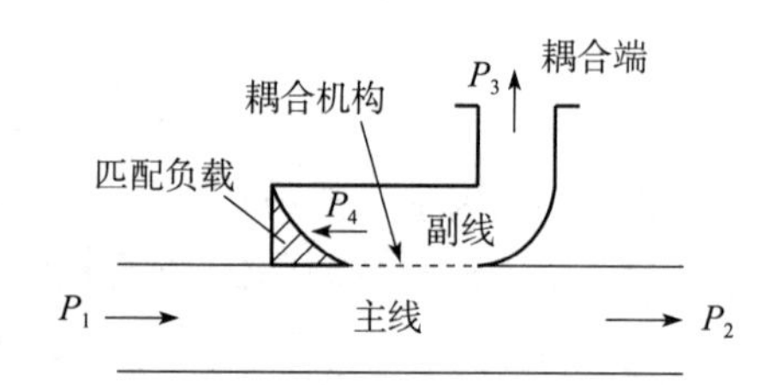

图 3-2-21　定向耦合器的一般构成

1）定向耦合器的技术指标

定向耦合器的技术指标包括耦合度、方向性、隔离度、插入损耗、输入驻波比、频率范围等。

（1）耦合度 C。

耦合度（coupling）描述耦合输出端口与主路输入端口的比例关系，是耦合到副线的功率多少的量度，通常用分贝（dB）表示。

$$C = 10\lg\frac{P_1}{P_3}(\text{dB}) \tag{3-2-15}$$

式中：C 是耦合度；P_1 是主线的输入功率；P_3 是耦合到副线且沿副线正方向传输的功率。耦合度 dB 值越大，表明耦合端口输出功率越小。耦合度的大小由定向耦合器的用途决定。通常，耦合度 C 可为 5dB、6dB、7dB、10dB、15dB、20dB、30dB、50dB 等。

（2）方向性 D。

方向性（directivity）描述了耦合输出端口与耦合支路隔离端口的比例关系，是耦合信号定向传输程度的量度，单位为 dB。

$$D = 10\lg \frac{P_3}{P_4}(\text{dB}) \tag{3-2-16}$$

式中：D 是方向性；P_4 是沿副线反方向传输的功率，要求 P_4 越小越好。通常 $D \geqslant 30\text{dB}$，理想情况下，方向性为无限大。

（3）隔离度 I。

在理想的定向耦合器中，当功率从端口 1 输入时，端口 4 是没有功率输出的，而实际上总会有一些功率从这个端口泄漏出来，为了衡量这一情况，引入隔离度指标。

隔离度（isolation）用于描述主路输入端口输入功率 P_1 与耦合支路隔离端口输出功率 P_4 的比例关系，记作 I。

$$I = 10\lg \frac{P_1}{P_4}(\text{dB}) \tag{3-2-17}$$

式中：I 是隔离度；P_1 是主线的输入功率；P_4 是沿副线反方向传输的功率。理想情况下，隔离度为无限大。在定向耦合器的各项指标中，要把隔离度指标做好恐怕是最难的。

需要说明的是，描述定向耦合器特性的方向性、耦合度、隔离度三个指标间有严格的关系，即 $I=C+D$。

耦合度是一项设计指标，是根据使用要求而选定的，通常以 6dB、10dB、20dB、30dB 居多。这样隔离度指标也随之而变化，而方向性则是一个常数。在大部分定向耦合器的指标中，通常只标出方向性指标，隔离度指标可根据耦合度计算出来。如：耦合度 $C=30\text{dB}$，方向性 $D=25\text{dB}$，则隔离度 $I=C+D=30\text{dB}+25\text{dB}=55\text{dB}$。

（4）插入损耗。

插入损耗是指传输系统的某处由于元件或器件的插入而发生的负载功率的损耗。定向耦合器的插入损耗指主路输入端和主路输出端的功率比值，通常用分贝（dB）表示。

$$L = 10\lg \frac{P_1}{P_2}(\text{dB}) \tag{3-2-18}$$

式中：P_1 是主线的输入功率；P_2 是主线的输出功率。插入损耗 dB 值越大，表明输出端口输出功率越小。

需要注意的是，端口 1 的输入功率有一部分功率是被耦合到端口 3 的，所以应引入一个耦合损耗的概念。定向耦合器不同耦合度下的耦合损耗值见表 3-2-12。

表 3-2-12 定向耦合器不同耦合度下的耦合损耗值表

耦合度/dB	3	6	10	20	30	40	50
耦合损耗/dB	3.01	1.256	0.456	0.0436	0.0043	0.0004	0.00004

通常所说的从端口 1 到端口 2 的插入损耗是传输损耗和耦合损耗之和。在定向耦合器的说明书中通常会对此加以说明。

（5）输入驻波比 ρ。

输入驻波比 ρ 是指端口 2、3、4 都接匹配负载时的输入端口 1 的驻波比。

（6）频率范围。

频率范围，又称工作频带、工作带宽。工作带宽是指定向耦合器的上述 C、I、D、ρ 等参数均满足要求时的工作频率范围。定向耦合器的功能实现主要依靠波程相位的关系，也就是说与频率有关。工作频带确定后才能设计满足指标的定向耦合器。

2）定向耦合器的分类

定向耦合器按照不同的角度有不同的分类方法。按照材料来分，有同轴型定向耦合器、波导型定向耦合器、带状线定向耦合器、微带定向耦合器、光纤定向耦合器等；按照耦合装置来分，有小孔耦合、平行耦合、分支耦合等。常见的有单孔定向耦合器、十字缝定向耦合器等。

3）定向耦合器的选择

定向耦合器是无源和可逆器件，其本质是将微波信号按一定的比例进行功率分配，是一种特殊的功分器。在微波系统中应用广泛，比如：①用于功率合成系统；②用于接收机的抗干扰性测量或杂散测量；③用于信号取样和监测；④用于大功率在线测量；⑤用于功率分配系统。因此，在搭建测试系统时，定向耦合器的选择就显得非常重要了。

定向耦合器的选择应根据实际的测试或应用需求，结合其耦合度、方向性、隔离度、插入损耗、输入驻波比、频率范围等指标，折中选择。一般来说，当定向耦合器用于测试和测量时，选取的耦合度比较小，如 20dB 或 30dB 甚至更小；而作为功率合成系统或信号分配系统应用时，则会采用比较大的耦合度，如 3dB、5dB、7dB 等。部分定向耦合器型号和技术参数见表 3-2-13。

表 3-2-13　部分定向耦合器型号和技术参数表

型号	平均功率/W	频率范围/GHz	耦合度/dB	定向性/dB	VSWR	插入损耗/dB	连接器形式
DTO-600/3900-40H	150	0.6~3.9	40±1.5	≥18	≤1.2	≤0.5	N(F)
DTO-470/860-50H	500	0.47~0.86	30，40，50	≥20	≤1.15	≤0.3	7/16
DTO-600/2700-XX	400	0.6~2.7	20，30，40	≥20	≤1.20	≤0.3	N(F，F)
EA-DTO-3G	20	0.8~2.5	5~30	≥18	≤1.25	0.5~2.2	N(F)

7. 隔离器

隔离器，又称单向器，它是一种允许电磁波单向传输的两端口器件，即从一端向另一端传输的正向电磁波衰减很小，而从另一端向这端传输的反向波则有很大的衰减。

1）分类

一般地，隔离器是在微波结构中放入铁氧体材料，外加恒定磁场，在这个区域构成各向异性介质，电磁波在这种媒质中传输常数不同，从而实现单向传输的。因此，按照材料来分，有同轴型隔离器、波导型隔离器、微带型隔离器等；按照工作原理来分，有谐振式隔离器、场移式隔离器、法拉第旋转式隔离器等。图 3-2-22 示意了一种同轴型隔离器。

图 3-2-22　同轴型隔离器

2）主要技术指标

隔离器的技术指标是工作频带、最大正向衰减量、最小反向衰减量、正反向驻波比、功率容量等。这些指标的定义在前述各种器件中都遇到过，在此不再赘述。

好的指标是正向衰减尽可能小（0.5dB 以下），反向衰减尽可能大（25dB 以上），驻波比尽可能小（1.2 以下），频带和功率容量满足整机要求。

3）选择和选型

隔离器是无源和铁氧体器件，在微波系统中，经常把隔离器接在信号发生器与负载网络之间，以改善源与负载的匹配。这样可以使来自负载的反射功率不能返回发生器输入端，避免负载阻抗改变而引起的信号发生器输出功率和工作频率的改变。因此，在搭建测试系统时，隔离器的选择就显得非常重要了。

隔离器的选择应根据实际的应用需求，结合其隔离度、插入损耗、驻波比、工作频带等指标，折中选择。部分隔离器型号和技术参数见表 3-2-14。

表 3-2-14　部分隔离器型号和技术参数表

型号	频率范围 /GHz	带宽 /MHz	插入损耗 /dB	隔离度 /dB	驻波比	平均功率 /W	负载功率 /W	连接器形式
SHX-TG0301A	0.3~0.4	30	0.3	25	≤1.20	100	10	SMA，N
SHX-TG0301B	0.3~0.4	30	0.3	25	≤1.20	100	100	SMA，N
SHX-TG301A	2~4	2000	0.6	18	≤1.40	30	10	SMA，N
SHX-TG601A	4~8	1000	0.5	20	≤1.25	30	10	SMA
SHX-TG801F	10~15	5000	0.5	20	≤1.25	30	10	SMA

8. 环行器

环行器（circulator）是一个多端口器件，其中电磁波的传输只能沿单方向环行，例如在图 3-2-23 中，信号只能沿①→②→③→④→①方向传输，反方向是隔离的。

1）分类

环行器和隔离器原理类似，不同的是多端口和电磁波能环形。因此，其分类方法和隔离器类似。按照材料来分，有微带式环行器、波导式环行器、带状线环行器和同轴式环行器。图 3-2-24 示意了一种三端同轴型环行器。

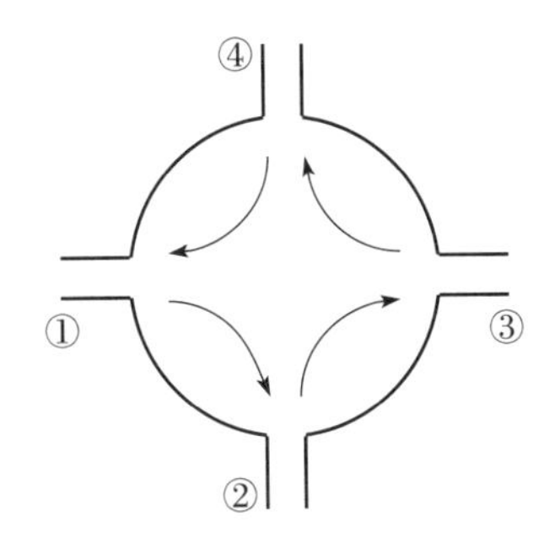

图 3-2-23　四端口环行器示意图

图 3-2-24　三端口环行器

2）主要技术指标

环行器的技术指标和隔离器类似。

3）选择和选型

环行器是无源和铁氧体器件，在近代雷达、电子对抗和微波多路通信系统中都要用单方向环行特性的器件。例如，在收发设备共享一副天线的雷达系统中常采用环行器作双工器。在微波多路通信系统中，用环行器可以把不同频率的信号分隔开，如图 3-2-25 所示，不同频率的信号由环行器Ⅰ的①臂进入②臂，接在②臂上的带通滤波器 F_1 只允许频率为 $f_1 \pm \Delta f$ 的信号通过，其余频率的信号全部被反射进入③臂，滤波器 F_2 通过了频率为 $f_2 \pm \Delta f$ 的信号并反射其余频率的信号。这些信号通过④臂进入环行器Ⅱ的①臂……于是可以依次将不同频率的信号分隔开。

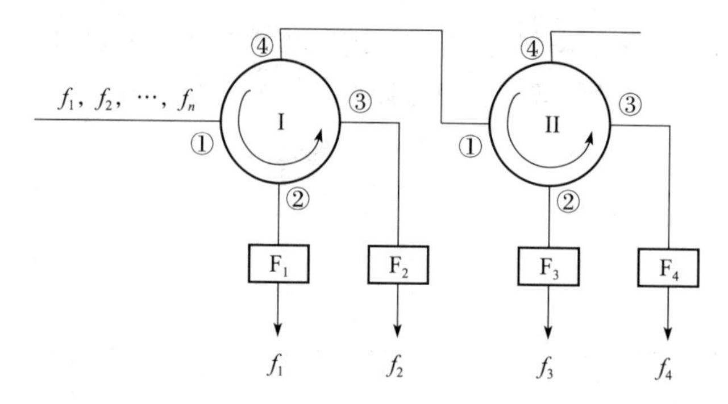

图 3-2-25　用环行器分隔出不同频率信号

在搭建微波传输和测试系统时，环行器的选择就显得非常重要了。环行器的选择应根据实际的应用需求，结合其隔离度、插入损耗、驻波比、工作频带等指标，折中选择。部分环行器型号和技术参数见表 3-2-15。

表 3-2-15　部分环行器型号和技术参数表

型号	频率范围 /GHz	带宽 /MHz	插入损耗 /dB	隔离度 /dB	驻波比	平均功率 /W	连接器形式
SHX-TH0301A	0.3~0.4	30	0.3	25	≤1.20	150	SMA，N
SHX-TH0401A	0.4~0.6	30	0.3	25	≤1.20	150	SMA，N
SHX-TH301A	2~4	2000	0.6	18	≤1.40	30	SMA，N
SHX-TH501S	5~7	300	0.6	50	≤1.20	10	SMA
SHX-TH601K	4~8	4000	0.6	18	≤1.20	20	SMA

9. 负载

负载是一种单端口无源器件，常常处于射频传输系统末端或终端，因此又称为终端负载。

1）分类

作为吸收射频或微波信号功率的器件，当能量传输到负载时，会出现三种情况：全部吸收、部分吸收、全不吸收。能全部吸收能量的负载称为匹配负载，部分吸收能量的称为失配负载，全不吸收的称为短路负载。

（1）匹配负载。

除非特别说明，通常所说的负载均指匹配负载。匹配负载的功率可从0.5W至80kW或更大，按照冷却方式，可以分为自然冷却、油冷、风冷和水冷负载。

（2）失配负载。

失配负载是相对于匹配负载而言的。失配负载是为特种场合应用而设计的，如放大器的输出VSWR保护电平设置等。失配负载的VSWR并不是按照1来设计的，而是根据要求来设计，如1.5，2.0，3.0和5.0等。按照相位和驻波可调情况，失配负载可分为四类：固定驻波比失配负载、驻波比可调失配负载、相位可调失配负载、相位驻波比可调失配负载。

（3）短路负载。

短路负载是实现微波系统短路的器件，如可变短路器、可调短路活塞等。

2）主要技术指标

（1）VSWR。

VSWR即S_{11}参数，等于特性阻抗与负载的输入阻抗的比值。与衰减器相比，负载有着更好的VSWR表现。图3-2-26是一个负载的典型VSWR指标，其典型值小于1.06。

（2）平均功率容量。

平均功率容量指当环境温度为25℃时，可长期加到负载输入端的最大平均功率；当工作温度升至125℃时，允许的输入功率降到额定功率的10%，如图3-2-27所示，负载的其他指标不应该发生变化。需要注意的是，输入到负载中的绝大部分射频能量均被转换成热能并通过散热片消耗掉，所以负载在工作时具有较高的表面工作温度。

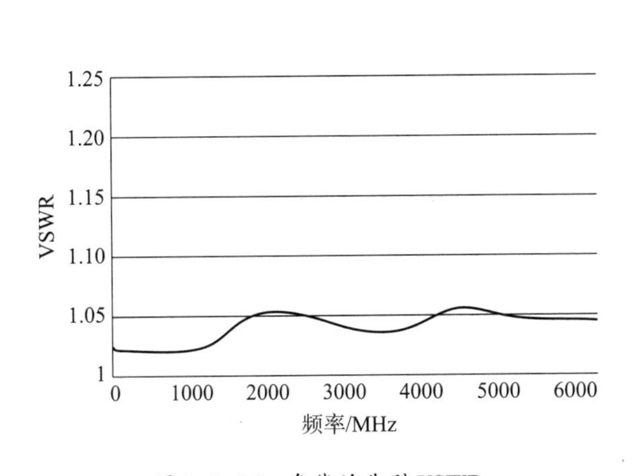

图3-2-26　负载的典型VSWR

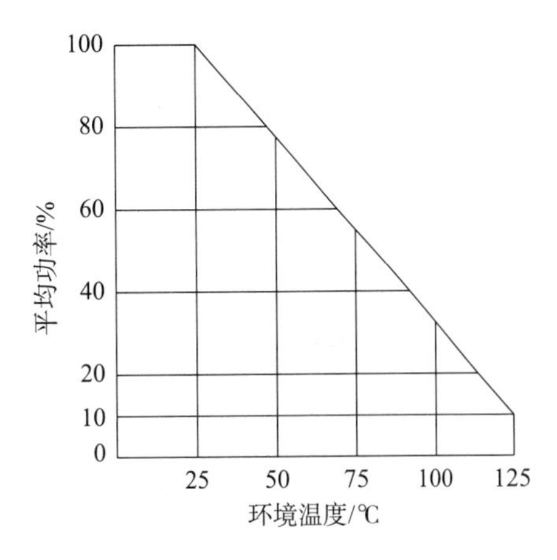

图3-2-27　负载的功率容量和环境温度的关系

（3）最大峰值功率。

最大峰值功率的定义和最大平均功率类似，但所加功率的脉冲宽度和峰值功率的关系通常由厂家自行定义。

（4）连接器的寿命。

连接器的寿命指正常连接/断开的次数。在规定的连接器寿命内，负载所有的电气和机械指标应该满足产品手册中规定的要求。

（5）无源互调失真。

负载的互调仅指反射互调，集总参数负载的无源互调和集总参数衰减器接近。

3）应用

负载在微波系统中应用广泛：①作为实验室标准。负载可作为网络分析仪的校准器件，实验室应用的精密负载的 VSWR 可低至 1.01 以下。②用于被测器件的任何空闲端口。在射频测试和测量中，被测器件的任何空闲端口都必须接上负载，起到保护测试仪器和被测件的作用。③调试定向耦合器的方向性。在定向耦合器的方向性调试中，耦合器的匹配负载的 VSWR 必须非常小，这样才能保证方向性指标。④大功率放大器或者发射机测量。负载常被用来代替天线将载频功率全部吸收。

4）选择和选型

在搭建测试系统时，负载的选择应根据实际的测试或应用需求，结合其指标，折中选择。部分负载型号和技术参数见表 3-2-16。

表 3-2-16 部分负载型号和技术参数表

负载类型	型号	平均功率/W	峰值功率/kW	频率范围/GHz	最大驻波比	连接器形式
同轴固定负载	4.3-10TF10	10	1	DC-6	1.25	4.3~10
同轴固定负载	2.4TF2-50	2	0.2	DC-50	1.30~1.40	2.4mm
失配负载	TSF2	2	0.5	$f_0(1\pm5\%)$（定制）	1.5~5	N，SMA，BNC，TNC
失配负载（相位 0°~360°可调）	BPSSF-100-905-A	100	-	0.850~0.96	1.5，2，2.5，3，3.5，4	N，SMA

3.2.3 阻抗

阻抗是在特定频率下，描述各种射频/微波电路对微波信号能量传输的影响的一个参数。电路的材料和结构对工作频率的响应决定电路阻抗参数的大小。工程实际中，应设法改进阻抗特性，实现能量的最大传输。

3.2.3.1 阻抗概念

1. 特性阻抗 $\dot{Z}_0$

特性阻抗是表征传输系统本身特性的一个参数，定义为行波电压与行波电流之比，具体说就是入射波电压与入射波电流之比，或反射波电压与反射波电流之比的负值。

2. 沿线阻抗 $\dot{Z}(X)$

传输线上任一点处的阻抗 $\dot{Z}(X)$ 等于该点的总电压与总电流之比，它是沿线变化的。

3. 输入阻抗 $\dot{Z}_\lambda$

传输线的输入阻抗 $\dot{Z}_\lambda$ 指传输线输入端的阻抗，即输入端的总电压与总电流之比，就是该点向负载方向看进去的等效阻抗。

4. 负载阻抗 $\dot{Z}_L$

传输线的负载阻抗 $\dot{Z}_L$ 是指传输线负载端的阻抗，即负载端的总电压与总电流之比。

3.2.3.2　与阻抗相关的参数

1. 反射系数 $\dot{\Gamma}$

反射系数是指传输线上某点的反射波电压（或电流）与入射波电压（或电流）之比，用 $\dot{\Gamma}$ 表示。终端反射系数 $\dot{\Gamma}_2=0$，表示线上只有行波；$|\dot{\Gamma}_2|=1$，表示线上只有驻波；$0<|\dot{\Gamma}_2|<1$，表示线上既有行波又有驻波，即复合波。

2. 行波系数 *K*

传输线上最小电压（或电流）与最大电压（或电流）的比值称为传输线的行波系数，用 K 表示。$K=1$，线上仅有行波；$K=0$，线上仅有驻波；$0<K<1$，线上有行驻波，即复合波。

3. 驻波系数 *S*

传输线上最大电压（或电流）与最小电压（或电流）的比值称为传输线上驻波系数，用 S 表示，即 VSWR。$S=1$，线上仅有行波；$S=\infty$，线上仅有驻波；$1<S<\infty$，线上有复合波。

3.2.3.3　与阻抗相关的器件

在射频/微波电路里，直接与阻抗有关的电路或器件有阻抗变换器、阻抗匹配器、天线等。

1. 阻抗变换器

阻抗变换器通常是增加合适的元件或结构，实现一个阻抗向另一个阻抗的过渡。可采用 $\lambda/4$ 线阻抗变换器、多节 $\lambda/4$ 线阻抗变换器、渐变线阻抗变换器，完成阻抗变换，使不匹配的负载或两段特性阻抗不同的传输线实现匹配连接。50Ω-75Ω 阻抗变换器技术参数见表 3-2-17。

表 3-2-17　50Ω-75Ω 阻抗变换器技术参数表

型号	频率范围/GHz	驻波比	插入损耗/dB	典型平坦度/dB	连接器形式	实物图片
TZ2/TZ5/TZ50	DC-3	<1.25	5.7	≤0.15	N，BNC	

2. 阻抗匹配器

阻抗匹配器（impedance matching）通常是一种特定的阻抗变换器，如单支节调配器、双支节调配器等，实现两个阻抗之间的匹配。阻抗匹配器是微波电子学里的一部分，主要用于传输线上，来达到射频/微波信号能传至负载点的目的，不会有信号反射回来源点，从而提升传输效率。

3. 阻抗标准器

微波阻抗标准器，是用于微波测量中的实物量具。微波阻抗标准器通常有标准空气线、标准波导、1/4 波长短路器、同轴标准负载、波导标准失配负载和可变式标准负载等。图 3-2-28 示意了各种阻抗标准器。

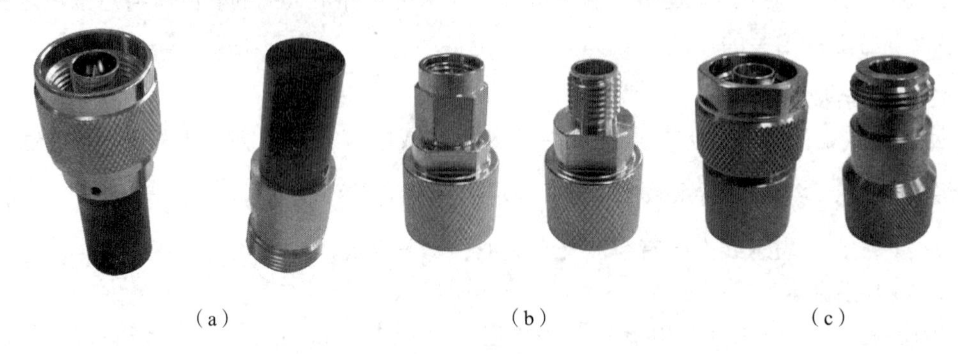

（a）　　（b）　　（c）

图 3-2-28　各种阻抗标准器

（a）标准负载；（b）短路器；（c）开路器。

4. 天线

天线也是一种特定的阻抗匹配器，实现射频/微波信号在封闭传输线和空气媒质之间的匹配传输。

5. 射频/微波电缆

射频/微波传输线有多种形式，如微带线、带状线、同轴电缆和波导等。从短波到 50GHz，射频同轴电缆无疑是应用最广的导波载体。按照其硬度和结构，电缆分为柔性电缆、半柔性电缆、半刚性电缆、皱纹电缆、硬同轴电缆等。常见射频同轴电缆主要技术指标见表 3-2-18。

表 3-2-18　常见射频同轴电缆主要技术指标表

产品名称	接头形式	外径/mm	最小弯曲半径/mm	特性阻抗/Ω	插入损耗/dB							最大驻波比
					1GHz	3GHz	6GHz	10GHz	18GHz	27GHz	40GHz	
1/2 波纹管	N，L29	ϕ13.4	125	50		≤0.7						≤1.20
RG142	N，SMA，BNC	ϕ4.95	25	50		≤1.0						≤1.20
RG223	N，SMA，BNC	ϕ5.3	25	50		≤1.0						≤1.20
RG316	N，SMA，BNC	ϕ2.52	13	50		≤1.6						≤1.20
RG393	N，L29	ϕ9.91	51	50		≤0.5						≤1.20
RG179	F	ϕ2.54	10	75	≤0.9							≤1.20
RG6	N，BNC	ϕ7.07	70	75	≤0.5							≤1.25

在搭建测试系统时，应根据实际的测试或应用需求，结合电缆的 VSWR、插入损耗、使用寿命等指标，按照够用原则，正确平衡柔软度和电性能指标的矛盾，折中选择。

6. 射频/微波连接器

各种射频/微波器件或电路和电缆都需要用接插件连接起来。射频同轴连接器型号很多，如 N 型、TNC 型、BNC 型、HN 型、APC-7 型、LC 型、DIN7-16 型、SMA 型、

SSMA 型、SMB 型、SMC 型、SMP 型、3.5mm 型、2.92mm 型、2.4mm 型、1.85mm 型、1mm 型、QMA 型、MCX 型、MMCX 型等。常见射频同轴连接器技术指标见表 3-2-19。

表 3-2-19 常见射频同轴连接器技术指标表

型号	频率范围/GHz	特性阻抗/Ω	绝缘电阻/MΩ	内导体接触电阻/mΩ	外导体接触电阻/mΩ	介质耐压/V	电压驻波比	插拔次数
SMA	DC-18	50	≥5000	≤3.0	≤2.0	1000	≤1.25	500
SSMA	DC-30	50	≥1000	≤6.0	≤2.5	750	≤1.07	500
N	DC-11	50	≥1000	≤1.5	≤0.2	1500	≤1.3	500
TNC	DC-11	50	≥5000	≤2.0	≤0.2	1500	≤1.3	500
BNC	DC-4	50	≥5000	≤2.0	≤0.2	1500	≤1.3	500

当然，不同的射频同轴连接器之间也可以转接，这就要用到射频同轴转接器。常见射频同轴转接器技术指标见表 3-2-20。图 3-2-29 示意了常见射频同轴转接器。

表 3-2-20 常见射频同轴转接器技术指标表

型号	标称阻抗/Ω	频率范围/GHz	最大驻波比	最大插入损耗/dB
SMA(F)-SMA(F)	50	DC-18	1.20	0.3
SMA(F)-SMA(M)	50	DC-18	1.20	0.3
SMA(M)-SMA(M)	50	DC-18	1.20	0.3
BNC(F)-BNC(F)	50	DC-4	1.30	0.3
BNC(F)-BNC(M)	50	DC-4	1.30	0.3
BNC(M)-BNC(M)	50	DC-4	1.30	0.3
N(F)-N(F)	50	DC-18	1.20	0.3
N(F)-N(M)	50	DC-18	1.20	0.3
N(M)-N(M)	50	DC-18	1.20	0.3
N(F)-L16(F)	50	DC-6	1.20	0.3
N(F)-L16(M)	50	DC-6	1.20	0.3
N(M)-L16(F)	50	DC-6	1.20	0.3
N(M)-L16(M)	50	DC-6	1.20	0.3

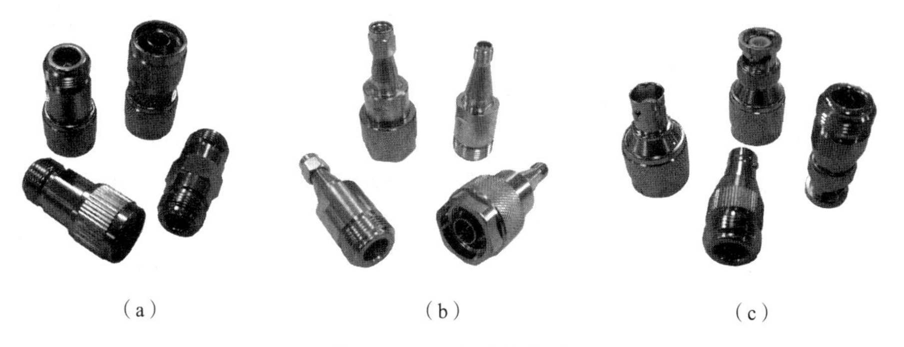

(a) (b) (c)

图 3-2-29 各种转接器

(a) N-L16 系列转接器；(b) N-SMA 系列转接器；(c) N-BNC 系列转接器。

3.3 射频信号检测

射频信号的测量仪器很多，有频谱分析仪、网络分析仪、功率计、射频阻抗分析仪等。在射频/微波系统中，频率、功率、阻抗是表征射频/微波信号特性的三个关键参数。频率反映着射频/微波信号的特质，在无线电领域，完全可以依据信号的频率判定其应用功能领域。功率反映着射频/微波信号的能量大小和传输能力。阻抗反映着射频/微波信号的传输效率的大小和有效传输能力。因此，射频信号的检测也主要是测试这三类指标，即频率类指标、功率类指标、阻抗类指标。本节重点介绍射频信号三类指标的检测。

3.3.1 射频信号频率类指标检测

射频信号频率类指标很多，如发射频率、接收频率、频率范围、频谱结构、信号带宽等。能够完成射频/微波信号频率类指标检测的仪器很多，如频率计、频谱分析仪、扫频仪、网络分析仪等。目前，微波频谱分析仪普遍具有宽频带、高分辨率、高灵敏度、低相噪、大动态范围等特点，与矢量网络分析仪相比价格相对便宜，所以在射频信号测量中得到广泛的应用。

频谱分析仪和示波器一样，都是用于信号观测和分析的工具。频谱分析仪可以快速直观地显示频谱、准确地测量频率和幅度、分析信号的频谱纯度及抗干扰特性，已成为必不可少的信号分析手段。频谱分析仪主要用于频域测量，可用于载波功率、谐波寄生、交调互调、信号边带等测量。在某些大型的机载电子情报侦察系统中，为了方便观看和分析某些关键射频信号的频谱，专门集成了频谱分析仪货架产品，使其成为电子战装备的重要分机之一。

频谱分析仪依据信号处理方式的不同，分为两类：实时型频谱分析仪和扫频型频谱分析仪。实时型频谱分析仪可以同时显示所有频率成分的测量结果，而扫频型频谱分析仪只能在其滤波器或本振扫描并捕捉感兴趣的信号时，顺序显示测量结果。扫频型频谱分析仪主要有 FFT 分析仪和超外差式分析仪。由于 A/D 转换器的带宽受限，FFT 分析仪仅适合测量低频信号，在微波频段的测量就要采用超外差式分析仪。

频谱分析仪参数较多，与频率参数有关的有频率范围（起始频率、终止频率、中心频率、扫频宽度）、分辨率带宽、视频带宽、扫描时间、噪声边带等；与幅度有关的有噪声电平、参考电平、最大输入电平、动态范围等，还有信号失真参数，如二阶交调失真、三阶交调失真、1dB 压缩点、带外抑制、镜像抑制、剩余响应等。在时域中，电信号的振幅是相对时间来定的，通常用示波器来观测。为了清楚地说明这些波形，通常用时间作为横轴，振幅作为纵轴，将波形的振幅随时间变化绘制成曲线。而在频域中，电信号的振幅是相对频率来定的，通常用频谱分析仪来观测。进行频谱测量时，横轴代表频率，纵轴代表有效功率，频谱分析仪则是观测信号的频率与功率的集合，并用图形形式表示。尽管频谱分析仪有许多技术指标，而在射频信号测量中，我们主要要求的是具有灵敏度高、频带宽、动态范围大等特性，并且能够测量在时域测量中不易得到的信息，如频谱纯度、信号失真、寄生、交调、噪声边带等各种参数。另外还要有与计算机的各种接口，如GPIB等通用数据总线接口，以便组建自动测量系统。

1. 射频信号频率的测量

射频信号的频率是指载频的频率。对雷达而言，是雷达整机在能保证规定的战术技术指标的前提下，发射信号的载波可以变化的各种频率。对雷达侦察系统而言，是雷达侦察系统整机在能保证规定的战术技术指标的前提下，能接收的雷达信号载波可以变化的各种频率。对雷达干扰系统而言，是雷达干扰系统整机在能保证规定的战术技术指标的前提下，能发射干扰信号的载波可以变化的频率范围。

最简单的一种射频信号频率测量连接图如图3-3-1所示，就是由微波信号源产生射频/微波信号给频谱分析仪的射频输入端，操作调整频谱分析仪由其测量出微波信号源输出信号的频率。

图3-3-1　简单的射频信号频率测量连接图

当然，在微波信号频率测量系统设计时，必须考虑射频/微波信号三要素：频率、功率、阻抗都要匹配。如：微波信号源产生信号的频率和功率、连接微波信号源和频谱分析仪的传输线的频率范围和功率容量都要在频谱分析仪可测量信号的频率范围、功率范围内，连接微波信号源和频谱分析仪的传输线的物理接口与微波信号源和频谱分析仪的接口型号和阻抗都得分别匹配。图3-3-2示意了一般射频信号频率测量连接图。图3-3-3示意了由中国电子科技集团公司第四十一研究所的AV1485微波信号源、AV4032频谱分析仪，32055型同轴线搭建的微波信号频率测量系统。

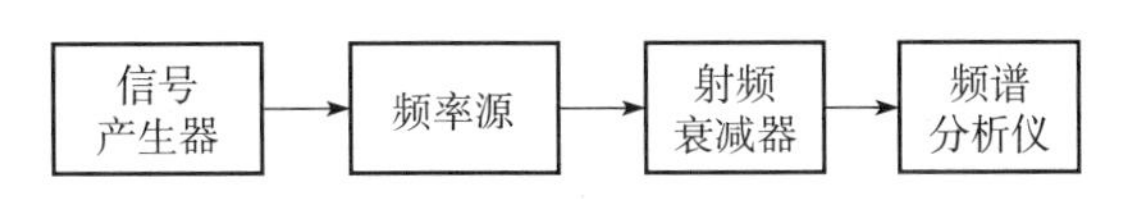

图3-3-2　简单的实际射频信号频率测量系统

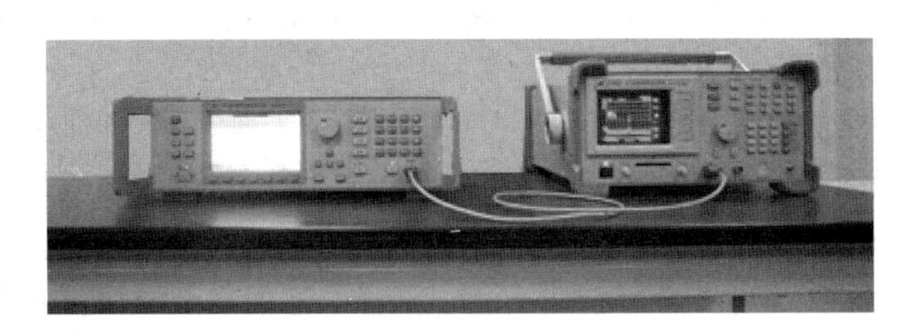

图3-3-3　简单的实际射频信号频率测量系统

例3-3-1　AV1485微波信号源产生一个频率为0.5GHz、功率为-10dBm的载波信号，用AV4032频谱分析仪测量射频信号的频率，具体实施步骤如下：

（1）连接测量系统。将微波信号源与频谱分析仪用同轴电缆按规定要求连接，并检查电源以及接口连接是否正确。

（2）检查测量系统连接无误后，打开微波信号源与频谱分析仪，开机复位，预热至少10min。

（3）将微波信号源设置为点频模式，设置输出频率为 0.5GHz，输出功率为 −10dBm。具体操作如下：[频率]→[0.5]→[GHz]→[功率]→[−]→[10]→[dBm]→[调制关]。

（4）设置频谱分析仪，测量频率为 0.5GHz，输出功率为−10dBm 的信号。具体操作如下：[FREQUENCY]→[0.5]→[GHz]→[SPAN]→[100]→[MHz]→[AMPLITUDE]。

（5）设置微波信号源输出信号。具体操作如下：按 [射频开关]→[开]。

（6）频谱分析仪测量信号。具体操作如下：[MKR]→[PEAK]，读数，记录频谱分析仪测量的频率值，进行分析。图 3−3−4 示意了频谱分析仪的显示画面。

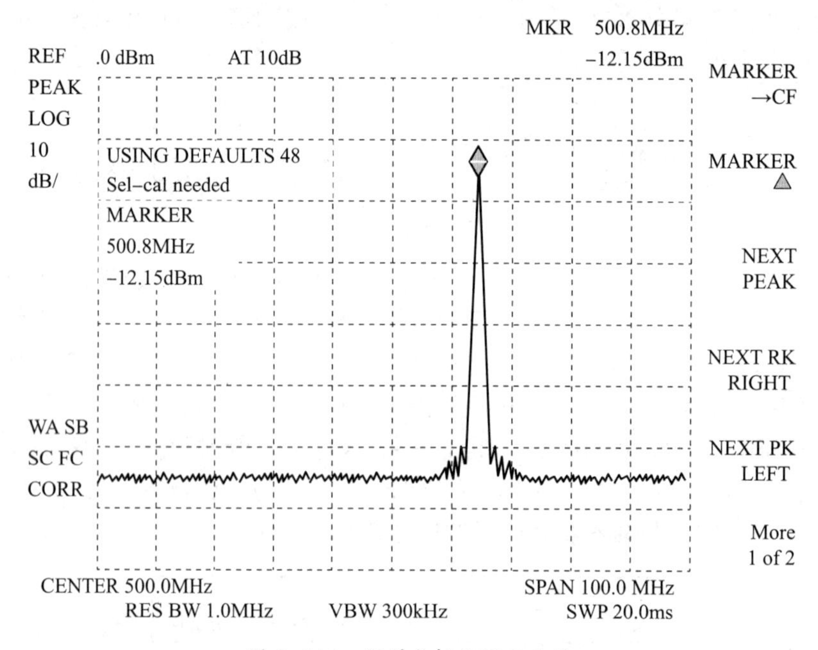

图 3−3−4　频谱分析仪显示画面

（7）测量完毕，依次关闭微波信号源和频谱分析仪，拧下电缆，拆除测量系统，并将仪器器材归置原位。

2. 射频信号频谱的测量

在实际测量中，通常使用频谱分析仪来观测干扰发射机、应答发射机、雷达发射机等射频脉冲频谱分布。射频脉冲频谱分布的测试主要包括两方面的内容：①观测发射信号能量分布特性。这时应根据射频脉冲宽度，选择合适的视频带宽、分辨力带宽、扫描时间和扫频范围，在频谱仪上读出发射信号频谱的主、副瓣功率电平的比值，并观测信号频谱能量的分布；②观测发射信号的谐波分量和杂波成分。这时应根据射频频率、脉冲宽度和发射机瞬时带宽，选择合适的视频带宽、分辨力带宽、匹配的扫描时间和扫描频率范围，观测输出射频信号的谐波及杂波分量的电平和频率。

射频脉冲频谱的形状和稳定性是表征发射机工作稳定性的重要参数，它不仅是磁控管、行波管的重要指标，也是发射机和馈线匹配的一个综合性指标。在干扰机更换磁控管和选配馈线系统后，发射机与天馈系统是否匹配，调制波形对于高频振荡的影响如何，都必须通过观测射频脉冲的频谱分布情况来加以判断。检查射频脉冲频谱的主要目的有：

（1）选出合格的磁控管，保证发射机磁控管与馈线之间阻抗匹配，使发射机正常工作。

（2）保证自频控系统对频谱的要求，确定及绘出磁控管的频率漂移曲线，使磁控管在稳定区工作，以保证自频控系统的质量。

（3）通过测试可以发现某些元件、器件、部件的质量问题。如空心电机、环流器及旋转关节等部件，同时可以通过测试来检查馈线有无打火现象。

对于脉冲雷达而言，发射机的调制信号是重复频率为 F_r（周期为 T_r）、脉冲宽度为 τ 的矩形脉冲，其谱线包络为辛格函数（呈梳齿状），中心频率为 0，谱线间隔为 F_r，主峰区域为 $[-1/\tau, 1/\tau]$，载波信号是载频为 f_0 的正弦波连续信号，其频谱为单根谱线，所对应的频率为 f_0。射频脉冲的频谱如图 3-3-5 所示，其相当于将调制信号的频谱整体搬移到 f_0 处。

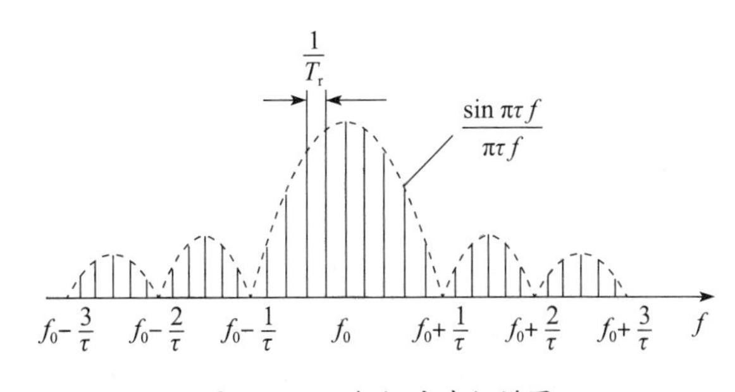

图 3-3-5　射频脉冲频谱图

图 3-3-5 中，射频脉冲频谱的中间部分为主峰（或称为主瓣），主峰两边还有小的边峰（或称副瓣），每根谱线的位置对应各自的频率成分，各谱线的高度反映的是信号在各频率成分上能量的大小。频谱主瓣的中心谱线所对应的频率为射频脉冲的载波频率 f_0，谱线之间的间隔为 $1/T_r$，T_r 是射频脉冲信号的重复周期，主瓣左边的第一个零点的位置为 f_0-1/τ，τ 是射频脉冲的宽度，右边第一个零点的位置为 f_0+1/τ。

射频脉冲频谱的指标主要有两个：频谱宽度 Δf 和主副比 R。

频谱宽度 Δf，是指频谱主瓣两边，两个幅度最低点间的频率宽度。从图 3-3-5 中可以看出，频谱宽度是主瓣频谱所占有的最大频率范围。主瓣左边的第一个零点的位置为 f_0-1/τ，右边第一个零点的位置为 f_0+1/τ。因此，频谱宽度 $\Delta f=2/\tau$。

主副比是指频谱主瓣幅度与最大副瓣幅度的比值，反映的是射频脉冲信号的能量向主瓣集中的程度。射频脉冲信号的主副比 R 常用 dB 表示。

例 3-3-2　测量雷达发射机发射的射频脉冲频谱。具体实施步骤如下：

（1）按图 3-3-6 所示连接测量线路，如果频谱仪无法与发射机直接连接，则采用图 3-3-6(b) 所示连接方式，通过辅助天线来接收雷达发射信号，并将其送给频谱分析仪进行测量。

（2）按程序开启雷达发射机，使其处于正常工作状态。

（3）按程序开启频谱分析仪，通过“中心频率”“扫描宽度”“参考电平”和“分辨力带宽”等功能键进行参数设置，使显示屏上呈现稳定清晰的射频脉冲频谱谱线，如

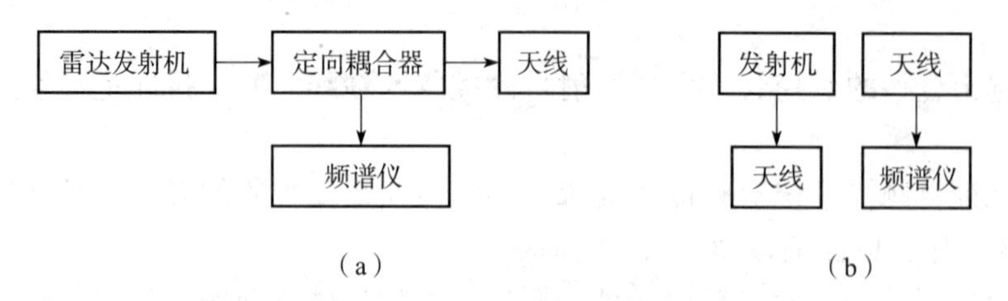

图 3-3-6 射频脉冲频谱测量线路连接图

(a) 监测信号由定向耦合器输出；(b) 空间耦合信号。

图 3-3-5 所示。将信号频谱的中心谱线移到屏幕刻度的中心位置。然后，设置频标，并通过调节“频差”旋钮，测出主峰两侧波谷的差频 Δf，即为所需要测量的射频脉冲频谱宽度。

(4) 通过“MARK”标志测量功能按键，可测量得到射频脉冲频谱主副比 R 的分贝值。

补充说明的是，在实际测量中，还可以使用频谱仪观测发射信号的频率漂移和发射机的频率牵引。①发射信号频率漂移的基本测量方法如下：首先，按图 3-3-6(a) 所示连接测量线路；在雷达天线不动的情况下，将频谱的主瓣中心谱线调节在频谱仪显示屏水平轴的某个参考位置，观察整个频谱的漂移，读取在规定时间内漂移的厘米数，然后乘以“频谱宽度”的数值，即可得到磁控管的频率漂移。②发射机频率牵引的测量方法如下：首先，按图 3-3-6(a) 所示连接测量线路；在天线转动的情况下，在频谱仪显示屏上将可观察到信号频谱的谱线有规律地、周期地左右晃动，这是由于负载阻抗相位变化所引起的磁控管工作频率变化，也就是磁控管的频率牵引；测量主瓣左右晃动的最大位移（厘米），然后乘以“频谱宽度”的数值，即为发射机的频率牵引。

例 3-3-3 测量应答机发射机发射的射频脉冲频谱。具体实施步骤如下：

(1) 按照图 3-3-7 所示连接测量线路，其中频谱分析仪的负载应是阻抗匹配的，其电压驻波系数应符合应答机的规定。

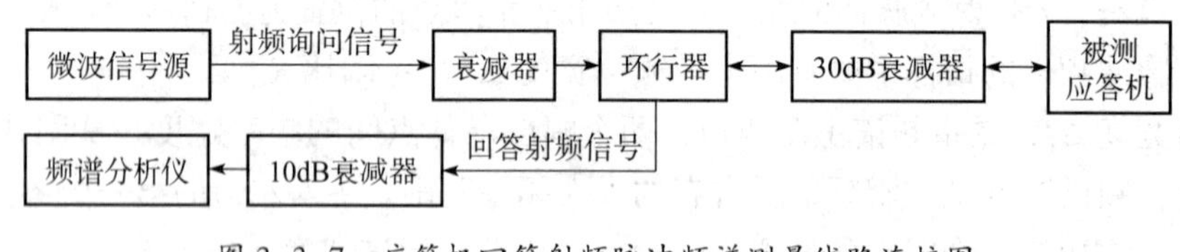

图 3-3-7 应答机回答射频脉冲频谱测量线路连接图

(2) 给应答机接入电源，将应答机调至规定的工作状态。

(3) 校准微波信号源，用微波信号源产生一个载波频率为 1030MHz、幅度电平 0dBm、调制频率为 250Hz 的脉冲调制信号（即 A 模式询问信号）给应答机，形成应答机的模拟工作环境。

(4) 按程序开启频谱分析仪，通过“中心频率”“扫描宽度”“参考电平”和“分辨力带宽”等功能键进行参数设置，使显示屏上呈现稳定清晰的射频脉冲频谱谱线。将信号频谱的中心谱线移到屏幕刻度的中心位置。然后，设置频标，并通过调节“频差”旋钮，测出主峰两侧波谷的差频 Δf，即为所需要测量的射频脉冲频谱宽度。

（5）通过“MARK”标志测量功能按键，可测量得到射频脉冲频谱主瓣频率值，记录此值，并与应答机的发射频率指标1090MHz±3MHz进行比较，得出结论。

3.3.2 射频信号功率类指标检测

射频信号的功率反映了射频信号的传输能力和抗干扰能力。射频信号功率类指标很多，如发射功率、接收机灵敏度、接收机动态范围、接收机最大信号输入功率、谐波抑制、杂波抑制等。能够完成射频/微波信号功率检测的仪器很多，如频谱分析仪、功率计、网络分析仪等。同样是功率测量，不同的测量仪器和测试方法所关注的重点是不同的，功率测量精度也有差异。最常用的是用功率计测量射频信号的功率。

目前，国内新开发研制的功率计已数字化、智能化，工作频率上限达到110GHz，功率测量上限为30kW，下限为100pW。随着微电子技术的发展，功率计正向着拓宽频段、扩大动态范围、提高准确度及数字化、智能化、模块化和多功能的方向发展。功率计根据形式和复杂度不同有很多种类。

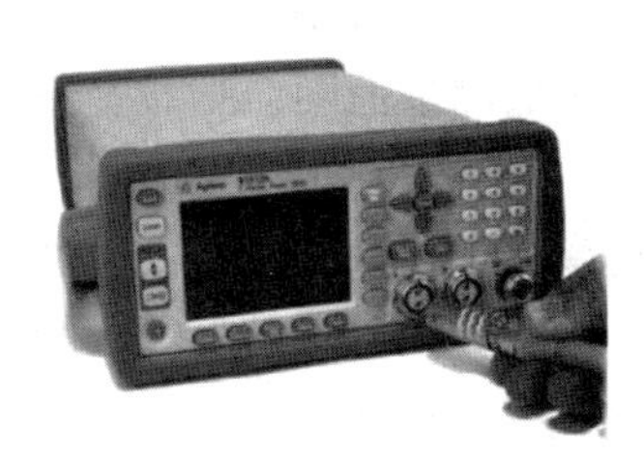

图3-3-8　Agilent N系列功率计

（1）根据功率的显示方式分类，可分为模拟式功率计和数字式功率计。在数字式功率计中，有的内嵌微处理器芯片和相应的智能总线接口，这一类数字式功率计通常称为智能化功率计。Agilent公司的N系列功率计如图3-3-8所示，它属于智能化功率计。

（2）根据量程大小分类，可分为小功率计（$P<100$mW）、中功率计（100mW$<P<$100W）、大功率计（$P>100$W）。小功率计借助于适当的量程扩展，也可用于中、大功率的测量。

（3）根据被测信号的特征分类，可分为连续波功率计和脉冲峰值功率计。需要指出的是，有的功率计既可以测量连续波信号的平均功率，也可以测量脉冲信号的峰值功率。

（4）根据接入传输系统的方式分类，可分为通过式功率计和吸收式功率计（又称终端式功率计）。这两种功率计的区别在于：通过式功率计用来指示通过传输线传送到实际负载上的功率大小，而功率计本身所消耗的能量甚微；吸收式功率计既用来指示被测功率的大小，同时又作为被测对象的负载，全部吸收从被测对象送来的功率。

（5）根据功率传感器输入端传输线的类型分类，可分为同轴型功率计和波导型功率计。

（6）根据测量原理分类，可分为测热电阻式功率计、热电偶式功率计、量热式功率计、晶体二极管检波式功率计等。

1. 终端式测量法测量射频信号的功率

终端式功率计是常用的小信号射频和微波功率测量手段，其基本原理如图3-3-9所示。被测的射频信号功率首先进入功率传感器，功率传感器电路可采用热敏电阻、热偶电阻或二极管检波器等不同的器件组成。功率传感器将射频和微波信号转换为直流信号，经过一定的处理后，再通过显示器显示。

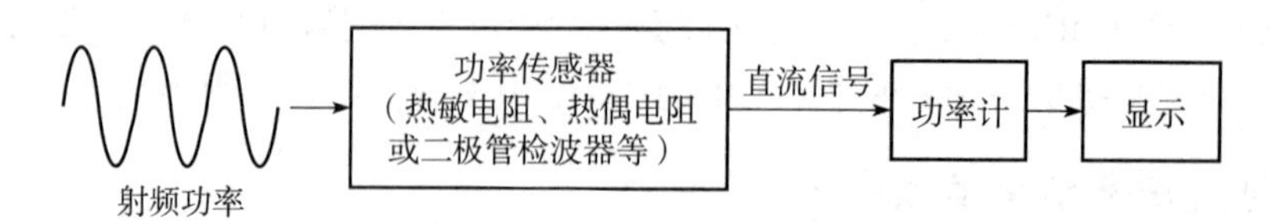

图 3-3-9 终端式功率计的基本工作原理

终端式功率计有以下特点：

（1）在常见的射频和微波功率测量仪器中，终端式功率计的幅度测量精度是最高的，其典型测量精度可达到±1.6%。

（2）可以测量极小幅度的功率，通常可测量到-60dBm，高端功率计可测量低至-70dBm(100pW）的功率。

（3）不能测量大功率，通常终端式功率计的计量上限为+20dBm(100mW)。如果需要扩展测量范围，则需要外接衰减器或定向耦合器。

（4）可以测量各种调制信号的平均功率、峰值功率、突发功率、脉冲宽度、峰均功率比、上升时间和下降时间。

（5）可以进行互补累积分布函数（complementary cumulative distribution function, CCDF）统计分析。

（6）无法测量信号的频率分量。

（7）不能测量电压驻波比。

鉴于以上特点，终端式功率计可以作为实验室的校准设备，用来校准信号源和频谱分析仪，也可以用来分析功率放大器的线性和调制信号的特性。

图 3-3-10 示意了采用终端式功率测量技术测量应答机发射功率的测量连接图。

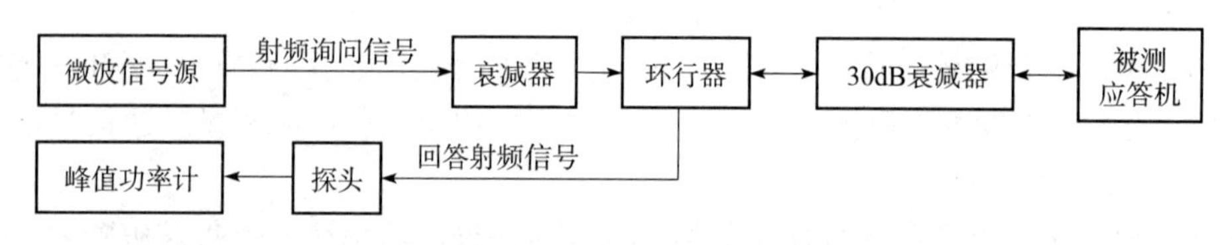

图 3-3-10 终端式功率计测量应答机发射功率连接图

在图 3-3-10 中，采用的不是定向耦合器，而是环形器。针对应答机，它的收发分机没有分离，而且收发分机共用一副天线，共用同一个射频口，因而，测试其发射功率相对就会复杂一些。具体测试方法如下：

（1）按照图 3-3-10 所示连接测试系统，其中峰值功率计的负载应是阻抗匹配的，其电压驻波系数应符合应答机的规定。

（2）校准峰值功率计。

（3）接通电源并模拟应答机的工作环境，调整应答机至规定的工作状态。

（4）系统工作稳定后，读出峰值功率计指示值 P_τ。应答机发射峰值功率可以按下式来计算得到：

$$P_p = P_\tau + D + B + K \tag{3-3-1}$$

式中：P_p 为应答机发射峰值功率的瓦特分贝值（dBW）；P_τ 为峰值功率计读数分贝值（dBW）；D 为峰值功率计探头的衰减分贝值（dB）；B 为环行器插入损耗分贝值（dB）；

K 为 30dB 衰减器的衰减分贝值（dB）。

终端式射频功率测量法归根结底是直接测量法，是用终端式功率计作为被测信号的负载，其核心件是热敏电阻、热偶电阻，通过热敏电阻或热偶电阻阻值变化来确定微波信号功率。

2. 量热式测量法测量射频信号的功率

射频和微波功率在被负载吸收后会转化为热能，量热式功率计（图 3-3-11）就是通过测量发射机在负载上产生的热量的办法来算出被测功率的大小，其工作原理如图 3-3-12 所示。

图 3-3-11　量热式功率计

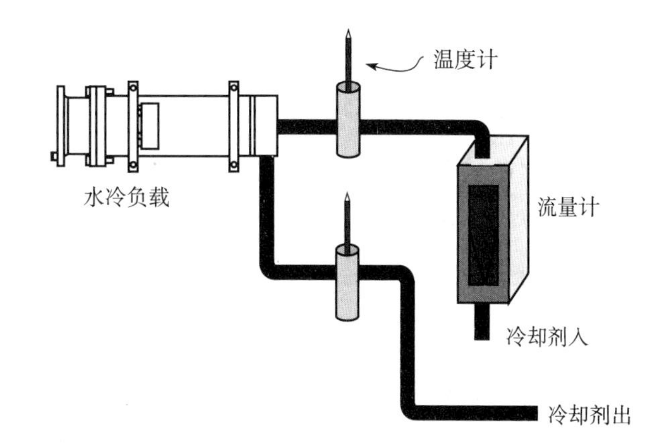

图 3-3-12　量热式功率计的工作原理

量热式功率计测量的计算公式如下：

$$P(\mathrm{kW}) = 0.263\times\Delta T\times Q \tag{3-3-2}$$

式中：P 为功率值（kW）；ΔT 为两温度计的读数差（℃）；Q 为冷却剂的流速（GPM①）（加仑/分）。

下面是量热法功率测量的实例：

冷却剂入口温度为 30℃，冷却剂出口温度为 49℃，冷却剂为 50%的乙二醇乙二酸和 50%的水，流速为 10GPM，流速误差为 ±3%满刻度，温度计误差为 ±0.1℃，由式（3-3-2）可得

$$P(\mathrm{kW}) = 0.263\times\Delta T\times Q = 0.263\times(49-30)\times10 = 49.97\mathrm{kW}$$

量热式射频功率测量法常用于大功率电视发射台，上述例子的误差约为±5%。这种方法只能测量发射机的正向功率。在量热式测量法中，其测试结果基本上不受信号波形的影响。但量热式功率计的成本、物理尺寸、测试响应时间、所需的附件设备、电缆和交流电源等，都决定了它不能得到广泛的应用。

量热式射频功率测量法归根结底是直接测量法，是用量热式功率计作为发射机的负载，其核心件是水冷负载。水冷负载将所吸收的微波能量转换为水的温度变化，然后与工频能量转换成水的温度变化相比较，从而测出微波信号功率。

3. 通过式测量法测量射频信号的功率

通过式功率测量技术是一种传统的功率测量技术，它补充了终端式功率计不能测量

① 1GPM = 0.2271m^3/h。

大功率和驻波比的不足。通过式功率计的最大意义是可以测量放大器或发射机在大功率状态下与负载（天线）的匹配。

通过式功率测量技术是一种间接式测量技术，是指利用定向耦合器从主传输系统中取一部分功率进行测量，再计算出发射机的平均功率。图 3-3-13 示意了采用通过式功率测量技术测量雷达发射机功率的测量连接图。

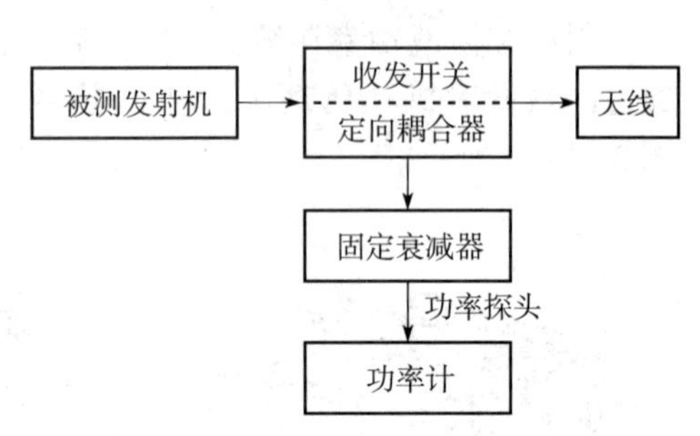

图 3-3-13　通过式功率测量雷达发射机功率连接图

在图 3-3-13 中，定向耦合器位于收发开关的前端（靠近发射机）或后端（靠近天线），取决于具体雷达型号的整机设计。具体测试步骤如下：

（1）按照图 3-3-13 所示连接测量线路，用固定衰减器与定向耦合器连接，固定衰减器输出端与通过式功率计连接。

（2）使通过式功率计处于待测功率状态。

（3）按雷达工作程序开启雷达发射机，使其处于正常工作状态。

（4）测出发射机工作时功率计的工作值 P'_{av}（mW）。

（5）发射机的平均功率可以按下式来计算得到：

$$P_{av}=10\lg P'_{av}-30+\beta_1+\beta_2 \tag{3-3-3}$$

式中：P_{av} 为发射机平均功率的瓦特分贝值（dBW）；P'_{av} 为功率计上的读数（mW）；β_1 为定向耦合器衰减分贝值（dB）；β_2 为固定衰减器衰减分贝值（dB）；−30 是将功率计的功率单位 mW 转换为 W 产生的 dB 数。

（6）发射机的脉冲功率可以按下式来计算得到：

$$P_{\tau}=\frac{T_r}{\tau}P_{av} \tag{3-3-4}$$

式中：P_{av} 为发射机平均功率的瓦特分贝值（dBW）；P_{τ} 为发射机脉冲功率（或峰值功率）的瓦特分贝值（dBW）；T_r 为雷达射频脉冲的重复周期（μs）；τ 为发射脉冲宽度（μs）。

需要注意的是，在使用通过式测量法来测量雷达发射机输出功率时，在对测量精度要求高的情况下，首先必须校准定向耦合器的耦合度和串接衰减器的衰减值，尤其是需要保证定向耦合器具有足够好的方向性，否则发射机输出端所接馈线系统的过大驻波会影响发射机输出功率读数的准确性。具体测量时，要注意正确设置脉冲功率计的量程和同时观察脉冲波形，以保证测量的准确性。

通过式功率测量法的核心是基于高方向性的定向耦合器，因此，通过式功率测量有以下特点：

（1）通过式功率计具有大功率测量能力。理论上来说，只要传输线可以通过的功率，通过式功率计都可以测到，可达到±1.6%。

（2）不能测量过小的功率电平。定向耦合器的耦合度对于检波器来说相当于衰减器，由于其动态范围的限制，所以顾及了大功率，而过小的信号可能低于检波二极管的噪声底。通过式功率计可以测量毫瓦级的功率，而终端式功率计可以测量低至皮瓦级的功率，二者要相差三个数量级。

（3）通过式功率计很难做到宽带，这同样是受定向耦合器的带宽限制。目前，宽带通过式功率传感器的典型工作带宽为 5 倍频程，如 25～1000MHz 或者 200～4000MHz，这与定向耦合器的特性是相符的。因为功率计和频谱分析仪不同，它不能测量信号的频率分量，所以无法对定向耦合器的频率响应进行补偿，所以在带宽方面，通过式功率计无法和终端式功率计相比拟。

（4）通过式功率计的体积可以做到非常小。因为它不会消耗射频和微波能量，对于一个发射系统而言，通过式功率计仅仅是一段传输线而已。

（5）通过式功率计的最大优点是可以测量发射机和负载之间的大功率匹配，这是网络分析仪所无能为力的。

3.3.3　射频信号阻抗类指标检测

在任何无线电发射系统中，为了保证发射机的长期稳定工作和发射效率，获得最小的传输损耗，避免器件的射频大功率击穿，通常要尽可能地使天馈系统中的所有无源器件（包括天线、主馈线、避雷器和跳线等）的输入输出阻抗都保持匹配状态，同时和源阻抗（即发射机的输出阻抗）保持匹配，使整个发射系统都处于行波状态，避免反射波和驻波的产生，造成传输线或波导打火、烧毁发射机。

在大部分情况下，发射机都是通过馈线连接到天线的（图 3-3-14），从发射机向天馈系统看，可以看作一个单端口网络。

图 3-3-14　典型的发射系统

发射机产生指定频率的输出功率（P_{OUT}）并通过馈线传输到天线。我们知道，发射机的最大功率传输条件是源阻抗（Z_S）等于负载阻抗（Z_L），由于存在馈线（Z_0），所以馈线的一端必须与发射机（Z_S）匹配，而另一端必须与天线（Z_L）匹配。

假设发射机和馈线的阻抗是标准的 50Ω，那么发射机和馈线之间是完全匹配的，此时把视线转到天线上。天线馈电点的阻抗 Z_L 实际上是一个复数，即 $Z_L=R_L\pm jX_L$。jX_L 部分可以是容性的或者感性的，在谐振点上，这部分为零。当工作频率在谐振点以下时，这部分呈容性；当工作频率在谐振点以上时，这部分呈感性。

如果 $Z_L=Z_0$，那么传输到馈电点的功率被天线完全吸收并辐射到空间，在这种情况下，没有功率会反射回发射机方向。当 $Z_L\neq Z_0$ 时，不是所有的功率都被天线吸收，有一部分被反射回发射机方向。在馈线沿线，会同时存在正向功率（P_i）和反射功率（P_r）。

反射功率和入射功率之比称为反射系数：

$$\Gamma=\frac{P_r}{P_i} \tag{3-3-5}$$

反射系数也可以用负载阻抗和传输线阻抗来表达：

$$\Gamma=\frac{Z_L-Z_0}{Z_L+Z_0} \tag{3-3-6}$$

传输线上的正向功率和反射功率互相干涉并形成驻波。驻波的大小可以用VSWR来表示。一个较为理想的匹配系统中，VSWR小于1.1。VSWR过大时，就意味着出现了失配。在发射机中，通常具有驻波保护电路，当天线输入端的驻波超过某个预设的门限值时，保护电路会控制发射机的输出功率逐渐下降，直至完全切断发射机的输出。图3-3-15表示了从发射机输出端到天线输入端之间的传输线上波的情况。

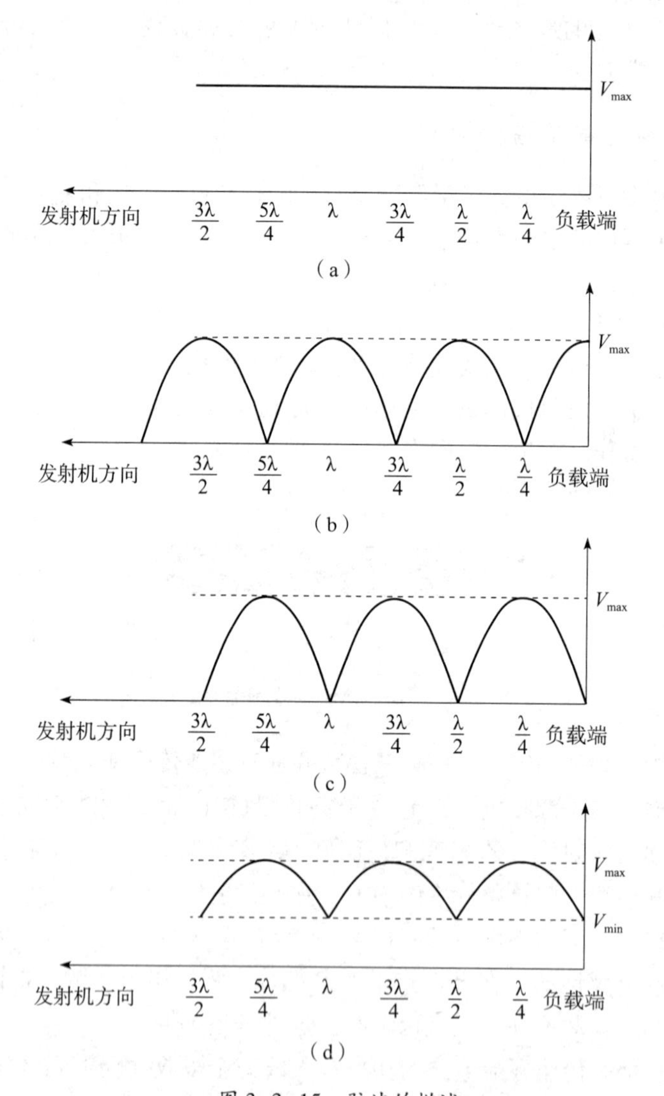

图3-3-15　驻波的描述

(a) 行波——完全匹配 ($Z_L=Z_0$)；(b) 驻波——负载端开路；
(c) 驻波——负载端短路 ($Z_L=0$)；(d) 复合波——负载端一般情况 ($Z_L\neq Z_0$)。

图3-3-15(a) 是完全匹配的状态 ($Z_L=Z_0$)，传输线上没有反射，所以电压是个常数。图3-3-15(b) 是负载开路的状态 ($Z_L=\infty$)，当功率传输到开路的负载时，被全部反射回发射机方向。最大电压出现在负载端，最大电压（波腹点）和最小电压

(波节点)每 180°($\lambda/2$)重复一次,而每 90°($\lambda/4$)变换一次,这就是微波传输线理论中十分有用的 1/2 波长重复性和 1/4 波长变换性原则。图 3-3-15(c)是另一种极限状态,负载端短路($Z_L=0$)的情况,此时在负载端出现了电流波腹点和电压波节点,同样遵循 1/2 波长重复性和 1/4 波长变换性原则。比较图 3-3-15(b)和图 3-3-15(c)可以发现,负载开路时,电压波节点出现在 1/4 波长的整数倍;负载短路时,电压波节点出现在 1/2 波长的整数倍。

在实际情况中,图 3-3-15(a)所示的完全匹配是不存在的,图 3-3-15(b)和图 3-3-15(c)则意味着负载出现了故障。更多的情况如图 3-3-15(d)所示,即 $Z_L \neq Z_0$,既不等于零也不等于无限大,在传输线上存在着波腹点和波节点重复出现的复合波,波节点都不等于零。我们将最大电压和最小电压之比称为驻波比:

$$\mathrm{VSWR}=\frac{V_{\max}}{V_{\min}} \tag{3-3-7}$$

如果已知正向电压(V_F)和反射电压(V_R),则

$$\mathrm{VSWR}=\frac{V_F+V_R}{V_F-V_R} \tag{3-3-8}$$

也可以通过阻抗计算 VSWR。当 $Z_L>Z_0$ 时,有

$$\mathrm{VSWR}=\frac{Z_L}{Z_0} \tag{3-3-9}$$

当 $Z_L<Z_0$ 时,有

$$\mathrm{VSWR}=\frac{Z_0}{Z_L} \tag{3-3-10}$$

如果已知正向入射功率(P_i)和反射功率(P_r),也可以计算出 VSWR:

$$\mathrm{VSWR}=\frac{1+\sqrt{P_r/P_i}}{1-\sqrt{P_r/P_i}} \tag{3-3-11}$$

如果已知反射系数(Γ),则

$$\mathrm{VSWR}=\frac{1+\Gamma}{1-\Gamma} \tag{3-3-12}$$

式(3-3-7)~式(3-3-12)列举了与 VSWR 相关的各个因素,通过测量最大电压和最小电压、正向电压和反射电压、阻抗、正向功率和反射功率等,都可以计算出 VSWR 值。能够完成射频/微波信号阻抗类指标检测的仪器有矢量网络分析仪、射频阻抗分析仪等。

网络分析仪是用来测量射频、微波和毫米波网络特性的仪器,它通过施加合适的激励源到被测网络并接收和处理网络的响应信号,计算和量化被测网络的网络参数。网络分析仪有标量网络分析仪(简称标网)和矢量网络分析仪(简称矢网)之分。标网只能测量网络的幅度特性,即传输测量,可测功率、增益、损耗等;反射测量可测电压驻波比、回波损耗等。矢网是比标网更为先进的仪器,它不但可测量网络的幅度特性还可测量相位和群延时特性,同时还具有频率覆盖范围宽、测试动态范围大、测量速度快、测量精度高等特点。它的多端口、多通道的测试能力和强大的软件功能,使其在航空航

天、卫星通信、导航定位等领域得到广泛应用，尤其是在天线和雷达反射截面的测量中的应用，大大促进了天线设计技术的提高。由于具有灵敏度高、系统动态范围大和测试精度高、速度快等特点，其已经成为以相控阵雷达为代表的新一代军用电子装备研制、生产和维修保障过程所必需的测试仪器之一。根据提供的激励信号不同，矢量网络分析仪可分为连续波矢量网络分析仪、毫米波矢量网络分析仪和脉冲矢量网络分析仪；根据结构体系的不同，矢量网络分析仪可分为分体式矢量网络分析仪和一体化矢量网络分析仪；根据测试端口数量的不同，矢量网络分析仪又可分为两端口、三端口、四端口和多端口矢量网络分析仪。

1. 用网络分析仪测量天馈系统的输入匹配情况

从发射机的输出向天馈系统看去，可以把整个天馈系统看作一个单端口网络。我们知道，单端口网络只有一个 S 参数，即 S_{11}，也就是输入驻波比 VSWR。这项测试比较简单，可以采用网络分析仪法或者功率计法来完成。

采用网络分析仪可以在整个发射频段内准确地测量出天馈系统的输入 VSWR。近年来出现了一些专门用于现场测量的手持式网络分析仪，也称为天线和电缆分析仪。图 3-3-16 就是采用手持网络分析仪测量 824～896MHz CDMA 蜂窝基站天馈系统输入 VSWR 的方法和测试结果。

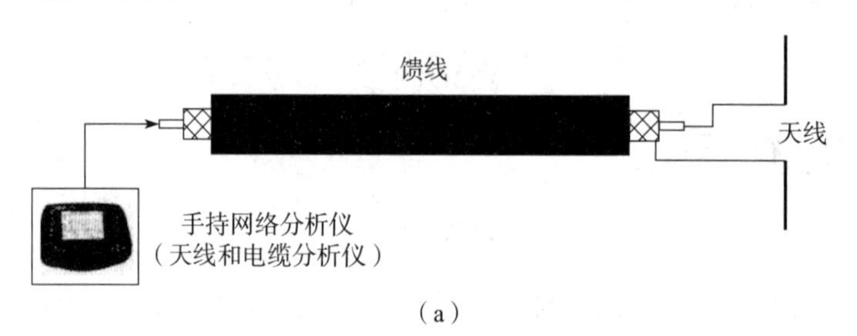

（a）

（b）

图 3-3-16　用网络分析仪测量天馈系统的输入匹配
（a）测量方法；（b）测量结果。

测试时，将发射机的输出断开，用手持式网络分析仪取代之。测试结果显示了从824～896MHz 的 CDMA 上下行全频段内天馈系统的 VSWR 表现，其最大值出现在841.92MHz 位置，VSWR 达到了 1.44，看上去这个系统并不处在良好匹配的状态。

2. 通过式测量法测量天馈系统的输入匹配情况

从式（3-3-10）看，如果测量到正向入射功率和反射功率，也可以计算出天馈系统的 VSWR，如图 3-3-17 所示。

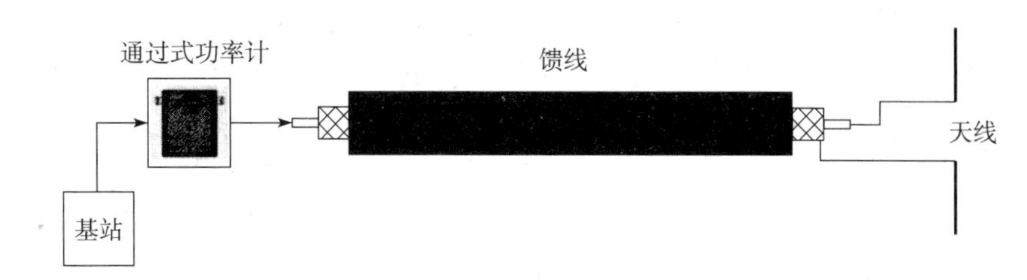

图 3-3-17 用通过式功率计测量天馈系统的输入匹配

在图 3-3-17 的测试方法中，将通过式功率计接在发射机的输出和天馈系统的输入之间。在功率计上读出正向入射功率（P_i）和反射功率（P_r），即可计算出 VSWR，也有些功率计直接计算好了 VSWR 值并在仪器上显示出来。

由于需要串入系统中进行测量，通过式功率计实际上成为了系统的一部分，所以功率计本身的插入 VSWR 一定要很小，否则会破坏系统的匹配。实际上通过式功率计本身就是一段传输线，其工作原理是在传输线旁边放置了一个方向性很高的定向耦合器来检测正向和反射功率。这是一种传统的测量方法，至今仍在广泛应用，虽然不能测量整个工作频段内的 VSWR，但是与网络分析仪测量法不同的是，在功率计法中，发射机参加了测试过程，也就是说，通过式功率计反映了发射机和天馈系统的真实匹配情况，见式（3-3-5）。因此说，通过式功率计法在工程上是一种有效而直接的测量方法。

另外需要注意的是，通过式功率计所测得的是传输线上某个点的驻波。图 3-3-15（d）表明，在不同位置所测量出的 VSWR 值是不同的，这一点在大驻波时尤为明显。所以，要提高准确测试发射机输出端口的 VSWR，根据传输线的 1/2 波长重复性原则，可以将连接发射机输出和功率计输入的测试电缆的长度做成 1/2 波长的整数倍。

3.3.4 射频信号包络特性指标检测

射频信号包络是指无线电发射系统发射信号的包络，如：调幅电台的射频信号包络是语音信号包络，地面二次雷达发射的射频询问脉冲信号的包络是脉冲波形，空中交通管制应答机发射的射频应答脉冲信号的包络也是脉冲波形，雷达发射射频脉冲的包络也是脉冲波形等。对雷达而言，通过雷达射频脉冲包络可观察和判断射频振荡的振幅在脉冲时间内的变化、脉宽的大小、脉冲上升下降的快慢、发射机的工作稳定性和寄生振荡输出大小等性能。雷达射频脉冲包络相关参数的好坏直接影响着雷达装备的探测距离、距离分辨率、最小探测距离等战术指标，因此，对射频信号包络特性指标检测是非常重要的。

对雷达而言，射频信号包络检测又称射频脉冲包络检测、射频脉冲波形特性检测，主要参数有脉冲波形的幅度、宽度、上升沿时间、下降沿时间、幅度平坦度（包括顶降、过冲）、脉冲重复间隔、占空系数等。这些参数的测量本质上是矩形脉冲的测量，方法是将雷达射频脉冲信号进行包络检波后用示波器进行测量。鉴于此，本章就不再赘述，详见2.3.1节。

小结

在航空电子对抗设备检测领域，表面上看是作用距离、侦察空域、工作频率范围、测向精度、测频精度、反应时间、连续工作时间、多目标能力、有效干扰扇面、干扰功率、接收机灵敏度等各种战术技术性能指标的检测，但本质上是构建航空电子对抗设备正常工作的环境，按照指标定义要求，通过监测各种各样的低频信号、射频信号、数字信号的幅度、周期、频率、功率等信息，然后按照指标定义，转化和获得航空电子对抗设备的战术技术性能指标，所以本章重点讨论了射频信号的检测。

本章重点讨论了载波、调幅信号、调频信号、调相信号、各种各样的脉冲调制信号和脉内调制信号的定义、特性参数、波形特征、频谱特性，射频信号频率、功率、阻抗三要素，射频信号检测常用微波辅助器件的定义、特性、选型，射频信号频率类指标、功率类指标、阻抗类指标的检测方法。学习本章后，应能掌握以下几点：

1. 熟悉载波、调幅信号、调频信号、调相信号、脉冲调制信号、脉内调制信号等常见射频信号的特性参数、波形特征、频谱特性；
2. 掌握微波开关、功率衰减器、定向耦合器、功率分配/合成器、环行器和负载等常用微波辅助器件的工作特性、选型指标；
3. 掌握射频信号频率类指标的检测方法；
4. 掌握射频信号功率类指标的检测方法；
5. 掌握射频信号阻抗类指标的检测方法。

思考题

1. 什么是射频信号？请列举几种常见的射频信号，并描述其波形特征和频谱特性。
2. 描述功率衰减器的指标参数有哪些？
3. 常用定向耦合器的类型有哪些？
4. 功率分配器都包括哪些技术指标？
5. 负载的主要技术指标都有哪些？
6. 描述射频信号频率类指标的检测方法。
7. 描述射频信号功率类指标的检测方法。
8. 描述射频信号阻抗类指标的检测方法。

第4章　数据总线信号检测

随着数字技术、数字通信的巨大发展，微计算机、微控制器、数字信号处理器和大规模集成电路的日趋成熟，航空电子对抗设备内部分机之间、分机内部模块之间、外部与导航系统、敌我识别器、数据链等航空电子设备要进行信息交互，交互信息越来越多地采用数据总线进行通信，如ARINC429数据、RS-422数据、RS-485数据、RS-232数据、1553B数据等。为了保证通信可靠有效，经常需要监测和测量各种各样的数字信号，本章就重点讨论各种数据总线信号的信号特征、特征参数和检测方法。

4.1　数据总线概述

总线（bus）是多个部件之间公用的一组连线，一些数据源中的任何一个都可以利用总线传送数据到另一个或多个目的地。在计算机中，各个部件正常操作所需要的条件很相似，所需的一些信号甚至是相同的。比如，它们都需要地址信号，以确定本部件是否应进行操作。这就为采用公共连线传送相同的信号创造了条件。现在，计算机中的总线就按传递信号的性质命名，如传送地址信号的地址总线、传送数据信号的数据总线、传送控制信号的控制总线，它们统称为计算机的三大总线。

利用各部件之间互连的总线，可以实现系统所需的各种通信要求。例如，CPU读存储器数据的操作，就是利用地址总线将地址信号传送到存储器，利用控制总线将CPU发出的读出信号传到存储器，而存储器在操作后，将数据送上数据总线，从而通过数据总线传送CPU。在每一次通信中发送信号的部件称为信息源，接收信息的部件称为信息接收器。在一个总线连接的许多部件中，可以有多个信息源和信息接收器，它们在不同的时刻扮演不同的角色。但总线上不允许出现两个信息源同时工作的现象，因为这样必将引起公用总线上信号电平的混乱。但是，总线上允许多个信息接收器同时工作，共同接收某个信息源发出的同一信息。

1. 系统总线

对于微机系统而言，系统总线可描述为主板上处理器和外设进行通信时所采用的数据通路。系统总线支持端口、处理器、RAM和其他部分。当从键盘或鼠标等设备输入数据时，经过系统总线进入RAM，然后再送入CPU进行处理。

微机主板制造商为了使其产品具有可扩展性，采取了开放系统总线的方式，以在主板上预留一些空插槽（称为扩展插槽）的形式提供系统总线。新的硬件设备插在扩展插槽上，即可实现与主板上其他部分之间的通信。

衡量系统总线有两项主要指标：总线速度和数据通路的可能带宽。系统总线的类型和速度可能会妨碍计算机中其他部件性能的提高。因此，适当地选择总线、不断地更新总线是非常必要的。较流行的总线类型有标准（standard，STD）总线、工业标准体系结构（industry standard architecture，ISA）总线、微通道体系结构（micro channel architecture，MCA）总线、扩展的工业标准体系结构（extended industry standard architecture，EISA）总线、视频电子标准协会（video electronics standards association，VESA）总线、外部组件互连（peripheral component interconnect，PCI）总线等。

从技术上讲，系统总线可分为传统和现代两类。从结构上讲，系统总线已从单总线形式向多总线形式发展。从总线的发展历程看，总线的发展既是微机性能提高的要求，又与商业利益密不可分。

2. 通信总线

通信总线（即外总线、数据总线）是实现系统或设备间互连的一类总线。在系统与设备间可以以两种形式通信，即并行通信和串行通信。目前，两类总线都有其广泛的用途。支持并行通信的总线为并行总线，如 IEEE488 总线、ATA（AT attachment）总线、SCSI（small computer system interface）总线、Centronics 总线等；支持串行通信的总线为串行总线，如 RS－232C 总线、RS－485 总线、USB（universal serial bus）总线、IEEE1394 总线等。一般而言，并行总线具有传输速率高、传送距离较近的特点；串行总线具有传送距离远、传输速率较低的特点。目前航空电子对抗设备内部分机之间、分机内部模块之间、外部与各种各样的机载设备之间要进行信息交互越来越多地采用数据总线进行通信，如 ARINC429 数据、RS-422 数据、RS-485 数据、RS-232 数据、1553B 数据等。

4.1.1 ARINC429 数据

现代军、民用飞机上，系统与系统之间、系统与部件之间需要传输大量的信息。随着数字技术和微型电子计算机技术的飞跃发展以及它们在航空领域的成功应用，越来越多的航空电子设备采用了数字化技术，从而使数字传输成为系统间信息传输的主要途径。它不仅克服了模拟传输带来的成本高、传输线多、可靠性差等缺点，而且增加了系统的精度及可靠性，同时减轻了飞机、设备的重量，减少了维护成本。ARINC429 数据总线就是这样一种正在广泛使用的数字数据总线格式。它解决了原有 ARINC419 规范的许多矛盾及冲突，为系统间的互连提供了统一的平台。ARINC429 总线数据采用串行差分方式传输，传输距离较远，抗共模干扰强，而且数据资源丰富、精度高。目前大多数民用飞机上数字信息的传输都采用此标准。

1. ARINC429 数据总线标准

为了使航空电子设备的技术指标、电气性能、外形和接插件的规范统一，由美国各航空电子设备制造商、航空公司、飞机制造商以及其它一些国家的航空公司联合成立了一个航空无线电公司（aeronautical radio incorporation，ARINC）。由这个公司制定的一系列统一的工业标准和规范称为 ARINC 规范。目前民用飞机上常用的串行通信总线标准 ARINC429 是 1977 年美国官方颁布的，由美国航空无线电公司（ARINC）制定的民用航空数字总线传输标准，它是机载电子设备之间进行数据传输约定的一种标准，又称为 MARK33 数字信息传输系统（digital information transfer system，DITS）。ARINC429 为单向串行总线设计，它为在航空电子设备之间传输数字信息制定了航空运输工业标准。

ARINC429 总线标准规定了使用该总线的航空电子设备的信息流向和 ARINC429 基

本数据字的格式。其通信介质采用双绞屏蔽线，以串行方式单向传输数字数据信息，这里的单向传输是指总线上只允许有一个发送器，但可以有多个接收器，最多允许有 20 个接收器。信息只能从通信设备的发送口输出，经传输总线传至与它相连的需要该信息的其他设备的接收口，信息不能倒流至发送端。在需要两个通信设备间双向传输时，则在每个方向各用一根独立的传输总线。数据传输采用广播传输原理，由源系统以足够高的速率提供传输数据，从而保证两次更新间增量值的变化小，按开环进行传输，也就是不要求接收器通知发送源已收到信息。

ARINC429 规范规定了航空运输工业航空电子系统生产部门对部件、通用设计、结构及试验规范的要求，保证在线上使用满意和有必要的互换性，使那些影响设备互换性的物理和电气特性达到最大程度的标准化，完善系统要求以达到地面和机载设备的兼容性，分配和规定频率以满足需要、进行标准机载通信和电子系统的协调工作和交换技术数据等。此标准在美国民用飞机上被广泛采用。我国航空工业参照 ARINC429 标准，于 1986 年颁布实施了行业标准 HB 6096—1986《SZ01 数字信息传输系统》，规定了航空电子设备及有关系统间的数字数据传输要求。目前出厂新机加装的机载设备如大气数据计算机、全球定位系统（global positioning system，GPS）、电子式飞行仪表（electronic flight instrument system，EFIS）、火控计算机、惯性导航系统（inertial navigation system，INS）等都是按 ARINC429 的标准与外设交换数据的。

2. ARINC429 数据传输特性

ARINC429 信号采用双极性归零制的三态码调制方式，即调制信号由高（HI）、零（NULL）、低状态（LOW）组成的三电平状态调制。高电平逻辑值为“1”，低电平逻辑值为“0”。同步是本数字信息传输系统所固有的特性，该调制方式属自身计时、自身同步。传送的每一个数据字字长 32 位，数据传输顺序是先发送第 1 位，然后依次发送至 32 位。先传标号，后传数据。当传输数据时，应首先传输最低位和最低有效字符。但标号应先传最高位，后传最低位，即字的最低有效位就是标号的最高有效位。连续传输的字与字之间至少有 4 位零电平持续时间即有 4 位的时间间隔为字同步，之后发送的第一位表示一个新字的开始。在一个字的调制信号中同样携带了位同步信息，位同步是由双极性归零码原先的“NULL”状态变至“HI”或“LOW”状态的这一状态变化来识别。图 4-1-1 为 ARINC429 双极归零码示意图。

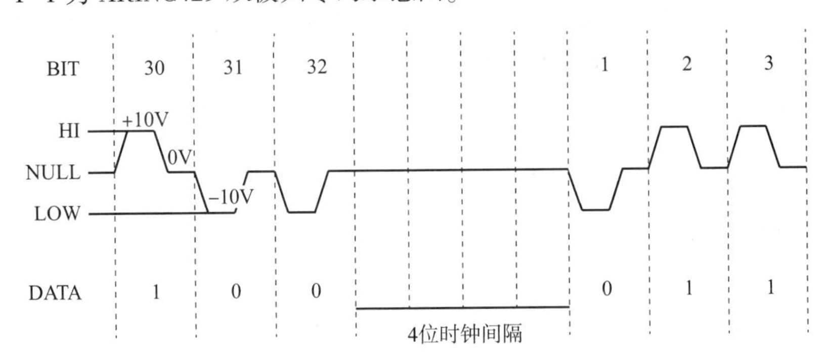

图 4-1-1　ARINC429 双极归零码示意图

ARINC429 电平协议是差分传输，能够较好地抑制共模干扰，抗干扰能力强。ARINC429

信号的电平标准见表 4-1-1。

表 4-1-1　ARINC429 信号的电平标准表

电平状态	发送端	接收端
HI	(+10±1.0)V	+6.5~13V
NULL	(0±0.5)V	-2.5~+2.5V
LOW	(-10±1.0)V	-13~-6.5V

表 4-1-1 中所列为发送端和接收端的线 A 到线 B 的电位差。由于考虑将受到噪声和脉冲畸变的干扰，接收器应能识别比发送端所发送信号范围更宽的电平。

ARINC429 的发送速度有两种：高速工作状态下的位速率为 100.0kb/s(1±1%)；低速工作状态的位速率应在 12.0~14.5kb/s 范围内。低速用于一般的低速电子设备，而高速则用于传输大容量的数据或飞行关键信息。

3. ARINC429 数据字的格式

ARINC429 通信采用带有奇数奇偶校验的 32 位信息字，基本信息单元是 32 位构成一个数据字。一个标准的 32 位数据字分为 5 个部分，ARINC429 数据字格式见表 4-1-2。

表 4-1-2　ARINC429 数据字格式表

位号	32	31 30	29 28…13 12 11	10 9	8 7…1
功能	奇偶校验位 (P)	符号状态位 (SSM)	数据区 (DATA)	源/目的地址识别码 (SDI)	标志码 (LABEL)

(1) 标志码 (LABEL)：第 1~8 位，用于标识传输的参数。标志码采用二进制编码，但用八进制表示，可标识 255 种参数。其用途：一是识别 BNR 和 BCD 数字内包含的信息，即知道标志码就知道所传输的是什么参数；二是识别做离散维护和 AIM 数据用的字。

(2) 源/目的地址识别码 (SDI)：第 9~10 位，当需要将特定字发送给多系统设备的某一特定接收系统时，或者多系统设备的源系统需要根据字的内容被接收器识别时，可用源、目标标识符功能。在两种情况下第 9 和第 10 位不表示源、目标标识功能。一种是字母和数字 (ISO5 号字母表) 数据字；另一种是根据分辨率的需要，把这两位用作有效数据的 BNR 或 BCD 数字数据字。

(3) 数据区 (DATA)：第 11(LSB3)~29(MSB) 位，将数据根据要求进行编码传输。

(4) 符号状态位 (SSM)：第 30~31 位，表示数字数据字的符号或者数据的状态，对于 BNR 和 BCD 数据字的 SSM 有不同的定义。SSM 也可以表明数据发生器硬件的状态，是无效数据还是实验数据。

(5) 奇偶校验位 (PARITY)：第 32 位，奇校验位。ARINC429 数字信息系统奇偶校验位逻辑提供的是奇校验，即保证 32 位中 1 的个数为奇数。

数据字有 5 种应用格式：BNR (二进制) 数据、BCD (二-十进制) 数据、离散数据、维修数据 (通用) 和 AIM 数据 (应答、ISO5 号字母表和用 ISO5 号字母表示的维护数据)。其中有两种数字语言编码的数字数据，它们占全部标号的 90%以上。一种按 2 的补码小数记法表示的 BNR 码，一些参数如航向、高度、油量等是用 BNR 格式编码；另一种按二—十进制表示法编码的是 BCD 码，有些参数如 DME 距离、真空速、总气温等是使用 BCD 格式编码的。单个信息可按系统应用要求采用其中的一种或两种语言编码。除了处理按上述规定的数字数据外，Mark33DITS 还可以在数据字的未用位（填充位，填充位为逻辑 0）中接收离散信息数据，必要时也可以用专用字来接收离散信息数据。离散数据中的 11～29 位可以由用户指定独立编码，鉴于不同的应用和发送结构，这些位可以有不同的含义，例如可以指示阀的开关状态；维护数据中的 11～29 位也可以由用户指定，例如用它指示系统某一部件的维护状态。

1）BCD 数据字

BCD 数据编码采用二—十进制表示法编码，通用 BCD 数据字格式见表 4-1-3。

表 4-1-3　通用 BCD 数据字格式表

位号	32	31～30	29～27	26～23	22～19	18～15	14～11	10～9	8～1	4 位寂静时间
功能	P	SSM	数据 第 5 组	数据 第 4 组	数据 第 3 组	数据 第 2 组	数据 第 1 组	SDI	标志	

表 4-1-3 中，BCD 数据字的数据组包括第 11 位到第 29 位，共 19 位。第 11 位是 LSB（最低位），第 29 位是 MSB（最高位），11 位到 29 位之间被分成 5 组，第 1 组称为最小有效字符，第 5 组称为最高有效字符。第 5 组只含 3 位，可以表示十进制数 0～7，其他 4 组各含 4 位，可以表示十进制数 0～9。这样 BCD 数据字有效位可以高达 5 位，如果要表示带小数点的数，则小数点的位置由分辨率决定，而分辨率是 429 对各种参数分别给定的。DME 距离为 257. 86n mile 的 BCD 数据组数据见表 4-1-4。

表 4-1-4　DME 距离为 257. 86n mile 的 BCD 数据组数据表

32	31 30	29 28 27 26 25 24 23 22 21 20 19 18 17 16 15 14 13 12 11					10 9	8 7 6 5 4 2 1
P [5]	SSM [4]	数据——→←——填充 ←——离散位 高位　[3]　[2]　低位					SDI [1]	信息标号
P	SSM	BCD CH#1	BCD CH#2	BCD CH#3	BCD CH#4	BCD CH#5		8 7 6 5 4 3 2 1
0	0 0	4 2 1 0 1 0	8 4 2 1 0 1 0 1	8 4 2 1 0 1 1 1	8 4 2 1 1 0 0 0	8 4 2 1 0 1 1 0	0 0	1 0 0 0 0 0 0 1
例子		2	5	7	8	6		DME 距离标志码：201
		DME 距离为 257. 86 n mile（有效位数 5，分辨率为 0. 01，范围为 0～399. 99，单位为 n mile）						

BCD 数据字符号/状态矩阵的各种表示含义见表 4-1-5。

表 4-1-5　BCD 数据字符号/状态矩阵的各种表示含义

位号		含义描述
31	30	BCD 数据
0	0	正、北、东、右、到、上或不需要符号

续表

位号		含义描述
0	1	非计算数据
1	0	功能测试
1	1	负、南、西、左、来自、下

2）BNR 数据字

BNR 数据字格式是一个比较宽的数值和角度表示范围，可以传输重量、选定航向、燃油量等。格式基本与 BCD 码相同，不同之处就是数据区表示范围更大，从 11 位到 28 位，29~31 位是符号状态码。BNR 数据编码采用 2 的补码小数记法。通用 BNR 数据字格式同表 4-1-3 BCD 数据字格式。数据组从第 11 位到第 28 位，共 18 位。第 11 位是 LSB，第 28 位是 MSB。根据编码原则，该数据组中的所有二进制表示的值最终均应以十进制读出。传输的 BNR 数据组数据举例见表 4-1-6。如何读出十进制数，下面以马赫数的计算来举例说明：

参数：马赫数八进制标号=205

MSB=马赫数 2.048

LSB=马赫数 0.0000625

表 4-1-6　传输的 BNR 数据组数据举例表

28	27	26	25	24	23	22	21	20	19	18	17	16	15	14	13	12	11
0	0	1	1	0	1	0	0	0	0	0	0	1	0	0	0	P	P
$\frac{1}{2}$	$\frac{1}{4}$	$\frac{1}{8}$	$\frac{1}{16}$	$\frac{1}{32}$	$\frac{1}{64}$	$\frac{1}{128}$	$\frac{1}{256}$	$\frac{1}{512}$	$\frac{1}{1024}$	$\frac{1}{2048}$	$\frac{1}{4096}$	$\frac{1}{8192}$	$\frac{1}{16384}$	$\frac{1}{32768}$	$\frac{1}{65536}$	0	0

28 位（MSB）= 马赫数最大值/2；13 位（LSB）是最低有效位，它表示最大值的 1/65536；12 位和 11 位为填充位（P 表示填充位，填充位为 0）。该数组所表示的马赫数就是逻辑值为“1”的各位表示值之和：

$$\text{马赫数}=4.096(1/8+1/16+1/64+1/8192)=0.8325$$

如果数据为负值，则负号反映在符号/状态标志中（1 代表负号，0 代表正号），数组中是补码形式，要逐位取反再末位加 1 才可以得到真值。31 位号和 30 位号的 BNR 数据字符号/状态矩阵的含义见表 4-1-7，29 位号的 BNR 数据字符号/状态矩阵的含义见表 4-1-8。

表 4-1-7　31 位号和 30 位号的 BNR 数据字符号/状态矩阵的含义表

位号		含义描述	位号		含义描述
31	30	BNR 数据	1	0	功能测试
0	0	故障告警	1	1	正常操作
0	1	×			

表 4-1-8　29 位号的 BNR 数据字符号/状态矩阵的含义表

位号	含义描述
29	BNR 数据
0	正、北、东、右、去往、上
1	负、南、西、左、来自、下

4.1.2　MIL-STD-1553 数据

20世纪70年代初，美国空军莱特实验室开始实施DAIS计划，首次将串行数据总线引入到军用飞机航空电子系统中。这就是1973年颁布的美国军用标准MIL-STD-1553《飞机内部时分制命令/响应多路数据总线》（Aircraft Internal Time Division Command/Response Multiplex Data Bus），该标准规定了飞机内部数字式的命令/响应时分制多路数据总线的技术要求，以及多路数据总线的操作方式、总线上的信息流的格式和电气要求。其作用是提供一个在不同系统之间的传输数据和信息的媒介。1973年，美国军方和政府共同推出了MIL-STD-1553B协议，于1975年4月30日发布了最初的A版本，并开始应用于美国空军的F-16战斗机和陆军的阿帕奇（Apache）攻击直升机AH-64A。1978年9月21日发布该协议的B版本，同时政府将该协议固定在B版本，也就是MIL-STD-1553B（简称1553B）总线标准，一直沿用至今。

国军标GJB289《飞机内部时分制指令/响应型多路传输数据总线》是由中国航空工业总公司参照1553B总线提出的，经国防科学技术工业委员会批准，于1987年3月27日发布，1987年10月1日起实施。由于该标准仅限于航空应用，因而需要对其进行修订，以满足陆、海及其它应用的要求，修订后的标准适用于海、陆、空及民用场合，修订后的标准更名为GJB289A-97（数字式时分制指令/响应型多路传输数据总线），经国防科学技术工业委员会批准，于1997年11月5日发布，1998年5月1日起实施。

目前，GJB289A标准已经在军用飞机、军用舰艇、陆军武器及工业方面得到了广泛的应用。在1997年后新研或者旧机改型的飞机中，只要有航空电子系统，就会使用符合该系列标准的总线。无论是在主机厂所，还是在航电设计、研制和生产单位，其1997年以后的标准化大纲中都引用了该标准。

1. 1553B总线系统的框架

一个典型的综合航电系统，通常是由若干个子系统连接到总线介质上形成，这些子系统相互独立，通过总线网络实现信息和资源的高度共享。1553B总线体系的结构也是这样，其系统组成如图4-1-2所示。

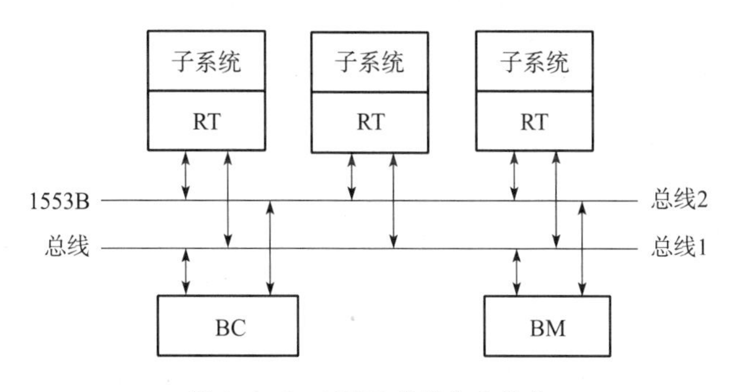

图4-1-2　1553B总线体系结构

由图4-1-2可知，1553B总线系统中主要包括四个部分：BC、RT、BM和1553B数据总线。1553B总线可以挂接3种类型的终端设备，即总线控制器（bus controller,

BC）、远程终端（remote terminal，RT）和总线监视器（bus monitor，BM）。

1）总线控制器

总线控制器是数据总线上唯一被指定执行启动信息传输任务的设备，发出数据总线命令，参与数据传输，接收状态响应和监视系统的状态，对数据总线实行控制和仲裁。数据总线系统可支持多个BC，但任何时候只能有一个BC处于激活状态，其他所有设备只能听令于该BC，而且要在规定的时间内对BC的指令作出响应。

2）远程终端

远程终端是子系统到数据总线上的接口，在BC的控制下传输数据，并对BC来的命令作出响应，既可以是独立的可更换组件，也可以嵌入在子系统内部。

3）总线监视器

总线监视器监视总线上传输的信息或有选择地提取信息，以对总线数据源进行记录和分析。除了接收包含它本身地址的消息外（如果给它分配了一个地址的话），对其他任何消息均不响应。其得到的信息仅限于脱机应用，或者给备用总线控制器提供信息，以便于总线控制器的替换。

4）1553B数据总线

1553B数据总线基本参数见表4-1-9。

表4-1-9 1553B数据总线基本参数表

<table>
<tr><th>参数名称</th><th>参数值</th><th>参数名称</th><th>参数值</th></tr>
<tr><td>数据传输速率</td><td>1MHz</td><td rowspan="5">消息格式</td><td rowspan="5">BC到RT
RT到BC
RT到RT
广播
系统控制</td></tr>
<tr><td>字长</td><td>20bit</td></tr>
<tr><td>有效数据字位数</td><td>16bit</td></tr>
<tr><td>消息长度</td><td>最长为32个字</td></tr>
<tr><td>通信方式</td><td>半双工</td></tr>
<tr><td>操作方式</td><td>异步</td><td>最大远程终端连接数</td><td>31</td></tr>
<tr><td>编码格式</td><td>双相曼彻斯特码Ⅱ</td><td>终端类型</td><td>RT、BC、BM</td></tr>
<tr><td>传输属性</td><td>指令/响应式</td><td>传输介质</td><td>双绞线</td></tr>
<tr><td>总线控制</td><td>单总线控制或多总线控制</td><td>耦合方式</td><td>变压器耦合和直接耦合</td></tr>
<tr><td>容错机制</td><td>双冗余总线</td><td></td><td></td></tr>
</table>

2. 1553B总线的数据格式

1553B总线采用双相曼彻斯特（Manchester）Ⅱ型码进行编码。这种码在每个码位中点处存在一个跳变，信号1是由1到0的负跳，而信号0则是由0到1的正跳。所谓双相，是双极性，本身包含定时的信息，它能与变压器耦合协调，形式如图4-1-3所示。

1553B总线上传输的基本信息是字，共有3种类型，分别为命令字、状态字和数据字。每个字的长度为20位，包括3位同步头、16位有效信息和1位奇校验位。各种字的格式如图4-1-4所示。

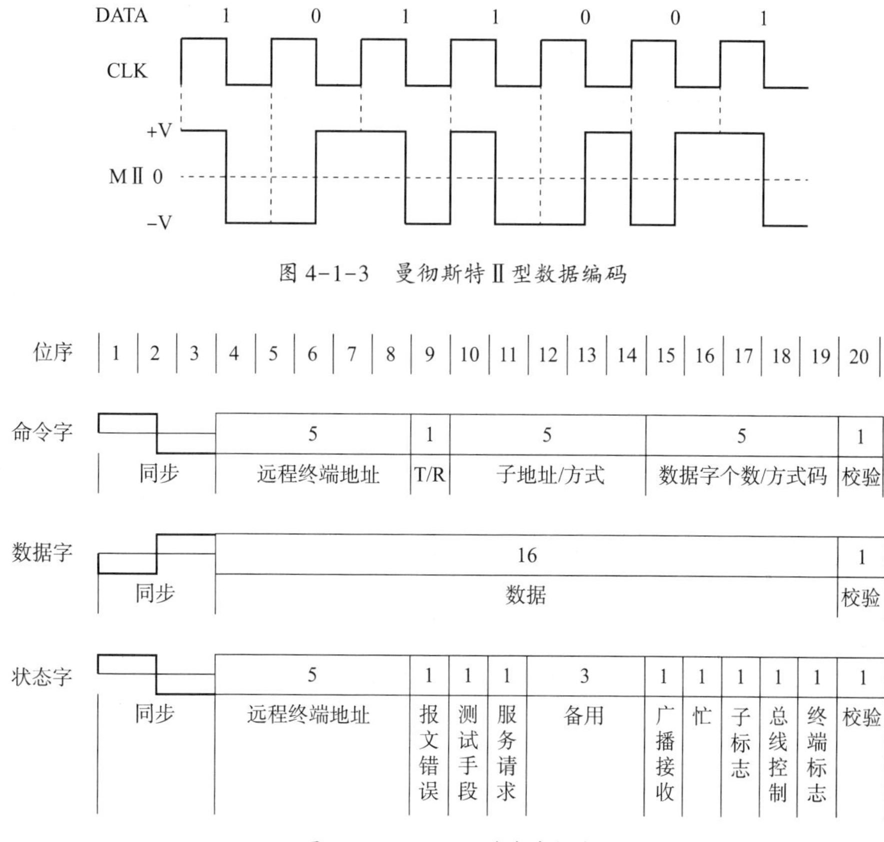

图 4-1-3　曼彻斯特Ⅱ型数据编码

图 4-1-4　1553B 总线字格式

1）命令字

命令字只能由总线控制器发出，用于通信联系和系统控制，格式如图 4-1-4 所示。命令字规定了远程终端 RT 所要执行的操作和传输过程的方式。命令字是由 3bit 的同步头、5bit 的 RT 地址、1bit 的发送/接收位、5bit 的子地址/模式字段、5bit 的字计数/模式字段和一个比特的奇偶校验位组成。

（1）同步头。bit1～3，命令字的同步头不是曼彻斯特的编码格式。其宽度为 3bit，前 1.5 个比特的波形为高，后 1.5 个比特的波形为低。

（2）RT 地址。bit4～8，紧跟在同步头后。在总线系统中，每个远程终端被指定一个专有地址，从“00000”到“11110”均可采用，但尽量不采用“00000”作为远程终端的专有地址。当远程终端地址为“11111”时，表示所有远程终端都共用一个地址，总线系统为广播操作方式，此时数据的传输对总线上所有终端进行，而且 T/R 位总是 0。所以总线上最多只能挂载 31 个远程终端。而这 5bit 的 RT 地址用于指出总线控制器要与具体哪个终端对话。

（3）发送/接收位。bit9，发送/接收位指定了远程终端发送或接收数据时的操作，当该位为 0 时指定远程终端作接收操作；为 1 时则指定远程终端作发送操作。

（4）子地址/模式字段。bit10～14，该字段是用来区分远程终端的子地址，指明从哪个数据缓存区取出所要传输的信息。当该字段的值为“00000”或“11111”时，总线系统进入模式控制，模式控制仅用于与总线系统有关的硬件之间的通信和信息流的管理，而不用于子系统的接收数据或写入数据。其功能的具体含义则由后面的字计数/模式代码字段来表示，称之为模式码，此时的命令字为模式代码命令字。

（5）字计数/模式代码字段。bit15～19，该字段是用来指定远程终端一次数据传输所应发送或接收的数据字的个数。任何一个消息块内最多可以接收或发送 32 个数据字，“11111”则表示十进制计数 31，“00000”则表示十进制计数 32。当命令字为模式命令字时，这五位比特的字段为模式代码，表示模式命令字功能的具体含义。

（6）奇校验位（PAR）。bit20，最后一个比特位是用作前 16 位的奇校验位，即 $a1 \oplus a2 \oplus a3 \oplus \cdots \oplus a16 \oplus p = 1$。

2）数据字

数据字既可以由总线控制器传送到终端，也可以从终端传至总线控制器，或从某终端传至另一终端。数据字在通信中用于传输数据，格式如图 4-1-4 所示。数据字由 3bit 的同步头、16bit 的数据段和 1bit 的奇校验位组成。

（1）同步头：bit1～3，宽度为 3 位，表示字的开始时刻，并用于区分字类型。数据字的同步头与命令字、状态字的同步头有所不同，它同步头中的前 1.5bit 的波形为低，后 1.5bit 的波形为高。

（2）数据段：bit4～19，宽度为 16 位，表示 16 位的数据。在同步头后面紧跟的是 16bit 的有效数据信息，以最高位在前、最低位在尾的顺序来排列。

（3）校验位：bit20，用于前 16 位有效位的奇校验。

3）状态字

状态字是 RT 收到 BC 发出的消息后作出的响应，用来反映自身的状态。BC 在收到状态字后，决定该 RT 的下个行为。状态字只能由远程终端发出，用于对总线控制器所发命令的应答，格式如图 4-1-4 所示。

状态字由 3bit 的同步头、5bit 的 RT 地址字段、1bit 的消息出错位、1bit 的测试位、1bit 的服务请求位、3bit 的保留位、1bit 的广播命令接收位、1bit 的忙位、1bit 的子系统标志位、1bit 的动态总线接收位、1bit 的终端标志位及 1bit 的奇校验位组成。其中，状态字的同步头特征和奇偶校验位与命令字相同，由于传送方向相反，所以不会混淆。

（1）远程终端地址。bit4～8，宽度为 5 位。此字段反映的是响应命令字的远程终端的地址，该字段的主要作用：一是在正确的消息通信中，状态字的地址应与命令字中的终端地址一致，这点也可以用来判断消息的正确性；二是状态字不会被其他终端误认为命令字而接收。

（2）消息出错位。bit9，该比特位是用来表示本远程终端在收到的消息中是否有字没有通过规定的有效性测试。当其为逻辑“1”表示消息有错，为逻辑“0”表示消息无错。所有的 RT 都应提供消息出错位。1553B 有关消息的有效性规定如下：只有满足下列 3 个条件才是传输中无错误：第一是字有效，即同步头正确、曼彻斯特Ⅱ型编码正确、校验位正确；第二是信息有效，这是指在一次数据块传输中，命令字和数据字之间以及数据字之间在时间上是连续的；第三是命令有效，如命令字中的 T/R 位为 0，是要求终端接收，命令字中的数据字个数应与实际接收的实际个数一致，无非法命令。

（3）测试位。bit10，由于命令字和状态字的同步头是一样的，所以必须有一个特殊的标志来区分。该比特位就是用来区分命令字和状态字的。在状态字中，该位一直为 0，而在命令字中同一位则置 1。一旦它被使用，就会使得命令字里的子系统地址数减少到 15 个。在模式代码里，子系统的地址段必须为“11111”。

（4）服务请求位。bit11，是用来表示本 RT 需要服务的，要求 BC 启动与本 RT 或子系统有关的预定操作。当与单一的 RT 相连的多个子系统分别请求服务时，RT 应将它们各自的服务请求信号逻辑或，形成状态字中单一的服务请求位。设计者在逻辑或完成后必须预备单独的数据字，用来供具体请求服务子系统的识别。并且状态字中的“服务请求位”应该维持到几个请求信号都处理完为止。该位仅用来激发随机发生的数据传输操作。逻辑“1”表明有 RT 服务请求，逻辑“0”则表明无 RT 的服务请求。该位是可选位。

（5）保留字段。bit12～14，这三个比特位的保留字段必须置为“0”，若其中的任何一位被置“1”且被反馈到 BC，那么 BC 就认为发送到 RT 的消息中有错误。

（6）广播命令接收位。bit15，该比特位用来表明 RT 是否收到有效的广播命令字。当 RT 接收到有效的广播命令字时，该位置“1”，同时禁止发送状态字。总线控制器 BC 可以通过发送一条发送状态字的命令或是发送上一个命令字的模式代码，来检测 RT 是否收到了正确的广播命令字。

（7）忙位。bit16，当该比特位置为逻辑“1”时，表示此 RT 处在忙碌状态，此时它不能按照 BC 的命令要求将数据存入子系统或从子系统取出数据，RT 将只能发送状态字。这种情况可以存在于除广播命令外的所有情况之中。因为在上述所有情况下，当前的 BC 都能够得到从状态字返回来的响应。而在广播命令的情况下，由于广播命令时是不会返回状态字，所以这个时候要了解 RT 接收广播信息的情况，就必须另外发送一个模式代码到 RT 来查询，返回的状态字只有在广播接收位置“1”，忙位置“0”才表示消息被有效接收到。

（8）子系统标志位。bit17，该比特位用来向 BC 指出子系统中所存在的故障，并且可以用来警告 BC 本 RT 提供的数据可能无效。如果与本 RT 相连的几个子系统都存在故障的时候，应将它们各自的信号进行逻辑或，然后形成状态字中的子系统标志位，并将事先准备好的一个数据字中的相应位置“1”，记录故障报告，以供以后的检测与分析。由于模式命令只涉及终端本身的硬件，而不涉及系统分析，因此调查子系统的故障情况不能用模式命令。该位为可选位，逻辑“1”表示有故障标志，逻辑“0”表示无故障标志。

（9）动态总线接收位。bit18，该比特位是特别为总线系统中 BC 转移而设置的。当一个备用 BC 用“动态总线控制”的模式命令来转移目前激活 BC 的控制权时，如果这个备用 BC 是接受总线系统的控制，那么它将动态总线接收位置“1”并进行响应。在传输完状态字后，该备用 BC 就获得了总线系统的控制。如果备用 BC 不受总线系统的控制，那么目前激活的 BC 将继续控制总线系统。

（10）终端标志位。bit19，该比特位置逻辑“1”表示本 RT 内部存在故障，请求总线控制器进行处理，而为逻辑“0”时则代表不存在故障。该比特位的信息与禁止终端特征位、取消禁止终端特征位和发送自检测字模式命令这三个模式命令字有相互关系。

3. 1553B 总线消息格式

1553B 总线的交互使用消息（也称报文）形式，一个消息可以由命令字、状态字和 0~32 个数据字组成。1553B 定义了 10 种消息格式，可分为数据传输、方式控制和广播消息三类。

1）数据传输消息格式

数据传输消息格式有 3 种，如图 4-1-5 所示。其中 BC→RT 和 RT→BC 的传输完成总线控制器与远程终端之间的数据交换。RT→RT 的传输是在 BC 的控制下完成 RT 之间数据交换。

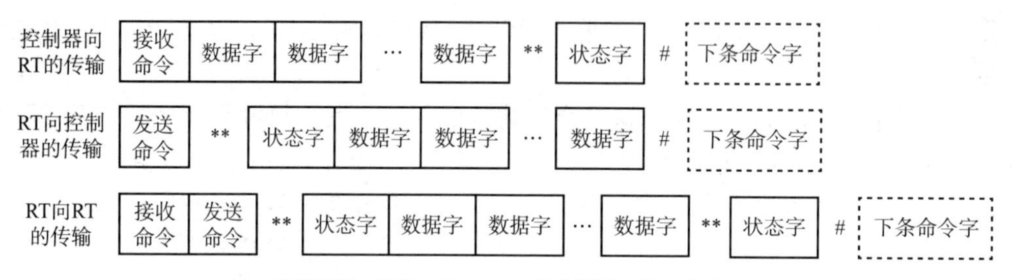

图 4-1-5　数据传输消息格式

（1）总线控制器向远程终端的传输（BC→RT）。

总线控制器向远程终端发出一条接收命令及规定数目的数据字，命令字和数据字以无间隔的连续形式发送。后者在消息核实之后，应发回一个状态字给总线控制器。

（2）远程终端向总线控制器的传输（RT→BC）。

总线控制器向远程终端发出一条发送指令，远程终端在核实指令后回送一个状态字，并向控制器发送规定数目的数据字。状态字和数据字以无间隔方式连续发出。

（3）远程终端向远程终端的传输（RTA→RTB）。

总线控制器向远程终端 A 发出一条接收指令，然后向远程终端 B 发出一条发送指令。远程终端 B 核实指令后，发送一个状态字和规定数目的数据字。状态字和数据字以无间隔方式连续发送。在远程终端 B 的数据传输结束时，远程终端 A 在接收到规定数目的数据字之后，应在规定的响应时间内发送一个状态字。

2）方式控制消息格式

方式控制消息格式也有 3 种，如图 4-1-6 所示。

（1）不带数据字的方式命令

总线控制器使用规定的方式代码向远程终端发出一条发送命令，该远程终端核实指令后，发送一个状态字。

（2）带数据字的方式命令（发送）。

总线控制器使用规定的方式代码向远程终端发出一条发送命令。该远程终端核实命令后，发送一个状态字，继之以一个包含相关信息的数据字（例如，返回自测试结果）。状态字和数据字以没有字间间隔的连续形式发送。

（3）带数据字的方式命令（接收）。

总线控制器使用规定的方式代码向远程终端发一条接收命令，继之以一个含相关信

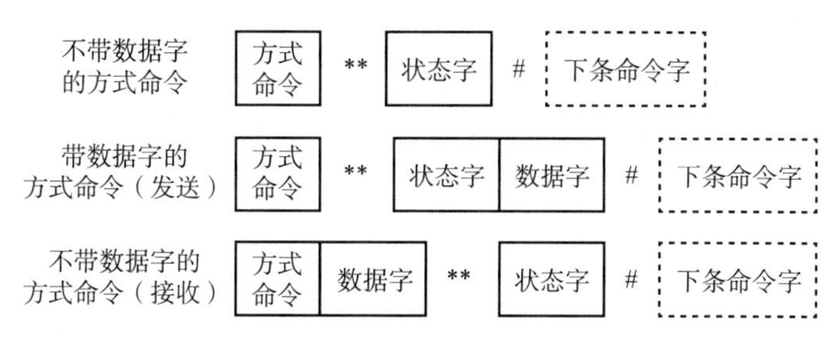

图 4-1-6　方式控制消息格式

息的数据字（如初始同步数值）。该远程终端核实指令字和数据字之后，应发回一个状态字给控制器。

3）广播消息格式

广播消息包括广播数据和广播方式命令，共 4 种方式，如图 4-1-7 所示。总线控制器或某一个远程终端将数据发至所有其他终端，而不需要确认接收终端的状态。其中有一个例外，在进行 RT 至 RT 广播操作时，发送数据的 RT 要先返回状态字。广播传输似乎效率很高，但由于数据发送端对各接收端的数据接收状态无法确认，因此难以确保消息传输的可靠性，所以应谨慎使用。

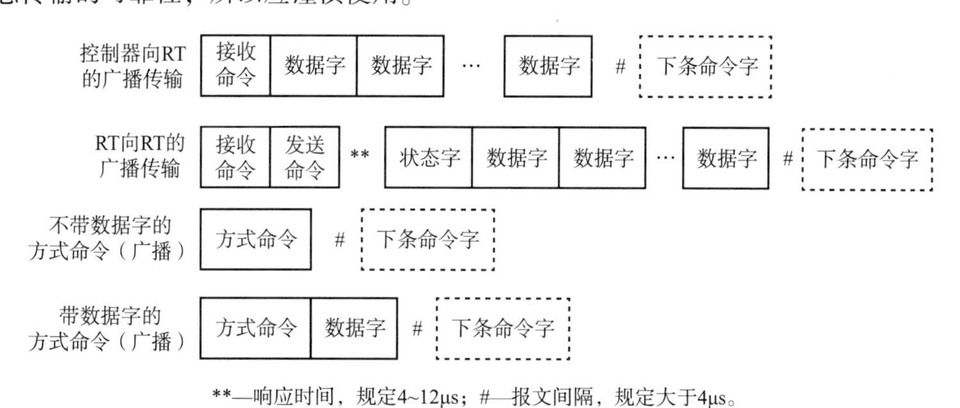

图 4-1-7　广播消息格式

（1）总线控制器向各远程终端的传输（广播）。

总线控制器应发出一个接收命令字，其中远程终端地址字段为 11111，继之以规定的数据字，命令字和数据字应以没有字间间隔的连续形式发送。具有广播选择方式的各远程终端在消息核实以后，在状态字中将广播命令接收位置“1”，但不回送状态字。

（2）远程终端向远程终端的传输（广播）。

总线控制器应发出一个接收命令字，其中远程终端地址字段为 11111，继之以使用远程终端地址向远程终端 A 发出一条发送命令。远程终端 A 在指令字核实以后，应发一状态字，继之以规定数目的数据字。状态字和数据字应以没有字间间隔的连续形式发送。具有广播选择方式的远距终端（除远距终端 A 外），均应在消息核实之后，在状态字中将广播接收位置“1”，但不回送状态字。

（3）不带数据字的方式命令（广播）。

总线控制器按规定的方式码发出一个发送命令字，其中终端地址字段为 11111。具有广播选择方式的各远程终端核实命令后，在状态字中将广播接收位置“1”，但不回送状态字。

（4）带数据字的方式命令（广播）。

总线控制器按规定的方式码发出一个接收命令字，其中远程终端地址字段为 11111，继之发送一个数据字。具有广播选择方式的各远程终端核实消息后，在状态字中将广播接收位置“1”，但不应回送状态字。

4.1.3　RS-232 数据

目前 RS-232C 是 PC 机与通信工业中应用最广泛的一种串行接口。RS-232C 接口标准的全称是 EIA-RS-232C 标准（electronic industrial-associate-recommended standard 232C），是美国电子工业联合会（electronic industrial association，EIA）与 BELL 等公司一起开发的于 1969 年公布的通信协议。232 是标准编号，C 指的是第三次修订。RS-232C 采取不平衡传输方式，即所谓单端通信，适合于数据传输速率在 0～20000bit/s 范围内、传输距离在 15m 以内的通信。由于通信设备厂商大都生产与 RS-232C 制式兼容的通信设备，因此，它作为一种标准，目前已在微机串行通信接口中广泛采用。

RS-232C 标准最初是为远程通信连接数据终端设备（data terminal equipment，DTE）与数据通信设备（data communication equipment，DCE）而制定的。因此，这个标准的制定，并未考虑计算机系统的应用要求。但目前它又广泛地被借来用于计算机（更准确地说，是计算机接口）与终端或外设之间的近端连接标准。很显然，这个标准的有些规定及定义和计算机系统是不一致的，甚至是相矛盾的。

RS-232C 标准中所提到的“发送”和“接收”，都是从 DTE 的角度来说的，而不是从 DCE 的角度定义的。由于在计算机系统中，往往是 CPU 和 I/O 设备之间传送信息，两者都是 DTE，因此双方都能发送或接收。

1. 信号线定义

EIA-RS-232C 标准规定了在串行通信时，数据终端设备 DTE 和数据通信设备 DCE 之间的接口信号。DB-25 和 DB-9 连接器 RS-232C 接口信号名称、缩写、方向见表 4-1-10。

表 4-1-10　DB-25 和 DB-9 连接器 RS-232C 接口信号名称、缩写、方向

DB-25 线序号	DB-9 线序号	信号名称	缩写名	方向
1		保护地	PG	无方向
2	3	发送数据 *	TxD	DTE→DCE
3	2	接收数据 *	RxD	DTE←DCE
4	7	请求发送 *	RTS	DTE→DCE
5	8	允许发送 *	CTS	DTE←DCE
6	6	DCE 准备就绪 *	DSR	DTE←DCE
7	5	公共信号地 *	SG	无方向

续表

DB-25 线序号	DB-9 线序号	信号名称	缩写名	方向
8	1	数据载波检出 *	DCD	DTE←DCE
9		测试用		
10		测试用		
11		未定义		
12		辅信道接收线载波检测	SCD	DTE←DCE
13		辅信道的允许发送	SCTS	DTE←DCE
14		辅信道的发送数据	STD	DTE→DCE
15		发送器定时时钟	TSET	DTE→DCE
16		辅信道的接收数据	SRD	DTE←DCE
17		接收器定时时钟	RSET	DTE←DCE
18		未定义		
19		辅信道的请求发送	SRTS	DTE→DCE
20	4	DTE 准备就绪 *	DTR	DTE→DCE
21		信号质量检测	SQD	DTE←DCE
22	9	振铃指示 *	RI	DTE←DCE
23		数据信号速率选择	DSRS	DTE→DCE
24		从外部向 DTE 和 DCE 提供的时钟	ESET	DTE←DCE
25		未定义		

注：* 表示与主信道相关。

收、发端的数据信号是相对于信号地，如从 DTE 设备发出的数据在使用 DB-25 连接器时是 2 脚相对 7 脚（信号地）的电平。

由表 4-1-10 可以看出，RS-232C 标准为主信道和辅信道共分配了 25 条线，其中辅信道的信号线几乎没有使用，而主信道的信号线有 9 条（表中带 * 号的），以下对这 9 个信号进行说明：

2 号线，发送数据（transmitted data，TxD）：通过 TxD 线 DTE 终端将串行数据发送到 MODEM。

3 号线，接收数据（received data，RxD）：通过 RxD 线 DTE 终端接收从 MODEM 发来的串行数据。

4 号线，请求发送（request to send，RTS）：用来表示 DTE 请求 DCE 发送数据，即当终端要发送数据时，使该信号有效（ON 状态），向 MODEM 请求发送。它用来控制 MODEM 是否要进入发送状态。

5 号线，允许发送（clear to send，CTS）：用来表示 DCE 准备好接收 DTE 发来的数据。是对请求发送信号 RTS 的响应信号。当 MODEM 已准备好接收终端传来的数据并向前发送时，使该信号有效，通知 DTE 终端开始沿发送数据线 TxD 发送数据。

4 号线和 5 号线这对 RTS/CTS 请求应答联络信号是用于采用 MODEM 的半双工系统中作发送方式和接收方式之间的切换。在全双工系统中，因配置双向通道，因此不需 RTS/CTS 联络信号，使其处于高电平状态。

6 号线，数据通信设备准备就绪（data set ready，DSR）：有效时（ON 状态），表明 MODEM 处于可以使用的状态。

7 号线，信号地（signal ground，SG）：所有公共信号地。

8 号线，数据载波检测（data carrier detection，DCD）线：表示 DCE 已接通通信链路，告之 DTE 准备接收数据。当本地的 MODEM 收到由通信链路另一端（远地）的 MODEM 送来的载波信号时，使 DCD 信号有效，通知 DTE 终端准备接收，并且由 MODEM 将接收下来的载波信号解调成数字数据后，沿接收数据线 RxD 送到 DTE 终端。

20 号线，数据终端设备准备就绪（data set ready，DTR）：有效时（ON 状态），表明数据终端可以使用。

6 号线和 20 号线这对 DSR 和 DTR 信号有时连到电源上，一上电就立即有效。目前有些 RS-232C 接口甚至省去了用以指示设备是否准备好的这类信号，认为设备是始终都准备好的。可见这两个设备状态信号有效，只表示设备本身可用，并不说明通信链路可以开始进行通信了。

22 号线，振铃指示（ringing indication，RI）：当 MODEM 收到交换台送来的振铃呼叫信号时，使该信号有效（ON 状态）；通知终端，已被呼叫。

上述控制信号线何时有效、何时无效的顺序表示了接口信号的传送过程。例如，只有当 DSR 和 DTR 都处于有效（ON）状态时，才能在 DTE 和 DCE 之间进行传送操作。若 DTE 要发送数据，则预先将 RTS 线置成有效（ON）状态；等 CTS 线上收到有效（ON）状态的回答后，才能在 TxD 线上发送串行数据。这种顺序的规定对半双工的通信线路特别有用，因为半双工的通信线路进行双向传送时，有一个换向问题，只有当收到 DCE 的 CTS 线为有效（ON）状态后，才能确定 DCE 已由接收方向改为发送方向了，这时线路才能开始发送。

辅信道信号和主信道类似，这里不再赘述。

2. 机械特性

RS-232C 标准规定了 25 针连接器 DB-25，并且规定在 DTE 一端的插座为插针型，在 DCE 一端为插孔型。由表 4-1-10 可知，RS-232C 既可以用于同步通信，也可以用于异步通信。在进行异步通信时，最多也只需 9 个信号：2 个数据信号、6 个控制信号、1 个公共信号地。因此微机一般都采用 DB-9 型连接器，作为多功能 I/O 卡或主板上 COM1 和 COM2 两个串行口的连接器。图 4-1-8 为插孔型 DB-25 和 DB-9 连接器示意图。

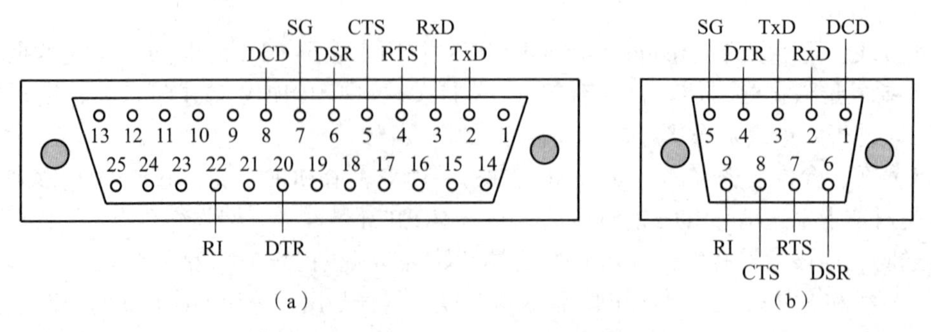

图 4-1-8　DB-25 型和 DB-9 型连接器

(a) DB-25 型连接器；(b) DB-9 型连接器。

由图 4-1-8 可知，DB-9 型连接器的引脚信号分配与 DB-25 型引脚信号分布完全不同。因此，若通信的两端分别配接 DB-25 型连接器和 DB-9 型连接器，则必须使用专门的电缆连接。

在通信速率低于 20kb/s 时，RS-232C 所能直接连接的最大物理距离为 15m。

RS-232C 标准规定，若不使用 MODEM，在码元畸变小于 4%的情况下，DTE 和 DCE 之间的最大传输距离为 15m。可见这个最大的距离是在码元畸变小于 4%的前提下给出的。为了保证码元畸变小于 4%的要求，接口标准在电气特性中规定，驱动器的负载电容应小于 2500pF。例如，采用每英尺的电容值为 40~50pF 的普通非屏蔽多芯电缆作传输线，则传输电缆的长度，即传输距离为

$$L=\frac{2500\text{pF}}{50\text{pF/英尺}}=50\text{ 英尺}\approx 15.24\text{m}$$

然而，在异步通信实际应用中，当码元畸变超过 4%，甚至为 10%~20%时，也能正常传输信息，这意味着驱动器的负载电容可以超过 2500pF，而且由于工艺的改进，每英尺电缆的电容值也远远小于 40~50pF，因而传输距离往往可大大超过 15m。

3. 电气特性

目前 EIA-RS-232C 标准已广泛应用于计算机接口与外设或终端之间的直接连接。该标准对串行通信接口的有关问题，如信号线功能、信号的逻辑电平都做了明确规定。RS-232C 与 TTL 电平有很大的差别，因此两者之间一般要进行转换。

1. 在 TxD 和 RxD 数据上

逻辑 1（MARK）：发送端为-5~-15V，接收端为-3~-25V。

逻辑 0（SPACE）：发送端为+5~+15V，接收端为+3~+25V。

2. 在 RTS、CTS、DSR、DTR 及 DCD 等控制线上

信号有效（接通，ON 状态，正电压）：发送端为+5~+15V，接收端为+3~+25V。

信号无效（断开，OFF 状态，负电压）：发送端为-5~-15V，接收端为-3~-25V。

以上规定说明了 RS-232C 标准对逻辑电平的定义。对于数据（信息码）：逻辑 1 的电平为发送端低于-5V，而接收端低于-3V；逻辑 0 的电平为发送端高于+5V，而接收端高于+3V。对于控制信号：接通状态（ON），即信号有效的电平为发送端高于+5V，而接收端高于+3V；断开状态（OFF），即信号无效的电压为发送端低于-5V，而接收端低于-3V。也就是，在发送端，发送电压的值大于+5V 和小于-5V 时，电路可以进行有效的控制，介于-5V 和+5V 的电压为过渡电压，无意义，低于-15V 或高于+15V 的电压也认为无意义；在接收端，当电压的值大于+3V 和小于-3V 时，电路可以有效地检查出来，介于-3V 和+3V 的电压为过渡电压，无意义；低于-25V 或高于+25V 的电压也认为无意义。因此，在实际工作时，为了保持两端一致性（两端对等），一般应保证电压在±5~±15V；而在 PC 中，由于微机电源只提供±12V 的通信用电源，所以电压在±5~±12V。

4.1.4　RS-422 数据

RS-422A 全名为“平衡电压数字接口电路的电气特性”（electronic characteristics of balanced voltage digital interface circuits），它是美国电子工业协会（electronic industry association，EIA）制定的一种串行物理接口标准。RS 是英文“推荐标准”的缩写，422

为标识号，A 表示修改次数。

RS-422 由 RS-232 发展而来，它是一种单机发送、多机接收的单向、平衡传输规范。为改进 RS-232 通信距离短、速度低的缺点，RS-422 定义了一种平衡通信接口，将传输速率提高到 10Mb/s，并允许在一条平衡总线上连接最多 10 个接收器。

1. 电气连接

RS-422A 标准的接口电路由发送器、平衡连接电缆、电缆终端负载和接收器组成。RS-422A 标准是一种平衡方式传输。所谓平衡方式，是指双端发送和双端接收。所以传送信号要用两条线 AA′和 BB′，即一对双绞线，实际上还有一根信号地线，发送端和接收端分别采用平衡发送器（驱动器）和差分接收器。RS-422A 接口标准的电气连接如图 4-1-9 所示。

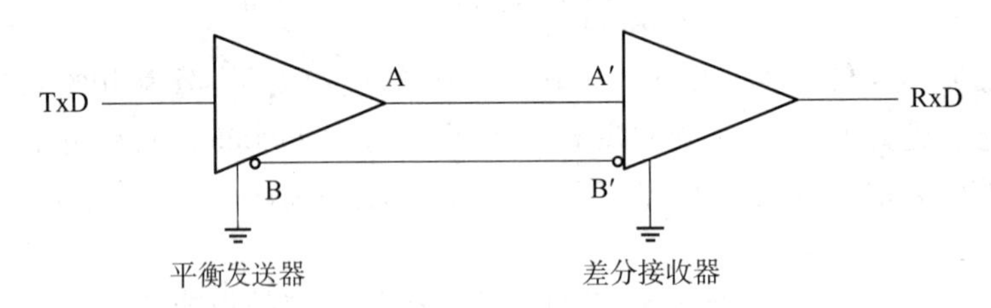

图 4-1-9 RS-422A 接口标准的电气连接

2. 电气特性

该标准的电气特性对逻辑电平的定义是根据两条传输线之间的电位差值决定。当 AA′线的电压比 BB′线的电压高 200mV 时，表示逻辑“1”；当 AA′线的电压比 BB′线的电压低 200mV 时，表示逻辑“0”。它通过平衡发送器把逻辑电平变换成电位差，完成发送端的信息发送；通过差分接收器，把电位差变成逻辑电平，实现终端的信息接收。

由于 RS-422A 标准采用了双线传输，大大增强了共模抗干扰的能力。通常情况下，发送驱动器 A、B 之间的正电平在+2～+6V，是一个逻辑状态，负电平在-2～-6V，是另一个逻辑状态。接收器也作与发送端相对应的规定，收、发端通过平衡双绞线将 AA′与 BB′对应相连，当在接收端 A′B′之间有大于+200mV 的电平时，输出逻辑“1”；小于-200mV 时，输出逻辑“0”。接收器接收平衡线上的电平范围通常在 200mV～6V。接收端的电压范围如图 4-1-10 所示。图 4-1-11 为 DB-9 连接器引脚定义。

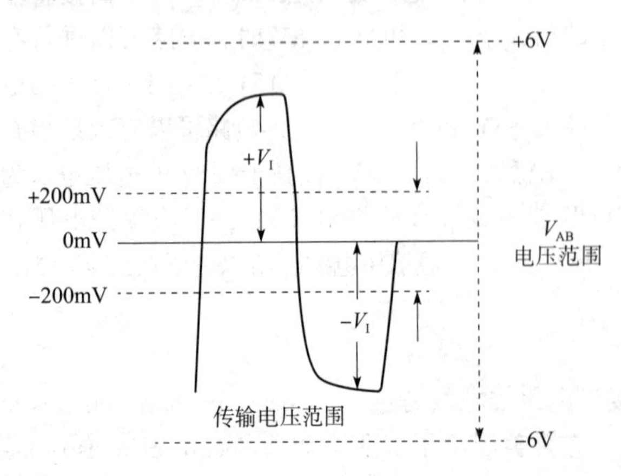

图 4-1-10 RS-422A 接收电压范围

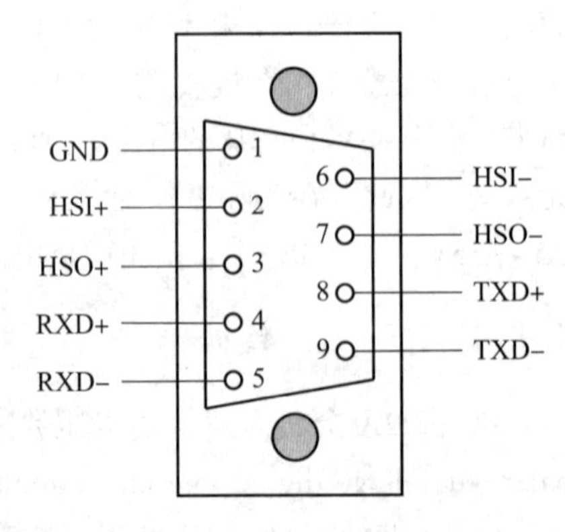

图 4-1-11 DB-9 连接器引脚定义

当传输距离在12m以内时，数据速率可达到10Mb/s，传输距离增加则速率降低；当传输距离为1km时，允许的最大传输速率为100kb/s。该标准规定电路中只能有1个发送器，可有多个接收器。

4.1.5　RS-485数据

为扩展应用范围，EIA又于1983年在RS-422基础上制定了RS-485标准，增加了多点、双向通信能力，即允许多个发送器连接到同一条总线，同时增加了发送器的驱动能力和冲突保护特性，扩展了总线共模范围，后命名为TIA/EIA-485-A标准。由于EIA提出的建议标准都是以“RS”作为前缀，所以在通信工业领域，仍然习惯将上述标准以RS作前缀称谓。

1. 电气连接

RS-422和RS-485标准的主要差别是：RS-422A标准只许电路中有一个发送器，而RS-485标准允许在电路中有多个发送器。因此，它是一种多发送器/多接收器的标准。RS-485允许一个发送器驱动多个负载设备，负载设备可以是驱动发送器、接收器、收发器组合单元。RS-485的共线电路结构是在一对平衡传输线的两端都配置终端电阻，其发送器、接收器、组合收发器可挂在平衡传输线上的任何位置，实现在数据传输中多个驱动器和接收器共用同一传输线的多点应用，其配置如图4-1-12所示。

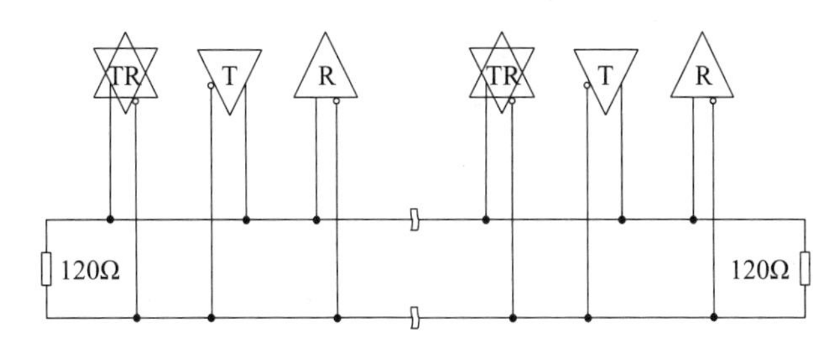

图4-1-12　RS-485接口标准的电气连接示意图

2. 电气特性

RS-485主要的电气特性可以归结如下：

（1）RS-485采用差分信号，+2～+6V表示“1”，-6～-2V表示“0”。接口信号电平比RS-232降低了，不易损坏接口电路的芯片，且该电平与TTL电平兼容，可方便与TTL电路连接。RS-485与RS-422的共模输出电压是不同的，RS-485的共模输出电压是-7～+12V。

（1）RS-485的数据最高传输速率为10Mb/s。

（3）RS-485接口是采用平衡驱动器和差分接收器的组合，抗共模干扰能力增强，即抗噪声干扰性好。

（4）RS-485需要2个终接电阻，其阻值要求等于传输电缆的特性阻抗。在短距离传输时可不需终接电阻，即一般在300m以下不需终接电阻。终接电阻接在传输总线的两端。

（5）RS-485接口均采用屏蔽双绞线传输。因为RS-485接口具有良好的抗噪声干扰性、长的传输距离和多站能力等优点使其成为首选的串行接口。因为RS-485接口组成的半双工网络一般只需两根连线，所以 RS-485 接口均采用屏蔽双绞线传输。

（6）RS-485 接口的最大传输距离标准值为 4000 英尺，约为 1219m，实际上可达 3000m，另外 RS-232 接口在总线上只允许连接 1 个收发器，即单站能力。而 RS-485 接口在总线上允许连接多达 128 个收发器，即具有多站能力，这样用户可以利用单一的 RS-485 接口方便地建立起设备网络。RS-232、RS-422 及 RS-485 三种总线异同见表 4-1-11。

表 4-1-11　RS-232、RS-422 及 RS-485 三种总线异同

序号	参数名称	RS-232C	RS-422A	RS-485
1	出现时间	1962 年	—	1983 年
2	工作方式	单端	差分	差分
3	节点数	1 收 1 发	1 发 10 收	32 发 32 收
4	最大传输电缆长度	15m	1200m（90kb/s）	1200m（100kb/s）
5	最大传输速率	20kb/s	10Mb/s	10Mb/s
6	最大驱动输出电压	±25V	±6V	-7～+12V
7	驱动器输出（信号电平）	±5V（带负载） ±15V（未带负载）	±2V（带负载） ±6V（未带负载）	±1.5V（带负载） ±5V（未带负载）
8	驱动器负载阻抗	3～7kΩ	100Ω	54Ω
9	接收器输入电压范围	±15V	±12V	-7～+12V
10	接收器输入门限	±3V	±200mV	±200mV
11	接收器输入阻抗	2～7kΩ	≥4kΩ	≥12kΩ
12	驱动器共模电压	-3～+3V	1～+3V	-7～+12V
13	接收器共模电压	-7～+7V	-7～+12V	-7～+12V
14	接收器敏感度	—	±0.2V	±0.2V
15	终端电阻个数	0	1	2
16	使能端	无	无	有
17	逻辑 1（发送端）	+5～+15V	A>B（+2～+6V）	A>B（+2～+6V）
18	逻辑 0（发送端）	-5～-15V	A<B（-2～-6V）	A<B（-2～-6V）
19	逻辑 1（接收端）	+3～+12V	A>B（大于+200mV）	A>B（大于+200mV）
20	逻辑 0（接收端）	-3～-12V	A<B（小于-200mV）	A<B（小于-200mV）
21	高阻态	无	无	有

从表 4-1-11 的比较可以看出，RS-485 支持的节点数最多，负载阻抗最小，虽然传输距离和传输速度与 RS-422 一样，但是 RS-485 接收的共模电压范围比 RS-422 宽，总体性能上优于 RS-422，这就是工业环境的产品选择 RS-485 接口作为通信接口的最主要的原因。RS-422、RS-485 与 RS-232 不一样，数据信号采用差分传输方式，也称作平衡传输，它使用一对双绞线，将其中一线定义为 A，另一线定义为 B。通常情况下，发送驱动器 A、B 之间的正电平在+2～+6V，是一个逻辑状态，负电平在-2～-6V，是另一个逻辑状态。另有一个信号地，在 RS-485 中还有一个“使能”端，而在 RS-422 中

这是可用可不用的。“使能”端用于控制发送驱动器与传输线的切断与连接。当“使能”端起作用时，发送驱动器处于高阻状态，称作“第三态”，即它是有别于逻辑“1”与“0”的第三态。接收器也做与发送端相对的规定，收、发端通过平衡双绞线将AA与BB对应相连，当在接收端AB之间有大于+200mV的电平时，输出正逻辑电平，小于-200mV时，输出负逻辑电平。接收器接收平衡线上的电平范围通常在200mV~6V，如图4-1-10所示。

由于RS-485是在RS-422基础上发展而来的，所以RS-485许多电气规定与RS-422相仿。如都采用平衡传输方式、都需要在传输线上接终端电阻等。RS-485可以采用二线与四线方式，二线制可实现真正的多点双向通信，而采用四线连接时，与RS-422一样只能实现点对多通信，即只能有一个主（master）设备，其余为从（slave）设备，但它比RS-422有改进，无论四线还是二线连接方式总线上可多接到32个设备。

RS-485与RS-422的共模输出电压是不同的，RS-485是-7~+12V，而RS-422在-7~+7V，RS-485接收器最小输入阻抗为12kΩ，RS-422接收器最小输入阻抗为4kΩ。因为RS-485满足所有RS-422的规范，所以RS-485的驱动器可以用在RS-422网络中。

RS-485与RS-422一样，最大传输距离约为1219m，最大传输速率为10Mb/s。平衡双绞线的长度与传输速率成反比，在100kb/s速率以下，才可能使用规定最长的电缆长度。只有在很短的距离下才能获得最高速率传输。一般100m长双绞线最大传输速率仅为1Mb/s。

3. 总线特点

RS-485标准具有以下特点：

（1）由于RS-485标准采用平衡发送/差分接收，所以共模抑制比高，抗干扰能力强。

（2）传输速率高，它允许的最大传输速率可达10Mb/s，传输信号的摆幅小（200mV）。

（3）传送距离远（指无MODEM的直接传输），采用双绞线，在不用MODEM的情况下，当传输速率为100kb/s时，可传送的距离为1200m，若传输速率降低，还可传送更远的距离。

（4）能实现点对点、点对多点、多点对多点的通信，RS-485允许平衡电缆上共连接32个发送器、接收器、组合收发器。RS-485标准目前已在许多方面得到应用，尤其是在多点通信系统中，如工业集散分布系统、商业POS收款机和考勤机的联网中用得很多，是一个很有发展前途的串行通信接口标准。

4.2 数据总线信号检测

随着微计算机、微控制器、数字信号处理器和大规模集成电路的日趋成熟，航空电子对抗设备中也普遍采用了数字化技术，尤其是信号处理机、数据处理机大量采用分布式软件可重构DSP序列，这极大地减少了设备的体积，降低了设备的功耗，增加了设备的功能，提高了设备的性能及智能化水平。对于这些数字系统，采用传统模拟电路的时域和频域分析方法进行分析已难以奏效。为了解决数字系统在研制、生产和检修中的测试问题，一种新的测试技术应运而生。由于这种新的测量技术的被测系统的信息载体主要是二进制数据流，为了区别时域和频域的测量，常把这一类测试技术称为数据域测试技术。即数据域测量是测试数字量或电路的逻辑状态随时间变化而变化的特性。数据域分析测试的目的：一是确定系统中是否存在故障，称为合格/失效测试，或称故障检测；二是确定故障的位置，称为故障定位。其理论基础是数字电路与逻辑代数。主要研究对象有数字系统中数据流、协议与格式、数字应用芯片与系统结构、数字系统特征的状态空间表征等。数字系统的故障诊断、定位和信号的逻辑分析是数据域测量的典型应用。

4.2.1　数据域分析概念

时域分析是从时间的角度，对被测信号的各种参数（电压 V、电流 I、功率 P 等）进行分析，例如示波器就常用来观察信号电压的瞬时值随时间的变化，它是典型的时域分析仪器。频域分析是在频域内描述信号的特征，例如频谱分析仪是从频率角度，对各频率分量的信号参数进行分析的仪器。数字域多以二进制数字的方式来表示信息。在每一时刻，多位 0、1 数码的组合称为一个数据字，数据字随时间的变化按一定的时序关系形成了数字系统的数据流。数据域分析是对以离散时间或事件（event）作为自变量的数据流的分析。

图 4-2-1 为时域、频域和数据域分析的比较，其中图 4-2-1(c) 表示一个简单的十进制计数器，自变量为计数时钟的作用序列，其输出值是计数器的状态。这个计数器的输出是由 4 位二进制码组成的数据流。对这种数据流可以用两种方法表示：用各有关位在不同时钟作用下的高低电平表示（左边）；或者用在时钟序列作用下的“数据字”表示（右边），这个数据字是由各信号状态的二进制码组成的。两种表示方式形式虽然不同，表示的数据流内容却是一致的。

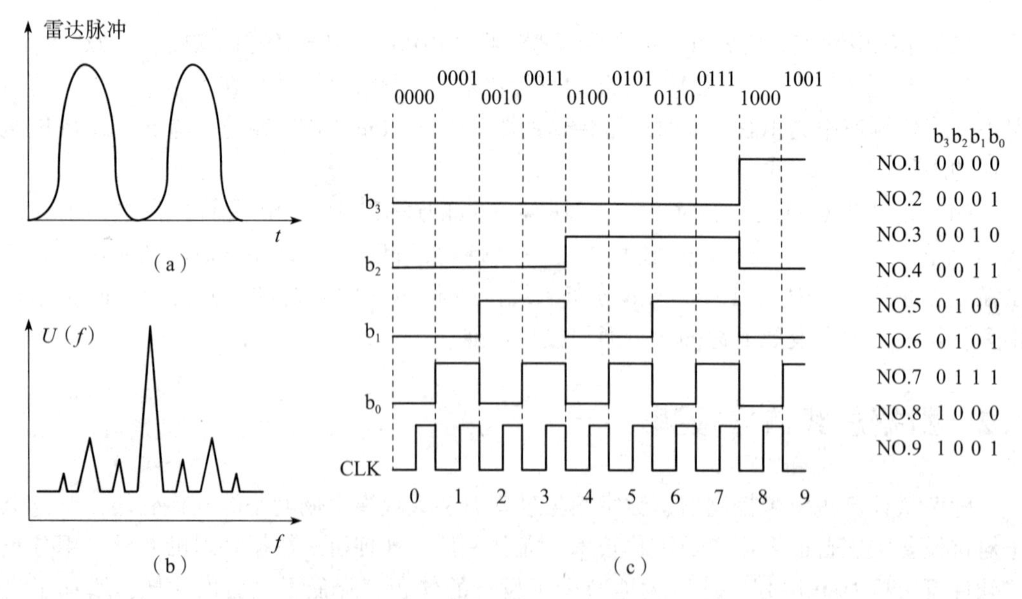

图 4-2-1　时域、频域、数据域分析比较

(a) 时域波形；(b) 429 检测仪频域波形；(c) 导航接口数据域波形。

除了用离散的时间作自变量外，数据域分析还可以用事件序列作自变量。

在数据域分析中，通常人们关注的并不是每条信号线上电压的确切数值和对它们测量的准确程度，而是各信号处于低电平还是高电平以及各信号互相配合在整体上表示什么意义。

4.2.2　数据域信号检测特点

数据域测试是对数字系统逻辑特性进行的测量，它的典型测量仪器是逻辑分析仪。数字系统测试中的错误，大多属于信号数据流的错误，如标志线没有在适当时刻建立，存储器地址被误读，错误的指令被执行，信息数据在传输中丢失信息比特等。这些错误偶尔与电子电路故障吻合，基本上不属于电气参数的失效，而是由于不正确数据序列产生的数据错误。

与时域、频域测试方法相比，数据域测试具有以下一些特征和要求：

1. 数字系统中的信号是按一定格式、结构和方式传送的

在数据系统中，每个测试数据具有一定的数据格式和结构，而且数据和信号的传送方式有串行和并行，同步和异步之分，有时串、并行之间还要互相转换，因此，在数据域测试仪器中，要注意数字系统中被测信号或数据的空间结构、数据格式、测试点的选择以及彼此间的逻辑关系。例如，计算机的地址可用几个 16 进制数显示，控制信号用 “0” 和 “1” 状态显示，数据有 8 位、16 位等，数据又可分为整数、实数等多种形式，也有一维数据、二维数据等不同结构形式。

2. 数字信号是多路传输的

在时域、频域测试中，被测量一般是连续的单通道变量，所以通过个别点的测试，可以获得被测信号的概貌。在数据域测试中，被测信号是离散的、多路的，每一位仅有 “1” 或 “0” 两种二进制数值，每一条计算机指令或地址都是多位组成，所以典型的数据测试仪器应能同时进行多路测试。目前，最先进的数据域测试仪器可同时检测 500 个通道以上的数据。

3. 数字系统的信号是有序的数据流

在时域、频域测试中，一般是对网络、系统或电路特性进行测量。在数据测试中，测试涉及逻辑设计、数据格式、状态空间，数据流严格按时序设计，因此数据域测试要求测出信号的时序和逻辑关系。

4. 数字信号多数是单次的、非周期的

在时域和频域测试中，被测信号一般是非单次的，所以能用示波器和频谱分析仪检测。数字系统中数据流往往是单次的、非周期性的，必须用具有存储功能的数字域测试仪器，此外数字域测试仪器必须能捕获、存储和显示所需的那部分信号。

5. 被测信号的速率变化范围宽

即使在同一数字系统内，数字信号的速率也可能相差很大，如外部总线速率达几百 Mb/s、内核速率达数 Gb/s 的中央处理器与其外部的低速打印机、电传机、键盘等。

6. 数字信号为脉冲信号

由于被测数字信号的速率可能很高，各通道信号的前沿很陡，其频谱分量十分丰富，因此，数据域测量必须能够分析测量短至 ps 级（10^{-12}s）的信号，如脉冲信号的建立和保持时间等。

7. 被测信号故障定位难

通常，数字信号只有“0”“1”两种电平，数字系统的故障不只是信号波形、电平的变化，更主要的在于信号之间的逻辑时序关系，电路中偶尔出现的干扰或毛刺等都会引起系统故障。同时，由于数字系统内许多器件都挂在同一总线上，因此当某一器件发生故障时，用一般方法进行故障定位比较困难。

4.2.3　数据域信号检测设备

由于数字信号具有上述特点，最早用于数字系统设计和查找故障的工具是节点测试器。如逻辑探头、逻辑夹、逻辑比较器等。但这些简易的测试仪器只能对一个组件进行测试，不能简捷、深入地分析一个系统，不能对多节点多通道的现代数字系统进行监测。

数据域测量仪器是指用于数字电子设备或系统的软件与硬件设计、调试、检测和维修的电子仪器。数据域分析测试必须采用与时域、频域分析截然不同的分析测试仪器和方法。目前，常用的数据域分析测试仪器有逻辑笔与逻辑夹、逻辑信号发生器、逻辑分析仪、误码分析仪、数字传输测试仪、协议分析仪、PCB 测试系统、微机开发系统和在线仿真器（ICE）、数字万用表、数字示波器等。

1. 逻辑笔

逻辑笔是最简单、直观的，主要用于逻辑电平的简单测试，判断某一端点的逻辑状态。

1）逻辑笔的基本结构

逻辑笔的原理框图如图 4-2-2 所示。

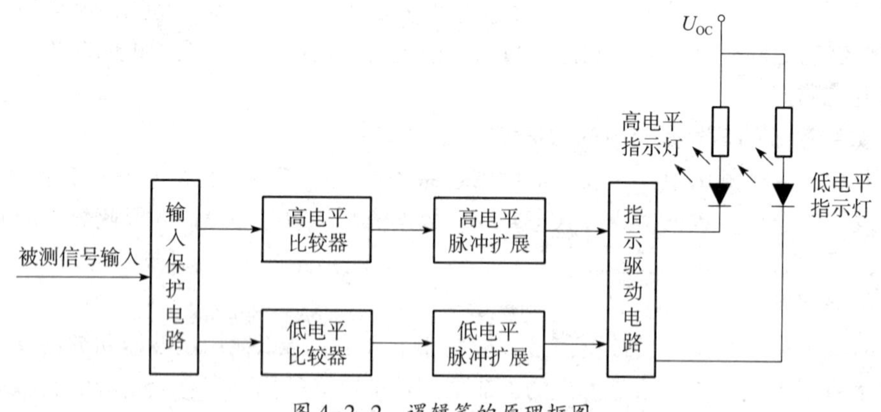

图 4-2-2　逻辑笔的原理框图

被测信号由探针接入，经过输入保护电路后同时加到高、低电平比较器，比较结果分别加到高、低电平脉冲扩展电路，以保证测量单个窄脉冲也能点亮指示灯足够长时间。这样，即便是频率高达 50MHz、宽度最小至 10ns 的窄脉冲也能被检测到。扩展电路的另一个作用是通过高、低电平扩展电路的相互影响，使电平测试电路在一段时间内指示某一确定的电平，从而只有一种颜色的指示灯亮。保护电路则用来防止输入信号电平过高时损坏检测电路。

逻辑笔通常设计成兼容两种逻辑电平的形式，即TTL逻辑和CMOS逻辑，这两种逻辑的“高”“低”电平阈值是不一样的，测试时需通过开关在TTL/CMOS间进行选择。

2）逻辑笔的应用

不同的逻辑笔提供不同的逻辑状态指示。通常逻辑笔有两个指示灯，“H”灯指示逻辑“1”（高电平），“L”灯指示逻辑“0”（低电平）。一些逻辑笔还有“脉冲”指示灯，用于指示检测到输入电平跳变或脉冲。逻辑笔具有记忆功能，如测试点为高电平时，“H’灯亮，此时即使将逻辑笔移开测试点，该灯仍继续亮，以便记录被测状态，这对检测偶然出现的数字脉冲是非常有用的。当不需记录此状态时，可扳动逻辑笔的MEM/PULSE开关至PULSE位。在PULSE状态下，逻辑笔还可用于对正、负脉冲的测试。逻辑笔对输入电平的响应见表4-2-1。

表4-2-1　逻辑笔对输入电平的响应表

序号	被测点逻辑状态	逻辑笔的响应
1	稳定的逻辑“1”	“H”灯稳定地亮
2	稳定的逻辑“0”	“L”灯稳定地亮
3	逻辑“1”和逻辑“0”间的中间态	“H”、“L”灯均不亮
4	单次正脉冲	“L”→“H”→“L”，“PLUSE”灯闪
5	单次负脉冲	“H”→“L”→“H”，“PLUSE”灯闪
6	低频序列脉冲	“H”“L”“PLUSE”灯闪
7	高频序列脉冲	“H”“L”灯亮，“PLUSE”灯闪

通过用逻辑笔对被测点的测量，可以得出以下四种之一的逻辑状态：

（1）逻辑“高”：输入电平高于高逻辑电平阈值，说明这是有效的高逻辑信号。

（2）逻辑“低”：输入电平低于低逻辑电平阈值，说明这是有效的低逻辑信号。

（3）高阻抗状态：输入电平既不是逻辑低，也不是逻辑高。一般来说，这表示数字门是在高阻状态或者逻辑探头没有连接到门的输出端（开路），此时“H”“L”两个指示灯都不亮。

（4）脉冲：输入电平从有效的低逻辑电平变到有效的高逻辑电平（或者相反）。通常当脉冲出现时，“L”和“H”指示灯会闪亮，而通过逻辑笔内部的脉冲展宽电路，即使是很窄的脉冲，也能使“PULSE’指示灯亮足够长的时间，以便观察。

2. 逻辑分析仪

逻辑笔的局限在于它无法对多路数字信号进行时序状态分析。随着数字系统复杂程度的增加，尤其是微处理器的高速发展，采用简单的逻辑电平测试设备已经不能满足测试的要求了。逻辑分析仪是数据域测量中最典型、最重要的工具，它将仿真功能、软件分析、模拟测量、时序和状态分析以及图形发生功能集于一体，为数字电路硬件和软件的设计、调测提供了完整的分析和测试工具。

逻辑分析仪常用于数字系统和设备的调试与故障诊断，特别是在微机系统的研制开发以及调试维修中，广泛应用。它能够对逻辑电路，甚至包括对软件的逻辑状态进行记录和显示，通过各种存储控制功能实现对逻辑系统的分析。同时，逻辑分析仪不仅能用表格形式、波形形式或图形形式显示具有多个变量的数字系统的状态，而且也能用汇编形式显示数字系统的软件，从而实现对数字系统硬件和软件的测试。先进的逻辑分析仪可以同时检测几百路的信号，有灵活多样的触发方式，可以方便地在数据流中选择感兴趣的观测窗口。逻辑分析仪还能观测触发前和触发后的数据流，具有多种便于分析的显示方式。就像示波器是调试模拟电路的重要工具一样，逻辑分析仪是研究、分析、测试数字电路的重要工具，由于它仍然以荧光屏显示的方式给出测试结果，因此也称为逻辑示波器。

1）基本组成

逻辑分析仪的基本组成如图 4-2-3 所示。逻辑分析仪由数据捕获和数据显示两部分组成。

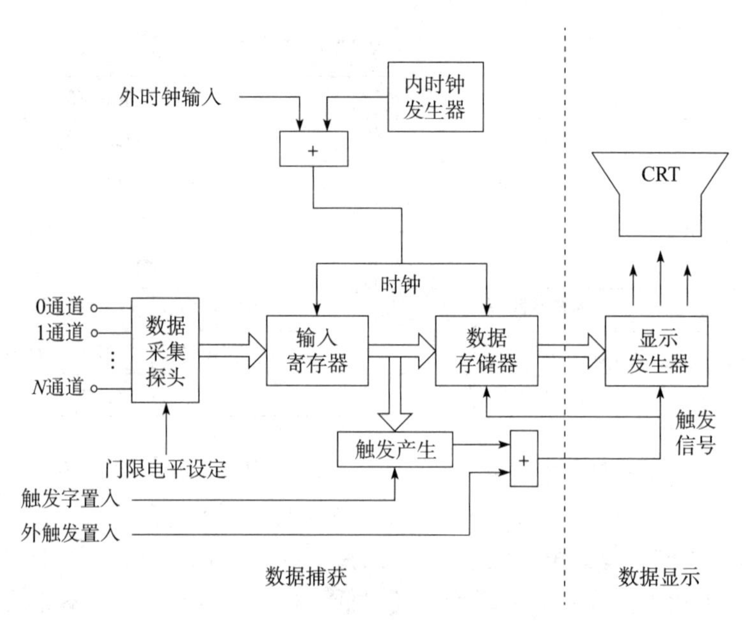

图 4-2-3 逻辑分析仪的基本组成框图

（1）数据捕获部分。

数据捕获部分包括数据采集、数据存储、触发产生、时钟选择等部分。其作用是快速捕获并存储要观察的数据。被测数字系统的多路并行数据经数据采集探头进入逻辑分析仪。其中数据输入部分将各通道采集到的信号转换成相应的数据流；触发产生部分根据设定的触发条件在数据流中搜索特定的数据字，当搜索到特定的触发字时，就产生触发信号去控制数据存储器；数据存储器部分根据触发信号开始存储有效数据或停止存储数据，以便将数据流进行分块。

（2）数据显示部分。

数据显示部分包括显示发生器、CRT 显示器等部分。其作用是将存储在数据存储器里的数据进行处理并以多种显示方式（如定时图、状态图、助记符、ASCII 码等）显示出来，以便对捕获的数据进行观察和分析。

2）主要技术指标

衡量逻辑分析仪的技术指标有许多，但主要有如下几项。

（1）输入通道数。

通道数的多少是逻辑分析仪的重要指标之一。例如，最常用的 8 位单片机，通常都具有 8 位数据线、16 位地址线，以及若干根控制线，如果要同时观察其数据总线及地址总线上的数据和地址信息，就必须用 24 个输入通道。目前，一般的逻辑分析仪的输入通道数为 64~680 个。

输入通道除了用作数据输入外，还有时钟输入信道及限定输入信道。由于逻辑分析仪不能观察信号的真实波形，因而不少分析仪中还装有模拟输入通道，可以与定时和状态部分进行交互触发，这对于分析数字与模拟混合电路是很方便的。

输入阻抗、输入电容是输入通道的另一指标，其大小将直接影响被测电路的电性能，对被测电路的上升时间和临界电平有很大影响。所以输入探针与被测电路连接时，探针负载对电路产生的影响必须最小。常用的高阻探针其指标为 1MΩ/8pF、10MΩ/15pF，低阻探针为 40kΩ/14pF，并且多为具有高阻抗的有源探针。

（2）时钟频率。

对于定时分析来说，时钟频率的高低是一个非常重要的指标。取样速率的高低对数据采集的结果有着十分重要的影响，同一输入信号在不同的取样速率下可能有着不同的输出结果，如图 4-2-4 所示。

为了能得到更高的时间分辨力，通常用高于被测系统时钟频率几倍的速率进行取样。否则，如图 4-2-4 所示，在较低的取样频率下就难以检出窄的干扰脉冲。如果使用 100MHz 的取样脉冲，则取样脉冲的周期为 10ns，如果被测信号中存在着比这更窄的脉冲，则检出的概率很小。为此，目前许多逻辑分析仪的时钟频率都很高。

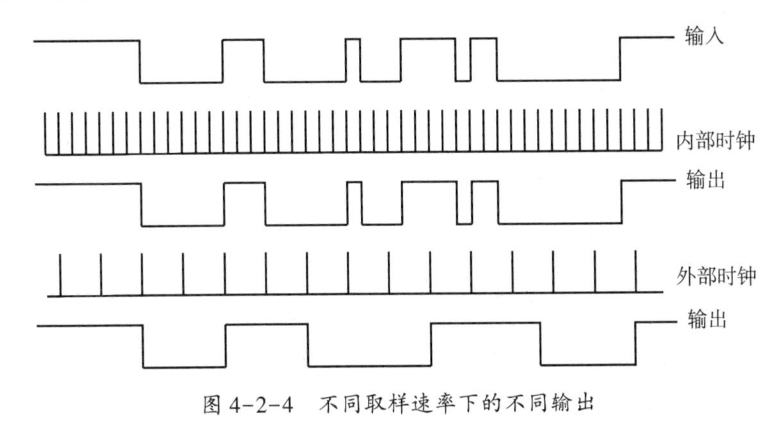

图 4-2-4　不同取样速率下的不同输出

（3）存储容量。

为存储、显示所采集的输入数据，逻辑分析仪都具有高速随机存储器 RAM，其总的内存容量可以表示为 $N\times M$，其中 N 为通道数，M 为每个信道的容量。

由于在分析数据信息时，只对感兴趣的数据进行分析，因而没有必要无限制地增加容量。目前逻辑分析仪由于通道数很多，因而其总存储容量也设计得较大，通常为 256KB 到几 MB，也有的达到 64MB。

即便如此，在进行高速定时分析时，由于取样速率很高，因而存储的数据也很有限。通常，在内存容量一定时，可以通过减少显示的数据通道数，增大单信道的存储容量的方法来提高一次可记录的字数，从而扩展逻辑分析仪的功能，这样对不用的通道所占据的存储容量也可以充分利用起来。

（4）触发功能。

触发功能是评价逻辑分析仪的重要指标，逻辑分析仪只有具有灵活、方便、准确的触发功能，才能在很长的数据流中，对人们感兴趣的那部分信息进行准确的定位、捕获和分析。当今的逻辑分析仪大都具有组合触发、终端触发、始端触发、延迟触发、毛刺触发、手动触发、外部触发、限定触发、序列触发、计数触发等多种触发方式，选择恰当的触发方式对系统的分析可以起到事半功倍的效果。

（5）显示方式。

随着微处理器成为现代逻辑分析仪的核心，逻辑分析仪的显示方式也多种多样。如今，逻辑分析仪大都具有各种进制的显示、ASCII码显示、各种光标显示、助记符显示、菜单显示、反汇编显示、状态比较表显示、矢量图显示、时序波形显示，以及以上多种方式的组合显示等。这么多的显示方式与手段就为系统的运行情况提供了很好的分析手段，给使用者带来了很大的方便。

3）选型依据

逻辑分析仪的选用主要根据被测数字系统的特性以及分析目标来决定。一般来讲，逻辑分析仪最重要的指标是采样的速率和数据信道数以及操作界面。

（1）采集速率的选择。

被测系统的工作速率决定了所选用逻辑分析仪采集速率，一般按被测系统工作频率的5~10倍来选取逻辑分析仪的最高定时分析速率，而状态分析速率则可与被测系统最高工作频率相同。

（2）数据通道的选择。

如果只使用逻辑分析仪定时分析工作方式分析数字电路的各种时序关系，往往使用通道不会很多，一般64个通道就足够了。而状态分析主要用于各种计算机和接口总线协议及软件分析，通道数的要求较多。但在超过100个通道以上时，应注意选配专用的探头夹具，否则会增加实际使用时的困难。

（3）操作界面。

逻辑分析仪是一种较为复杂的仪器，其测试能力的发挥和使用者的操作熟练与否有非常直接的关系。因此，选用较熟悉的界面，如Windows系统和汉化界面对掌握逻辑分析仪的使用会非常有用。

4.2.4　数据域信号检测方法

数据域信号检测是对数据进行测试，然后将测试结果与期望的理论数据通过比对的环节给出分析结论，一用于侦察或者定位整个被测系统的故障位置、原因及性质；二用于评判或者确定被测电路中各元器件功能和性能是否保持良好状态。此技术在数字领域中起到至关重要的作用，具备验证方案、监督生产、确保质量、判断失效及指导使用的能力。

数据域信号检测方法众多，但基本原理大致相同，首先通过各种测试算法产生激励信号或者测试序列，将其输入到被测电路或者系统中，由此会产生实际输出响应，分析实际输出响应与通过仿真获得的原始输出响应之间是否一致，用以诊断测试数字 IC 或者系统故障存在与否。因此，整个检测过程包括检测仪器、I/O 接口、检测算法以及分析数据四大要素。数字信号系统检测基本思路框图如图 4-2-5 所示。

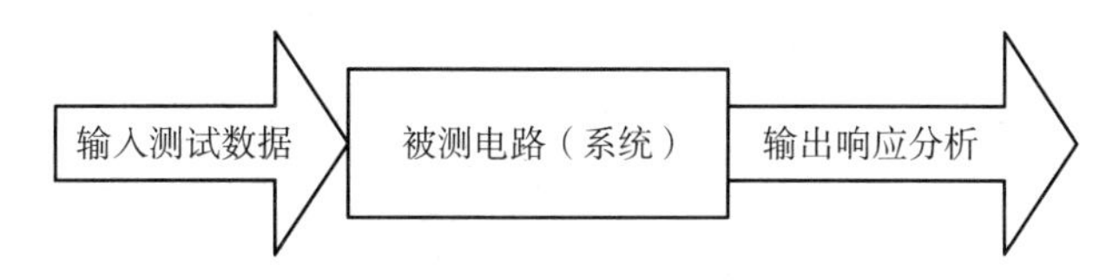

图 4-2-5　数据域信号检测基本思路框图

同时，数据域信号检测技术主要面向以下四大对象：

（1）测试向量：也称输入测试数据或者输入激励，是由各种测试算法产生的并行逻辑电平（0，1）信号的组合构成的。如果被测电路或系统具有 n 个输入引脚，即最多可输入 n 个任意的逻辑电平信号，根据组合原理，被测电路或系统最多可同时获得 2^n 个测试数据。

（2）测试图形：是在包含输入激励的基础上，还包含将输入激励送入到被测 IC 或系统而得到的与预期相同的实际输出响应，将二者合并起来称为测试图形。例如某个输入测试向量为 00001111，其预期输出响应为 0000，则此数据图形即为 000011110000。

（3）测试码：如果被测电路或系统出现了故障，才具备测试码，否则测试码毫无意义。因此，只有出现错误的数字 IC 或系统，且将特定的输入测试数据送入到被测单元中，能够检测出该错误，此特定的输入测试数据称为测试码。

（4）测试集：也称为故障测试集，包含测试图形和测试码，判断数字电路或系统是否存在故障，只需查看其测试集。因此，一个测试集的范围在一个最小数和穷举之间波动，其具体大小完全取决于测试图形中产生测试向量和无故障输出响应的算法。

因此，对于数据域信号检测系统而言，其目的不仅要检测电路或系统是否存在故障，还要精确地指出故障出现的具体位置，以评判其功能、时序及逻辑是否正确。

为实现数据域测量的目标，通常的测试方法是在其输入端加激励信号，观察由此产生的输出响应，并与预期的正确结果进行比较，以判断系统是否有故障。一般有穷举测试法、结构测试法、功能测试法和随机测试法。

1. 穷举测试法

穷举测试法是对输入的全部组合进行测试。如果对所有的输入信号，输出的逻辑关系都是正确的，则判断数字系统是正常的，否则就是错误的。该方法的优点是能检测出所有的故障，缺点是测试时间和测试次数与输入端数 n 呈指数关系。

2. 结构测试法

对于一个具有 n 个输入端的系统，若采用穷举测试法，则需加 2^n 组不同的输入信号才能对系统进行完全测试。显然这种穷举测试法无论从人力还是物力上都是不可行的。解决的办法是从系统的逻辑结构出发，考虑出现哪些故障，然后针对这些特定的故障生成测试码，并通过故障模型计算每个测试码的故障覆盖范围，直到所考虑的故障都被覆盖为止，这就是结构测试法。该测试法主要针对故障，是最常用的方法。

3. 功能测试法

功能测试法不检测数字电路内每条信号线的故障，只验证被测电路的功能，因而较容易实现。目前，LSI、VLSI电路的测试大都采用功能测试法，对微处理器、存储器等的测试也可采用功能测试法。

4. 随机测试法

随机测试法采用的是“随机测试矢量产生”电路，随机地产生可能的组合数据流，将所产生的数据流加到被测电路中，然后对输出进行比较，根据比较结果，即可知被测电路是否正常。该方法不能完全覆盖故障，故只能用于要求不高的场合。

4.2.5 ARINC429总线数据检测

ARINC429总线检测需要解决以下六个问题：

（1）被测的ARINC429总线端口是发送端还是接收端？

（2）采用何种仪器来检测？

（3）需要发送或接收哪些ARINC429总线数据字？

（4）采用何种编程软件？

（5）如何判断检测的结果正常与否？

（6）发送或接收ARINC429总线数据如何调控？下面逐一分析论述这些问题。

1. 判断总线端口发送接收属性

如果被测设备是ARINC429总线数据的发送端，检测设备则必须是ARINC429总线的接收端；如果被测设备是ARINC429总线数据的接收端，检测设备则必须是ARINC429总线的发送端，即检测设备能够模拟被测设备所需要的ARINC429数据。

图4-2-6表明某型机载气象雷达的导航接口分机将导航系统提供的导航信号变换后显示到雷达显示器上。图4-2-6中的429检测仪具有ARINC429总线数据收发功能，既可以和导航系统连接，接收导航系统送来的导航数据，导航数据显示在图4-2-7的显示界面区，又可以作为导航系统的模拟器，通过图4-2-7模拟界面向IU-2023B导航接口提供各种导航数据，最终显示在雷达显示器上。通过数字示波器和逻辑分析仪检测分析ARINC429总线上信号波形，可以人工判断总线上的数据字是否正常。

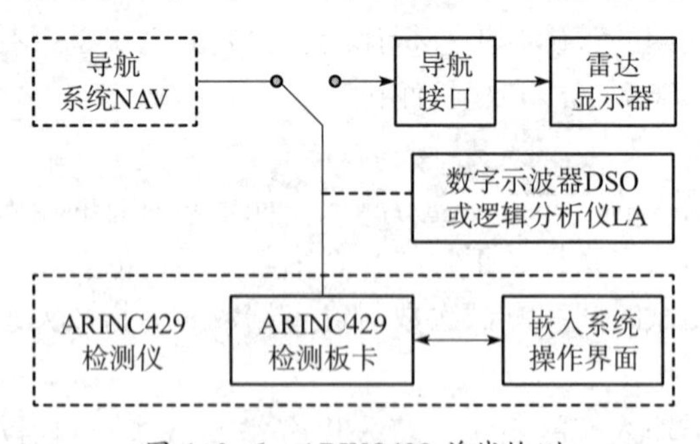

图4-2-6　ARINC429总线检测

2. 选择总线信号检测仪器

ARINC429总线检测主要通过ARINC429检测仪和各种ARINC429总线检测板卡。目前国内很少采用专门的总线检测仪，往往是在检测系统中增加ARINC429或MIL-STD-1553B的检测板卡，从而具备总线检测功能，例如某型机ATE采用美国CONDAR公司429板卡、美国EXCALIBUR公司DAS-429VXI/Mx板卡。

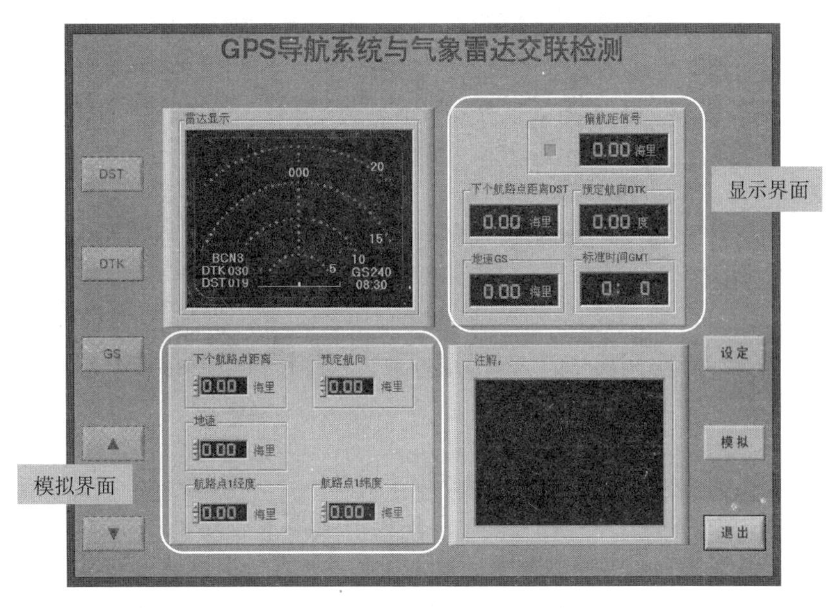

图 4-2-7 某 ARINC429 检测仪的操作界面

ARINC429 总线检测板卡支持多种硬件平台，包括 VME、VXI、PC/AT、PCI、COMPACT PCI、IP MOUDLE 和 PC/104，主要厂家包括美国 CONDOR 公司、EXCALIBUR 公司和国内的航天科工 8357 所。基于硬件平台不同，ARINC429 总线检测板卡主要分为以下几种：

（1）基于 VXI/VME 总线的 ARINC429 检测板卡。某轰炸机 ATE 采用美国 EXCALIBUR 公司 DAS-429VXI/Mx 板卡具有 4 个发送通道、4 个接收通道。

（2）基于 PCI 总线的 ARINC429 检测板卡。如某型雷达检测车采用 8357 所研制的 HT-6302 板卡具有 3 个发送通道、6 个接收通道。

（3）基于 PXI 总线的 ARINC429 检测板卡。某航空雷达自动测试系统基于 PXI+GPIB 混合总线，系统选用 NI 公司基于 PXI 总线平台的 ARINC429 通信模块 41-429-004。

（4）基于 PC104 总线的 ARINC429 检测板卡。在小型便携式检测系统中使用。

（5）基于 PC（ISA）总线的 ARINC429 检测板卡。该板卡基于工业控制计算机 ISA 插槽的全长板卡。

（6）基于 USB2.0 的 ARINC429 检测板卡。国内最新推出的基于 ARM9.0 嵌入式处理器的微型检测仪中就采用这种板卡。

（7）基于 COMPACT PCI 总线的 ARINC429 检测板卡。

（8）基于 PCMCIA 总线的 ARINC429 检测板卡。

不难看出，采用何种 ARINC429 检测板卡取决于构建基于 VXI+GPIB、PXI+GPIB、PCI+GPIB 何种混合总线的自动测试系统。要研制一个便携式检测系统，选用图 4-2-8 所示基于 USB2.0 的 ARINC429 检测板卡无疑是最佳选择；如果要构建某型飞机航空电子设备综合测试系统，自然会选择基于 VXI/VME 总线的 ARINC429 检测板卡。无论选择何种 ARINC429 检测板卡，接收通道多数采用 ARINC429 控制器 HS1-3282-8 芯片，发送通道多采用 ARINC429 总线驱动器 HS1-3182-8 芯片。

图 4-2-8　基于 USB2.0 检测板卡示例

3. 分析发送或接收 ARINC429 总线数据字内容

在航空雷达 ARINC429 总线检测时，必须清楚需要发送或接收哪些数据字。在 ARINC429 规范中给出各种 429 数据字的 label、物理意义。在图 4-2-9 中 GPS 导航系统通过 ARINC429 总线给 IU-2023B 导航系统提供到下一个航路点的距离 DST、预定航向（DTK）、地速（GS）、标准时间（GMT）和 10 个航路点的经纬度（LAT/LON）。

下面是 ARINC429 数据字示例，通过 Data 数组定义了 DST（标号 001）、真航向 THD（00C）、地速 GSD（标号 00A）、十进制的当前经纬度 DLDY（标号为 008、009）、0 号航路点经纬度 WPT0（标号 01E、01F）、1 号航路点经纬度 WPT1（标号 020、021）、……标准时间 GMT（标号 055），注意 0X 表明 ARINC429 数据字为十六进制。

```
data_Word[0]=0x13527001;      //DST
data_Word[1]=0x8000000C;      //THD
data_Word[2]=0x1250000A;      //GSD
data_Word[3]=0x22220008;
data_Word[4]=0x22220009;      //DLDY
data_Word[5]=0x2228001E;
data_Word[6]=0x2225001F;      //WPT0
data_Word[7]=0x22310020;
data_Word[8]=0x22280021;      //WPT1
    ⋮
data_Word[25]=0x2224055;      //GMT
```

某雷达数据处理分机与导弹指挥仪之间通过 ARINC429 总线传输信息，其内容与参数见表表 4-2-2，要求采用 100kb/s 的发送速率，字间隔不小于 12 位传输时间（bit time）。

表 4-2-2　某雷达数据处理分机与导弹指挥仪间 ARINC429 总线传输信息

数据流向	含义	标号（八进制）	周期
输出	偏流角数据	123	20 次/s
	惯导地速	218	20 次/s
	指挥仪状态字	376	20 次/s

续表

数据流向	含义	标号（八进制）	周期
输入	雷达状态字	172	40 次/s
	标线方位角度	311	20 次/s
	图像稳定角度	560	20 次/s
	俯仰角度	760	20 次/s

4. 选择编程软件

ARINC429 总线检测离不开检测软件，而检测软件与检测系统软件平台有关。当前各种自动测试系统选用的操作系统主要有 DOS、UNIX 和 Windows 系列，WIN2000 具有良好的安全性和稳定性，被广泛使用。目前大多数总线测试平台如 LabWindows/CVI、LabView、HPVEE、Visual Basic、Visual C++等都支持 WIN2000，选用了 WIN2000 作为操作系统。

任何与微软视窗系统的 32 位动态链接库（DLL）兼容的应用开发环境或者语言均可作为系统软件开发环境。测试系统软件开发环境目前主要有：

（1）面向仪器的测试语言，有图形化编程语言 LabView、HPVEE 等，文本式编程语言如 VisualC++、Visual Basic、LabWindows/CVI 等。这些测试语言利用仪器提供的接口函数，直接面向仪器功能编写测试程序。开发者必须非常了解硬件平台各种仪器的性能和功能，对开发人员要求较高。

（2）面向信号的编程语言，目前国际上流行的自动测试平台有美国 TYX 公司的 PAWS 和法国宇航 SMART，国内北京东方信标公司开发的 GPTS 等，采用了 ATLAS 语言编程，具有较高的 TPS 开发效率，但平台成本也很高。软件平台提供面向物理信号的接口函数，测试程序面向被测信号编程，TPS 开发人员不必了解硬件平台复杂的内部结构，只需熟悉阵列接口的具体定义，降低了编程难度。

下面一段程序首先通过 Setup 语句对 ARINC429 板卡进行设置，然后通过 Connect 语句和被测设备连接，ARINC429 板卡就发送出 DSTAN_ Word 数据中的数据字。

```
Setup("ARINC_429 USING 'A429_1_TX1'",              ——采用 429 板卡 1 通道发送;
       "DATA_WORD 'DSTAN_Word'(0 THRU 0)",         ——按数组数据发送;
       "BIT_RATE 12500 BITS_SEC",                  ——传输速率: 12.5kb/s;
       "PARITY_MODE OFF ",                         ——奇偶校验关闭;
       "TRANS_MODE DATA_RATE ",                    ——传输模式: 按数据率;
       "TRANS_INTERVAL 200 MSEC",                  ——传输数据间隔: 200ms;
       "WORD_GAP 4 BITS",                          ——数据字间隔: 4 位;
       "CIRCULATE_MODE -1 TIMES",                  ——循环模式: 循环发送;
   "CNX TRUE dummy_7 COMPL dummy_8 LO  dummy_9 ",
       "351201 $");                                —— 步骤号;
Connect("ARINC_429 USING 'A429_1_TX1'",
           "CNX TRUE dummy_7 COMPL dummy_8 LO  dummy_9 ", 连接
       "351202 $");                                —— 步骤号;
```

5. 判断检测结果

如果被测设备是 ARINC429 总线数据的发送端，检测设备则必须是 ARINC429 总线的接收端，导航数据显示在图 4-2-7 的显示界面区，和被测设备比较以判断总线是否正常工作。

通过图 4-2-7 模拟界面向 IU-2023B 导航接口提供各种导航数据，最终显示在雷达显示器上。雷达显示器的 ARINC429 显示画面如图 4-2-9 所示。

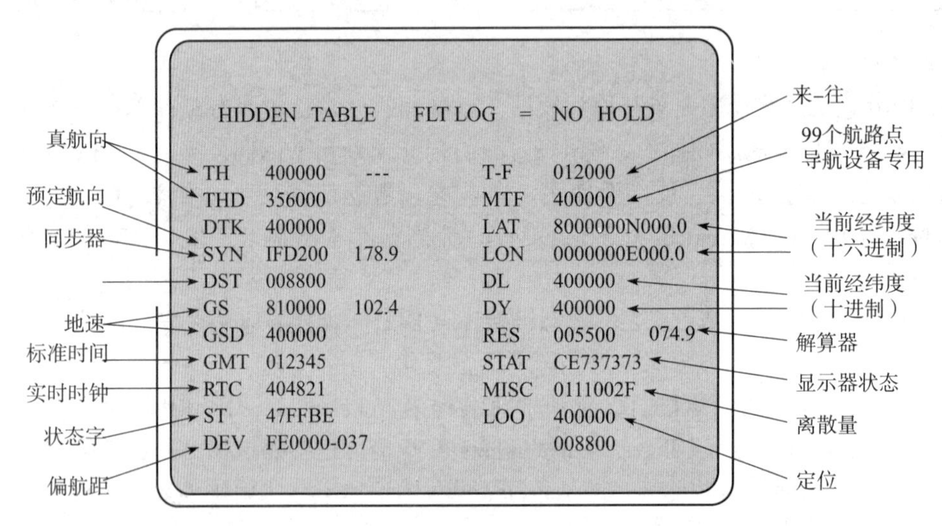

图 4-2-9　ARINC429 总线信息显示

此外数字存储示波器和逻辑分析仪也可以用来判断 ARINC429 总线信号波形所对应的数据字是否正常。

6. 调控发送或接收 ARINC429 总线数据

1）数据的发送

在 ARINC429 总线检测中，数据通常是按照预先定义的重复频率周期性地发送。测试程序中对发送的每个数据都定义有最大和最小发送时间间隔。当 ARINC429 检测板卡需要通过 M 个发送通道来发送 N 个不同的数据时，就需建立数据帧发送调度机制，一方面可以依据用户定义的最大、最小发送时间间隔建立调度表，由板卡处理器自动管理各数据的定时需求；另一方面也可通过在发送数据之间插入时间间隙以达到精确定时的目的。

数据帧的发送调度机制结构如图 4-2-10 所示。默认情况下，调度表为每个发送通道分配有多个命令块，每个命令块可以是一个操作码或操作数，这些操作码主要是消息字和时间间隙。

当板卡处理器处理到一个消息字命令块时，通过操作数所指向的地址检索出要发送的数据并送到编码器，然后定位到下一个命令块。一个时间间隙命令块触发编码器中当前内容的发送操作，并且等候操作数所限定的间隙时间，然后才开始下一个数据的发送。在数据发送以及间隙时间的等候过程中，处理器可以处理其他通道的请求。如果在调度表中一个数据命令块与另一个数据命令块相邻，两个命令块之间将自动插入一个 4 位的时间间隙。

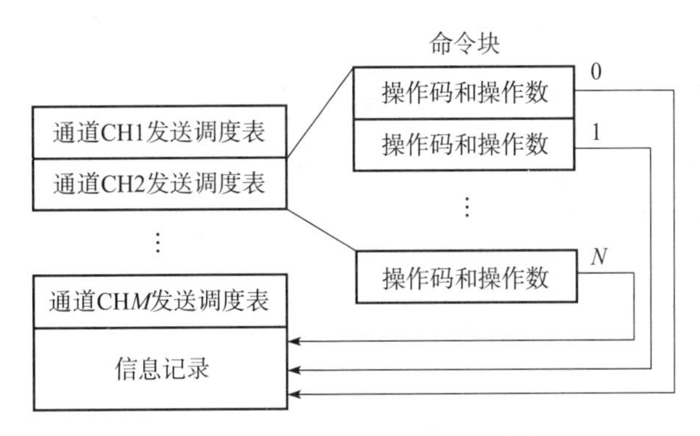

图 4-2-10　数据帧的发送调度机制结构示意图

某雷达数据处理分机与导弹指挥仪之间通过 ARINC429 总线传输的数据总共为三个 ARINC429 消息字，每个消息的发送周期均为 50ms（20 次/s），所以可以把三个消息看作一个数据帧。根据被测设备的要求，每个消息字之间的时间间隔不小于 12 位数据传输时间，所以在消息字之间插入 12 位数据传输时间的时间间隙，从而完成调度表配置，随后就可以启动板卡发送数据。

2）数据的接收

在一般情况下，数据总线上传输的数据量是很大的，但用户在某一时刻可能只关心其中一部分数据的内容，因此在接收数据时往往要对总线上的数据进行过滤，有选择性地接收和处理数据。数据的过滤是通过设置数据的地址标号（Label）和信息源/目标标志位（SDI）来实现的。板卡的每一个接收通道都有一个过滤表，其结构如图 4-2-11 所示。

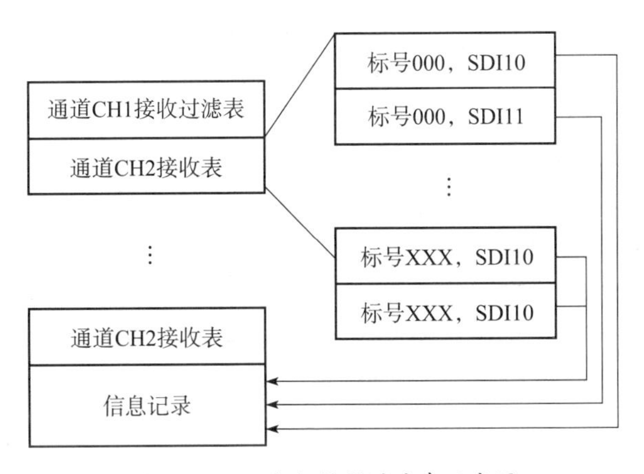

图 4-2-11　数据接收过滤表示意图

过滤表是一个指向消息记录集的指针序列，其中的序号由某个 ARINC429 数据的 Label 和 SDI 构成。当从数据总线接收到一个数据字以后，首先检查该数据字的 Label 和 SDI，然后在过滤表中检索相应的指针。如果对应的指针为 0，该接收通道就放弃对该数据的处理；如果不为 0，则将数据写入到指针所指向的消息记录集中的位置。

某雷达自动测试系统，雷达数据处理分机需要接收 4 个数据字（见表 4-2-2）。根据 ARINC429 板卡的数据接收原理，可先针对这 4 个数据字的地址标号设置接收通道的过滤表，然后启动模块接收数据，最后对接收到的数据进行处理。

4.2.6 MIL-STD-1553B 总线数据检测

MIL-STD-1553B 总线检测和 ARINC429 总线检测一样，需要解决以下六个问题：

（1）被测的 1553B 总线端口是总线控制器还是远程终端？

（2）采用何种仪器来检测？

（3）需要发送或接收哪些 1553B 总线数据字？

（4）采用何种编程软件？

（5）如何判断检测的结果正常与否？

（6）发送或接收 1553B 总线数据如何调控？

1. 判断总线端口发送接收属性

如果被测设备是 1553B 总线的总线控制器，总线检测设备则作 1553B 总线的远程终端；如果被测设备是 1553B 总线数据的远程终端，总线检测设备则作 1553B 总线的控制器，即检测设备能够模拟被测设备所需要的 1553B 总线信息。

2. 选择总线信号检测仪器

目前 1553B 总线的测试大都是以 MIL-HDBK-1553 为参考，该测试标准的覆盖面比较广，涵盖了电气性能测试和协议测试，如果总线设备能通过标准所规定的所有必要项目的测试，这个终端设备的可靠性便得到了根本的保障；但是 MIL-HDBK-1553 对测试设备的要求较高，一个综合的 MIL-STD-1553 总线测试设备需要同时具有示波器功能、信号发生器功能和阻抗测量的功能，最关键的是要具有故障注入功能的 1553 总线仿真终端的功能。目前市面上能够找到的大都是单功能的测试设备/仪器，如独立的示波器、独立的信号发生器和单独的 1553 总线仿真卡等。如果采用这些独立的设备来搭建总线测试系统的话，所组成的测试系统使用起来会很不方便，不仅测试效率不高，同时也会因为人工介入太多，导致测试结果不准确。

MIL-STD-1553B 总线检测主要通过总线检测仪和各种 MIL-STD-1553B 总线检测板卡。目前国内很少采用专门的总线检测仪，往往是在检测系统中增加 MIL-STD-1553B 或 MIL-STD-1553B 的检测板卡，从而具备总线检测功能。

MIL-STD-1553B 总线检测板卡支持多种硬件平台，包括 VME、VXI、PC/AT、PCI、COMPACT PCI、IP MOUDLE 和 PC/104，主要厂家包括美国 CONDOR 公司、EX-CALIBUR 公司和国内的 8357 所。基于硬件平台不同，MIL-STD-1553B 总线检测板卡主要分为以下几种：

（1）基于 VXI/VME 总线的 MIL-STD-1553B 检测板卡。

（2）基于 PCI 总线的 MIL-STD-1553B 检测板卡。

（3）基于 PXI 总线的 MIL-STD-1553B 检测板卡。

（4）基于 PC104 总线的 MIL-STD-1553B 检测板卡。在小型便携式检测系统中使用。

（5）基于 PC（ISA）总线的 MIL-STD-1553B 检测板卡。基于工业控制计算机 ISA 插槽的全长板卡。

（6）基于 USB2.0 的 MIL-STD-1553B 检测板卡。国内最新推出的基于 ARM9.0 嵌

入式处理器的微型检测仪中就采用这种板卡。

（7）基于 COMPACT PCI 总线的 MIL-STD-1553B 检测板卡。

（8）基于 PCMCIA 总线的 MIL-STD-1553B 检测板卡。

不难看出，采用何种 MIL-STD-1553B 检测板卡取决于构建基于 VXI+GPIB、PXI+GPIB、PCI+GPIB 何种混合总线的自动测试系统。要研制一个便携式检测系统，自然会选用基于 USB2.0 或 PC104 总线的 MIL-STD-1553B 检测板卡；如果要构建某型飞机航空电子设备综合测试系统，自然会选择基于 VXI/VME 总线的 MIL-STD-1553B 检测板卡。

天津 8357 所的 HT-6301 板卡含有两个独立 1553B 总线通道，与计算机的接口为 PCI 总线，板卡组成框图如图 4-2-12 所示。

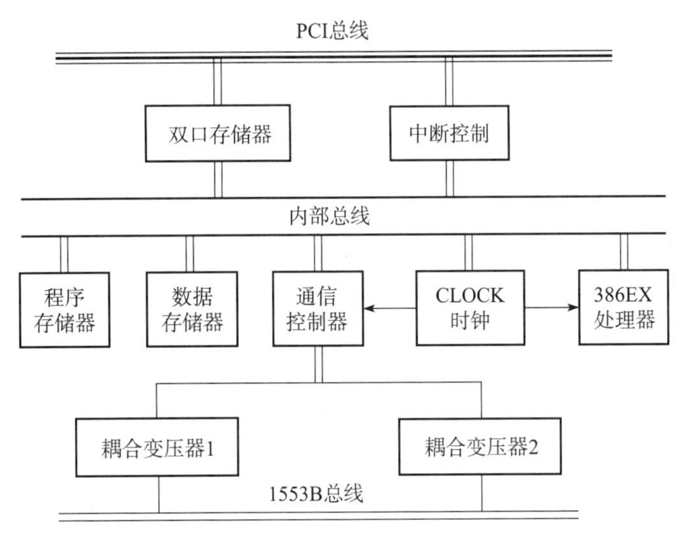

图 4-2-12　1553B 总线接口卡 HT-6301 硬件组成框图

HT-6301 板卡基本性能如下：

- 满足 GJB289-87《飞机内部时分制指令/响应型多路传输数据总线》；
- 双通道 1553B 总线通信接口，传输速率 1Mb/s；
- 总线传输字差错率不大于 10^{-7}，RT 状态字响应时间不大于 12μs；
- DDC 公司 BU-61580 总线控制器；
- 软件编程选择 BC、RT 或 MT 工作模式；
- RT 地址软件编程设置；
- 支持总线直接耦合或传输耦合；
- 386EX 智能处理总线通信。

考虑到与总线检查仪接头的匹配问题，采用 BC 端电缆来完成 10A 和 10B 电缆到总线检查仪的转接。BC 端电缆，连接在总线接口卡 1 的插座 1A 和 1B 与被测线路之间，同时解决接口的匹配问题。RT 端电缆，连接在被测线路和总线检查仪的总线接口卡 2 的插座 2A 和 2B 之间，实现总线的延长、检测段和电缆的识别。

为保证检测效果，在总线接口处增加一组总线耦合器，以保证总线的正常传输。根据实际连接情况采用线式耦合器，以方便串联在电缆中。由于线式耦合器是三通形式，其中两个端口用于总线的延长，另一个端口用于连接终端负载。

3. 1553B 总线检测仪示例

某型飞机雷达与导弹指挥仪之间采用双余度的 1553B 总线传输数据，其传输线路主要包括导弹指挥仪的 10A 和 10B 插座、总线耦合器、雷达的 11A 和 10B 插座及 1553B 总线电缆等，总线检查仪主要完成由导弹指挥仪到雷达之间的双余度的 1553B 总线传输通道的数据检测和故障定位。

总线检查仪主要包括硬件和软件两部分。硬件部分主要有便携式加固计算机、两块 1553B 总线接口卡（每块提供两个 1553B 总线通道）以及 BC 端电缆、RT 端电缆和自检电缆等，其中 RT 端电缆包含有线式耦合器、终端负载；软件部分主要有软件开发平台 LabWindows/CVI、GJB289A 总线接口板驱动程序和最终开发的总线检查仪应用软件等。根据其要求的设计功能，其总体结构如图 4-2-13 所示。

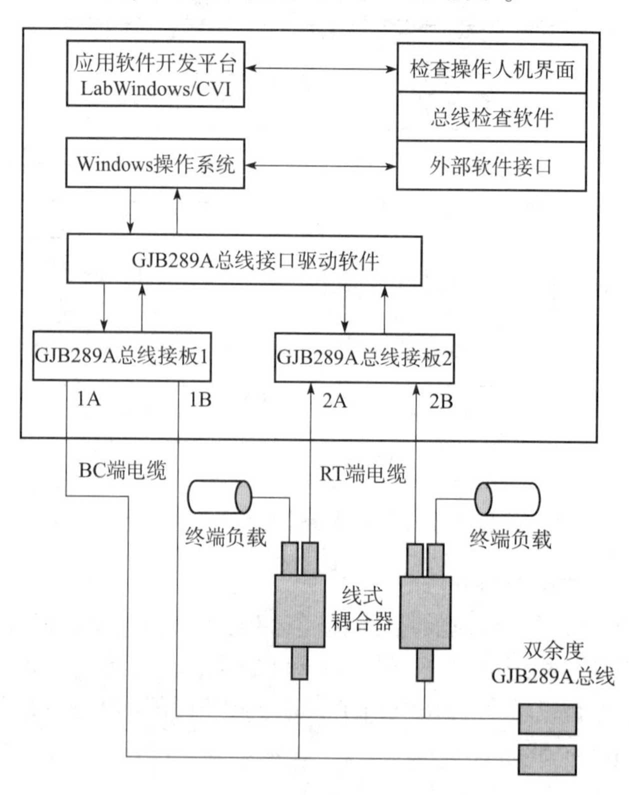

图 4-2-13　1553B 总线检测仪总体结构图

由于检测线路存在 A、B 两个通道，如果总线检查仪一次只能检查一个通道的工作情况，则存在 A、B 通道检查切换的问题，而其操作起来也比较麻烦，因此，为了满足同时检测两个通道的设计要求，总线检查仪包含了两块 1553B 总线接口卡，其中一块作为 A、B 两个通道的 BC，另一块作为 A、B 两个通道的 RT。检测时，BC 端电缆连接在总线检查仪的 1553B 总线接口卡 1 和导弹指挥仪的 10A、10B 插头之间，RT 端电缆连接在雷达的 11A 和 10B 插座和总线检查仪的 1553B 总线接口卡 2 之间，因此，实际检测时，存在两个检测回路，分别检测 A、B 两个 1553B 总线传输通道。

安装 GJB289A 总线接口板驱动程序后，应用开发平台 LabWindows/CVI 完成总线检查仪应用软件的设计。检测过程完成 1553B 总线接口卡初始化后，在定时器的触发下首先确定检测到状态，然后不停地发送 A、B 两通道 1553B 数据到 1A、1B 接口，由 2A、2B 接口读取 A、B 两通道 1553B 接收数据，通过比较，判断总线传输情况。其流程如图 4-2-14 所示。

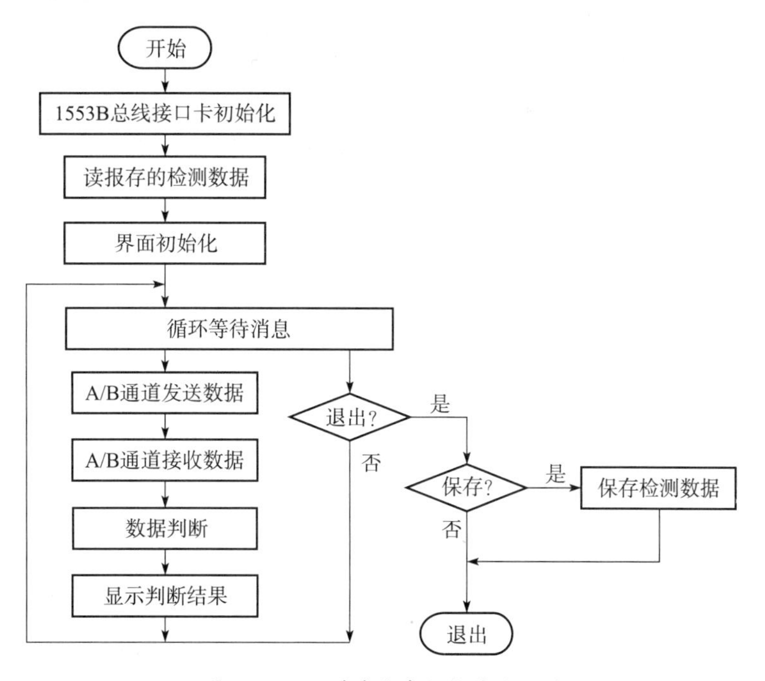

图 4-2-14　总线检查仪软件流程图

小结

伴随数字技术尤其是大规模集成电路、微处理机和微型计算机的推广和使用，数据总线在信息传递中发挥着越来越重要的作用，航空电子对抗设备内部分机之间、分机内部模块之间、外部与导航系统、敌我识别器、数据链等航空电子设备之间的信息交互越来越多地采用数据总线进行通信，如 ARINC429 数据、RS-422 数据、RS-485 数据、RS-232 数据、1553B 数据等。为了保证通信可靠有效，经常需要监测和测量各种各样的数据总线信号，本章就重点讨论了数据总线信号的检测。

本章首先讨论了 ARINC429、MIL-STD-1553、RS-232、RS-422、RS-485 数据总线信号的数据总线标准、数据传输特性、数据字的格式等，然后进行了比较，最后在分析数据域信号检测的概念、特点、方法的基础上，给出了 ARINC429、MIL-STD-1553 检测的示例。学完本章后，应能掌握以下几点：

1. 熟悉 ARINC429、MIL-STD-1553、RS-232、RS-422、RS-485 数据总线信号的标准、传输特性、特性参数；

2. 掌握数据总线信号检测仪器的使用方法；

3. 理解 ARINC429、MIL-STD-1553 检测原理。

思考题

1. ARINC429 总线信号有什么特点？常用于哪些领域？
2. MIL-STD-1553 总线信号有什么特点？常用于哪些领域？
3. RS-232 总线信号有什么特点？常用于哪些领域？
4. RS-422 总线信号有什么特点？常用于哪些领域？
5. RS-485 总线信号有什么特点？常用于哪些领域？

第 5 章　航空电子对抗设备性能检测

航空电子对抗设备性能参数的检测，不仅对于研制生产阶段确保电子对抗设备设计合理、节约生产调试成本具有极其重要的作用，同时对于使用阶段提高电子对抗设备的可用度、确保电子对抗设备始终处于良好的工作状态、充分发挥电子对抗设备的作战效能也具有极为重要的意义。考虑到航空电子对抗设备按技术领域可分为雷达对抗设备、通信对抗设备、光电对抗设备等，本章按雷达对抗设备检测、通信对抗设备检测、光电对抗设备检测三节讨论，目的是让读者掌握雷达对抗设备、通信对抗设备、光电对抗设备不同性能指标的测试条件、检测方法、实施步骤、数据记录和处理方法。

5.1　雷达对抗设备性能检测

雷达对抗设备分为雷达侦察设备、雷达干扰设备、雷达侦干一体设备。考虑到雷达侦干一体设备的性能指标是雷达侦察部分、雷达干扰部分性能指标的并集，因此，本节分雷达侦察设备检测和雷达干扰设备检测讨论。

5.1.1　雷达侦察设备检测

雷达侦察设备是一个接收系统，其主要作用是将接收到的微弱的雷达信号从干扰中选择出来，并予以放大、变换和处理，以满足信号处理、分析和数据处理的需要。雷达侦察设备在对雷达信号变换和处理的过程中，雷达信号的波形参数、频谱结构、能量关系等在各功能电路中均发生相应的变化，最终为雷达侦察设备显控终端提供包含目标信息的各种信号。

衡量雷达侦察设备性能的主要参数包括角度覆盖范围、频率覆盖范围、侦察距离、瞬时带宽和分析带宽、测频精度和频率分辨力、测向精度、角度分辨力、瞬时视野、系统反应时间、测频灵敏度、动态范围、信号调制参数的测量范围和精度、信号处理能力、对雷达天线特性的分析能力、存储能力、控制方式等。本章按照雷达侦察设备性能参数的分类重点讨论角度覆盖范围、频率覆盖范围、灵敏度、动态范围、信号环境适应能力、系统反应时间、信号频率的测量能力、测向误差、脉冲信号参数的测量能力、信号处理能力等参数的测试。

1. 角度覆盖范围的测量

1）测量条件

角度覆盖范围，又称侦察空域，通常分别从方位面角度覆盖范围和俯仰面角度覆盖范围两方面衡量。角度覆盖范围的测试框图如图 5-1-1 所示。

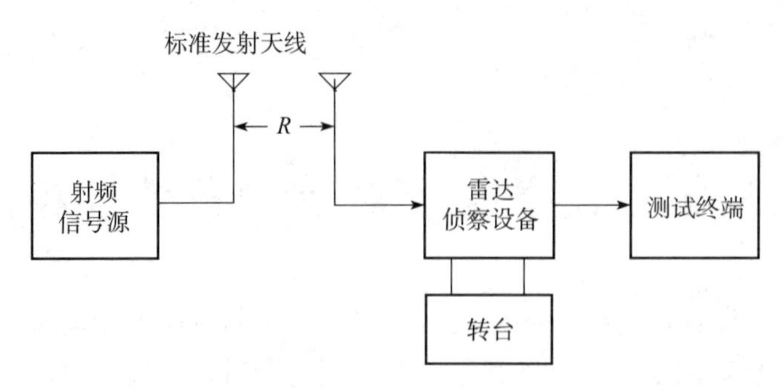

图 5-1-1 角度覆盖范围测试框图

角度覆盖范围的测量应满足以下条件：

（1）在微波暗室或开阔场地进行，并且开阔场地应符合远场条件，无再次辐射。

（2）标准发射天线与雷达侦察设备天线应处于同一平面上（测试方位面时同处于一个方位面上，测试俯仰面时同处于一个俯仰面上），其波束最大方向指向雷达侦察设备天线中心，极化类型为水平或垂直极化任一种。

（3）标准发射天线与雷达侦察设备天线之间的距离 R 应满足下式要求。

$$R \geqslant \frac{2(D_1+D_2)^2}{\lambda} \tag{5-1-1}$$

式中：R 为射频信号源天线与雷达侦察设备接收天线之间的距离（m）；D_1 为射频信号源天线孔径的最大线尺寸（m）；D_2 为雷达侦察设备天线孔径的最大线尺寸（m）；λ 为测试信号的波长（m）。

（4）测试前应准确测定标准发射天线的增益特性 G_i、射频信号源至标准发射天线之间连接电缆的损耗 L_i。

（5）角度覆盖范围的测量是与侦察功能信道相关的，当性能指标是针对不同侦察功能信道提出时，应对各个侦察功能信道分别测试；当未分别要求时，则为相同要求。此处按各侦察功能信道性能指标要求相同进行。

（6）角度覆盖范围测试时，雷达侦察设备应置于转台上，用射频信号源天线在距雷达侦察设备一定的距离 R，发射功率为 P_{zi}（P_{zi} 的值按式（5-1-2）计算）的信号，检查雷达侦察设备是否能正常工作。转台沿方位面转动，雷达侦察设备能正常工作的角度范围即为方位面角度覆盖范围。

$$P_{zi} = S_z - G_i + 10\lg(4\pi R^2) + |L_i| \tag{5-1-2}$$

式中：P_{zi} 为射频信号源第 i 个频率点输出的功率电平（dBW）；S_z 为产品规范规定的雷达侦察设备的灵敏度要求（dBW）；G_i 为标准发射天线第 i 个频率点增益（dB）；R 为标准发射天线与雷达侦察设备天线之间的距离（m）；L_i 为射频信号源至标准发射天线之间连接电缆第 i 个频率点的损耗（dB）。

（7）在测试俯仰面角度覆盖范围时，雷达侦察设备沿轴线转 90°，使雷达侦察设备天线俯仰面与转台方位面一致。

（8）测试中雷达侦察设备正常工作与否的含义由产品规范规定。若无规定，用雷达侦察设备测频误差衡量，即雷达侦察设备正常工作的含义是：当产品规范规定的测频误差是用均方根表示时，雷达侦察设备测试终端显示的信号频率的单值误差小于 3 倍均方根值；当产品规范规定的测频误差是用绝对值表示时，雷达侦察设备测试终端显示的信号频率的单值误差小于其绝对值。反之，则为雷达侦察设备不能正常工作。

（9）射频信号源应具有足够的输出功率，具有内脉冲调制能力，具有满足准确度要求的功率指示。

2）测量方法

（1）测量线路连接。

雷达侦察设备角度覆盖范围的测试连接如图 5-1-1 所示。

（2）测量方法步骤。

① 按图 5-1-1 连接雷达侦察设备和测试仪器，雷达侦察设备置于转台上，天线方位面与转台方位面一致。

② 在产品规范规定的频率覆盖范围内均匀分布随机选取 $n(n\geqslant5)$ 个频率点（含上、下限频率点）。

③ 雷达侦察设备和测试仪器通电预热，调整雷达侦察设备和测试仪器使之工作正常。

④ 置射频信号源频率为选取的 1 个频率 f_i，脉冲调制参数一般按 0.1% 的占空比设置，若无规定，脉宽 PW 为 1μs、重频 PRF 为 1000Hz；置射频信号源输出功率电平为按式（5-1-2）计算的 P_{zi} 值。

⑤ 在方位面逆时针转动转台使雷达侦察设备天线背向射频信号源标准发射天线，作为方位面角度覆盖范围测试的起始点，记录转台方位角 α_0。

⑥ 雷达侦察设备处于常规侦收工作方式，打开射频信号源射频输出开关，顺时针慢慢转动转台，直到转台转动 360°再到 α_0，观察并记录能使雷达侦察设备正常工作的各方位段起始方位角和终止方位角（α_{i1-}，α_{i1+}）、（α_{i2-}，α_{i2+}）、…、（α_{im-}，α_{im+}），关闭射频信号源射频输出开关。

⑦ 改变射频信号源输出信号频率为其余频率值，重复步骤④~⑥，直到测试完毕。

⑧ 雷达侦察设备沿轴线转 90°，使雷达侦察设备天线俯仰面与转台方位面一致。

⑨ 置射频信号源频率为选取的 1 个频率 f_i，脉冲调制参数一般按 0.1% 的占空比设置，若无规定，脉宽 PW 为 1μs、重频 PRF 为 1000Hz；置射频信号源输出功率电平为按式（5-1-2）计算的 P_{zi} 值。

⑩ 在方位面逆时针转动转台使雷达侦察设备天线与射频信号源标准发射天线成 90°，作为俯仰面角度覆盖范围测试的起始点，记录转台方位角 β_0。

⑪ 雷达侦察设备处于常规侦收工作方式，打开射频信号源射频输出开关，顺时针慢慢转动转台到转台转动 180°，观察并记录能使雷达侦察设备正常工作的各俯仰段起始俯仰角和终止俯仰角（β_{i1-}，β_{i1+}）、（β_{i2-}，β_{i2+}）、…、（β_{ip-}，β_{ip+}），关闭射频信号源射频输出开关。

⑫ 改变射频信号源输出信号频率为其余频率值，重复步骤⑨~⑪，直到测试完毕。

（3）测试记录。

雷达侦察设备方位面角度覆盖范围测试记录见表 5-1-1，雷达侦察设备俯仰面角度覆盖范围测试记录见表 5-1-2。

表 5-1-1 雷达侦察设备方位面角度覆盖范围测试记录表

序号	信号源输出功率 P_{zi}/dBW	测试频率 f_i/MHz	雷达侦察设备正常工作的方位角范围			结论	备注
			起始方位角 α_{ij-}/(°)	终止方位角 α_{ij+}/(°)	$\Delta\alpha_{ij}$ /(°)		

表 5-1-2 雷达侦察设备俯仰面角度覆盖范围测试记录表

序号	信号源输出功率 P_{zi}/dBW	测试频率 f_i/MHz	雷达侦察设备正常工作的俯仰角范围			结论	备注
			起始方位角 β_{ik-}/(°)	终止方位角 β_{ik+}/(°)	$\Delta\beta_{ik}$ /(°)		

(4) 数据处理。

① 按式(5-1-3)计算雷达侦察设备在第 i 个频率点能正常工作的第 j 个方位段的角度范围 $\Delta\alpha_{ij}$。

$$\Delta\alpha_{ij}=\Delta\alpha_{ij+}-\Delta\alpha_{ij-} \tag{5-1-3}$$

式中：$\Delta\alpha_{ij}$ 为雷达侦察设备在第 i 个频率点能正常工作的第 j 个方位段的角度范围(°)；$\Delta\alpha_{ij+}$ 为雷达侦察设备在第 i 个频率点能正常工作的第 j 个方位段的终止方位角(°)；$\Delta\alpha_{ij-}$ 为雷达侦察设备在第 i 个频率点能正常工作的第 j 个方位段的起始方位角(°)；i 为频率测试点序号(i=1，2，…，n)；j 为方位段序号(j=1，2，…，m)。

② 按式(5-1-4)计算雷达侦察设备在第 i 个频率点能正常工作的第 k 个俯仰段的角度范围 $\Delta\beta_{ik}$。

$$\Delta\beta_{ik}=\Delta\beta_{ik+}-\Delta\beta_{ik-} \tag{5-1-4}$$

式中：$\Delta\beta_{ik}$ 为雷达侦察设备在第 i 个频率点能正常工作的第 k 个俯仰段的角度范围(°)；$\Delta\beta_{ik+}$ 为雷达侦察设备在第 i 个频率点能正常工作的第 k 个俯仰段的终止俯仰角(°)；$\Delta\beta_{ik-}$ 为雷达侦察设备在第 i 个频率点能正常工作的第 k 个俯仰段的起始俯仰角(°)；i 为频率测试点序号(i=1，2，…，n)；k 为方位段序号(k=1，2，…，p)。

③ 合格判断。当测试到的雷达侦察设备在各频率点能正常工作的各方位段角度范围和各俯仰段角度范围符合产品规范规定时为合格。

2. 频率覆盖范围的测量

1) 测量条件

频率覆盖范围，对于频率搜索体制雷达侦察设备来说，指瞬时频率覆盖范围和频率搜索范围；对于频率非搜索体制雷达侦察设备来说，指瞬时频率覆盖范围或频率覆盖范围。频率覆盖范围测试框图如图 5-1-2 所示。

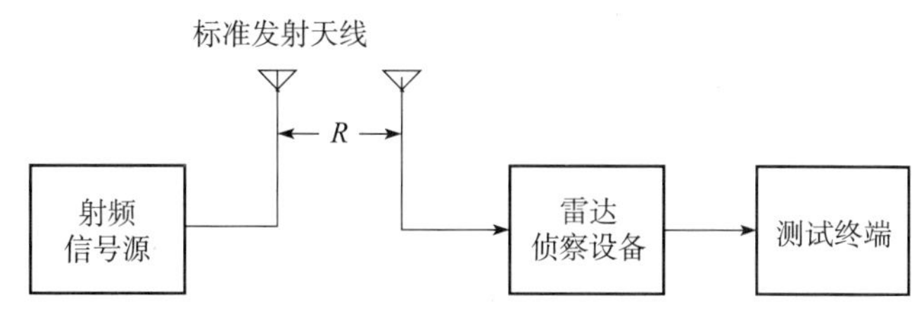

图 5-1-2　频率覆盖范围测试框图

频率覆盖范围的测量除了应满足角度覆盖范围测量条件的①~③、⑧以外，还应满足以下条件：

频率非搜索体制雷达侦察设备的频率覆盖范围或频率搜索体制雷达侦察设备的频率搜索范围是结合性能测试进行的，在雷达侦察设备与频率有关的性能测试中，频率点选取均应考虑产品规范规定的雷达侦察设备频率覆盖范围要求，通常都要选取频率覆盖范围的上、下限点。当在这些频率点上测试的雷达侦察设备性能满足产品规范规定时，则频率覆盖范围或频率搜索范围满足要求。

2）频率搜索体制雷达侦察设备瞬时频率覆盖范围的测量

（1）测量线路连接。

频率搜索体制雷达侦察设备瞬时频率覆盖范围的测试连接如图 5-1-2 所示。

（2）测量方法步骤。

① 按图 5-1-2 连接雷达侦察设备和测试仪器，射频信号源发射天线置于雷达侦察设备角度覆盖范围内，且指向雷达侦察设备天线中心。

② 雷达侦察设备和测试仪器通电，调整雷达侦察设备和测试仪器使之工作状态正常。

③ 在产品规范规定的频率搜索范围内选取 $n(n\geqslant3)$ 个频率点（不含上、下限频率点）。

④ 射频信号源输出连续波或脉冲波信号，置输出信号频率为选取的一个频率 f_i。

⑤ 雷达侦察设备处于常规侦收工作方式，搜索频率锁定在 f_i，打开射频信号源射频输出开关，调整输出功率，观察雷达侦察设备刚好正常工作，然后输出功率电平再增加 6dB。

⑥ 置射频信号源输出信号频率为比 f_i 小 $3\Delta f_0$（Δf_0 为产品规范规定的瞬时频率覆盖范围），慢慢升高输出信号频率，观察雷达侦察设备从不能正常工作到刚好能正常工作，记录此时射频信号源输出信号频率 $f_{ci.\min}$。

⑦ 继续慢慢升高射频信号源输出信号频率，观察雷达侦察设备从能正常工作到刚好不能正常工作，慢慢减小输出信号频率，雷达侦察设备又刚好能正常工作，记录此时射频信号源输出信号频率 $f_{ci.\max}$，关闭射频信号源射频输出开关。

⑧ 改变射频信号源输出信号频率为其余频率值，重复步骤④~⑦，直到测试完毕。

（3）测试记录和数据处理。

① 频率搜索体制雷达侦察设备瞬时频率覆盖范围测试数据记录见表 5-1-3。

表 5-1-3 频率搜索体制雷达侦察设备瞬时频率覆盖范围测试数据记录表

序号	信号源频率/MHz	瞬时频率覆盖范围			备注
		低端频率 $f_{ci.\min}$	高端频率 $f_{ci.\max}$	Δf_i	

②按式（5-1-5）计算频率搜索体制雷达侦察设备第 i 个频率点瞬时频率覆盖范围 Δf_i：

$$\Delta f_i = f_{ci.\max} - f_{ci.\min} \tag{5-1-5}$$

式中：Δf_i 为频率搜索体制雷达侦察设备第 i 个频率点瞬时频率覆盖范围（MHz）；$f_{ci.\max}$ 为频率搜索体制雷达侦察设备第 i 个频率点瞬时频率覆盖范围高端频率（MHz）；$f_{ci.\min}$ 为频率搜索体制雷达侦察设备第 i 个频率点瞬时频率覆盖范围低端频率（MHz）；i 为频率测试点序号（i=1，2，…，n）。

③ 合格判断。当测试到的雷达侦察设备在所有测试点瞬时频率覆盖范围的值符合产品规范规定时为合格。

3）频率搜索体制雷达侦察设备频率搜索范围的测量

（1）测量线路连接。

频率搜索体制雷达侦察设备频率搜索范围的测试连接如图 5-1-2 所示。

（2）测量方法。

从灵敏度、动态范围、频率测量范围、测向误差、抗烧毁能力的测试结果中，找出满足产品规范要求的频率范围。当雷达侦察设备工作频率是多个不连续的频段时，应分段统计所列性能均满足指标要求的频率范围。

（3）测试记录和数据处理。

① 按照测量方法要求将频率搜索体制雷达侦察设备满足灵敏度、动态范围、频率测量范围、测向误差、抗烧毁能力的频率搜索范围数据记录于表 5-1-4。

② 比较表 5-1-4 所列各项频率范围，找出下限频率的最大值和上限频率的最小值即为频率搜索体制雷达侦察设备频率搜索范围。

表 5-1-4 频率搜索体制雷达侦察设备频率搜索范围测试记录表 单位：MHz

满足灵敏度要求的频率范围	满足动态范围要求的频率范围	频率测量范围	满足测向误差要求的频率范围	满足抗烧毁能力要求的频率范围	频率搜索范围	备注

4）频率非搜索体制雷达侦察设备频率覆盖范围的测量

（1）测量线路连接。

频率非搜索体制雷达侦察设备频率覆盖范围的测试连接如图 5-1-2 所示。

（2）测量方法。

从灵敏度、动态范围、频率测量范围、测向误差、抗烧毁能力的测试结果中，找出满足产品规范要求的频率范围。当雷达侦察设备工作频率是多个不连续的频段时，应分段统计所列性能均满足指标要求的频率范围。

（3）测试记录和数据处理。

① 按照测量方法要求将频率非搜索体制雷达侦察设备满足灵敏度、动态范围、频率测量范围、测向误差、抗烧毁能力的频率搜索范围数据记录于表 5-1-5。

② 比较表 5-1-5 所列各项频率范围，找出下限频率的最大值和上限频率的最小值即为频率非搜索体制雷达侦察设备频率覆盖范围。

表 5-1-5　频率搜索体制雷达侦察设备频率覆盖范围测试记录表　单位：MHz

满足灵敏度要求的频率范围	满足动态范围要求的频率范围	频率测量范围	满足测向误差要求的频率范围	满足抗烧毁能力要求的频率范围	频率覆盖范围	备注

3. 灵敏度的测量

雷达侦察设备的灵敏度 P_{rmin} 是指满足侦察接收机对接收信号能量正常检测的条件下，在侦察接收机输入端的最小输入信号功率。雷达侦察设备的灵敏度分为整机灵敏度和接收机灵敏度。

1）整机灵敏度的测量

整机灵敏度是指在雷达侦察设备工作频率和侦察空域范围内，能使终端设备稳定工作时的接收天线口面接收到的单位面积上的最小信号功率电平。整机灵敏度的测量通常采用辐射法测试，需要用的仪器有脉冲信号源、微波信号源、功率计、标准发射天线和转台。

（1）测量线路连接。

雷达侦察设备整机灵敏度测试连接如图 5-1-3 所示。

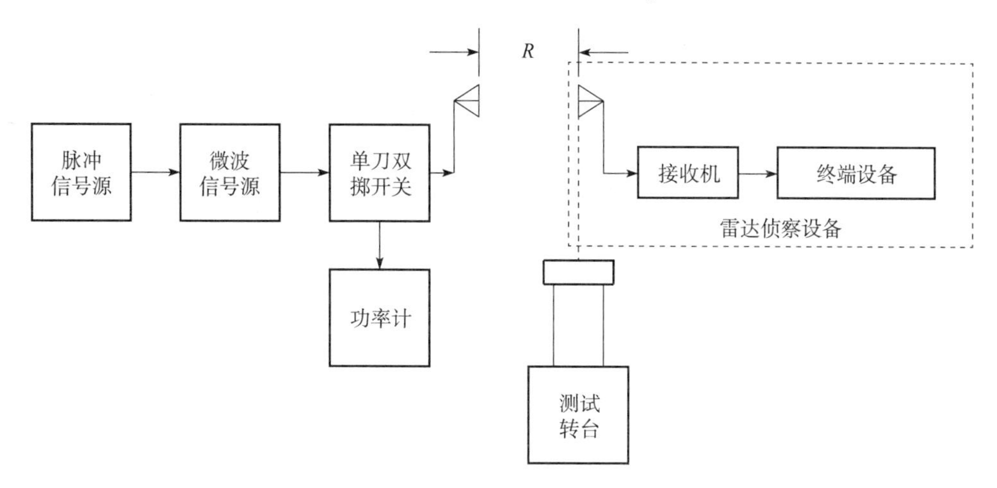

图 5-1-3　整机灵敏度测试框图

（2）测量方法步骤。

① 按图 5-1-3 连接测试设备。按式（5-1-1）确定并测量信号源天线与接收天线间的距离。

② 测量前，应用光学瞄准器具，使信号源天线和接收天线对准。

③ 脉冲信号源的参数设置按被测件产品规范设置（或脉宽置 1μs，重频置 5kHz），各波段测量频率点按被测件产品规范要求选取（或 0.5～1GHz，每隔 50MHz 测量一点；1～2GHz，每隔 100MHz 测量一点；2～4GHz，每隔 200MHz 测量一点；4～8GHz，每隔 400MHz 测量一点；8～12GHz，每隔 400MHz 测量一点；12～18GHz，每隔 500MHz 测量一点；18～40GHz，每隔 1000MHz 测量一点）。注意：产品规范规定的各波段上、下端点频率值应包括在内。如果雷达侦察设备工作频率范围不是全频段，可适当增加测量点数。

④ 信号源天线置于水平极化（或垂直极化）。在选定的某一频率点 f_i 上，转动接收天线的方位，改变微波信号源的输出功率，使雷达侦察设备终端刚好在空方位上都能稳定地工作，记下此时送至信号源天线的功率 $P_{\mathrm{T}i}$，填入表 5-1-6。

⑤ 改变信号源天线的极化形式，按步骤④重测一次。

⑥ 按产品规范的规定转动接收天线的俯仰角，重复步骤④和⑤的测试内容。

⑦ 根据选定的频率 f_i，查信号源天线的增益曲线得到 $G_{\mathrm{T}i}$，同时填入表 5-1-6。

⑧ 按式（5-1-6）计算选定频率点 f_i 上的整机灵敏度：

$$S_i = 10\lg\frac{P_{\mathrm{T}i}G_{\mathrm{T}i}}{4\pi R^2} - 30 \tag{5-1-6}$$

式中：S_i 为整机灵敏度（$\mathrm{dBm/m^2}$）；$P_{\mathrm{T}i}$ 为送至信号源天线的功率（μW），$G_{\mathrm{T}i}$ 为信号源天线的增益；R 为信号源天线与接收天线间的距离（m）。

⑨ 取 S_i 中最劣者，即为该频率点 f_i 上的整机灵敏度。

⑩ 在选定的各频率点上，重复步骤④～⑧，取其中最劣者 S，即为雷达侦察设备的整机灵敏度。

（3）测试记录。

雷达侦察设备的整机灵敏度测试记录见表 5-1-6。

表 5-1-6　整机灵敏度测试记录表　　收发距离 R=____m

f_i/GHz	极化		$P_{\mathrm{T}i}$/μW	$G_{\mathrm{T}i}$	S_i /($\mathrm{dBm/m^2}$)	S /($\mathrm{dBm/m^2}$)	备注
	方位	水平					
		垂直					
	俯仰	水平					
		垂直					

2）接收机灵敏度的测量

接收机工作灵敏度是指在雷达侦察设备工作频率和侦察空域范围内，能使终端设备稳定工作时接收机输入端输入的最小信号功率电平。接收机工作灵敏度的测量通常采用直接馈入法测试，需要用的仪器有脉冲信号源、微波信号源。

（1）测量线路连接。

接收机工作灵敏度测试连接如图 5-1-4 所示。

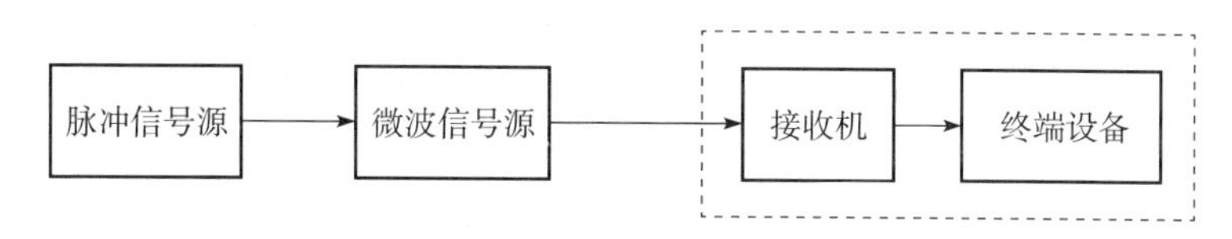

图 5-1-4　接收机工作灵敏度测试框图

（2）测量方法步骤。

① 按图 5-1-4 连接测试仪器和被测设备，并加电预热。

② 设置信号源射频输出功率比被测设备说明书规定的接收灵敏度值大 6dB，按 0.1%占空比和被测件产品规范的脉冲参数（无要求时，脉宽置 1μs、重频置 5kHz）设置信号源脉冲调制参数，信号源频率置于产品说明书规定的接收频率下限频率点 f_1。

③ 减少信号源射频输出功率，使被测设备输出信号刚好能使终端显示设备指示出测量值（射频频率、脉冲宽度和脉冲重复周期，下同），再增大信号源输出功率 1dB，记录此时信号源射频输出功率 P_{si}（频率点为 f_1 时记为 P_{s1}）。

④ 测量该频率点信号源与被测设备之间电缆的插损值率 L_i（频率点为 f_1 时记为 L_1）。

⑤ 依次改变信号源输出信号频率为选取的其他频率点 f_2，…，f_n（含上限频率点），重复③、④步骤，测量对应频率点信号源输出功率值 P_{s2}，…，P_{sn} 及电缆的插损值 L_2，…，L_n。

⑥ 按式（5-1-7）计算第 i 个频率点的接收灵敏度 P_{ri}：

$$P_{ri}=P_{si}-L_i \tag{5-1-7}$$

式中：P_{ri} 和 P_{si} 的单位为 dBm，L_i 的单位为 dB。选取 P_{ri} 中的绝对值最小值即为被测设备接收灵敏度。

4. 动态范围的测量

动态范围是指雷达侦察设备正常工作（不出现虚假目标或丢失目标）时，接收机输入端的最大功率与最小功率的比值，即最大输入信号功率与最小可检测信号功率的分贝数之差。动态范围的测量需要用的仪器有脉冲信号源、微波信号源。

（1）测量线路连接。

动态范围测试连接图和接收机工作灵敏度测试连接图相同。

（2）测量方法步骤。

① 按图 5-1-4 连接测试仪器和被测设备，并加电预热。

② 设置信号源射频输出功率比被测设备说明书规定的接收灵敏度值大 6dB，按 0.1%占空比和被测件产品规范的脉冲参数（无要求时，脉宽置 1μs、重频置 5kHz）设置信号源脉冲调制参数，信号源频率置于产品说明书规定的接收频率下限频率点 f_1。

③ 减少信号源射频输出功率，使被测设备输出信号刚好能使终端显示设备指示出测量值（射频频率、脉冲宽度和脉冲重复周期，下同），再增大信号源输出功率 1dB，记录此时信号源射频输出功率 $P_{i\min}$（频率点为 f_1 时记为 $P_{1\min}$）；继续增大信号源射频输出功率，当终端显示设备不能正确指示出测量值时，减少信号源射频输出功率 1dB，记录此时信号源射频输出功率 $P_{i\max}$（频率点为 f_1 时记为 $P_{1\max}$）。

④ 依次改变信号源输出信号频率为选取的其他频率点f_2，…，f_n（含上限频率点），重复步骤③，测量对应频率点射频信号源输出功率的最小和最大值$P_{2\min}$，…，$P_{n\min}$和$P_{2\max}$，…，$P_{n\max}$。

⑤ 按式（5-1-8）计算第i个频率点的动态范围D_i：

$$D_i = P_{i\max} - P_{i\min} \tag{5-1-8}$$

式中：$P_{i\max}$和$P_{i\min}$的单位为dBm，D_i的单位为dB。选取D_i中的最小值即为被测设备接收动态范围D。

5. 信号频率测量能力的测量

信号频率的测量能力主要指对雷达射频信号的测频误差、频率测量范围和频率分辨力。通常，频率测量范围是与测频误差和频率分辨力的测试结合进行的，测频误差和频率分辨力测试时，频率点选取均应符合产品规范规定的频率测量范围（包括上、下限频率点）要求。当在这些频率点上测试的测频误差和频率分辨力满足产品规范规定的指标要求时，则频率测量范围满足要求。

1）测频误差的测量。

测频误差是指设备正常工作时，被测试设备的输入端信号频率值和输出端测得的频率值之间的差值。测频误差的测量需要用的仪器有脉冲信号源、微波信号源。

（1）测量线路连接。

测频误差测试连接图和接收机工作灵敏度测试连接图相同。

（2）测量方法步骤。

① 按图5-1-4连接测试仪器和被测设备，并加电预热。

② 设置信号源射频输出功率比被测设备说明书规定的接收灵敏度值大6dB，按被测件产品规范的脉冲参数（无要求时，脉宽置1μs、重频置5kHz）设置信号源脉冲调制参数，信号源频率置于产品说明书规定的接收频率下限频率点f_i。

③ 从被测试设备终端设备上读取被测设备输出的信号源频率值g_i。

④ 在接收频率范围内，依次设置信号源频率f_i（含上、下限频率，$i=1, 2, \cdots, n$，$n \geqslant 30$），按式（5-1-9）计算第i个频率点的测频误差Δf_i：

$$\Delta f_i = |f_i - g_i| \tag{5-1-9}$$

式中：Δf_i、f_i和g_i的单位是MHz。选取Δf_i的最大值即为用绝对值表示的测频误差Δf。用均方根值表示的测频误差σ_{f}按式（5-1-10）计算：

$$\sigma_{\mathrm{f}} = \left[\frac{1}{n}\sum_{i=1}^{n}\Delta f_i^2\right]^{1/2} \tag{5-1-10}$$

式中：σ_{f}的单位是MHz。

2）频率分辨力的测量

（1）测量线路连接。

频率分辨力测试连接图如图5-1-5所示。

（2）测量方法步骤。

① 按图5-1-5连接雷达侦察设备和测试仪器。

② 在产品规范规定的频率覆盖范围内，任意选取n（$n \geqslant 5$）个频率点（含上、下限频率点）。

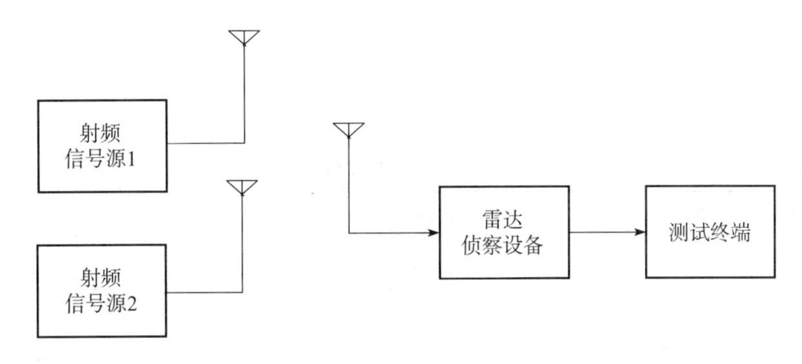

图 5-1-5　频率分辨力测试框图

③ 雷达侦察设备和测试仪器通电预热，调整雷达侦察设备和测试仪器使之工作正常。即射频信号源 1 和射频信号源 2 设置于雷达侦察设备天线角度覆盖范围内，两个信号源的天线均指向雷达侦察设备。

④ 置射频信号源 1 输出信号频率为选取的 1 个频率 f_i。

⑤ 射频信号源 2 输出信号频率为 $f_i+\Delta f_0$（Δf_0 为产品规范规定的频率分辨力值）或 $f_i-\Delta f_0$、与射频信号源 1 输出相同重复周期、脉宽相差 1μs（在产品规范规定的范围内）的信号。

⑥ 打开射频信号源 1 的射频输出开关，调整射频信号源 1 输出功率电平，使雷达侦察设备终端能正常显示该信号的频率，然后关闭射频输出开关。

⑦ 打开射频信号源 2 的射频输出开关，调整射频信号源 2 输出功率电平，使雷达侦察设备终端能正常显示该信号的频率。

⑧ 打开射频信号源 1 的射频输出开关，雷达侦察设备工作在“脉冲采集”方式，观察并记录雷达侦察设备终端显示的两个脉冲信号频率。关闭两个射频信号源的射频输出开关。

⑨ 改变射频信号源 1 输出信号频率为其余频率值，重复步骤④～⑧，直到测试完毕。

（3）测试记录和数据处理。

雷达侦察设备频率分辨力测试记录见表 5-1-7。对比每次采集的脉冲参数，能正确区分两个信号的频率参数，则判定频率分辨力为合格。

表 5-1-7　频率分辨力测试记录表　单位：MHz

序号	射频信号源 1 频率 f_i	对应第 1 个射频信号源测试终端显示的频率	对应第 2 个射频信号源测试终端显示的频率

3）频率测量范围的测量

（1）测量方法步骤。

检查测频误差、频率分辨力的测试结果，找出同时满足测频误差和频率分辨力指标要求的射频信号源 1 输出信号频率范围，即为雷达侦察设备的频率测量范围。

（2）测试记录。

雷达侦察设备频率测量范围测试记录见表 5-1-8。频率测量范围符合产品规范规定时为合格。

表 5-1-8 频率测量范围测试记录表

单位：MHz

满足测频误差要求的频率范围	满足频率分辨力要求的频率范围	频率测量范围	备注

6. 测向精度的测量

测向精度是指目标方位角的实测值与真实值之差，一般用均方根值表示。当不是测量目标方位而是测量所在区域时，分区精度是指方位分区角度的实测值与真实值之差。测向精度的测量需要用的仪器有脉冲信号源、微波信号源、标准发射天线和转台。

（1）测量线路连接。

测向精度测试连接图如图 5-1-6 所示。

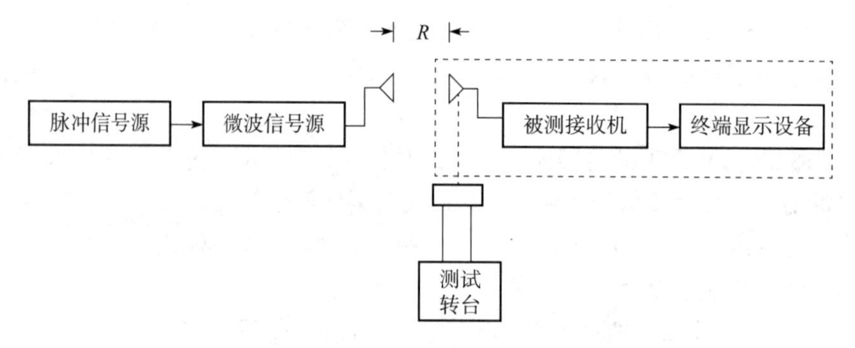

图 5-1-6 测向精度测试框图

（2）测量方法步骤。

① 按图 5-1-6 连接测试仪器和被测设备，用光学瞄准器具，使信号源天线与接收天线对准，并加电预热。

② 按式（5-1-1）确定并测量微波信号源天线与接收天线间的距离 R。

③ 按照产品说明书规定的参数设置调制脉冲参数，调节微波信号源的功率电平使其输出比被测接收机的整机灵敏度电平高 10dB。

④ 按照产品说明书的要求选取各波段测量频率点数，信号源天线固定放置在水平或垂直极化上，在选定的某一频率点上转动接收天线，每隔 10°在测试转台上读一次真实方位角，同时在方位显示器上读一次实测方位角（方位分区只测分区界限角）。

⑤ 改变信号源天线的极化形式，按照步骤④重测一次。

⑥ 按式（5-1-11）计算测向精度：

$$\Delta\theta_{\mathrm{r.m.s}} = \sqrt{\frac{1}{n-1}\sum_{i=1}^{n}\Delta\theta_i^2} \tag{5-1-11}$$

式中：$\Delta\theta_{\mathrm{r.m.s}}$ 是方位（分区）误差角的均方根值；$\Delta\theta_i$ 是实测角与真实角之差；n 是测量点数。

(3) 测试记录。

雷达侦察设备的测向精度测试记录见表 5-1-9。

表 5-1-9　整机测向精度测试记录

f(GHz)：____极化形式：____

真实方位	实测方位	$\Delta\theta_i$	$\Delta\theta_{r.m.s}$	备注

7. 脉冲信号参数测量能力的测量

脉冲信号参数测量能力是指雷达侦察设备对雷达信号脉冲重复周期（PRI）和脉冲宽度（PW）的测量能力。

1）脉冲重复周期测量能力的测量

脉冲重复周期测量能力主要指雷达侦察设备对雷达信号脉冲重复周期的测量范围和测量误差。本测试项目是测试被测设备正常工作时，能适应的脉冲重复周期变化的范围及重复周期测量误差。脉冲重复周期测量范围的测试是与脉冲重复周期测量误差的测试结合进行的，脉冲重复周期测量误差测试时脉冲重复周期点选取应符合产品规范规定的脉冲重复周期测量范围要求，通常都要选取脉冲重复周期测量范围的上、下限点。当在这些脉冲重复周期点上测试的脉冲重复周期测量误差满足产品规范规定的指标要求，则脉冲重复周期测量范围满足要求。

(1) 测量线路连接。

脉冲重复周期测量能力的测试连接如图 5-1-4 所示。

(2) 测量方法步骤。

① 按图 5-1-4 连接测试仪器和被测设备并加电预热。

② 在产品规范规定的脉冲重复周期测量范围内任意选取 i($i \geqslant 10$) 个脉冲重复周期点（含上、下限点）；

③ 调整微波信号源输出功率，使被测设备输入端的信号功率比被测设备说明书规定的接收灵敏度值大 6dB。

④ 置微波信号源频率为设备说明书规定的工作频率范围内的某一个频率 f_0，选取脉冲重复周期 PRI_1，调整脉冲宽度 PW_1 保证一定的占空比（若无规定，占空比为 0.1%）。

⑤ 调整脉冲重复周期至终端显示设备不能（或不正确）指示输入射频信号参数时，再以最小步进将脉冲重复周期向相反方向调整，直至终端显示设备刚好能正确指示输入射频信号参数为止，记录此时终端显示设备指示的最大（或最小）脉冲重复周期值 PRI_{1max}(PRI_{1min}) 及信号源指示的最大（或最小）脉冲重复周期 $SPRI_{1max}$($SPRI_{1min}$)，脉冲重复周期的单位都是 μs。

⑥ 依次选取其余的 PRI 值，重复步骤⑤，记录 PRI_{imax}、PRI_{imin}、$SPRI_{imax}$、$SPRI_{imin}$ 于表 5-1-10。

表 5-1-10　脉冲重复周期测量能力测试记录表　　f_0(GHz)：____

序号	PW_i /μs	$PRI_{i\max}$ /μs	$PRI_{i\min}$ /μs	$SPRI_{i\max}$ /μs	$SPRI_{i\min}$ /μs	ΔPRI_{Li} /μs	ΔPRI_{Si} /μs
1							
2							
⋮							
n							

注：i 为脉冲重复周期测试点序号（i=1，2，…，n）；$PRI_{i\max}$ 为第 i 次测量雷达侦察设备终端显示设备指示的最大脉冲重复周期值；$SPRI_{i\max}$ 为第 i 次测量射频信号源指示的最大脉冲重复周期值；ΔPRI_{Li} 为长重复周期的脉冲重复周期测量误差；$PRI_{i\min}$ 为第 i 次测量雷达侦察设备终端显示设备指示的最小脉冲重复周期值；$SPRI_{i\min}$ 为第 i 次测量射频信号源指示的最小脉冲重复周期值；ΔPRI_{si} 为短重复周期的脉冲重复周期测量误差。

⑦从表 5-1-10 找出 $PRI_{i\max}$ 的最小值 $PRI_{\max m}$ 和 $PRI_{i\min}$ 的最大值 $PRI_{\min m}$，则能适应的脉冲重复周期变化范围为 $PRI_{\max m}$ ~ $PRI_{\min m}$。

⑧ 按式（5-1-12）和式（5-1-13）分别计算长重复周期的脉冲重复周期测量误差 ΔPRI_{Li} 和短重复周期的脉冲重复周期测量误差 ΔPRI_{Si}：

$$\Delta PRI_{Li} = |PRI_{i\max} - SPRI_{i\max}| \tag{5-1-12}$$

$$\Delta PRI_{Si} = |PRI_{i\min} - SPRI_{i\min}| \tag{5-1-13}$$

⑨ 从 ΔPRI_{Li}、ΔPRI_{Si} 中找出最大值 $\Delta PRI_{L\max}$、$\Delta PRI_{S\max}$，即为该设备脉冲重复周期测量误差的最大值。

2）脉冲宽度测量能力的测量

脉冲宽度测量能力主要指雷达侦察设备对雷达信号脉冲宽度的测量范围和测量误差。本项目是测试被测设备正常工作时，能适应的脉冲宽度变化的范围及测量误差。脉冲宽度测量范围的测试是与脉冲宽度测量误差的测试结合进行的，脉冲宽度测量误差测试时脉冲宽度点选取应符合产品规范规定的脉冲宽度测量范围要求，通常都要选取脉冲宽度测量范围的上、下限点。当在这些脉冲宽度点上测试的脉冲宽度测量误差满足产品规范规定的指标要求，则脉冲宽度测量范围满足要求。

（1）测量线路连接。

脉冲宽度测量能力的测试连接如图 5-1-4 所示。

（2）测量方法步骤。

① 按图 5-1-4 连接测试仪器和被测设备，并加电预热。

② 在产品规范规定的脉冲宽度测量范围内任意选取 i（$i \geqslant 10$）个脉冲宽度点（含上、下限点）；调整信号源输出功率，使被测设备输入端的信号功率比被测设备说明书规定的接收灵敏度值大 6dB。

③ 置信号源频率为设备说明书规定的工作频率范围内的某一个频率 f_0，选取脉冲宽度 PW，调整脉冲重复周期 PRI 保证一定的占空比（若无规定，占空比为 0.1%）。

④ 调整脉冲宽度至终端显示设备不能（或不正确）指示输入射频信号参数时，再以最小步进将脉冲宽度向相反方向调整，直至终端显示设备刚好能正确指示输入射频信号参数为止，记录此时终端显示设备指示的最大（或最小）脉冲宽度 $PW_{1\max}$（$PW_{1\min}$）及信号源指示的最大（或最小）脉冲宽度 $SPW_{1\max}$（$SPW_{1\min}$）。

⑤ 依次选取其余的 PW_i 值，重复步骤④，记录 $PW_{i\max}$、$PW_{i\min}$、$SPW_{i\max}$、$SPW_{i\min}$ 于表 5-1-11。

表 5-1-11　脉冲宽度测量能力测试记录表　　f_0(GHz)：____

序号	PRI_i /μs	$PW_{i\max}$ /μs	$PW_{i\min}$ /μs	$SPW_{i\max}$ /μs	$SPW_{i\min}$ /μs	ΔPW_{Li} /μs	ΔPW_{Si} /μs
1							
2							
4							
⋮							
n							

注：i 为脉冲宽度测试点序号（$i=1, 2, \cdots, n$）；$PW_{i\max}$ 为第 i 次测量雷达侦察设备终端显示设备指示的最大脉冲宽度值；$SPW_{i\max}$ 为第 i 次测量射频信号源指示的最大脉冲宽度值；ΔPW_{Li} 为长脉冲宽度的脉冲宽度测量误差；$PW_{i\min}$ 为第 i 次测量雷达侦察设备终端显示设备指示的最小脉冲宽度值；$SPW_{i\min}$ 为第 i 次测量射频信号源指示的最小脉冲宽度值；ΔPW_{Si} 为短脉冲宽度的脉冲宽度测量误差。

⑥ 从表 5-1-11 找出 $PW_{i\max}$ 的最小值 $PW_{\max m}$ 和 $PW_{i\min}$ 的最大值 $PW_{\min m}$，则能适应的脉冲宽度变化范围为 $PW_{\max m} \sim PW_{\min m}$。

⑦ 按式（5-1-14）、式（5-1-15）分别计算长脉冲宽度的脉冲宽度测量误差 ΔPW_{Li} 和短脉冲宽度的脉冲宽度测量误差 ΔPW_{Si}：

$$\Delta PW_{Li} = |PW_{i\max} - SPW_{i\max}| \tag{5-1-14}$$

$$\Delta PW_{Si} = |PW_{i\min} - SPW_{i\min}| \tag{5-1-15}$$

⑧ 从 ΔPW_{Li}、ΔPW_{Si} 中找出最大值 $\Delta PW_{L\max}$、$\Delta PW_{S\max}$，即为该设备脉冲宽度测量误差的最大值。

8. 信号环境适应能力的测量

1）测量条件

雷达侦察设备的信号环境适应能力通常用能接收、处理的信号类型，能同时接收、处理的信号类型和数量，信号密度三个指标来衡量。信号环境适应能力的测量应满足以下条件：

（1）在微波暗室或开阔场地进行，并且开阔场地应符合远场条件，无再次辐射。

（2）标准发射天线与雷达侦察设备天线应处于同一平面上（测试方位面时同处于一个方位面上，测试俯仰面时同处于一个俯仰面上），其波束最大方向指向雷达侦察设备天线中心，极化类型为水平或垂直极化。

（3）雷达信号模拟器应具有足够的输出功率，具有满足准确度要求的功率指示、输出频率指示；应能模拟雷达侦察设备规定的信号类型，模拟信号参数的误差应小于被测指标允许误差的 1/3。

（4）在测量雷达侦察设备能同时接收、处理的雷达信号类型和数量时，每一个雷达信号模拟器应能模拟一个雷达信号类型，一个组合的雷达信号重复频率之和应小于产品规范规定的能适应的信号密度值，全部雷达信号模拟器天线应在雷达侦察设备天线的角度覆盖范围内。

（5）信号密度主要是指雷达侦察设备在单位时间内能正确接收和处理的最多信号脉冲的数量。测试方法是在能同时接收、处理的雷达信号类型和数量测试的基础上，增加一个或几个雷达信号的重复频率，使各个信号重复频率之和达到产品规范规定的信号密度，检查雷达侦察设备是否能正常工作。选择各信号参数时应特别注意：各信号频率的间隔应大于产品规范规定的频率分辨力的3倍；产品规范若无规定，各信号脉宽与重复频率一般应满足式（5-1-16）的要求；各信号重复频率之和可以从小于产品规范规定的信号密度到大于产品规范规定的信号密度之间调整。

$$\sum_{i=1}^{n}\left(PW_i / \frac{1}{PRF_i \times 10^{-6}}\right) \leqslant 15\% \tag{5-1-16}$$

式中：PW_i 为第 i 个信号的脉宽（μs）；PRF_i 为第 i 个信号的重复频率（Hz）；i 为雷达信号的序号（$i=1, 2, \cdots, n$）。

2）能接收、处理的信号类型的测量

（1）测量线路连接。

能接收、处理的信号类型的测试连接如图5-1-7所示。

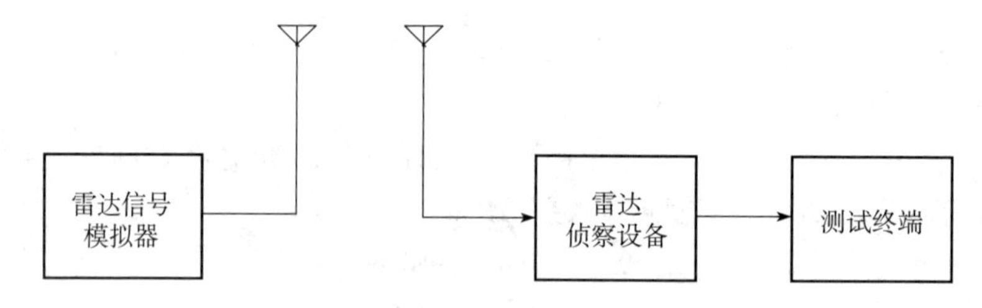

图5-1-7　能接收、处理的信号类型的测试连接

（2）测量方法步骤。

① 按图5-1-7连接雷达侦察设备和雷达信号模拟器，雷达信号模拟器天线对准雷达侦察设备天线中心。

② 雷达侦察设备和雷达信号模拟器通电，调整雷达侦察设备和雷达信号模拟器使之工作正常。

③ 置雷达信号模拟器输出信号类型为产品规范规定的能接收、处理的第一种信号类型，信号参数按产品规范规定的范围任意设置，输出信号功率电平值小到雷达侦察设备收不到信号，打开雷达信号模拟器射频输出开关。

④ 雷达侦察设备工作于侦收状态，逐渐增大雷达信号模拟器输出功率电平，使雷达侦察设备刚好能正常工作，然后输出功率电平再增加6dB。观察并记录雷达侦察设备终端显示的信号类型及相应的信号参数。

⑤ 依次改变雷达信号模拟器输出信号类型为产品规范规定的其余类型，重复步骤③、④，直到全部信号类型测试完毕。

（3）测试记录和数据处理。

雷达侦察设备能接收、处理的信号类型的测量结果记录见表5-1-12。当雷达侦察设备终端显示的信号类型与雷达信号模拟器模拟的信号类型一致，终端显示的信号参数符合雷达信号模拟器模拟的信号参数时为合格。

表 5-1-12　能接收、处理的信号类型测试记录表

序号	雷达信号模拟器设置		雷达侦察设备终端显示		结论	备注
	信号类型	参数	信号类型	参数		

3）能同时接收、处理的信号类型和数量的测量

（1）测量线路连接。

能同时接收、处理的信号类型和数量的测试连接如图 5-1-8 所示。

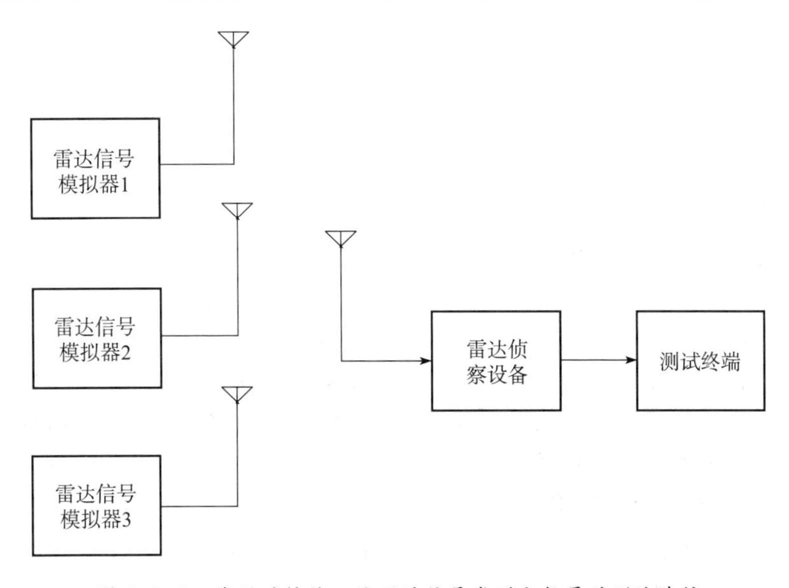

图 5-1-8　能同时接收、处理的信号类型和数量的测试连接

（2）测量方法步骤。

① 按图 5-1-8 连接雷达侦察设备和雷达信号模拟器，雷达信号模拟器的数量应等于产品规范规定的能同时接收、处理的雷达信号数量，且置于雷达侦察设备角度覆盖范围内。

② 雷达侦察设备和雷达信号模拟器通电，调整雷达侦察设备和雷达信号模拟器使之工作正常。

③ 各雷达信号模拟器按产品规范规定设置信号类型和参数。

④ 打开 1 个雷达信号模拟器的射频输出开关，由小到大调整雷达信号模拟器输出功率电平，使雷达侦察设备刚好能正常工作，然后雷达信号模拟器输出功率电平再增加 6dB，此时雷达侦察设备应能稳定工作，关闭该雷达信号模拟器的射频输出开关。

⑤ 依次打开其余雷达信号模拟器的射频输出开关，重复步骤④。

⑥ 将雷达侦察设备初始化，同时打开全部雷达信号模拟器的射频输出开关，使信号同时存在产品规范规定的时间，观察并记录雷达侦察设备终端显示的信号类型、参数，与雷达信号模拟器模拟的信号类型、参数相比较。

⑦ 当产品规范规定能同时接收、处理的信号类型和数量有多种组合形式时，每种组合均按步骤①～⑥进行测试。

（3）测试记录和数据处理。

能同时接收、处理的信号类型和数量的测试数据记录见表 5-1-13。当雷达侦察设备终端显示的信号类型与雷达信号模拟器模拟的信号类型一致，终端显示的信号参数符合雷达信号模拟器模拟的信号参数，且能同时接收处理的信号数量符合产品规范规定时为合格。

表 5-1-13　能同时接收、处理的信号类型和数量测试记录表

组合序号	雷达信号模拟器序号	雷达信号模拟器设置		雷达侦察设备终端显示		结论	备注
		信号类型	参数	信号类型	参数		

4）信号密度的测量

（1）测量线路连接。

信号密度测量的测试连接如图 5-1-8 所示。

（2）测量方法步骤。

① 在能同时接收、处理的信号类型和数量测量步骤①～⑥的基础上逐渐增加一个或几个雷达信号模拟器输出信号脉冲重复频率，观察雷达侦察设备终端显示的信号类型、参数和批次，由能正确接收、处理所有信号到不能正确接收、处理所有信号，减小脉冲重复频率使雷达侦察设备刚好又能正确接收、处理所有信号，记录此时各雷达信号模拟器输出信号脉冲重复频率值 PRF_i。

② 当产品规范规定能同时接收、处理的雷达类型和数量有多种组合形式时，每种组合均按步骤①进行测试。

（3）测试记录和数据处理。

① 信号密度的测试数据记录见表 5-1-14。

表 5-1-14　信号密度测试记录表

雷达信号模拟器序号 i	射频频率 f_i /MHz	重复频率 PRF_i /Hz	脉冲宽度 PW_i /μs	信号密度 N /(个/s)	备注

② 按式（5-1-17）计算信号密度 N，信号密度值符合产品规范规定时为合格。

$$N = \sum_{i=1}^{n} PRF_i \tag{5-1-17}$$

式中：N 为信号密度（个/s）；PRF_i 为第 i 个雷达信号模拟器输出信号脉冲重复频率（Hz）；i 为雷达信号模拟器的序号（$i=1, 2, \cdots, n$）。

9. 系统反应时间的测量

1）测量条件

系统反应时间是指从单一雷达信号进入雷达侦察设备侦察作用范围起至雷达侦察设备输出该信号参数所需的时间。系统反应时间的测量应满足以下条件：

（1）射频信号源天线对准雷达侦察设备天线中心。

（2）单一雷达信号的条件（类型、工作状态）由产品规范规定。若无规定，则为常规脉冲信号，驻留状态。

（3）雷达信号应在雷达侦察设备侦察作用范围内。

（4）雷达侦察设备完成信号处理后，应能输出一个标志信号。

（5）计时器应能测试记录射频信号源送来的视频同步信号和雷达侦察设备送来的视频标志信号之间的时间差。

2）测量线路连接

系统反应时间测量的测试连接如图 5-1-9 所示。

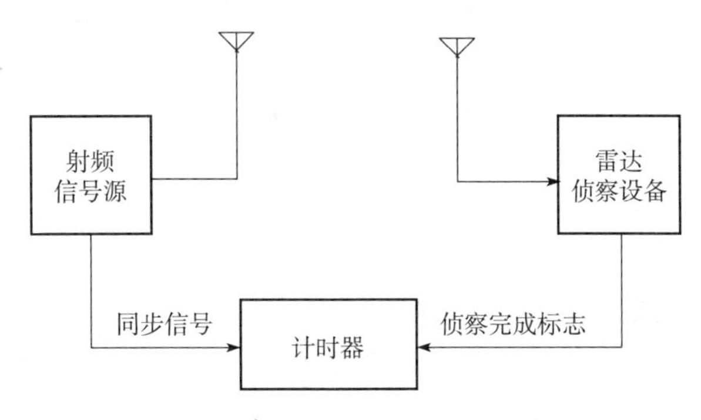

图 5-1-9　系统反应时间的测试连接

3）测量方法步骤

（1）按图 5-1-9 连接雷达侦察设备和测试仪器，射频信号源天线与雷达侦察设备天线轴向对准。

（2）雷达侦察设备和测试仪器通电，调整雷达侦察设备和测试仪器使之工作正常。

（3）按产品规范规定的雷达侦察设备数据库存储数据量要求，对雷达侦察设备进行数据库存储和检查。

（4）按产品规范规定的目标信号条件，设置射频信号源的输出信号，其参数为产品规范规定的雷达侦察设备参数范围内有效组合值。

（5）雷达侦察设备工作于侦收状态，打开射频信号源射频输出，调整输出功率电平使雷达侦察设备刚好能正常工作，然后输出功率增加 6dB，雷达侦察设备的输出应正常，并应有侦察完成标志信号送计时器。关闭射频信号源射频输出。

（6）将雷达侦察设备初始化，打开射频信号源射频输出，计时器开始计时，当雷达侦察设备出现侦察完成的标志时停止计时，记录计时器测试的时间，共测 n 次（如无规定，$n \geqslant 10$）。

4）测试记录和数据处理

（1）系统反应时间的测试数据记录见表 5-1-15。

表 5-1-15　系统反应时间测试记录表　单位：s

序号	计时器测试的时间 t_i	$\overline{T}$	备注

（2）按式（5-1-18）计算系统反应时间 $\overline{T}$，系统反应时间符合产品规范规定时为合格。

$$\overline{T} = \frac{1}{n}\sum_{i=1}^{n} t_i \tag{5-1-18}$$

式中：$\overline{T}$ 为系统反应时间（s）；t_i 为第 i 次测试计时器测试的时间（s）；i 为测试次数序号（i=1，2，…，n）。

10. 信号处理能力的测量

信号处理能力主要指雷达侦察设备对信号的实时分选处理和雷达识别处理的能力。对信号的实时分选处理能力主要是按产品规范规定的信号条件测试雷达侦察设备编批方式和形成或更新开机雷达环境文件的能力；雷达识别处理的能力主要是按产品规范规定的信号条件测试识别结果中的特征项、识别结果数目、威胁等级数量、识别可信度等级的能力。

1）实时分选处理能力的测量

（1）编批方式的测量。

编批方式的测试与能同时接收、处理的信号类型和数量的测试结合进行，主要检查雷达侦察设备对各种组合雷达信号类型和数量的信号编批情况是否满足产品规范规定的编批方式要求。

（2）形成或更新开机雷达环境文件的测量。

形成或更新开机雷达环境文件的测试与能同时接收、处理的信号类型和数量的测试结合进行，在雷达侦察设备对第一个组合雷达信号类型和数量进行侦收后，检查开机雷达环境文件是否将上述雷达信号参数列入，如列入则说明雷达侦察设备具有形成开机雷达环境文件的功能。然后各信号源更换为第二个组合雷达信号类型和数量，雷达侦察设备进行侦收后，检查开机雷达环境文件是否用第二个组合雷达信号参数更换第一个组合雷达信号参数，如更换则说明雷达侦察设备具有更新开机雷达环境文件的功能。

2）雷达识别处理能力的测量。

（1）识别结果中的特征项的测量。

识别结果中的特征项的测试框图如图 5-1-2 所示。测试步骤如下：

① 按图 5-1-2 连接雷达侦察设备和测试仪器。

② 雷达侦察设备和测试仪器通电，调整雷达侦察设备和测试仪器使之工作正常。

③ 从雷达侦察设备数据库中选取 $n(n \geqslant 5)$ 种雷达信号的特征数据。

④ 置射频信号源信号参数为选取的第一种雷达信号 S_1 的特征数据，按产品规范规定的信号条件进行设置。

⑤ 雷达侦察设备工作于侦收状态，打开射频信号源射频输出开关，调整输出功率使雷达侦察设备刚好能正常工作，然后输出功率电平增加 6dB，检查并记录雷达侦察设备终端显示识别结果中的特征项。关闭射频信号源射频输出开关。

⑥ 依次改变射频信号源信号参数为选取的其余雷达信号 $S_2 \sim S_n$ 的特征数据，按产品规范规定的信号条件进行设置，检查并记录雷达侦察设备终端显示识别结果中的特征项。

（2）识别结果数目和威胁等级数量的测量。

识别结果数目和威胁等级数量的测试框图如图 5-1-8 所示。测试步骤如下：

① 按图 5-1-8 连接雷达侦察设备和测试仪器。

② 雷达侦察设备和测试仪器通电，调整雷达侦察设备和测试仪器使之工作正常。

③ 从雷达侦察设备数据库中选取 n（n 为产品规范规定的能同时进行识别处理的雷达数量）个雷达信号的特征数据，其中应选取 m 个有威胁等级的雷达信号的特征数据。

④ 置雷达信号模拟器 1 为选取的第一种雷达信号 S_1 的特征数据，按产品规范规定的信号条件进行设置。

⑤ 打开雷达信号模拟器 1 射频输出开关，逐渐增大雷达信号模拟器输出功率电平直到测试终端显示识别结果为止，记录并检查识别结果的内容。关闭雷达信号模拟器射频输出开关。

⑥ 依次置雷达信号模拟器 $2\sim n$ 参数为选取的其余雷达信号 $S_2\sim S_n$ 的特征数据，按产品规范规定的信号条件设置后，重复步骤⑤。

⑦ 将雷达侦察设备初始化，同时打开全部雷达信号模拟器，观察并记录雷达侦察设备终端显示的识别结果。

（3）识别可信度等级的测量。

检查并记录识别结果数目和威胁等级数量的测量中雷达侦察设备终端显示识别结果中的识别可信度等级。

（4）测试记录和数据处理。

雷达识别处理能力的测量数据记录见表 5-1-16。根据记录的测试终端显示的识别结果，当识别结果中的特征项符合产品规范的规定，识别结果数目、威胁等级数量与相应的雷达信号模拟器设置一致，识别可信度等级符合产品规范的规定时为合格。

表 5-1-16　雷达识别处理能力的测试记录表

识别结果中的特征项	识别结果数目		威胁等级数量		识别可信度等级		备注
	设置	测试	设置	测试	设置	测试	

11. 数据库指标的测量

1）检查步骤

（1）雷达侦察设备通电，调整其工作状态使之正常。

（2）数据库容量检查。打开数据库，向数据库存入数据，数据的样式、数量达到产品规范规定的容量时，不出现溢出现象，说明容量符合要求。

（3）数据库的检索方式检查。打开数据库检索方式菜单，逐一检查检索方式是否满足产品规范规定的要求。

（4）数据库的数据格式检查。打开数据库，检查数据格式是否满足产品规范规定的要求。

2）测试记录和数据处理

数据库指标的测试记录见表 5-1-17。数据库容量、检索方式、数据格式分别符合产品规范规定时为合格。

表 5-1-17　数据库检查记录表

容量	检索方式	数据格式	结论	备注

12. 抗烧毁能力的测量

1）测试说明

（1）抗烧毁能力是指在雷达侦察设备天线口面处呈现的使雷达侦察设备不被烧毁的最大信号功率流密度。抗烧毁能力的测试是一种破坏性测试，不宜直接在整机上测试。可将雷达侦察设备不被烧毁的最大信号功率流密度换算成送入接收机的抗烧毁功率，在雷达侦察设备的接收机上进行测试。

（2）按式（5-1-19）将产品规范规定的雷达侦察设备抗烧毁功率流密度 S_b 换算为接收机抗烧毁功率 P_{ib}。

$$P_{ib}=S_b+10\lg\left(\frac{\lambda^2}{4\pi}\right)+G_i \tag{5-1-19}$$

式中：P_{ib} 为雷达侦察设备接收机在第 i 个频率点的抗烧毁功率指标（dBW）；S_b 为产品规范规定的雷达侦察设备的抗烧毁功率流密度（dBW/m^2）；λ 为信号工作波长（m）；G_i 为雷达侦察设备天线在第 i 个频率的增益（dB）。

（3）为防止大功率信号烧坏接收机，多数雷达侦察设备在接收机前端加了限幅器。为便于测试，将限幅器作为接收机的组成部分。

（4）射频信号源应具有足够的输出功率，具有内脉冲调制能力，具有满足准确度要求的功率指示。

（5）预先测试射频信号源至被测试接收机之间连接电缆的损耗 L_i。按式（5-1-20）计算接收机达到产品规范规定的抗烧毁功率时信号源的输出信号功率电平 P_{zib}。

$$P_{zib}=P_{ib}+|L_i| \tag{5-1-20}$$

式中：P_{zib} 为第 i 个频率点雷达侦察设备接收机达到规范规定的抗烧毁功率时信号源应输出的信号功率电平（dBW）；P_{ib} 为雷达侦察设备接收机在第 i 个频率点的抗烧毁功率指标（dBW）；L_i 为第 i 个频率点射频信号源至雷达侦察设备接收机之间连接电缆的损耗（dB）。

（6）测试接收机的抗烧毁能力，首先按产品规范规定的雷达侦察设备抗烧毁功率流密度换算成接收机抗烧毁功率指标值，然后用信号源向接收机输出信号，信号功率使接收机输入端达到抗烧毁功率指标值。最后检查接收机的灵敏度和输出幅度是否降低，若降低情况超过产品规范规定的范围，则判为抗烧毁能力不满足要求；若产品规范无规定，则按灵敏度降低 3dB 或输出幅度减小 3dB，判为抗烧毁能力不满足要求。

2）测试框图

系统抗烧毁能力测量的测试连接如图 5-1-10 所示。

3）测试步骤

（1）按图 5-1-10 连接雷达侦察设备接收机和测试仪器。

图 5-1-10 系统抗烧毁能力测试连接

（2）在产品规范规定的频率覆盖范围内选取 $n(n \geqslant 10)$ 个频率点（含上、下限频率点）。

（3）接收机和测试仪器通电，调整接收机和测试仪器使之工作正常。

（4）射频信号源频率置于一个选定的频率 f_i，按产品规范规定输出连续波或脉冲波，输出信号功率电平小到接收机不能正常工作，打开信号源射频输出开关，逐渐增大输出信号功率至接收机刚好正常工作（即灵敏度工作状态）记录射频信号源输出信号功率电平 P_{zi1}；继续增大射频信号源输出信号功率电平 10dB，记录频谱仪信号幅度读数 A_{ci1}。P_{zi1}、A_{ci1} 作为第一个频率起始测试数据，即为被测试接收机正常工作数据。

（5）继续增大射频信号源输出功率电平，直到 P_{zib} 值，关闭信号源射频输出开关。

（6）重复步骤④，得到 P_{zi2}、A_{ci2} 作为第一个频率结束的测试数据。若测试中接收机一直不能正常工作，则说明接收机已受损，不满足抗烧毁要求，应停止测试。

（7）改变射频信号源的频率为其余频率值，重复步骤④~⑥，直到测试完毕。

4）测试记录和数据处理

（1）系统抗烧毁能力测试数据记录见表 5-1-18。

表 5-1-18 系统抗烧毁能力测试记录表

序号	信号频率 /MHz	P_{zi1} /dBW	P_{zi2} /dBW	ΔP_{zi} /dB	A_{ci1} /dBV	A_{ci2} /dBV	ΔA_{ci} /dB	结论

（2）按式（5-1-21）计算第 i 个频率点接收机灵敏度变化值 ΔP_{zi}。

$$\Delta P_{zi} = P_{zi2} - P_{zi1} \tag{5-1-21}$$

式中：ΔP_{zi} 为第 i 个频率点接收机灵敏度变化值（dB）；P_{zi2} 为第 i 个频率点结束测试时接收机灵敏度状态射频信号源输出信号功率电平（dBW）；P_{zi1} 为第 i 个频率点开始测试时接收机灵敏度状态射频信号源输出信号功率电平（dBW）；i 为频率测试点序号（$i=1, 2, \cdots, n$）。

（3）按式（5-1-22）计算第 i 个频率点接收机输出幅度变化值 ΔA_{ci}。

$$\Delta A_{ci} = A_{ci2} - A_{ci1} \tag{5-1-22}$$

式中：ΔA_{ci} 为第 i 个频率点接收机输出幅度变化值（dB）；A_{ci2} 为第 i 个频率点结束测试时接收机输出的幅度值（dBV）；A_{ci1} 为第 i 个频率点开始测试时接收机输出的幅度值（dBV）；i 为频率测试点序号（$i=1, 2, \cdots, n$）。

（4）检查全部接收机的灵敏度和输出幅度变化值，不超过产品规范规定抗烧毁能力的判定范围，则抗烧毁能力满足要求；否则，不合格。

13. 电源测试

1）测试说明

电源测试是衡量雷达侦察设备在产品规范规定的电压适应范围或频率适应范围内能够正常工作的能力，以及雷达侦察设备的耗电功率。通常，电压适应范围和频率适应范围应分别在产品规范规定的额定值、上限值及下限值处进行测试。

2）测试框图

电源测试连接如图 5-1-11 所示。

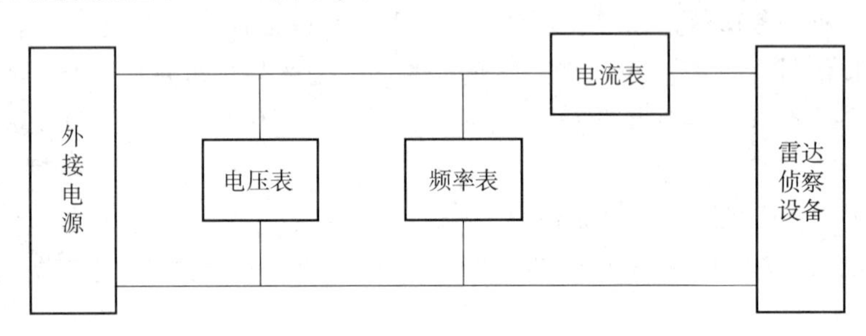

图 5-1-11　电源测试连接

3）测试步骤

（1）按图 5-1-11 连接雷达侦察设备和测试仪器（检查直流供电电源时，频率表可不接）。

（2）雷达侦察设备和测试仪器通电预热，调整雷达侦察设备和测试仪器使之工作正常。

（3）当外接测试电源为直流电源时，调整外接电源的输出，使输入雷达侦察设备的电压分别为产品规范规定的电压适应范围的上、下限值，按频率覆盖范围、角度覆盖范围、灵敏度、动态范围的步骤进行测试。

（4）调整外接电源的输出，使输入雷达侦察设备的电压为产品规范规定的额定电压值，按频率覆盖范围、角度覆盖范围、灵敏度、动态范围的步骤进行测试。

（5）使雷达侦察设备满负荷工作，记录电压表和电流表读数 U、I。

（6）当外接测试电源为交流电源时，调整外接电源的输出，使输入雷达侦察设备的电压分别为产品规范规定的电压适应范围的上、下限值，按频率覆盖范围、角度覆盖范围、灵敏度、动态范围的步骤进行测试。

（7）调整外接电源的输出，使输入雷达侦察设备的电压为产品规范规定的额定电压值，按频率覆盖范围、角度覆盖范围、灵敏度、动态范围的测试步骤进行测试。

（8）调整外接电源的输出，使输入雷达侦察设备的交流电频率分别为产品规范规定的频率适应范围的上、下限值，按频率覆盖范围、角度覆盖范围、灵敏度、动态范围的步骤进行测试。

（9）调整外接电源的输出，使输入雷达侦察设备的交流电频率为产品规范规定的额定频率值，使雷达侦察设备满负荷工作，记录电压表和电流表的读数 U、I。

4）测试记录和数据处理

（1）电源电压适应范围测试数据记录见表 5-1-19。

表 5-1-19 电压适应范围测试记录表

电源类型	电源电压/V	频率覆盖范围测试是否正常	角度覆盖范围测试是否正常	灵敏度测试是否正常	动态范围测试是否正常	备注

（2）电源频率适应范围测试数据记录见表 5-1-20。

表 5-1-20 频率适应范围测试记录表

电源频率/Hz	频率覆盖范围测试是否正常	角度覆盖范围测试是否正常	灵敏度测试是否正常	动态范围测试是否正常	备注

（3）电源耗电功率测试数据记录见表 5-1-21。

表 5-1-21 耗电功率测试记录表

电源类型	电流 I/A	电压 U/V	耗电功率 P/W	备注

（4）按式（5-1-23）计算雷达侦察设备耗电功率 P。

$$P=U\times I \tag{5-1-23}$$

式中：P 为雷达侦察设备耗电功率（W）；U 为外接电源的电压（V）；I 为雷达侦察设备正常工作时的电流（A）。

5.1.2 雷达干扰设备检测

雷达干扰设备通常通过辐射、反射、散射和吸收电磁能量的方法来破坏或降低敌雷达的使用效能，使其不能正常探测或跟踪我方目标。按照工作机理，雷达干扰设备分为有源干扰设备和无源干扰设备。在航空领域，雷达无源干扰设备（即箔条诱饵投放器）通常和红外诱饵投放器组合在一起，合称为无源光电干扰设备，因此，以下仅讨论雷达有源干扰设备主要技术指标的测试，无源光电干扰设备技术指标的测试放在 5.3.2 节内。

1. 干扰功率的测量

雷达干扰设备的发射功率，又称干扰功率，直接决定了雷达干扰设备的威力。通常将发射系统送给天线输入端信号的功率定义为发射系统的输出功率。实际上，为了测试和衡量方便，把它规定为发射机输出端口在指定负载上的功率。雷达干扰设备的发射机输出功率分为连续波输出功率和脉冲输出功率。连续波输出功率是指雷达干扰设备的发射机在连续波工作状态下，其输出端口处的射频功率。脉冲输出功率是指雷达干扰设备发射机在脉冲工作状态下，其输出端口处的峰值功率。在测试雷达干扰设备的发射功率时，应注意：①测试时应控制被测干扰机使其输出射频不加任何干扰调制。②功率计输入端应使用与工作带宽相匹配的带通滤波器来滤除带外信号，当工作带宽在一个倍频程以内时，应选择通带与工作带宽一致的滤波器；当工作带宽为跨倍频程时，应分段选取带通滤波器，使各滤波器通带低端频率的高次谐波不在该滤波器通带内。③测试用射频信号源应具有足够的输出功率、满足准确度要求的功率指示及输出频率指示，具有内部脉冲调制能力和满足准确度要求的脉冲参数指示。④测试频率点的选取，除另有规定外，一般是在产品规范规定的干扰频率范围内，按频段均匀分布或取频率的对数均匀分布，任意选取 $n(n\geqslant 25)$ 个频率点（含上、下限频率点）。

1）连续波输出功率的测量

（1）测试框图。

连续波输出功率的测试框图如图 5-1-12 所示。

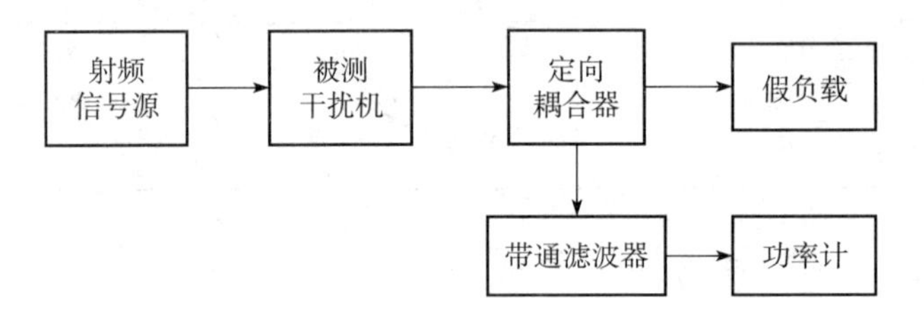

图 5-1-12　连续波输出功率测试框图

（2）测试步骤。

① 按图 5-1-12 连接，射频信号源输出接至被测干扰机接收机输入端，定向耦合器输入端接在被测干扰机发射机输出端，耦合支路输出接带通滤波器，主路输出接假负载。

② 射频信号源置为内部脉冲调制方式，除另有规定外，调制脉冲宽度为 1μs，脉冲重复频率为 1kHz，输出信号频率设为选取的第一个频率 f_1，射频输出开关置“断”。

③ 启动被测干扰机，控制使其处于连续波工作状态，射频信号源射频输出开关置“通”。

④ 调整射频信号源射频输出功率使被测干扰机正常工作。

⑤ 记录此时功率计的读数 P_{CW1}。

⑥ 改变射频信号源输出信号频率为选取的其余频率点 f_2，f_3，…，f_n，重复步骤④、⑤，得到 P_{CW2}，P_{CW3}，…，$P_{\mathrm{CW}n}$。

⑦ 测试定向耦合器耦合支路、带通滤波器和连接电缆在选取各频率点上的总损耗 α_i。

（3）测试记录与数据处理。

① 雷达干扰设备连续波输出功率的测试数据记录见表 5-1-22。

② 按式（5-1-24）计算雷达干扰设备发射机的连续波输出功率。

$$P_{\mathrm{CWout}i}=P_{\mathrm{CW}i}\times 10^{\frac{\alpha_i}{10}} \tag{5-1-24}$$

式中：$P_{\mathrm{CWout}i}$ 为雷达干扰设备发射机在第 i 个频率点的连续波输出功率（W）；$P_{\mathrm{CW}i}$ 为第 i 个频率点功率计上的功率读数（W）；α_i 为第 i 个频率点定向耦合器耦合支路、带通滤波器和连接电缆的总损耗（dB）；i 为频率测试点（$i=1$，2，…，n）。

③ 从表 5-1-22 中找出 $P_{\mathrm{CWout}i}$ 的最小值，即为雷达干扰设备发射机的连续波输出功率 P_{CWout}。

表 5-1-22　连续波输出功率测试数据记录表

序号	f_i/MHz	P_{CWi}/W	α_i/dB	$P_{CWout i}$/W	P_{CWout}/W	备注

2）脉冲输出功率的测量

（1）测试框图。

雷达干扰设备脉冲输出功率的测试框图如图 5-1-13 所示。

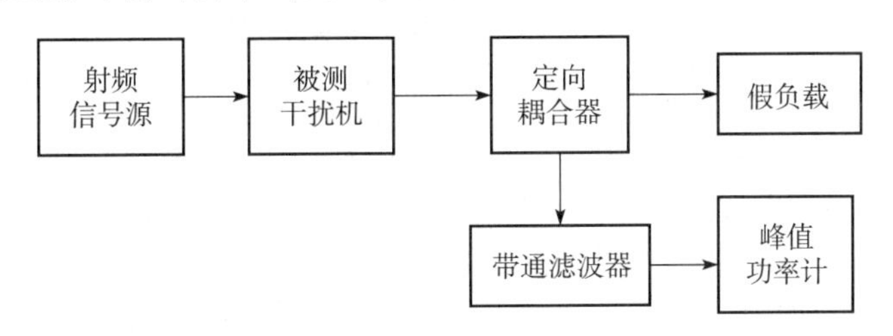

图 5-1-13　脉冲输出功率测试框图

（2）测试步骤。

① 按图 5-1-13 连接，射频信号源输出接至被测干扰机接收机输入端，定向耦合器输入端接在被测干扰机发射机输出端，耦合支路输出接带通滤波器，主路输出接假负载。

② 射频信号源置为内部脉冲调制方式，除另有规定外，调制脉冲宽度为 1μs，脉冲重复频率为 1kHz，输出信号频率设为选取的第一个频率 f_1，射频输出开关置“断”。

③ 启动被测干扰机，控制使其处于脉冲工作状态，射频信号源射频输出开关置“通”。

④ 调整射频信号源射频输出功率使被测干扰机正常工作。

⑤ 记录此时峰值功率计的读数 P_{p1}，射频信号源射频输出开关置“断”。

⑥ 改变射频信号源输出信号频率为选取的其余频率点 f_2，f_3，$\cdots f_n$，重复步骤④、⑤，得到 P_{p2}，P_{p3}，…，P_{pn}。

⑦ 测试定向耦合器耦合支路、带通滤波器和连接电缆在选取各频率点上的总损耗 α_i。

（3）测试记录与数据处理。

① 雷达干扰设备脉冲输出功率测试数据记录见表 5-1-23。

表 5-1-23　脉冲输出功率测试记录表

序号	f_i/MHz	P_{pi}/W	α_i/dB	$P_{pout i}$/W	P_{pout}/W	备注

②按式（5-1-25）计算雷达干扰设备发射机脉冲输出功率。

$$P_{pout i}=P_{pi}\times 10^{\frac{\alpha_i}{10}} \tag{5-1-25}$$

式中：$P_{pout i}$ 为雷达干扰设备发射机在第 i 个频率点的脉冲输出功率（W）；P_{pi} 为第 i 个

频率点峰值功率计上的功率读数（W）；α_i 为第 i 个频率点定向耦合器耦合支路、带通滤波器和连接电缆的总损耗（dB）；i 为频率测试点（$i=1,2,\cdots,n$）。

③ 从表 5-1-23 中找出 P_{pouti} 的最小值，即为雷达干扰设备发射机的脉冲输出功率 P_{pout}。

2. 静态噪声功率的测量

静态噪声功率是指干扰机发射机在没有输入激励信号条件下，输出端口输出的静态噪声功率。干扰机发射机静态噪声功率分为连续波静态噪声功率和脉冲静态噪声功率。连续波静态噪声功率是指干扰机在连续波工作状态下，输入端无射频激励信号，其发射机输出端口处的静态噪声功率。脉冲静态噪声功率是指干扰机在脉冲工作状态下，输入端无射频激励信号，其发射机输出端口处的静态噪声的峰值功率。在测试雷达干扰设备的静态噪声功率时，应注意：①功率计输入端应使用与工作带宽相匹配的带通滤波器来滤除带外信号，当工作带宽在一个倍频程以内时，应选择通带与工作带宽一致的滤波器，当工作带宽为跨倍频程时，应分段选取带通滤波器，使各滤波器通带低端频率的高次谐波不在该滤波器通带内。②测试时应控制被测干扰机使其输出射频不加干扰调制。

1）连续波静态噪声功率的测量

（1）测试框图。

雷达干扰设备连续波静态噪声功率的测试框图如图 5-1-14 所示。

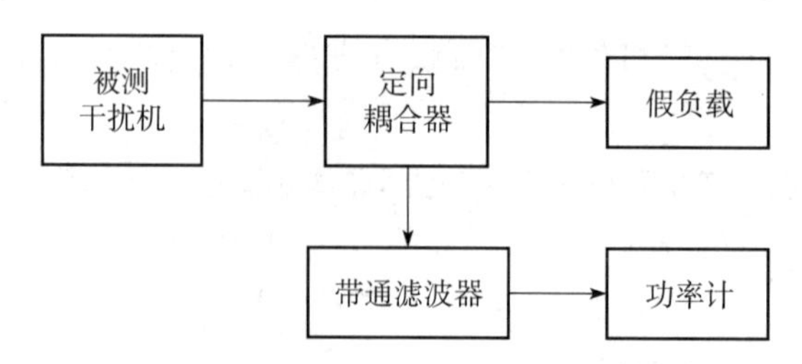

图 5-1-14　连续波静态噪声功率测试框图

（2）测试步骤。

① 按图 5-1-14 连接，定向耦合器输入端接在被测干扰机发射机输出端，耦合支路输出接带通滤波器，主路输出接假负载。

② 启动被测干扰机，控制使其处于连续波工作状态，关闭发射机射频输入，待发射机热平衡后（一般不少于 15min），记录功率计此时的功率读数 P_{NCW}。

③ 测试定向耦合器耦合支路、带通滤波器和连接电缆在选取的频段上的总损耗 α（在选取的频段上取各频率点损耗的平均值）。

（3）测试记录与数据处理。

① 雷达干扰设备连续波静态噪声功率测试数据记录见表 5-1-24。

表 5-1-24　连续波静态噪声功率测试记录表

序号	P_{NCW}/W	α/dB	P_{NCWout}/W	备注

②按式（5-1-26）计算雷达干扰设备发射机连续波静态噪声功率。

$$P_{NCWout}=P_{NCW}\times 10^{\frac{\alpha}{10}} \tag{5-1-26}$$

式中：P_{NCWout} 为雷达干扰设备发射机的连续波静态噪声功率（W）；P_{NCW} 为功率计上的功率读数（W）；α 为定向耦合器耦合支路、带通滤波器和连接电缆在选取的频段上的总损耗（dB）。

2）脉冲静态噪声功率的测量

（1）测试框图。

雷达干扰设备脉冲静态噪声功率的测试框图如图 5-1-15 所示。

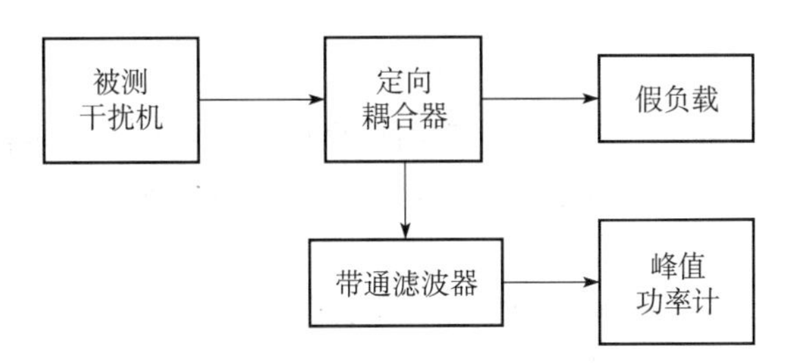

图 5-1-15　脉冲静态噪声功率测试框图

（2）测试步骤。

① 按图 5-1-15 连接，定向耦合器输入端接在被测干扰机发射机输出端，耦合支路输出接带通滤波器，主路输出接假负载。

② 启动被测干扰机，控制使其处于脉冲工作状态，关闭发射机射频输入，待发射机热平衡后（一般不少于 15min），记录峰值功率计此时的功率读数 P_{NP}。

③ 测试定向耦合器耦合支路、带通滤波器和连接电缆在选取的频段上的总损耗 α（在选取的频段上取各频率点损耗的平均值）。

（3）测试记录与数据处理。

① 雷达干扰设备脉冲静态噪声功率测试数据记录见表 5-1-25。

表 5-1-25　脉冲静态噪声功率测试记录表

序号	P_{NP}/W	α/dB	P_{NPout}/W	备注

②按式（5-1-27）计算雷达干扰设备发射机脉冲静态噪声功率。

$$P_{NPout}=P_{NP}\times 10^{\frac{\alpha}{10}} \tag{5-1-27}$$

式中：P_{NPout} 为雷达干扰设备发射机的脉冲静态噪声功率（W）；P_{NP} 为峰值功率计上的功率读数（W）；α 为定向耦合器耦合支路、带通滤波器和连接电缆在选取的频段上的总损耗（dB）。

3. 压制性干扰性能的测量

压制性干扰性能通常从两个方面来衡量，一个是干扰样式，另一个是射频干扰带宽。

1）压制性干扰的干扰样式的测量

（1）测试框图。

压制性干扰的干扰样式的测试框图如图 5-1-16 所示。

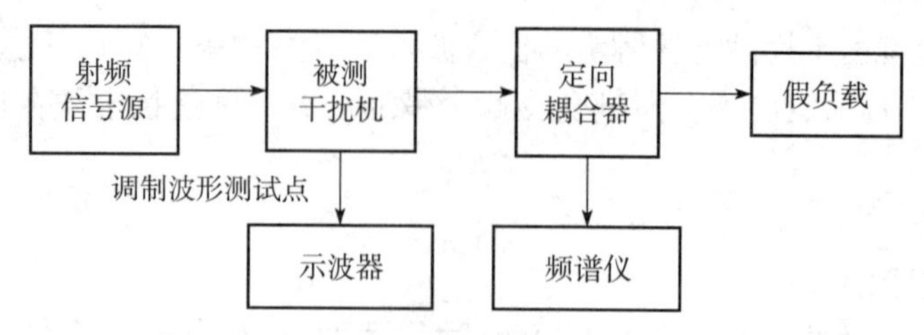

图 5-1-16 压制性干扰的干扰样式测试框图

（2）测试步骤。

① 按图 5-1-16 连接，射频信号源输出接至被测干扰机接收机输入端，定向耦合器输入端接在被测干扰机发射机输出端，耦合支路输出接频谱仪，主路输出接假负载。示波器探头接在被测干扰机的调制波形测试点。

② 射频信号源置为内部脉冲调制方式，除另有规定外，调制脉冲宽度设为 1μs，脉冲重复频率为 1kHz，输出信号频率设为产品规范规定的任一频率，射频输出开关置“断”。

③启动被测干扰机，控制使其工作在产品规范规定的一种干扰样式，射频信号源射频输出开关置“通”，调整射频信号源射频输出功率使被测干扰机正常工作。

④ 在频谱仪上观测并记录频谱调制特性，在示波器上观测并记录干扰调制波形，根据产品规范判断观察到的干扰样式是否符合要求。

⑤ 依次变换干扰样式，重复步骤④。

（3）测试记录与数据处理。

压制性干扰的干扰样式的测试数据记录见表 5-1-26。能全部产生符合产品规范要求的压制性干扰的干扰样式为合格。

表 5-1-26 干扰样式测试记录表

序号	设置的干扰样式	观测的干扰样式	结论	备注

2）压制性干扰射频干扰带宽的测量

射频干扰带宽是指发射机输出射频干扰信号的有效频带宽度，即射频干扰频谱半功率点之间的频带宽度。

（1）测试框图。

压制性干扰射频干扰带宽的测试框图如图 5-1-17 所示。图 5-1-17 中测试用射频信号源应具有足够的输出功率、满足准确度要求的功率指示及输出频率指示，具有内部脉冲调制能力和满足准确度要求的脉冲参数指示。

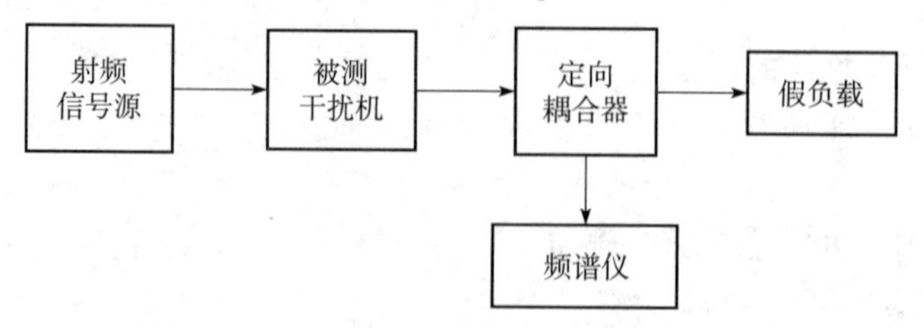

图 5-1-17 压制性干扰射频干扰带宽测试框图

（2）测试步骤。

① 按图 5-1-17 连接，射频信号源输出接至被测干扰机接收机输入端，定向耦合器输入端接在被测干扰机发射机输出端，耦合支路输出接频谱仪，主路输出接假负载。

② 射频信号源置为内部脉冲调制方式，除另有规定外，调制脉冲宽度设为 1μs，脉冲重复频率为 1kHz，输出信号频率设为选取的第一个频率 f_1，射频输出开关置“断”。

③ 启动被测干扰机，控制使其处于产品规范规定的一种干扰样式，射频信号源射频输出开关置“通”，调整射频信号源射频输出功率使被测干扰机正常工作。

④ 在频谱仪上读出并记录射频干扰频谱半功率点的宽度 Δf_1。

⑤ 改变射频信号源输出信号频率为选取的其余频率点 f_2，f_3，…，f_n，重复步骤④，得到 Δf_2，Δf_3，…，Δf_n。

⑥ 控制干扰机发射机工作在产品规范规定的其余干扰样式，重复步骤④~⑤。

（3）测试记录与数据处理。

压制性干扰射频干扰带宽的测试数据记录见表 5-1-27。压制性干扰射频干扰带宽测试结果符合产品规范的规定为合格。

表 5-1-27　射频干扰带宽测试记录表

序号	干扰样式	f_i/MHz	Δf_i/MHz	结论

4. 欺骗性干扰性能的测量

1）距离波门拖引干扰样式的测量

距离波门拖引干扰是指干扰机将接收到的雷达信号进行储频，使发射干扰信号和接收雷达信号在频率上相同，并产生时间上不断延迟或超前于雷达信号、功率上大于回波信号的干扰脉冲，对雷达距离波门进行拖引。其干扰样式主要有后拖、前拖、多重拖、匀速拖、加速拖等。

（1）测试框图。

距离波门拖引干扰样式测试框图如图 5-1-18 所示。

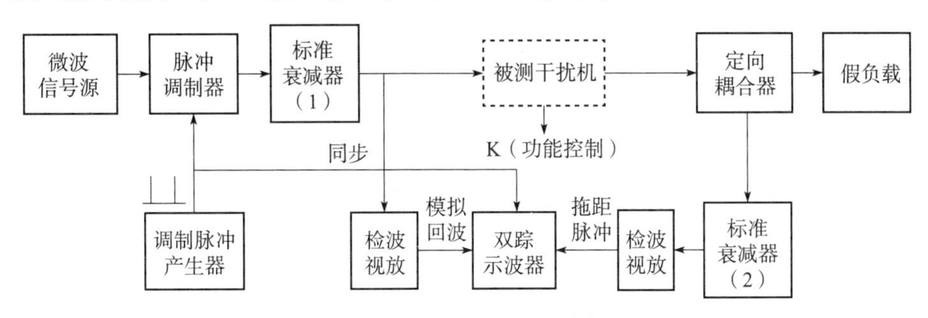

图 5-1-18　距离波门拖引干扰样式测试框图

（2）测试步骤。

① 按图 5-1-18 连接测试设备。

② 调节标准衰减器（1）衰减量，使微波信号源输出功率高于被测干扰机接收机灵

敏度 6dB 并在其动态范围之内，它的一路信号输给干扰机，另一路信号经检波、视放送至双踪示波器作为模拟雷达回波脉冲；再将被测干扰机输出的距离拖引干扰脉冲经定向耦合器、标准衰减器（2）和检波视放后送至双踪示波器。

③ 操纵干扰功能控制开关 K，分别置于后拖、前拖、多重拖、匀速拖、加速拖等状态，比较 5 种干扰样式下距离拖引干扰脉冲与模拟雷达回波脉冲的相对运动状况，观察并拍照记录双踪示波器显示的波形。

（3）测试记录和数据处理。

距离波门拖引干扰样式测试数据记录见表 5-1-28。能全部产生符合产品规范要求的距离波门拖引干扰样式为合格。距离波门拖引干扰样式参考波形见附录 A 中图 A-1。

表 5-1-28　距离波门拖引干扰样式波形记录表

	后拖	前拖	多重拖	匀速拖	加速拖	备注
模拟回波波形图						
拖引脉冲波形图						

2）距离波门拖引干扰参数的测量

距离波门拖引干扰参数包括平均拖引速度、平均拖引加速度、最大拖引距离、拖引规律、拖引周期等。

（1）测试框图。

距离波门拖引干扰参数测试框图如图 5-1-19 所示。

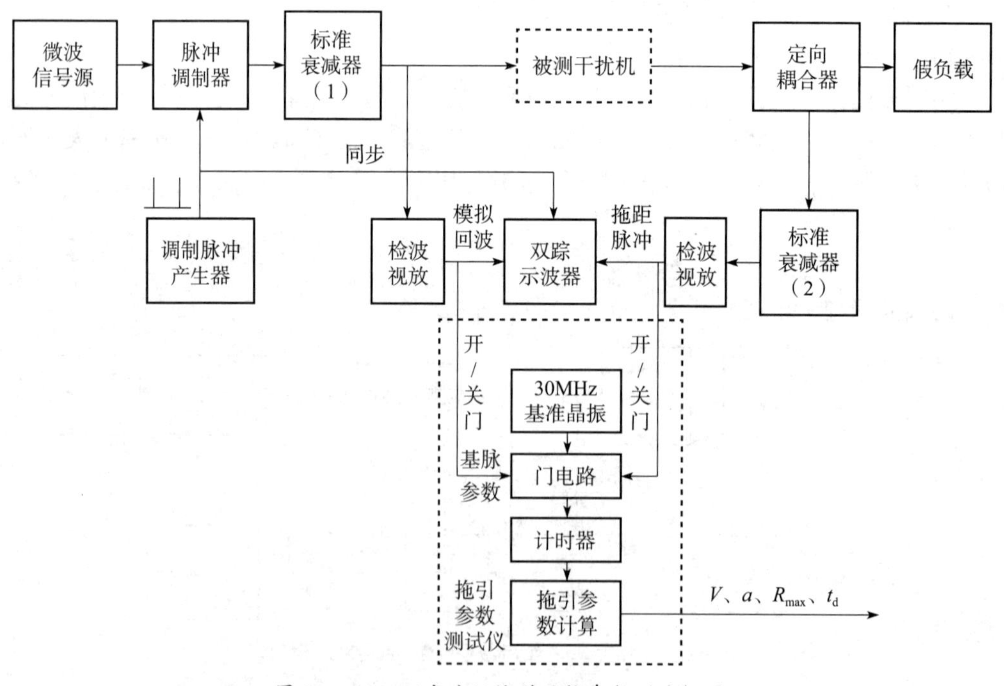

图 5-1-19　距离波门拖引干扰参数测试框图

（2）测试步骤。

① 按图 5-1-19 连接测试设备。

② 重复距离波门拖引干扰样式测试步骤②和③，然后将雷达模拟回波和拖距干扰脉冲分别作为两路计时控制信号送至拖引参数测试仪，即：基准晶振产生连续计时脉冲，模拟回波和拖距脉冲分别触发门电路的开启和关闭，从而控制间断计时，测得拖距脉冲与模拟回波到达时间差 $t_i(i=1, 2, \cdots, n)$ 和模拟回波的脉冲重复间隔 $T_{r(i)}(i=1, 2, \cdots, n)$ 以及停拖瞬间拖距脉冲相对模拟回波的延时 t_K；再以 t_i、$T_{r(i)}$ 和 t_K 为基本数据计算下述距离波门拖引干扰参数。

③ 按式（5-1-28）计算平均拖引速度。

$$V_{(n)} = \frac{150 \cdot (t_n - t_1)}{\sum_{i=1}^{n} T_{r(i)}} \tag{5-1-28}$$

式中：$V_{(n)}$ 为从第 1 至第 n 个脉冲的平均拖引速度（m/s）；t_1 为第 1 个脉冲延时（μs）；t_n 为第 n 个脉冲延时（μs）；$\sum T_{r(i)}$ 为从第 1 个至第 n 个脉冲的脉冲重复间隔累加时间（s）。

④ 按式（5-1-29）计算平均拖引加速度。

$$a_{(n\to m)} = \frac{V_{(m)} - V_{(n)}}{\sum_{i=1}^{m} T_{r(i)}} \tag{5-1-29}$$

式中：$a_{(n\to m)}$ 为从第 n 至第 m 个脉冲的平均拖引力加速度（m/s^2）；$V_{(n)}$ 为从第 1 至第 n 个脉冲的平均拖引速度（m/s）；$V_{(m)}$ 为从第 1 至第 m 个脉冲的平均拖引速度（m/s）；$\sum T_r$ 为从第 n 个至第 m 个脉冲的脉冲重复间隔累加时间（s）。

⑤ 按式（5-1-30）计算最大拖引距离。

$$R_{\max} = t_K \times 150 \tag{5-1-30}$$

式中：$R_{\max}$ 为最大拖引距离（m）；t_K 为第 K 个脉冲瞬间停拖时拖距脉冲相对模拟回波的延时（μs）。

⑥ 记录每一个拖引脉冲相对模拟回波的延迟或超前时间，绘图描绘拖引规律：是线性拖引还是抛物线拖引等。

⑦ 用双踪示波器观察，并用计时器记录两次拖引的起止时间差，即为拖引周期 t_{d}。

⑧ 重复距离波门拖引干扰参数测试的步骤②~⑦3 次，并计算平均值。

（3）测试记录与数据处理。

距离波门拖引干扰参数测试数据记录见表 5-1-29。距离波门拖引干扰参数符合产品规范要求为合格。

表 5-1-29　距离波门拖引干扰参数测试记录表

测试序号 n	$V_{(n)}$/(m/s)	$a_{(n\to m)}$/m/s^2	$R_{\max}$/m	t_{d}/μs	拖引规律	备注
1						
2						
3						
平均值						

3）速度波门拖引干扰样式的测量

速度波门拖引干扰是指干扰机在接收到的雷达信号载频上调制一个不断变化的假频移后，再放大并发射比回波强的干扰信号，使雷达速度波门被假多普勒频移所拖引而产生错误跟踪；其干扰样式主要有速度正拖、速度负拖、多重拖、双频闪烁等。

（1）测试框图。

速度波门拖引干扰样式测试框图如图 5-1-20 所示。

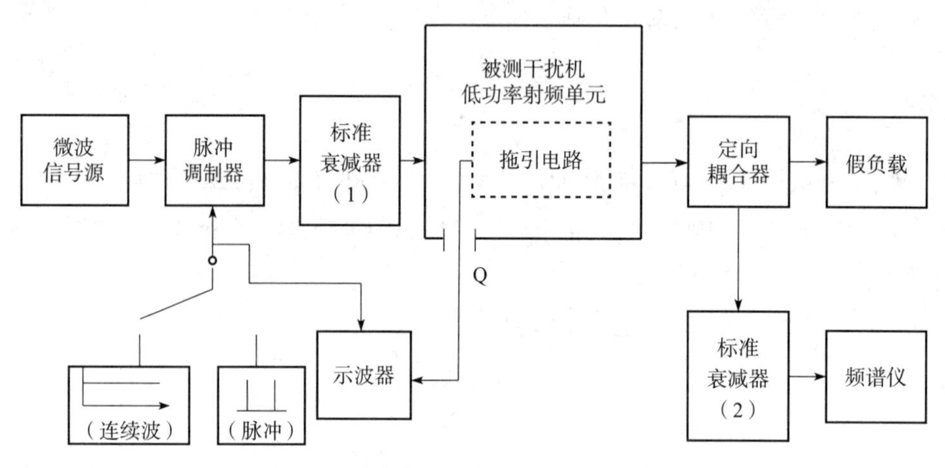

图 5-1-20　速度波门拖引干扰样式测试框图

（2）测试步骤。

① 按图 5-1-20 连接测试设备。

② 调节标准衰减器（1）衰减量，使微波信号源输出功率高于被测干扰机接收机灵敏度 6dB，并在其动态范围之内；脉冲调制器受开关控制使微波信号源分别模拟连续波状态和脉冲状态。

③ 从被测干扰机低功率射频单元拖引电路测试端 Q 引出信号至示波器，同时干扰输出信号经定向耦合器、标准衰减器（2）引至频谱仪；观察示波器波形和信号源为连续波状态时的频谱仪频谱波形，并拍照记录速度正拖、速度负拖、多重拖、双频闪烁（闪烁假目标速度欺骗）四种速度波门拖引干扰样式的波形。

（3）测试记录和数据处理。

速度波门拖引干扰样式测试波形记录见表 5-1-30。能全部产生符合产品规范要求的速度波门拖引干扰样式为合格。速度波门拖引干扰样式参考波形图见附录 A 中图 A-2。

表 5-1-30　速度波门拖引干扰样式波形记录表

	速度正拖	速度负拖	多重拖	双频闪烁	备注
示波器波形					
频谱仪波形					

4）速度波门拖引干扰参数的测量

速度波门拖引干扰参数包括拖引频率范围、平均拖引速度、拖引规律等。

（1）测试框图。

速度波门拖引干扰参数测试框图如图 5-1-20 所示。

（2）测试步骤。

① 按图 5-1-20 连接测试设备。

② 按速度波门拖引干扰样式的测试步骤②和③进行测试。

③ 按式（5-1-31）计算速度波门拖引频率范围。

$$\Delta f_d = f_{dmax} - f_{dmin} \tag{5-1-31}$$

式中：Δf_d 为速度波门拖引频率范围（kHz）；f_{dmax} 为频谱仪记录的速度拖引频谱的最高频率（kHz）（见附图 A-2）；f_{dmin} 为频谱仪记录的速度拖引频谱的最低频率（kHz）（见附图 A-2）。

④ 在频谱仪观察、记录从拖引开始至拖引结束，每隔单位时间的多普勒频移值，亦即按式（5-1-2）3 计算速度波门平均拖引速率。

$$V_d = \Delta f_d / t_d \tag{5-1-32}$$

式中：V_d 为速度波门平均拖引速率（kHz/s）；Δf_d 为速度波门拖引频率范围（kHz）；t_d 为速度波门拖引周期（是从拖引开始至拖引结束的时间）（s）（见图 B-3）。

⑤ 根据第④条测试记录进行绘图得到拖引规律：线性拖引或抛物线拖引等。

⑥ 在被测干扰机工作频率范围内随机取 m 个测试频率点（m 由产品规范给定或不少于 10）重复测试步骤②~⑤。

（3）测试记录与数据处理。

速度波门拖引干扰参数测试数据记录见表 5-1-31。速度波门拖引干扰参数符合产品规范要求为合格。

表 5-1-31　速度波门拖引干扰参数测试记录表

$f_m = f_o$ /GHz	f_{dmax} /kHz	f_{dmin} /kHz	Δf_d /kHz	t_d /s	V_d /(kHz/s)	拖引规律	备注

5）雷达假目标干扰参数的测量

雷达假目标干扰是指干扰信号的射频频率、形状、脉宽、重复间隔与雷达回波基本相符，再用一串时间上延迟或超前雷达信号的脉冲调制干扰射频信号，并施放足够大的干扰功率，使在雷达屏幕上形成许多假目标。假目标干扰参数包括假目标数、假目标间隔时间、假目标间距。

（1）测试框图。

雷达假目标干扰参数测试框图如图 5-1-21 所示。

（2）测试步骤。

① 按图 5-1-21 测试设备。

② 调节标准衰减器（1）衰减量使微波信号源输出功率高于被测干扰机接收机灵敏度 6dB 并在其动态范围之内，再输入给被测干扰机；该信号耦合部分经检波视放作为模拟回波脉冲送至双踪示波器；再将干扰机输出经定向耦合器、标准衰减器（2）和检波

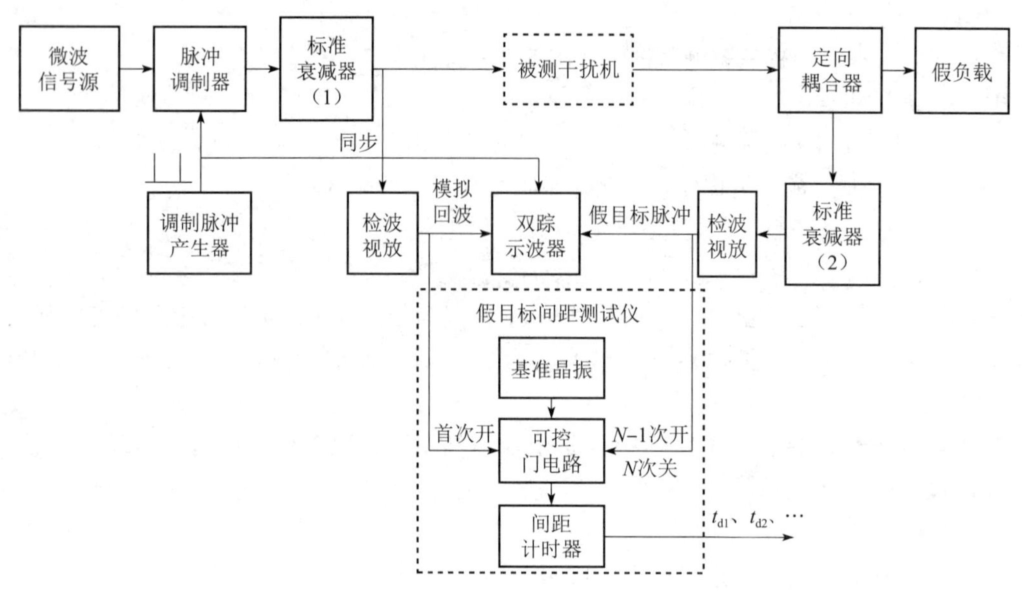

图 5-1-21 雷达假目标干扰参数测试框图

视放后的假目标脉冲也送至双踪示波器。观察双踪示波器显示的两路信号波形并拍照，统计假目标数 N_d。

③ 再将模拟回波脉冲和假目标脉冲作为两路控制信号送至假目标间距测试仪，控制开始计时和停止计时，亦即模拟回波控制首次开门计时，至第一个假目标脉冲到达就停止计时，则测得间隔时间 t_{d1}；同样第一个假目标脉冲触发另一门开门计时，至第二个假目标脉冲到达又停止计时，则测得间隔时间 t_{d2}，按此方法直至测得间隔时间 t_{dN}。

④ 按式（5-1-33）计算假目标间距。

$$R_{dN}=t_{dN}\cdot 150 \tag{5-1-33}$$

式中：R_{dN} 为第 N 个假目标与第 $N-1$ 个假目标的间距（m）；t_{dN} 为第 N 个假目标与第 $N-1$ 个假目标的间隔时间（μs）。

⑤ 重复测试步骤②~④3 次，并计算平均值。

（3）测试记录与数据处理。

雷达假目标干扰参数测试数据记录见表 5-1-32。假目标干扰参数符合产品规范要求为合格。假目标参考波形图见附录 A 中图 A-3。

表 5-1-32 假目标干扰参数测试记录表

测试序号 n	假目标序号	N_d	t_{dN}/μs	R_{dN}/m	备注
1	$N=1$				
	$N=2$				
	⋮				
2					
3					
平均值					

5. 最小干扰距离的测量

最小干扰距离是指在雷达干扰中，当干扰机对被干扰设备实施有效干扰时，掩护目标与被干扰设备间的最小距离。产品最小干扰距离的检验方法一般由产品鉴定（定型）试验大纲及其细则确定。

6. 回答延迟时间的测量

回答延迟时间是指被测干扰机已完成侦察，在实施脉间干扰时，从接收天线输入的雷达射频脉冲前沿至发射天线输出的射频干扰脉冲前沿之间的时间。

1）测试框图

回答延迟时间测试框图如图 5-1-22 所示。

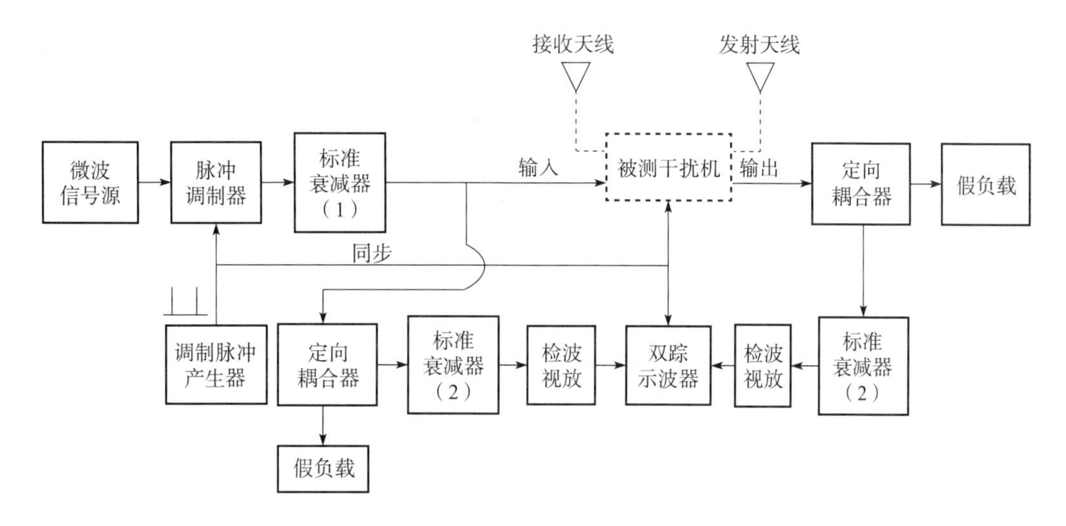

图 5-1-22　回答延迟时间测试框图

2）测试步骤

（1）按图 5-1-22 连接测试设备。

（2）将接收机输入射频脉冲和发射机输出射频脉冲经由同一传输器件分别检波后送至示波器，记忆两次波形，在同一电平下比较两路脉冲前沿达到 0.707 电平处的时间差，用 τ_0 表示；检波器的负载匹配阻抗为 50Ω。

（3）在被测干扰机工作频率范围内随机取 m 个测试频率点（m 由产品规范给定或不少于 20），将微波信号源频率调定至 f_m，重复测试步骤②。

（4）按式（5-1-34）计算回答延迟时间。

$$\tau_{\Sigma}=\tau_0+\tau_{in}+\tau_{out} \tag{5-1-34}$$

式中：τ_{Σ} 为回答延迟时间（ns）；τ_0 为干扰接收机输入端至发射机输出端延迟时间（ns）；τ_{in} 为接收天线至接收机输入端的天馈传输时间（ns）；τ_{out} 为发射机输出端至发射天线的天馈传输时间（ns）。（注：τ_{in} 和 τ_{out} 按传输电缆的型号、长度、查表确定。）

3）测试记录与数据处理

回答延迟时间测试数据记录见表 5-1-33。回答延迟时间符合产品规范要求为合格。

表 5-1-33 回答延迟时间测试记录表

f_m/GHz	τ_0/ns	τ_{in}/ns	τ_{out}/ns	τ_Σ/ns	备注

7. 频率瞄准误差的测量

1）压制性干扰频率瞄准误差的测量

压制性干扰频率瞄准误差是指干扰机接收天线收到射频信号后，干扰机输出的射频干扰信号与信号频率真值之差。在进行本项目测试时，注意：①优先采用被测干扰机输出射频信号不加干扰调制的测试方法，必要时也可采用加干扰调制的测试方法。②测试在微波暗室或野外开阔地进行，测试场地应符合远场条件，无多径反射。用来发射信号的标准增益天线和被测干扰机的接收天线轴向对准。③测试用射频信号源应具有足够的输出功率、满足准确度要求的功率指示及输出频率指示，具有内部脉冲调制能力和满足准确度要求的脉冲参数指示。④测试频率点的选取，除另有规定外，一般是在产品规范规定的干扰频率范围内，按频段均匀分布或取频率的对数均匀分布，任意选取 n($n \geqslant 25$ 个频率点（含上、下限频率点）。⑤优先采用辐射法测试，需要时也可采用注入法测试。

（1）测试框图。

压制性干扰频率瞄准误差测试框图如图 5-1-23 所示。

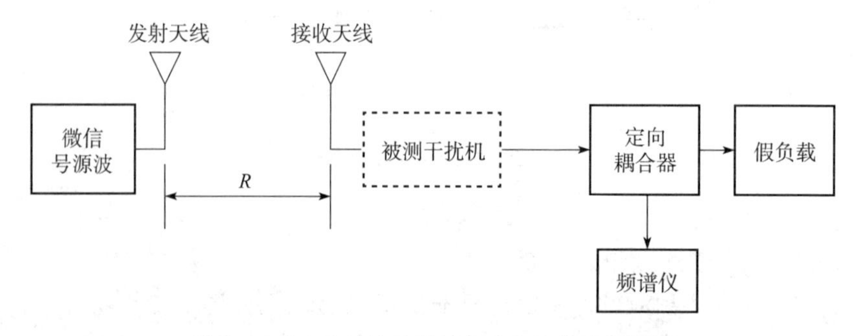

图 5-1-23 压制性干扰频率瞄准误差测试框图

（2）测试步骤。

① 按图 5-1-23 连接，定向耦合器输入端接在被测干扰机发射机输出端，耦合支路输出接频谱仪，主路输出接假负载。

② 射频信号源置为内部脉冲调制方式，除另有规定外，调制脉冲宽度设为 1μs，脉冲重复频率为 1kHz，输出信号频率设为选取的第一个频率 f_1，射频输出开关置“断”。

③ 启动被测干扰机，控制使其为干扰工作模式，射频信号源射频输出开关置“通”。

④ 调整射频信号源射频输出功率使被测干扰机正常工作。

⑤当采用不加干扰调制的测试方法时，控制被测干扰机，使其输出射频不加干扰调制，用频谱仪测出干扰机输出信号的频率值 f_{01}；当采用加干扰调制的测试方法时，用频谱仪测出干扰机输出信号的中心频率值 f_{01}。

⑥ 改变射频信号源输出信号频率为选取的其余频率点 f_2，f_3，…，f_n，重复步骤④、

⑤，得到f_{02}，f_{03}，…，f_{0n}。

（3）测试记录与数据处理。

① 压制性干扰频率瞄准误差测试数据记录见表 5-1-34。

表 5-1-34　压制性干扰频率瞄准误差测试记录表　　单位：MHz

序号	信号频率f_i	测试频率f_{ci}	测试点 频率瞄准误差 Δf_i	频率瞄准误差 （绝对值） Δf	频率瞄准误差 （均方根） σ_f	备注

②用绝对值表示时，按式（5-1-35）计算频率瞄准误差Δf_i。

$$\Delta f_i = |f_{ci} - f_i| \tag{5-1-35}$$

式中：Δf_i 为第 i 个测试点被测干扰机频率瞄准误差（绝对值）（MHz）；f_i 为第 i 个测试点射频信号源输出频率（MHz）；f_{ci} 为第 i 个测试点频谱仪测频读数（MHz）；i 为频率测试点（i=1，2，…，n）。

③ 从表 5-1-34 中找出Δf_i 的最大值，即为用绝对值表示的被测干扰机的频率瞄准误差Δf。

④ 用均方根值表示时，应按式（5-1-36）计算频率瞄准误差。

$$\sigma_f = \sqrt{\frac{\sum_{i=1}^{n}(f_{ci} - f_i)^2}{n}} \tag{5-1-36}$$

式中：σ_f 为被测干扰机频率瞄准误差（均方根）（MHz）；f_i 为第 i 个测试点射频信号源输出频率（MHz）；f_{ci} 为第 i 个测试点频谱仪测频读数（MHz）；i 为频率测试点（i=1，2，…，n）。

2）欺骗性干扰频率瞄准误差的测量

欺骗性干扰频率瞄准误差是指被测设备的输入信号频率与经被测设备存储后输出的欺骗性干扰信号的频率差值。

（1）测试框图。

雷达干扰设备欺骗性干扰频率瞄准误差测试框图如图 5-1-24 所示。

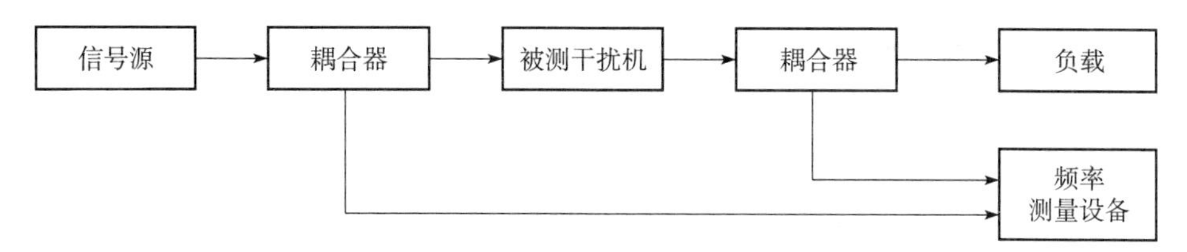

图 5-1-24　欺骗性干扰频率瞄准误差测试框图

（2）测试步骤。

① 按照图 5-1-24 连接被测设备和仪器。

② 被测设备与仪器加电预热，并校正。

③ 按设备履历本或产品规范要求，设置被测干扰机为欺骗性干扰状态，依次设置

信号源频率$f_i(i=1, 2, \cdots, n)$。

④ 用频率测量设备分别测量输入信号频率值f_i 和相应的输出干扰信号频率值f_{oi}。

(3) 测试记录与数据处理。

① 欺骗性干扰频率瞄准误差测试数据记录见表 5-1-35。

5-1-35 欺骗性干扰频率瞄准误差测试记录表

序号	f_i/MHz	f_{oi}/MHz	Δf_i/Hz	备注

②按式(5-1-37)计算第i个频率点的频率瞄准误差Δf_i。

$$\Delta f_i = |f_i - f_{oi}| \times 10^6 \tag{5-1-37}$$

式中，Δf_i 为第 i 个频率点频率瞄准误差(Hz)；f_i 为第 i 个频率点输入信号频率(MHz)；f_{oi} 为第i个频率点输出信号频率(MHz)。

从表 5-1-35 中选取Δf_i 的最大值即为被测设备欺骗性干扰的频率瞄准误差值。欺骗性干扰频率瞄准误差测试结果符合产品规范的规定为合格。

8. 有效干扰扇面的测量

有效干扰扇面是指干扰信号在被干扰雷达的终端显示器上形成有效干扰的扇形区域，有效干扰扇面的检验方法由产品鉴定（定型）试验大纲及其细则确定。

9. 功率管理能力的测量

功率管理能力是指干扰机对其输出信号在空域、时域、频域、功率及干扰样式等方面的管理控制能力。在进行本项目测试时，注意：①测试在微波暗室或野外开阔地进行，测试场地应符合远场条件，无多径反射。用来发射信号的标准增益天线和被测干扰机的接收天线轴向对准。②测试用射频信号源应具有足够的输出功率、满足准确度要求的功率指示及输出频率指示，具有内部脉冲调制能力和满足准确度要求的脉冲参数指示。③测试频率点的选取，除另有规定外，一般是在产品规范规定的频率范围内，按频段均匀分布或取频率的对数均匀分布，任意选取$n(n\geqslant5)$个频率点（含上、下限频率点）。

1) 测试框图

功率管理能力测试框图如图 5-1-25 所示。

2) 测试步骤

(1) 按图 5-1-25 连接，射频信号源输出接至标准增益天线，定向耦合器输入端接在被测干扰机发射机输出端，耦合支路输出接功分器，主路输出接假负载。示波器探头根据需要接在被测干扰机的调制波形测试点或波束控制测试点。

(2) 射频信号源置为内部脉冲调制方式，除另有规定外，调制脉冲宽度设为1μs，脉冲重复频率为 1kHz，输出信号频率设为选取的第一个频率f_1，射频输出开关置“断”。

(3) 启动被测干扰机，控制使其处于产品规范规定的一种干扰样式，射频信号源射频输出开关置“通”。

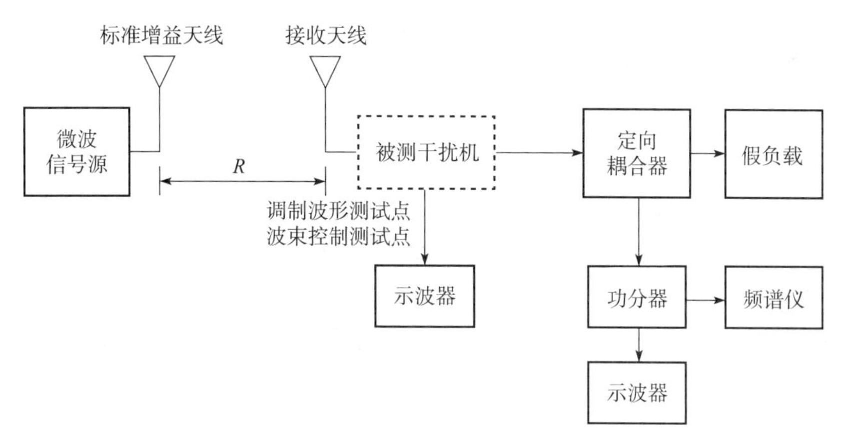

图 5-1-25 功率管理能力测试框图

(4) 调整射频信号源射频输出功率使被测干扰机正常工作。

(5) 通过频谱仪观测并记录被测干扰机输出信号的频谱特性是否符合产品规范要求，通过频谱仪观测并记录干扰机输出信号的功率是否符合产品规范要求，通过示波器观测并记录干扰机输出信号的时域特性、干扰调制波形、空域控制即干扰输出波束控制是否符合产品规范要求。

(6) 改变射频信号源输出信号频率为选取的其余频率点f_2，f_3，…，f_n，重复步骤④~⑤，分别检查被测干扰机输出信号的空域特性、时域特性、频域特性、功率和调制波形是否符合产品规范要求。

(7) 控制干扰机工作在产品规范规定的其余干扰样式，重复步骤④~⑥。

(8) 改变标准增益天线输入信号的方位，重复步骤④~⑦。

3) 测试记录与数据处理。

功率管理能力测试数据记录见表 5-1-36。功率管理能力符合产品规范要求为合格。

表 5-1-36 功率管理能力测试数据记录表

序号	输入方位	干扰样式	测试点频率/MHz	测试点空域特性是否满足规范要求	测试点时域特性是否满足规范要求	测试点频域特性是否满足规范要求	测试点功率是否满足规范要求	测试点调制波形是否满足规范要求	备注

10. 干扰频率范围的测量

干扰频率范围是指被测设备正常工作时，其干扰功率、压制性干扰要求、欺骗性干扰要求和频率瞄准误差均满足产品规范的规定所能覆盖的频率范围。

1) 测试步骤

从干扰功率、压制性干扰要求、欺骗性干扰要求和频率瞄准误差的测试结果中，找出所列技术参数均满足产品规范规定的工作频率的下限值和上限值，其范围即为被测设备的干扰频率范围。

2）测试记录与数据处理

干扰频率范围测试数据记录见表 5-1-37。干扰频率范围测试结果符合产品规范的规定为合格。

表 5-1-37　干扰频率范围测试记录表　单位：MHz

满足被测设备干扰功率要求的频率范围	满足被测设备压制性干扰要求的频率范围	满足被测设备欺骗性干扰要求的频率范围	满足被测设备频率瞄准误差要求的频率范围	干扰频率范围	备注

5.2　通信对抗设备性能检测

通信对抗设备分为通信侦察设备、通信干扰设备、通信侦干一体设备。考虑到通信侦干一体设备的性能指标是通信侦察部分、通信干扰部分性能指标的并集，因此，本节分通信侦察设备的检测和通信干扰设备的检测讨论。

5.2.1　通信侦察设备检测

通信侦察设备的功能是截获通信信号并测量信号参数，主体组成是搜索接收机和分析接收机。搜索接收机测量接收信号的频率、电平、到达时间等，对频带内信号的频率进行全面调查，给出通信信号在频域上的全景分布，因此也称侦察接收机。分析接收机用来对感兴趣的信号进行详细分析，以较高精度测量信号的频率、识别调制类型、解调和测量参数，并将分析和测量结果显示在分析显示器上，它也可以对模拟通信实现监听，因此分析接收机也称监听或监测接收机。下面主要讨论侦察接收机和监测接收机主要指标的测量。

5.2.1.1　侦察接收机的测量

1. 灵敏度的测量

灵敏度是指在规定的信号调制方式和工作带宽条件下，在侦察接收机输出端试验负载上产生额定输出功率并达到额定信噪比时所需的最小信号输入电平值，用输入端电压（μV）或输入功率（dBm）表示。

1）测试框图

侦察接收机灵敏度的测试框图如图 5-2-1 所示。

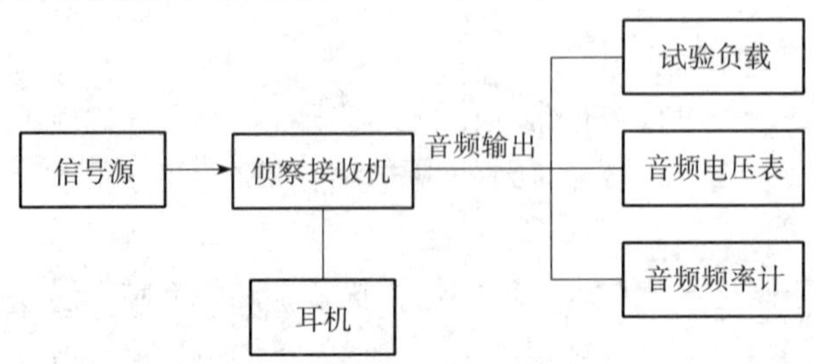

图 5-2-1　侦察接收机灵敏度测试框图

2）测试步骤

（1）调频话灵敏度的测试。

① 按图 5-2-1 连接侦察接收机和测试仪器。

② 置定侦察接收机工作状态：解调方式置调频话（F3E）；置定相应中频带宽；任置增益控制方式，当置人工增益控制（manual gain control，MGC）方式时，应使射频、中频增益最大；自动频率微调（automatic frequency control，AFC）置断。

③ 选定输入信号频率，输入调频信号，侦察接收机调谐至输入信号频率，使音频输出为 1kHz 信号。

④ 调节输入信号电平和侦察接收机音量，使音频电压表指示的输出功率达到额定值。

⑤ 信号去调制，测出噪声电平。

⑥ 按步骤④、⑤反复调节输入信号电平和侦察接收机音量，使其达到额定输出功率和额定信噪比。此时，侦察接收机输入端电压值（或输入功率值）即是灵敏度值。

（2）调幅话灵敏度的测试。

① 按图 5-2-1 连接侦察接收机和测试仪器。

② 置定侦察接收机工作状态：解调方式改置调幅话（A3E）；其余同调频话灵敏度测试的步骤②。

③ 选定输入信号频率，输入调幅信号，侦察接收机调谐至输入信号频率，使音频输出为 1kHz 信号。

④ 按调频话灵敏度测试的步骤④~⑥测定调幅话灵敏度。

（3）单边带话灵敏度的测试。

① 按图 5-2-1 连接侦察接收机和测试仪器。

② 置定侦察接收机工作状态：解调方式改置单边带话（J3E）；其余同调频话灵敏度测试的步骤②。

③ 选定与单边带话（J3E）相应的拍频频率。

④ 选定输入信号频率，输入单边带话信号，侦察接收机调谐至输入信号频率；调节拍频频率，使音频输出为 1kHz 信号。

⑤ 调节输入信号电平和侦察接收机音量，使音频电压表指示的输出功率达到额定值。

⑥ 去信号，测出噪声电平。

⑦ 按步骤⑤~⑥反复调节输入信号电平和侦察接收机音量，使其达到额定输出功率和额定信噪比。此时，侦察接收机输入端电压值（或输入功率值）即是单边带话灵敏度值。

（4）等幅报灵敏度的测试。

① 按图 5-2-1 连接侦察接收机和测试仪器。

② 按调频话灵敏度测试的步骤②置定侦察接收机工作状态，解调方式改置等幅报（AlA），拍频频率置于零位。

③ 选定输入信号频率，输入等幅波信号，侦察接收机调谐至输入信号频率，使音频输出频率为零拍。

④ 按单边带话灵敏度测试的步骤⑤~⑦测定等幅报灵敏度。

3）测试记录与数据处理

侦察接收机灵敏度的测试数据记录见表 5-2-1。灵敏度符合产品规范要求为合格。

表 5-2-1　灵敏度测试记录表

输入信号频率/MHz	解调方式	中频带宽/kHz	输入信号电平/μV 或 dBm	音频输出电平/V 或 dBm	输出信噪比/dB

2. 频率分辨力的测量

频率分辨力是指侦察接收机采用数控频率合成本振时，调谐步进的最小间隔。

1）测试框图

侦察接收机频率分辨力的测试框图如图 5-2-2 所示。

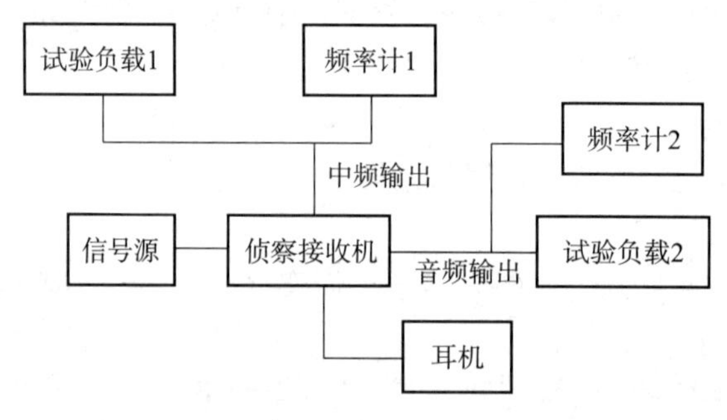

图 5-2-2　侦察接收机频率分辨力测试框图

2）测试步骤

（1）频率调谐分辨力的测试。

① 按图 5-2-2 连接侦察接收机和测试仪器。

② 置定侦察接收机工作状态：解调方式置等幅报（A1A）；置人工增益控制（MGC）方式，并使射频、中频增益最大；自动频率微调（AFC）置断。

③ 选定输入信号频率，输入比额定灵敏度大 20dB 的等幅报信号至侦察接收机输入端。

④ 将侦察接收机调谐至输入信号频率，从频率计 1 读出中频输出的频率 F_{I1}。

⑤ 按侦察接收机最小频率步进值增（或减）频率，再读频率计 1 指示的中频输出频率 F_{I2}，直至 F_{I2} 不等于 F_{I1} 为止。

⑥ 按式（5-2-1）计算侦察接收机频率调谐分辨力。

$$\Delta F_t = |F_{I2} - F_{I1}| \tag{5-2-1}$$

式中：ΔF_t 为侦察接收机频率调谐分辨力（MHz）；F_{I1} 为输出中频频率的频率计第一次读数（MHz）；F_{I2} 为输出中频频率的频率计第二次读数（MHz）。

（2）拍频频率分辨力的测试。

① 按频率调谐分辨力测试的步骤①~②连接设备和置定侦察接收机工作状态。

② 选定拍频频率。

③ 选定输入信号频率，输入比额定灵敏度大 20dB 的等幅波信号至侦察接收机输入端。

④ 将侦察接收机调谐至输入信号频率，从频率计 2 读出音频输出频率 F_{A1}。

⑤ 按拍频最小频率步进值增（或减）拍频频率，再读频率计 2 指示的音频输出频率 F_{A2}，直至 F_{A2} 不等于 F_{A1} 时为止。

⑥ 按式（5-2-2）计算拍频频率分辨力。

$$\Delta F_A = |F_{A2} - F_{A1}| \tag{5-2-2}$$

式中：ΔF_A 为拍频频率分辨力（kHz）；F_{A1} 为输出音频频率的频率计第一次读数（kHz）；F_{A2} 为输出音频频率的频率计第二次读数（kHz）。

3）测试记录与数据处理

侦察接收机频率分辨力的测试数据记录见表 5-2-2。频率分辨力符合产品规范要求为合格。

表 5-2-2　频率分辨力测试记录表

输入信号频率/MHz	中频输出频率读数/MHz		音频输出频率读数/kHz		频率分辨力/kHz		备注
	F_{I1}	F_{I2}	F_{A1}	F_{A2}	ΔF_t	ΔF_A	

3. 频率稳定度的测量

频率稳定度是指在标准大气条件下，侦察接收机按产品规范规定的开机预热时间预热后，侦察接收机调谐频率在规定的时间内最大变化量的 1/2 与信号频率之比。

1）测试框图

侦察接收机频率稳定度的测试框图如图 5-2-2 所示。

2）测试步骤

（1）按图 5-2-2 连接设备和测试仪器，其中，信号源的频率稳定度应比侦察接收机的频率稳定度至少高一个数量级。

（2）置定侦察接收机工作状态：解调方式置等幅报（AlA）；置定最大接收带宽；自动频率微调（AFC）置断。

（3）选定输入信号频率 F_s，输入比额定灵敏度大 20dB 的等幅波信号至侦察接收机输入端。

（4）经规定的预热时间后，将侦察接收机调谐至输入信号频率，并从频率计 1 读出中频输出频率的第一次读数 F_{I1}。

（5）每隔 15min 从频率计 1 读一次数，分别记为 F_{I2}，F_{I3}，…，F_{IN}，测量持续 4h，选取其中的最大中频频率 F_{Imax} 值和最小中频频率值 F_{Imin}。

（6）按式（5-2-3）计算信号频率变化最大值。

$$\Delta F_{max} = |F_{Imax} - F_{Imin}| \tag{5-2-3}$$

式中：ΔF_{max} 为信号频率变化最大值（MHz）；F_{Imax} 为 N 次测量中频率计读出的中频频率最大值（MHz）；F_{Imin} 为 N 次测量中频率计读出的中频频率最小值（MHz）。

（7）按式（5-2-4）计算频率稳定度。

$$频率稳定度=\pm\frac{\Delta F_{max}}{2F_s} \tag{5-2-4}$$

式中：F_s 为输入信号频率（MHz）。

3）测试记录与数据处理

侦察接收机频率稳定度的测试数据记录见表 5-2-3。频率稳定度符合产品规范要求为合格。

表 5-2-3　频率稳定度测试记录表

输入信号频率/MHz	读数次数	中频输出频率读数/MHz	信号频率变化最大值/MHz	频率稳定度	备注

4. 调谐频率误差的测量

调谐频率误差是指在标准大气条件下，侦察接收机按产品规范规定的开机预热时间预热后，在工作频率范围内侦察接收机的调谐频率指示值与输入信号频率真实值之差。

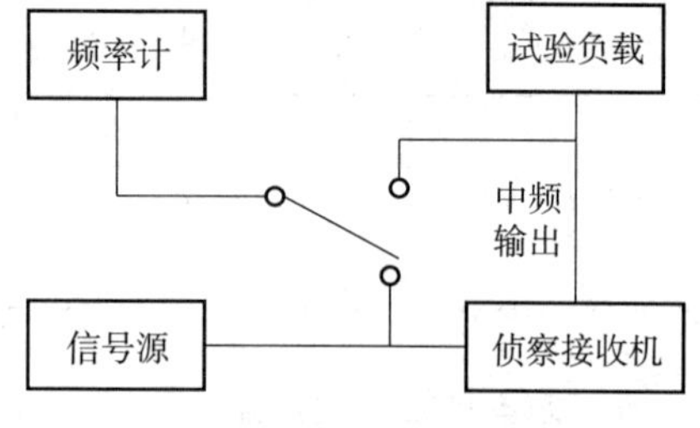

图 5-2-3　调谐频率误差的测试框图

1）测试框图

调谐频率误差的测试框图如图 5-2-3 所示。

2）测试步骤

（1）按图 5-2-3 连接设备和测试仪器。

（2）按频率稳定度测试的步骤②~③置定侦察接收机的工作状态和输入信号。

（3）经规定的预热时间后，置定侦察接收机调谐频率 F_t。

（4）将频率计接至信号源，调整信号源频率，使频率计指示的信号源频率 $F'_s=F_t$。

（5）将频率计改接至侦察接收机中频输出端，读出频率计指示的实际中频信号频率 F'_{I0}。

（6）按式（5-2-5）计算中频频率误差即是调谐频率误差。

$$\Delta F_{tr}=F'_{I0}-F_{I0} \tag{5-2-5}$$

式中：ΔF_{tr} 为调谐频率误差（MHz）；F_{I0} 为标称中频频率（MHz）；F'_{I0} 为频率计读出的实际中频信号频率（MHz）。

3）测试记录

侦察接收机调谐频率误差的测试数据记录见表 5-2-4。

表 5-2-4　调谐频率误差测试记录表

输入信号频率/MHz	标称中频频率/MHz	实际中频输出频率/MHz	调谐频率误差/MHz	备注

5. 信道转换时间的测量

信道转换时间是指侦察接收机在程控工作时，由一个信道转换到另一个信道接收信号至信号中频输出电平达到 90%稳态值时所需的时间。

1）测试框图

侦察接收机信道转换时间的测试框图如图 5-2-4 所示。

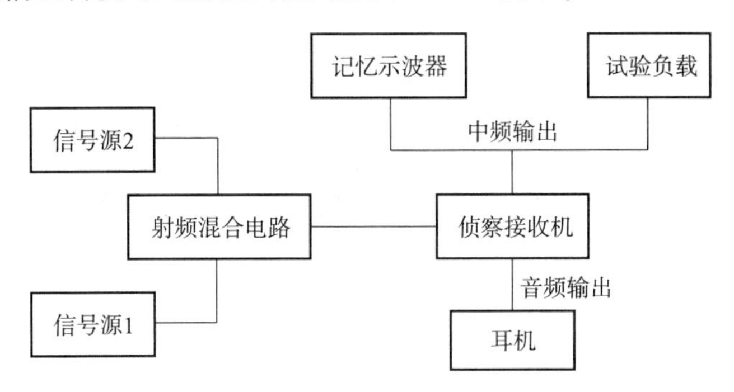

图 5-2-4　信道转换时间测试框图

2）测试步骤

（1）按图 5-2-4 连接设备和测试仪器。

（2）置定侦察接收机工作状态：解调方式置等幅报（AlA）；自动频率微调（AFC）置断；按工作频段置定相应带宽。

（3）从信号源 1 和信号源 2 分别输出频率为 F_{s1} 及 F_{s2} 的等幅波信号送至侦察接收机输入端，输入信号电平均大于额定灵敏度 20dB。

（4）侦察接收机置定搜索速率，并以等时间间隔交替接收信号 F_{s1} 及 F_{s2} 的程控方式工作。

（5）调整示波器，测定信号 F_{s1}（或 F_{s2}）的中频输出信号电平 U_I 在 T_1 期间下降到 90%稳态值至 T_3 期间下降到 90%稳态值的周期时间 T，如图 5-2-5 所示。

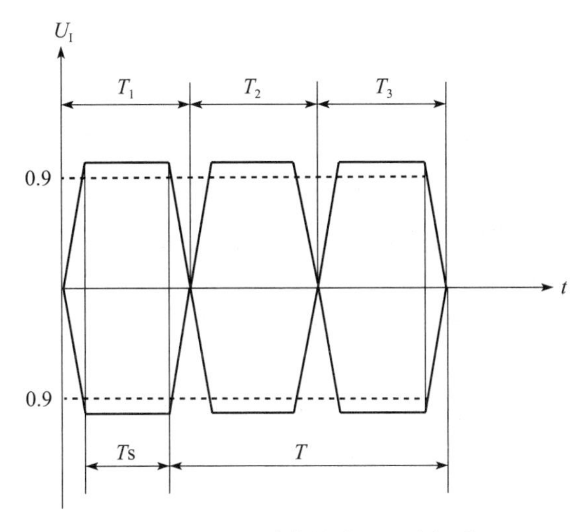

图 5-2-5　信道转换时间测试框图

（6）测定信号 F_{s1}（或 F_{s2}）的中频输出信号电平 U_I 在 T_1 期间上升到 90%稳态值下降到 90%稳态值的信号持续时间 T_s。

（7）按式（5-2-6）计算信道转换时间。

$$T_{CT}=\frac{T}{2}-T_s \qquad (5-2-6)$$

式中：T_{CT} 为信道转换时间（ms）；T 为周期时间（ms）；T_s 为信号持续时间（ms）。

3）测试记录

侦察接收机信道转换时间的测试数据记录见表 5-2-5。

表 5-2-5　信道转换时间测试记录表

输入信号频率/MHz		周期时间 /ms	信号持续时间 /ms	信道转换时间 /ms	备注
F_{s1}	F_{s2}				

6. 噪声系数的测量

噪声系数是指侦察接收机输出端的总噪声功率与仅由源阻抗中电阻分量产生的热噪声传送到侦察接收机输出端的噪声功率之比，用分贝数表示。

1）测试框图

侦察接收机噪声系数测试框图如图 5-2-6 所示。

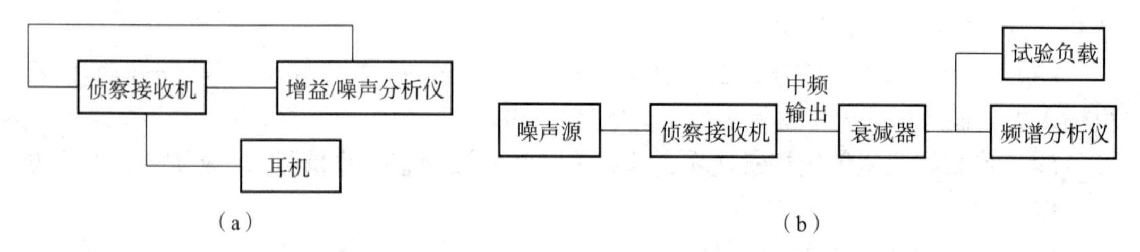

图 5-2-6　噪声系数测试框图

（a）第一种噪声系数测试框图；（b）第二种噪声系数测试框图。

2）测试步骤

（1）第一种测试方法：

① 按图 5-2-6(a) 连接设备和测试仪器。

② 侦察接收机置定调谐频率及接收带宽。

③ 侦察接收机置于人工增益控制（MGC）方式，并使射频、中频增益最大。

④ 校准增益/噪声分析仪。

⑤ 记录增益/噪声分析仪指示的侦察接收机在该调谐频率时的噪声系数。

（2）第二种测试方法：

① 按图 5-2-6(b) 连接设备和测试仪器。

② 侦察接收机置定调谐频率及接收带宽。

③ 将衰减器置于合适的衰减值。

④ 关断噪声源的噪声输出，记录频谱分析仪指示的噪声输出电平 U_n。

⑤ 将衰减器的衰减量增加 3dB。

⑥ 接通噪声源，调整噪声源输出使频谱分析仪指示的噪声输出电平仍为 U_n。

⑦ 记录噪声源输出读数即是侦察接收机的噪声系数。

3）测试记录

侦察接收机噪声系数的测试数据记录见表 5-2-6。

表 5-2-6　噪声系数测试记录表

调谐频率 /MHz	接收带宽 /MHz	噪声输出电平 /mV	噪声系数 /dB	备注
		—		方法一
				方法二

7. 中频选择性的测量

中频选择性是指侦察接收机对中频 3dB 通频带以外的信号抑制能力，用相对的波形系数测定值表示。

1）测试框图

侦察接收机中频选择性的测试框图如图 5-2-7 所示。

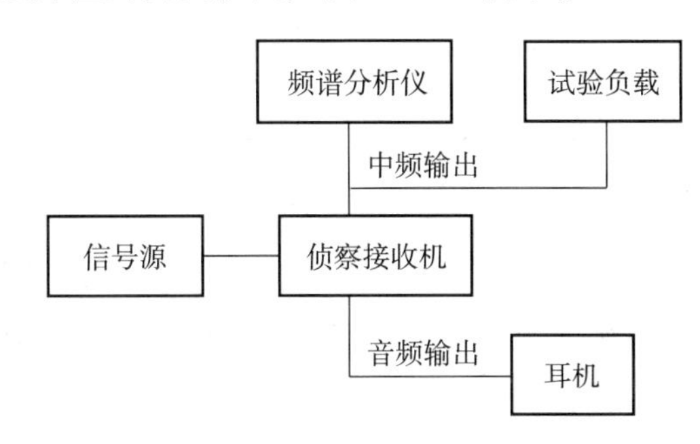

图 5-2-7　中频选择性测试框图

2）测试步骤

（1）按图 5-2-7 连接设备和测试仪器。

（2）置定侦察接收机工作状态：解调方式置等幅报（AlA）；自动频率微调（AFC）置断。

（3）调整拍频频率至 1kHz。

（4）置定所需测试的接收带宽。

（5）信号源将频率为 F_S、电平为额定灵敏度的等幅波信号送至侦察接收机，耳机听到 1kHz 左右信号，微调信号频率使输出最大。

（6）调节射频、中频增益控制，使中频输出电平达到（或接近）额定值（此电平值作为参考值）。

（7）保持侦察接收机工作状态不变，将输入信号电平增加 3dB，上、下调节输入信号频率使中频输出为原参考值，记录此时的正、负离谐频率值 F_1、F_2。

（8）按式（5-2-7）计算中频带宽。

$$BW = F_1 - F_2 \tag{5-2-7}$$

式中：BW 为中频带宽（MHz）；F_1 为正离谐频率（MHz）；F_2 为负离谐频率（MHz）。

（9）按步骤（7）~（8）分别测出输入信号电平增加 40dB、60dB 时的正、负离谐频率值和计算相应的中频带宽。

（10）按式（5-2-8）和式（5-2-9）计算波形系数。

$$W_{40dB}=\frac{BW_{40dB}}{BW_{3dB}} \tag{5-2-8}$$

$$W_{60dB}=\frac{BW_{60dB}}{BW_{3dB}} \tag{5-2-9}$$

式中：W_{40dB} 为 40dB 波形系数；BW_{40dB} 为 40dB 中频带宽（MHz）；BW_{3dB} 为 3dB 中频带宽（MHz）；W_{60dB} 为 60dB 波形系数；BW_{60dB} 为 60dB 中频带宽（MHz）。

3）测试记录

侦察接收机中频选择性的测试数据记录见表 5-2-7。

表 5-2-7　中频选择性测试记录表

输入信号频率/MHz	正、负离谐频率/MHz						中频带宽/MHz			波形系数		备注
	3dB		40dB		60dB		3dB	40dB	60dB	40dB	60dB	
	F_1	F_2	F_1	F_2	F_1	F_2						

8. 倒易混频抑制比的测量

倒易混频抑制比是指侦察接收机对带外无用信号与本振噪声混频的产物进入侦察接收机通带而使噪声增加的倒易混频现象的抑制能力，用侦察接收机信噪比下降 3dB 时的干扰信号相对输入电平值表示。

1）测试框图

侦察接收机倒易混频抑制比的测试框图如图 5-2-8 所示。

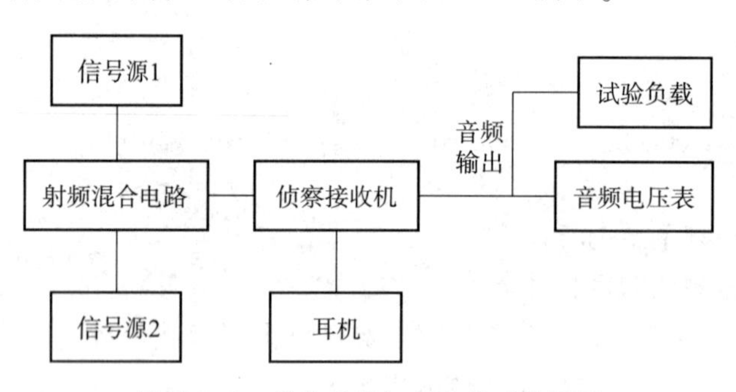

图 5-2-8　倒易混频抑制比的测试框图

2）测试步骤

（1）按图 5-2-8 连接设备和测试仪器。

（2）置定侦察接收机工作状态：解调方式置调幅话（A3E）；置定相应中频带宽；置人工增益控制（MGC）方式，并使射频、中频增益最大；自动频率微调（AFC）置断。

（3）信号源 1 输出频率为 F_{s1}、电平为额定灵敏度 U_s 的调幅信号送至侦察接收机输入端，测定侦察接收机的输出信噪比并记录数据。

(4) 同时，将信号源2输出频率为 $F_{s2}=F_{s1}+\Delta F$ 的等幅干扰信号送至侦察接收机输入端，ΔF 通常应为3~7倍中频带宽。调节输入干扰信号电平，使侦察接收机输出信噪比下降3dB，记录此时的输入干扰信号电平 U_j。

(5) 按式（5-2-10）计算倒易混频抑制比。式中：D_m 为倒易混频抑制比（dB）；U_s 为信号源1输出的信号电平（dBμV）；U_j 为信号源2输出的干扰信号电平（dBμV）。

$$D_m=U_s-U_j \tag{5-2-10}$$

3）测试记录

侦察接收机倒易混频抑制比的测试数据记录见表5-2-8。

表5-2-8 倒易混频抑制比测试记录表

输入信号频率/MHz	干扰信号频率/MHz	输入信号电平/dBμV	输出信噪比/dB	干扰信号电平/dBμV	倒易混频抑制比/dB	备注

9. 三阶互调抑制的测量

三阶互调抑制是指调谐在信号频率 F_S 的侦察接收机对带外两个频率为 $F_{j1}=F_S+\Delta F$ 及 $F_{j2}=F_S+2\Delta F$ 的强信号形成（$2F_{j1}-F_{j2}$）的互调干扰的抑制能力，用双信号干扰电平相对值 $2V_{I3}$ 或三阶互调输入截点值 IP_3 来表示。

双信号干扰电平相对值 $2V_{I3}$ 为

$$2V_{I3}=2\frac{3U_j-U_s}{3} \tag{5-2-11}$$

式中：V_{I3} 为干扰电平相对值（dBμV）；U_j 为侦察接收机输入干扰电平（dBμV）；U_s 为侦察接收机输入信号电平（dBμV）。

三阶互调输入截点值 IP_3 为

$$IP_3=\frac{P_j-P_s}{2}+P_j \tag{5-2-12}$$

式中：IP_3 为三阶互调输入截点值（dBm）；P_j 为侦察接收机输入干扰电平（dBm）；P_s 为侦察接收机输入信号电平（dBm）。

1）测试框图

侦察接收机三阶互调抑制的测试框图如图5-2-9所示。

2）测试步骤

(1) 按图5-2-9连接设备和仪器。

(2) 置定侦察接收机工作状态：解调方式置等幅报（AlA）；置定相应中频带宽；置人工增益控制（MGC）方式，并使射频、中频增益最大；自动频率微调（AFC）置断。

(3) 使用信号源1，按等幅报灵敏度测试步骤②~④测定输入信号频率为 F_s 时的等幅报灵敏度输入电平 $U_s(P_s)$；同时测定并记录侦察接收机中频输出电平值 U_I。

(4) 保持侦察接收机工作状态和调谐频率不变，信号源1、2分别将频率为 $F_s+\Delta F$ 及 $F_s+2\Delta F$ 且电平相等的干扰信号送至侦察接收机输入端，同步调节干扰信号电平使三

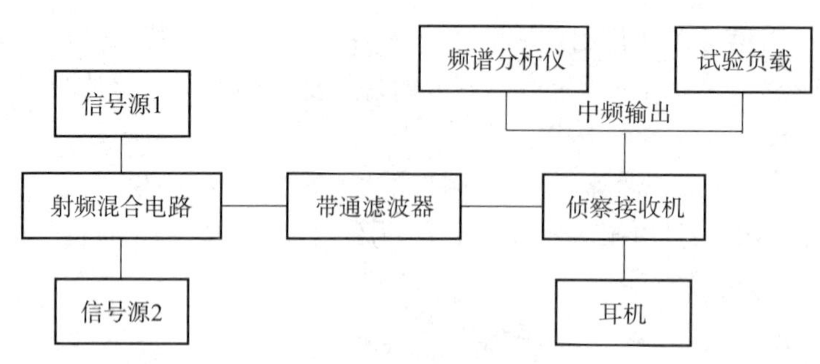

图 5-2-9　三阶互调抑制的测试框图

阶互调中频输出电平值与记录的信号中频输出电平值相等，记录此时的 $U_j(P_j)$。这里的 ΔF 为干扰频率与被测接收机工作频率的偏移量，通常应为 3~7 倍中频带宽值。

（5）按式（5-2-11）计算双信号干扰电平相对值 $2V_{I3}$，或按式（5-2-12）计算三阶互调输入截点值 IP_3。（注：带通滤波器的通带特性应保证输入信号的各次谐波均衰减 20dB 以上。）

3）测试记录

侦察接收机三阶互调抑制测试数据记录见表 5-2-9。

表 5-2-9　互调抑制测试记录表

输入信号频率/MHz	信号中频输出电平/dBm	干扰信号频率/MHz		干扰信号电平/dBμV	双信号干扰电平相对值/dBμV	输入截点值/dBm	备注
		F_{j1}	F_{j2}				

10. 二阶互调抑制的测量

二阶互调抑制是指调谐在信号频率 F_s 的侦察接收机对带外两个频率为 $F_{j1}=F_s/2+\Delta F$ 及 $F_{j2}=F_s/2-\Delta F$ 的强信号形成 $F_{j1}+F_{j2}$ 的互调干扰的抑制能力，用双信号干扰电平相对值 $2V_{I2}$ 或二阶互调输入截点值 IP_2 来表示。

双信号干扰电平相对值 $2V_{I2}$ 为

$$2V_{I2}=2\frac{2U_j-U_s}{2} \tag{5-2-13}$$

式中：V_{I2} 为干扰电平相对值（dBμV）；V_j 为侦察接收机输入干扰电平（dBμV）；U_s 为侦察接收机输入信号电平（dBμV）。

二阶互调输入截点值 IP_2 为

$$IP_2=2P_j-P_s \tag{5-2-14}$$

式中：IP_2 为二阶互调输入截点值（dBm）；P_j 为侦察接收机输入干扰电平（dBm）；P_S 为侦察接收机输入信号电平（dBm）。

1）测试框图

侦察接收机二阶互调抑制的测试框图如图 5-2-9 所示。

2）测试步骤

（1）按三阶互调抑制的测试步骤（1）~（3）置定侦察接收机工作状态并测定和记

录中频输出电平值 U_1。

（2）保持侦察接收机工作状态不变，信号源1、2分别将频率为 $F_S/2+\Delta F$ 和 $F_S/2-\Delta F$ 且电平相等的干扰信号送至侦察接收机输入端，同步调节干扰信号电平使二阶互调中频输出电平与记录的信号中频输出电平相等，记录此时的 $U_j(P_j)$。

（3）按式（5-2-13）计算双信号干扰电平相对值 $2V_{12}$，或按式（5-2-14）计算二阶互调截点值 IP_2。（注：带通滤波器的的通带特性应保证输入信号的各次谐波均衰减20dB以上。）

3）测试记录

侦察接收机二阶互调抑制的测试数据记录表同表5-2-9。

11. 中频抗拒比（中频干扰抑制比）的测量

中频抗拒比是指侦察接收机对频率为其中频频率的干扰信号的抑制能力。

1）测试框图

侦察接收机中频抗拒比的测试框图如图5-2-7所示。

2）测试步骤

（1）按图5-2-7连接设备和仪器。

（2）置定侦察接收机工作状态：置定解调方式；置定相应中频带宽；置人工增益控制（MGC）方式，并使射频、中频增益最大；自动频率微调（AFC）置断。

（3）选定输入信号频率，输入与置定解调方式相对应的信号，侦察接收机调谐至输入信号频率，按灵敏度测试步骤测定侦察接收机的灵敏度及中频输出电平并记录数据。

（4）保持侦察接收机工作状态不变，将输入信号频率改为第一中频频率（干扰信号），增大该信号电平使侦察接收机的中频输出与步骤（3）中的记录值相等，记录此时的输入电平即为第一中频干扰电平。

（5）按式（5-2-15）计算中频抗拒比。

$$D_1 = U_j - U_s \tag{5-2-15}$$

式中：D_1 为中频抗拒比（dB）；U_j 为中频干扰信号电平（dBμV）；U_s 为灵敏度电平（dBμV）。

（6）按步骤（3）~（5）测定第二中频、第三中频的中频抗拒比。

3）测试记录

中频抗拒比测试数据记录见表5-2-10。

表5-2-10　中频抗拒比测试数据记录表

输入信号频率/MHz	调制方式	灵敏度电平/dBμV	中频输出电平/dBμV	中频频率（干扰信号）/MHz	中频干扰信号电平/dBμV	中频抗拒比/dB	备注

12. 分中频抗拒比（分中频干扰抑制比）的测量

分中频抗拒比是指侦察接收机对频率为中频频率的 n 分之一干扰信号的抑制能力。

1）测试框图

侦察接收机分中频抗拒比的测试框图如图5-2-7所示。

2）测试步骤

（1）按中频抗拒比测试的步骤（1）~（3）置定侦察接收机工作状态并测定侦察接收机的灵敏度及中频输出电平，并记录数据。

（2）保持侦察接收机工作状态不变，将输入信号频率改为第一中频频率的1/2（干扰信号），增大该信号输入电平使侦察接收机的中频输出与步骤（1）中的测定记录值相等，记录此时的输入电平即为第一中频二分中频干扰电平。

（3）按式（5-2-16）计算第一中频二分中频抗拒比。

$$D_{\mathrm{I}mn}=U_{\mathrm{j}mn}-U_{\mathrm{s}} \tag{5-2-16}$$

式中：$D_{\mathrm{I}mn}$ 为第 m 中频 n 分中频抗拒比（dB）；$U_{\mathrm{j}mn}$ 为第 m 中频 n 分中频干扰信号电平（dBμV）；U_{s} 为灵敏度电平（dBμV）。

（4）按步骤（1）~（3）分别测定第一中频的三、四、……、n 分中频抗拒比。

（5）按步骤（1）~（4）分别测定第二、第三、……、第 m 中频的二、三、……、n 分中频抗拒比。

3）测试记录

分中频抗拒比的测试数据记录见表5-2-11。

表5-2-11　分中频抗拒比测试记录表

输入信号调谐频率/MHz	调制方式	输入信号灵敏度电平/dBμV	中频输出电平/dBμV	分中频干扰信号频率/MHz	分中频干扰电平/dBμV	分中频抗拒比/dB	备注

13. 镜频抗拒比（镜频干扰抑制比）的测量

镜频抗拒比是指侦察接收机对频率为镜频频率的干扰信号的抑制能力。

1）测试框图

镜频抗拒比的测试框图如图5-2-7所示。

2）测试步骤

（1）①按中频抗拒比的测试步骤（1）~（3）置定侦察接收机工作状态并测定侦察接收机的灵敏度及中频输出电平，记录数据。

（2）保持侦察接收机工作状态不变，将输入信号频率改为第一镜频频率 F_{g1}，增大该信号输入电平使中频输出与步骤（1）中的测定记录值相等，记录此时的输入电平即为第一镜频干扰电平。这里，$F_{\mathrm{g1}}=F_{\mathrm{t}}+2F_{\mathrm{I1}}$ 或 $F_{\mathrm{g1}}=F_{\mathrm{t}}-2F_{\mathrm{I1}}$，$F_{\mathrm{t}}$ 为侦察接收机调谐频率，F_{I1} 为第一中频频率。

（3）按式（5-2-17）计算第一镜频抗拒比。

$$D_{\mathrm{r}}=U_{\mathrm{jr}}-U_{\mathrm{s}} \tag{5-2-17}$$

式中：D_{r} 为镜频抑制比（dB）；U_{jr} 为镜频干扰信号电平（dBμV）；U_{s} 为输入信号灵敏度电平（dBμV）。

（4）按步骤（1）~（3）测出第二镜频抗拒比，此时，侦察接收机的输入信号频率改为第二镜频频率 $F_{\mathrm{g2}}=F_{\mathrm{t}}+2F_{\mathrm{I2}}$ 或 $F_{\mathrm{g2}}=F_{\mathrm{t}}-2F_{\mathrm{I2}}$。这里，$F_{\mathrm{I2}}$ 为第二中频频率，其余类推。

3）测试记录

侦察接收机镜频抗拒比的测试数据记录见表 5-2-12。

表 5-2-12　镜频抗拒比测试记录表

输入信号调谐频率/MHz	灵敏度电平/dBμV	中频输出电平/dBm	镜频频率/MHz	镜频干扰电平/dBμV	镜频抗拒比/dB	备注

14. 虚假响应抗拒比（虚假响应抑制比）的测量

虚假响应抗拒比是指侦察接收机对由中频、分中频、镜频等干扰外的一个非调谐频率的单频干扰信号引起中频错误输出的虚假响应的抑制能力。

1）测试框图

侦察接收机虚假响应抗拒比的测试框图如图 5-2-7 所示。

2）测试步骤

（1）按中频抗拒比的测试步骤（1）~（3）置定侦察接收机工作状态并测定侦察接收机的灵敏度及中频输出电平并记录数据。

（2）保持侦察接收机工作状态不变，将信号源置于高信号电平（如 100dBμV）输出状态，输入信号频率在离谐 5 倍以上中频带宽外搜寻，记录引起虚假响应的干扰频率。

（3）调节输入干扰信号电平，使中频输出达到灵敏度输入时的输出值，记录该输入干扰信号电平。

（4）按式（5-2-18）计算虚假响应抗拒比。

$$D_{p}=U_{jp}-U_{s} \tag{5-2-18}$$

式中：D_p 为虚假响应抗拒比（dB）；U_{jp} 为虚假干扰信号电平（dBμV）；U_s 为灵敏度电平（dBμV）。

3）测试记录

侦察接收机虚假响应抗拒比的测试数据记录见表 5-2-13。

表 5-2-13　虚假响应抗拒比测试记录表

输入信号频率/MHz	灵敏度电平/dBμV	中频输出电平/dBm	虚假干扰信号频率/MHz	虚假干扰信号电平/dBμV	虚假响应抗拒比/dB	备注

15. 机内杂散干扰等效输入电平的测量

机内杂散干扰等效输入电平是指由侦察接收机内自身因素产生的非信号的中频输出的等效输入信号电平。

1）测试框图

侦察接收机机内杂散干扰等效输入电平的测试框图如图 5-2-10 所示。

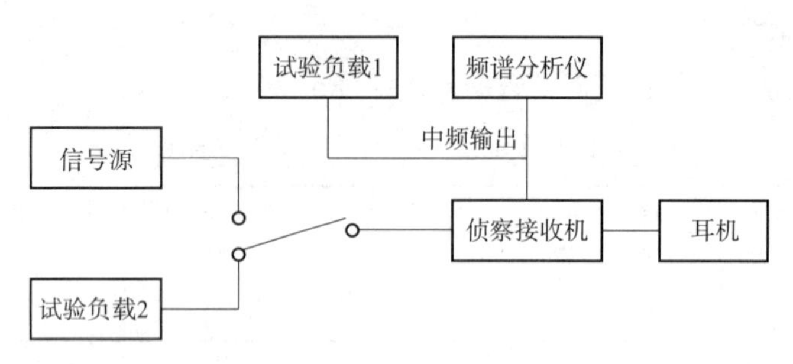

图 5-2-10 机内杂散干扰等效输入电平测试框图

2）测试步骤

（1）按图 5-2-10 连接设备和测试仪器。

（2）置定侦察接收机工作状态：解调方式置等幅报（AlA）；置定相应中频带宽；置人工增益控制（MGC）方式，并使射频、中频增益最大；自动频率微调（AFC）置断。

（3）侦察接收机输入端接试验负载 2，在工作频率范围内调谐搜索中频输出异常点，记录由机内杂散干扰产生的中频输出电平值。

（4）将侦察接收机的调谐频率调至与干扰点离谐最近的频率处，然后断开输入端试验负载 2，输入载波信号，调节输入信号电平使其中频输出电平与步骤（3）中的记录值相等，此时的输入信号电平即为机内杂散干扰等效输入电平。

3）测试记录

侦察接收机机内杂散干扰等效输入电平的测试数据记录见表 5-2-14。

表 5-2-14 机内杂散干扰等效输入电平测试记录表

机内杂散干扰频率/MHz	机内杂散干扰中频输出电平/dBm	输入信号频率/MHz	等效输入电平/μV	备注

16. 反向辐射电平的测量

反向辐射电平是指侦察接收机内各种辐射源在侦察接收机天线输入端形成的射频电平。

1）测试框图

侦察接收机反向辐射电平的测试框图如图 5-2-11 所示。

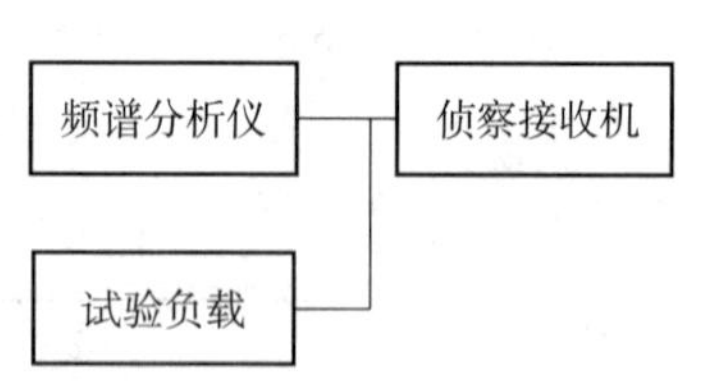

图 5-2-11 反向辐射电平测试框图

2）测试步骤

（1）按图 5-2-11 连接设备和测试仪器。

（2）侦察接收机置定等幅报（A1A）解调工作方式。

（3）侦察接收机在工作频率范围内改变调谐频率，并从频谱仪上观测相关频段内的射频输出及其对应频率，记录真频率及电平值。

3）测试记录

侦察接收机反向辐射电平的测试数据记录见表 5-2-15。

表 5-2-15 反向辐射电平测试记录表

调谐频率/MHz	射频输出频率/MHz	反向辐射电平/μV	备注

17. 增益控制范围的测量

增益控制范围是指侦察接收机采用人工、自动等方式控制信道增益变化的范围。

1）测试框图

侦察接收机增益控制范围的测试框图如图 5-2-1 所示。

2）测试步骤

（1）自动增益控制范围的测试。

① 按图 5-2-1 连接设备和测试仪器。

② 置定侦察接收机工作状态：解调方式置调幅话（A3E）；置定相应中频带宽；置自动增益控制（AGC）方式；自动频率微调（AFC）置断。

③ 选定输入信号频率，输入调幅信号，侦察接收机调谐至输入信号频率，按调频话灵敏度测试的步骤④~⑥测定音频输出信噪比并记录数据。

④ 增大输入信号电平，使音频输出信号功率加噪声功率值增加不超过 6dB，记录此时的最大输入信号电平值。

⑤ 按式（5-2-19）计算自动增益控制范围。

$$D_{\mathrm{AGC}}=U_{\mathrm{smax}}-U_{\mathrm{s}} \tag{5-2-19}$$

式中：D_{AGC} 为自动增益控制范围（dB）；U_{smax} 为最大输入信号电平（dBμV）；U_{s} 为输入信号额定灵敏度电平（dBμV）。

（2）人工增益控制范围的测试。

① 按自动增益控制范围测试的步骤①~②连接设备和置定侦察接收机工作状态，侦察接收机增益控制方式改置人工增益控制（MGC）方式并使增益最大。

② 调节人工增益，按自动增益控制范围测试的步骤③~④测定音频输出电平和最大输入信号电平。

③ 按式（5-2-20）计算人工增益控制范围。

$$D_{\mathrm{MGC}}=U_{\mathrm{smax}}-U_{\mathrm{s}} \tag{5-2-20}$$

式中：D_{MGC} 为人工增益控制范围（dB）；U_{smax} 为最大输入信号电平（dBμV）；U_{s} 为输入信号灵敏度电平（dBμV）。

3）测试记录

侦察接收机增益控制范围的测试数据记录见表 5-2-16。

表 5-2-16 增益控制范围测试记录表

输入信号频率/MHz	增益控制方式	灵敏度/dBμV	音频输出/dBm		最大输入信号电平/dBμV	增益控制范围/dB	备注
			$S+N$	N			

18. 大信号信噪比的测量

大信号信噪比是指输入信号电平大于额定灵敏度 40dB 时，侦察接收机在自动增益控制（AGC）方式下的音频输出信噪比。

1）测试框图

侦察接收机大信号信噪比的测试框图如图 5-2-1 所示。

2）测试步骤

（1）按图 5-2-1 连接设备和测试仪器。

（2）置定侦察接收机工作状态：解调方式置调幅话（A3E）；置定相应中频带宽；置自动增益控制（AGC）方式；时间常数置于最大值。

（3）选定输入信号频率，输入比额定灵敏度大 40dB 的调幅信号，侦察接收机调谐至输入信号频率，调节侦察接收机音量使音频输出电平为产品规范规定的额定值。

（4）信号去调制，记录音频输出的噪声电平值。

（5）计算大信号输入时的信噪比值，即 $(S+N)/N$ 值。

3）测试记录

侦察接收机大信号信噪比的测试数据记录见表 5-2-17。

表 5-2-17　大信号信噪比测试记录表

输入信号频率/MHz	输入信号电平/dBμV	音频输出电平/dBm		大信号信噪比/dB	备注
		$S+N$	N		

19. 中频信噪比的测量

中频信噪比是指侦察接收机解调前的中频输出信号功率加噪声功率与其噪声功率之比。

1）测试框图

侦察接收机中频信噪比的测试框图如图 5-2-10 所示。

2）测试步骤

（1）按图 5-2-10 连接设备和测试仪器。

（2）置定侦察接收机工作状态：解调方式置调幅话（A3E）；置定相应的接收带宽；置自动增益控制（AGC）方式；自动频率微调（AFC）置断。

（3）选定输入信号频率，输入比额定灵敏度大 40dB（或 AGC 起控电平加 6dB）的等幅波信号，侦察接收机调谐至输入信号频率，测定并记录中频输出电平值 U_{Io}。

（4）将侦察接收机改置人工增益控制（MGC）方式，调节增益控制使中频输出电平值仍为 U_{Io}。

（5）侦察接收机输入端改接试验负载，记录此时的中频输出噪声电平值 U_{In}。

（6）按式（5-2-21）计算中频信噪比。

$$[(S+N)/N]_{\text{I}}=U_{\text{Io}}-U_{\text{In}} \tag{5-2-21}$$

式中：$[(S+N)/N]_{\text{I}}$ 为中频信噪比（dB）；U_{Io} 为中频输出电平（信号加噪声）（dBm）；U_{In} 为中频输出噪声电平（dBm）。

3）测试记录

侦察接收机中频信噪比的测试数据记录见表 5-2-18。

表 5-2-18 中频信噪比测试记录表

输入信号频率/MHz	输入信号电平/dBμV	中频输出电平/dBm		中频信噪比/dB	备注
		U_{Io}	U_{In}		

20. 锁定灵敏度的测量

锁定灵敏度是指侦察接收机在输入规定调制方式的信号时，能够在自动扫频搜索时准确锁定信号所需的最小输入信号电平。

1）测试框图

侦察接收机锁定灵敏度的测试框图如图 5-2-7 所示。

2）测试步骤

（1）按图 5-2-7 连接设备和测试仪器。

（2）置定侦察接收机工作状态：置自动扫频搜索工作方式和相应的解调方式；置定相应中频带宽；置自动增益控制（AGC）方式，时间常数最短；自动频率微调（AFC）置通。

（3）选定输入信号频率，输入规定调制方式的信号，侦察接收机调谐至输入信号频率；逐步增加输入信号电平直至接收机正确锁定信号，记录此时的输入信号电平即是锁定灵敏度。

3）测试记录

侦察接收机锁定灵敏度的测试数据记录见表 5-2-19。

表 5-2-19 锁定灵敏度测试记录表

输入信号频率/MHz	调制方式	输入信号电平/dBμV	备注

21. 最低监测门限电平的测量

最低监测门限电平是指侦察接收机能准确完成信号参数自动测定所需的最小输入信号电平值。

1）测试框图

侦察接收机最低监测门限电平的测试框图如图 5-2-7 所示。

2）测试步骤

（1）按图 5-2-7 连接设备和测试仪器。

（2）置定侦察接收机工作状态：解调方式置调幅话（A3E）；置定相应中频带宽；置自动增益控制（AGC）方式，时间常数最短；自动频率微调（AFC）置通。

（3）选定输入信号频率，输入调幅信号，侦察接收机调谐至输入信号频率；逐步增加输入信号电平直至侦察接收机正确指示全部信号参数测定结果，记录此时的输入信号电平即是最低监测门限电平。

（4）侦察接收机改置其他解调方式，输入与解调方式相应的信号，按步骤（3）测定相应调制方式时的最低监测门限电平。

3）测试记录

侦察接收机最低监测门限电平的测试数据记录见表 5-2-20。

表 5-2-20 最低监测门限电平测试记录表

输入信号频率/MHz	调制方式	输入信号电平/dBμV 或 μV	结果指示	备注

注：表中的“结果指示”栏指侦察接收机能否正确指示全部信号参数的测定结果。

22. 频率监测分辨力的测量

频率监测分辨力是指侦察接收机对两个相邻的等幅波信号完成信号频率自动测定的最小频率间隔。

1）测试框图

侦察接收机频率监测分辨力的测试框图如图 5-2-8 所示。

2）测试步骤

（1）按图 5-2-8 连接设备和测试仪器。

（2）置定侦察接收机工作状态：置自动扫频搜索工作方式；置定驻留时间，置定最小步长（相应中频带宽）。

（3）信号源 1 输出预置搜索频段内频率为 F_{s1}、电平为锁定灵敏度值的等幅波信号；记录侦察接收机扫频搜索测定指示的频率 F'_{s1}；

（4）信号源 2 输出频率为 F_{s2}（且使 $F_{s2}=F_{s1}$）、信号电平为锁定灵敏度值的等幅波信号，缓慢改变信号源 2 的输出信号频率，同时观察侦察接收机扫频搜索测定指示的频率值，直至刚能区分读出两个信号的频率时为止，记录此时侦察接收机扫频搜索测定指示的频率 F'_{s2}。

（5）按式（5-2-22）计算频率监视分辨力。

$$\Delta F_m = |F'_{s1}-F'_{s2}| \tag{5-2-22}$$

式中：ΔF_m 为频率监测分辨力（MHz）；F'_{s1} 为信号源 1 输出 F_{s1} 时扫频搜索测定指示的频率（MHz）；F'_{s2} 为信号源 2 变化输出时扫频搜索测定指示的频率（MHz）。

3）测试记录

侦察接收机频率监测分辨力的测试数据记录见表 5-2-21。

表 5-2-21 频率监测分辨力测试记录表

扫频搜索测定指示频率/MHz		频率监视分辨力/kHz	备注
F'_{s1}	F'_{s2}		

23. 信号频率测定误差的测量

信号频率测定误差是指侦察接收机测定的信号频率值与该信号频率实际值之差，用最大值表示。

1）测试框图

侦察接收机信号频率测定误差的测试框图如图 5-2-1 所示。

2）测试步骤

（1）按图5-2-1连接设备和测试仪器。

（2）置定侦察接收机工作状态：任置解调方式；置定相应接收带宽；置自动或人工测频工作方式。

（3）选定输入信号频率 F_s，输入与解调方式相应的信号，输入信号电平大于锁定灵敏度6dB。

（4）操作侦察接收机，读出测频结果 F'_s，并按式（5-2-23）计算测频误差。

$$\Delta F_s = |F_s - F'_s| \tag{5-2-23}$$

式中：ΔF_s 为信号频率测定误差（MHz）；F_s 为输入信号频率（MHz）；F'_s 为侦察接收机测定的信号频率（MHz）。

（5）在步骤（3）确定的信号频率上，按步骤（3）~（4）分别测定10次以上，选其最大值即为侦察接收机在该频率点上的自动或人工测频工作方式时的信号频率测定误差。

3）测试记录

侦察接收机信号频率测定误差的测试数据记录见表5-2-22。

表5-2-22　信号频率测定误差测试记录表

输入信号频率/MHz	解调方式	测频工作方式		接收带宽/kHz	测定信号频率/MHz	信号频率测定误差/kHz	备注
		人工	自动				

24. 频率搜索速率的测量

频率搜索速率是指侦察接收机在自动搜索接收时，达到规定频率监测分辨力时单位时间内完成扫频搜索的连续频带宽度。

1）测试框图

侦察接收机频率搜索速率的测试框图如图5-2-12所示。

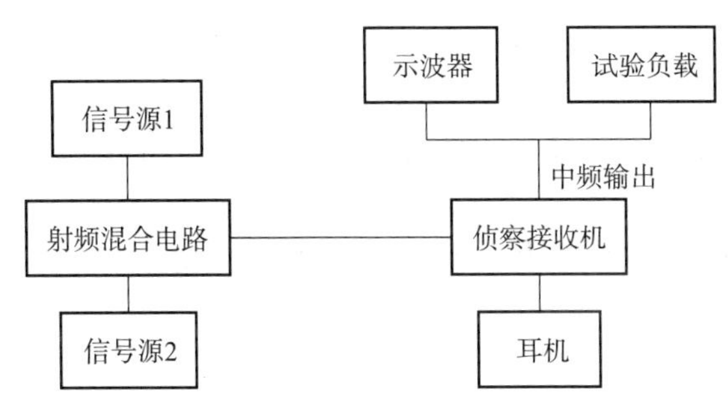

图5-2-12　频率搜索速率测试框图

2）测试步骤

（1）按图5-2-12连接设备和测试仪器。

（2）置定侦察接收机工作状态：解调方式置等幅报（AlA）；根据额定频率监测分辨力置定相应频率步长；置定驻留时间；置自动扫频搜索工作方式。

（3）信号源1、2分别输出频率为 F_{s1}、F_{s2} 的等幅波信号，信号电平均大于锁定灵敏度20dB；将侦察接收机自动扫频搜索的起始频率和终止频率分别设置为 F_{s1} 和 F_{s2}。

（4）调整示波器使之适合相应的搜索时间。

（5）在扫频搜索过程中，分别对输入信号 F_{s1}、F_{s2} 读出测定频率 F'_{s1}、F'_{s2}。

（6）从示波器测定扫频搜索时 F'_{s1}、F'_{s2} 信号中频输出的间隔时间并记录。

（7）在达到额定频率监测分辨力前提下，按式（5-2-24）计算频率搜索速率。

$$V_f=(F'_{s2}-F'_{s1})/T_C \qquad (5-2-24)$$

式中：V_f 为频率搜索速率（MHz/s）；F'_{s1} 为扫频搜索测定的起始频率（MHz）；F'_{s2} 为扫频搜索测定的终止频率（MHz）；T_C 为接收机接收到信号 F'_{s1}、F'_{s2} 在中频输出相应值时的间隔时间（s）。

3）测试记录

侦察接收机频率搜索速率的测试数据记录见表5-2-23。

表5-2-23　频率搜索速率测试记录表

扫频搜索测定频率/MHz		间隔时间/s	频率搜索速率/(MHz/s)	备注
F'_{s1}	F'_{s2}			

25. 电平测量误差的测量

电平测量误差是指侦察接收机在规定的电平测量范围内测定的输入信号电平值与实际信号电平值之差，用误差的最大值表示。

1）测试框图

侦察接收机电平测量误差的测试框图如图5-2-13所示。

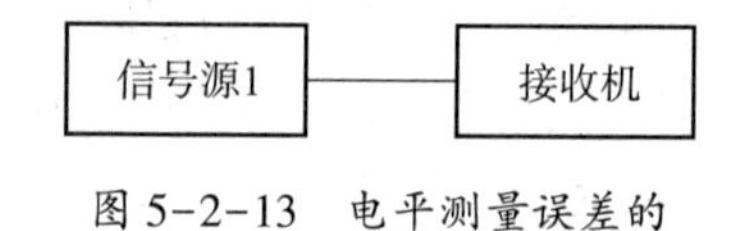

图5-2-13　电平测量误差的测试框图

2）测试步骤

（1）按图5-2-13连接设备和测试仪器。

（2）置定侦察接收机工作状态：解调方式置调幅话（A3E）；置定相应的接收带宽；置自动增益控制（AGC）方式。

（3）选定输入信号频率，在规定的电平测量范围内输入不同电平的调幅信号并记录其信号电平值。

（4）记录自动测定后的信号电平指示值。

（5）按式（5-2-25）计算电平测量误差。

$$\Delta U=U'_s-U_s \qquad (5-2-25)$$

式中：ΔU 为电平测量误差（dB）；U_s 为输入信号电平（dBμV）；U'_s 为自动测定的信号电平（dBμV）。

（6）将侦察接收机改置其他解调方式，输入与解调方式相应的信号，按步骤（3）~（5）分别测定与之相对应的电平测量误差。

3）测试记录

侦察接收机电平测量误差的测试数据记录见表5-2-24。

表 5-2-24　电平测量误差测试记录表

输入信号频率/MHz	调制方式	接收带宽/kHz	输入信号电平/dBμV	测定信号电平/dBμV	电平测量误差/dB	备注

26. 频谱分析频率分辨力的测量

频谱分析频率分辨力是指接收机在频谱分析时所能区分两个相邻谱线的最小频率间隔。

1）测试框图

侦察接收机频谱分析频率分辨力的测试框图如图 5-2-14 所示。

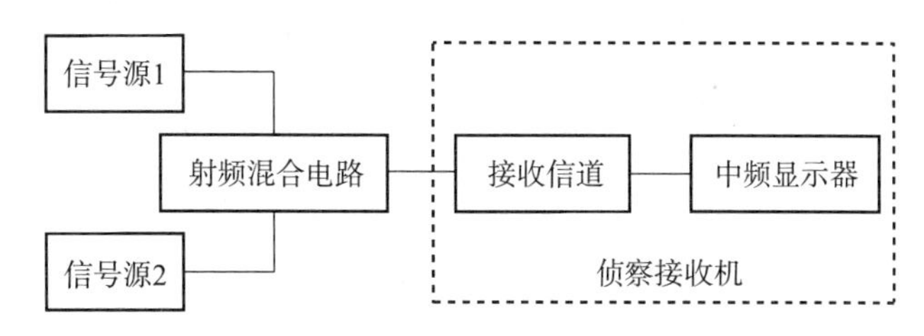

图 5-2-14　频谱分析频率分辨力的测试框图

2）测试步骤

（1）按图 5-2-14 连接设备和测试仪器。

（2）置定侦察接收机工作状态：解调方式置等幅报（AlA）；置人工增益控制（MGC）方式；自动频率微调（AFC）置断。

（3）按频谱分析的最高分辨力要求置定相应的接收带宽。

（4）信号源 1、2 分别输出不同频率、但电平相等的两个等幅波信号，且输入信号电平均大于额定灵敏度 20dB。

（5）调整两个信号的频率间隔，使显示可以区分这两个信号的谱线（在采用模拟显示时，两信号频率间应出现-3dB 以下的凹口），记录此时的两个输入信号频率 F_{s1}、F_{s2}。

（6）按式（5-2-26）计算频谱分析频率分辨力。

$$\Delta F_r = |F_{s2} - F_{s1}| \tag{5-2-26}$$

式中：ΔF_r 为频谱分析频率分辨力（MHz）；F_{s1} 为信号源 1 输出的信号频率（MHz）；F_{s2} 为信号源 2 输出的信号频率（MHz）。

3）测试记录

侦察接收机频谱分析频率分辨力的测试数据记录见表 5-2-25。

表 5-2-25　频谱分析频率分辨力测试记录表

输入信号频率/MHz		解调方式	输入信号电平/dBμV	频谱分析频率分辨力/MHz	备注
F_{s1}	F_{s2}				

27. 中频频谱分析带宽的测量

中频频谱分析带宽是指侦察接收机完成中频频谱分析显示的最大频率范围。

1）测试框图

侦察接收机中频频谱分析带宽的测试框图如图 5-2-14 所示。

2）测试步骤

（1）按图 5-2-14 连接设备和测试仪器。

（2）置定侦察接收机工作状态：解调方式置等幅报（AlA）；置定最大接收带宽。

（3）信号源 1、2 分别输出不同频率的两个等幅波信号，输入信号电平均大于锁定灵敏度 6dB 以上，且使这两个信号频率的差值小于或等于接收带宽。

（4）置侦察接收机的调谐频率于这两个信号频率的中间频率值。

（5）保持输入信号电平不变，分别调整信号源频率至中频显示器两端频率，直至中频显示器显示的输出电平下降 3dB 时为止，记录此时的两个输入信号频率 F_{s1}、F_{s2}。

（6）按式（5-2-27）计算中频频谱分析带宽。

$$BW_1 = F_{s2} - F_{s1} \tag{5-2-27}$$

式中：BW_1 为中频频谱分析带宽（MHz）；F_{s1} 为信号源 1 输出的信号频率（MHz）；F_{s2} 为信号源 2 输出的信号频率（MHz）。

3）测试记录

侦察接收机中频频谱分析带宽的测试数据记录见表 5-2-26。

表 5-2-26 中频频谱分析带宽测试记录表

输入信号频率/MHz		信号频谱分析带宽/MHz	备注
F_{s1}	F_{s2}		

28. 拍频频率调节范围的测量

拍频频率调节范围是指侦察接收机在工作频率范围内完成信号接收并满足灵敏度指标要求时拍频频率实际达到的调节范围。

1）测试框图

侦察接收机拍频频率调节范围的测试框图如图 5-2-1 所示。

2）测试步骤

（1）按图 5-2-1 连接设备和测试仪器。

（2）置定侦察接收机工作状态：解调方式置等幅报（AlA）；置定相应中频带宽；置人工增益控制（MGC）方式，并使射频、中频增益最大；自动频率微调（AFC）置断。

（3）选定输入信号频率，按等幅报灵敏度测试的步骤③～④测试等幅报灵敏度，记录数据。

（4）保持侦察接收机工作状态不变，调节输入信号频率及拍频频率，使音频输出频率保持不变，分别测定灵敏度直至拍频频率增（减）至最大值$+\Delta f_b$（最小值$-\Delta f_b$），达到额定灵敏度的实际频率覆盖范围即是侦察接收机的拍频频率调节范围。

3）测试记录

侦察接收机拍频频率调节范围的测试数据记录见表 5-2-27。

表 5-2-27 拍频频率调节范围测试记录表

输入信号频率/MHz	等幅报灵敏度/dBμV	拍频频率调节范围/Hz		备注
		$+\Delta f_b$	$-\Delta f_b$	

29. 音频失真系数的测量

音频失真系数是指侦察接收机音频输出中除去基波分量以外的信号总有效值与全信号有效值之比，用百分数表示。

1）测试框图

侦察接收机音频失真系数的测试框图如图 5-2-15 所示。

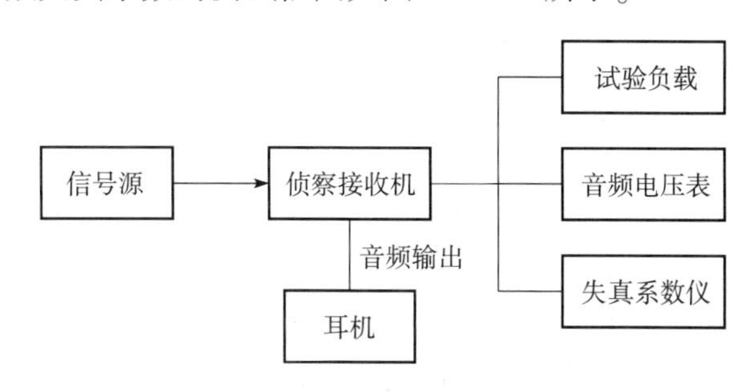

图 5-2-15 音频失真系数的测试框图

2）测试步骤

（1）按图 5-2-15 连接设备和测试仪器。

（2）置定侦察接收机工作状态：置定解调方式；置定相应中频带宽；置人工增益控制（MGC）方式，并使射频、中频增益最大；自动频率微调（AFC）置断。

（3）选定输入信号频率，输入与解调方式相应的信号，侦察接收机调谐至输入信号频率。

（4）将输入信号电平调至额定灵敏度电平。

（5）调节侦察接收机音量，使音频输出达到额定值。

（6）读出失真系数仪指示的侦察接收机音频输出的失真系数。

3）测试记录

侦察接收机音频失真系数的测试数据记录见表 5-2-28。

表 5-2-28 音频失真系数测试记录表

输入信号频率/MHz	解调方式	中频带宽/kHz	音频输出电平/dBm	失真系数/%	备注

30. 工作频率范围的测量

工作频率范围是指侦察接收机与工作频率有关的技术参数均满足技术指标要求的频率覆盖范围。

1）测试步骤

（1）按灵敏度、中频选择性、三阶互调抑制、中频抗拒比、镜频抗拒比、机内杂散干扰等效输入电平的测试方法，在侦察接收机产品规范规定的工作频率范围内选定包括最低、最高频率在内的输入信号送至侦察接收机输入端，测定各项技术参数。

（2）所有测定的技术参数均符合产品规范规定的技术指标要求的输入信号频率范围即为侦察接收机的工作频率范围。

2）测试记录

侦察接收机工作频率范围的测试数据记录见表5-2-29。

表5-2-29　工作频率范围的测试数据表

序号	技术参数项目	满足指标要求的输入信号频率范围/MHz	工作频率范围/MHz	备注

31. 输入阻抗的测量

输入阻抗是指侦察接收机输入端的实际阻抗。

1）测试框图

侦察接收机输入阻抗的测试框图如图5-2-16所示。

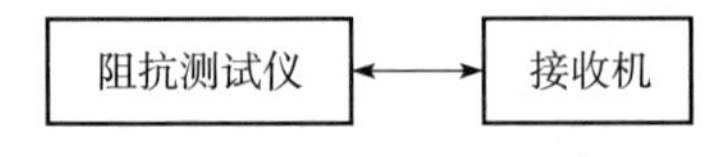

图5-2-16　输入阻抗的测试框图

2）测试步骤

（1）按图5-2-16连接设备和测试仪器。

（2）从阻抗测试仪读出侦察接收机的输入阻抗。

3）测试记录

侦察接收机输入阻抗的测试数据记录见表5-2-30。

表5-2-30　输入阻抗测试记录表

侦察接收机调谐频率/MHz	输入阻抗/Ω	备注

5.2.1.2　监测接收机的测量

考虑到监测接收机和侦察接收机的衡量指标有很多是相同的，因此，本节只讨论一些不同指标的测试和测量。

1. 基本功能检查

1）测试框图

监测接收机基本功能检查的测试框图如图5-2-17所示。

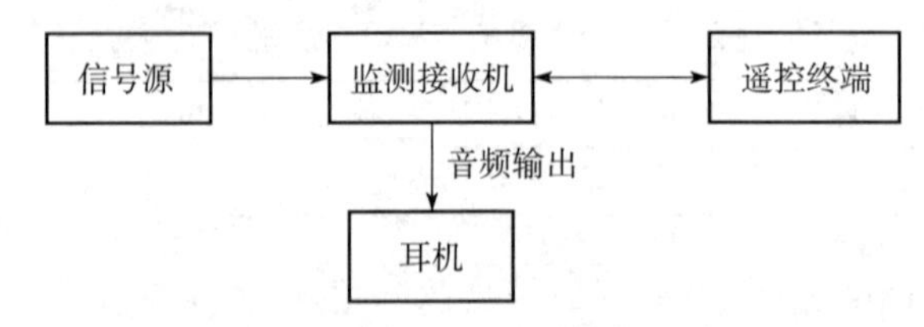

图5-2-17　基本功能检查框图

2）测试步骤

（1）监听功能的检查。

① 按图5-2-17连接设备和测试仪器。

② 在被测监测接收机工作频率范围内任意设置工作频率和中频带宽，解调方式为 FM，增益控制方式为 AGC。

③ 置信号源频率为被测监测接收机的工作频率，调制方式与被测监测接收机解调方式相同，输出电平为适当值。

④ 耳机中应听到相应的调制音频信号。

⑤ 改变被测监测接收机的解调方式，重复步骤③、④。

(2) 分析功能的检查。

① 按图 5-2-17 连接设备和测试仪器。

② 在被测监测接收机工作频率范围内任意设置工作频率。

③ 置信号源频率为被测监测接收机的工作频率，调制方式为 FM，输出电平为适当值。

④ 启动被测监测接收机的分析功能，被测监测接收机应能输出分析结果，如信号调制方式、调制频率、调制度以及信号带宽等参数。

⑤ 改变信号源的调制方式，重复步骤④。

(3) 测量功能的检查。

① 按图 5-2-17 连接设备和测试仪器。

② 在被测监测接收机工作频率范围内任意设置工作频率。

③ 置信号源频率为被测监测接收机的工作频率，调制方式为“无”，输出电平为适当值。

④ 启动被测监测接收机的测量功能，被测监测接收机应能输出测量结果，如信号频率、电平等参数。

(4) 遥控功能的检查。

① 按图 5-2-17 连接设备和测试仪器。

② 置被测监测接收机为遥控工作方式，操作遥控终端。

③ 观察被测监测接收机的工作状态，在产品规范规定的接口及协议下，被测监测接收机应能正确执行指令。

(5) 自检功能的检查。

① 按图 5-2-17 连接设备和测试仪器。

② 启动自检功能后，被测监测接收机应能正确显示自检结果。

3) 测试记录

监测接收机基本功能检查的结果记录见表 5-2-31。当基本功能检查结果符合产品规范的要求时，即为合格。

表 5-2-31　基本功能检查记录表

调制方式	监听功能	分析功能	测量功能	遥控功能	自检功能
FM					
AM					
CW					
…					

2. 调制方式识别能力的测量

调制方式识别能力是指对各种信号调制方式自动识别的能力。当被测接收机无自动统计功能时，人工统计并计算。

1）测试框图

监测接收机调制方式识别能力的测试框图如图 5-2-18 所示。

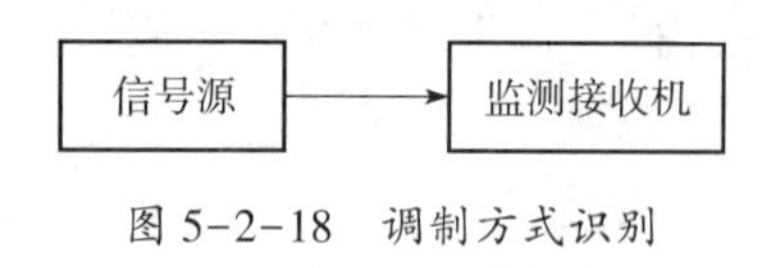

图 5-2-18 调制方式识别能力测试框图

2）测试步骤

（1）按图 5-2-18 连接测试设备。

（2）在被测接收机工作频率范围内（含上、下限值）任意设置工作频率为 f_1，按产品规范规定设置被测接收机的中频带宽。

（3）置信号源输出频率为被测接收机当前工作频率 f_1，调制方式为 FM，按产品规范规定设置信号源输出电平、调制频率及调制频偏。

（4）启动调制方式识别功能，被测接收机应自动显示调制方式识别结果，此识别结果与（3）设置的调制方式相同时，在表 5-2-32 相应的调制方式栏中记为“正确”；反之，则记为“错误”。

（5）改变信号源的调制方式，重复步骤（4）。

（6）改置被测接收机工作频率为 f_2，f_3，…，f_n，重复步骤（3）~（5）。

3）测试记录与数据处理

（1）统计各种调制方式在不同频率时的正确识别次数和总识别次数，按式（5-2-28）计算各种调制方式的正确识别概率。

$$P_{\mathrm{r}}=\frac{N_{\mathrm{R}}}{N} \tag{5-2-28}$$

式中：P_{r} 为正确识别概率；N_{R} 为某种调制方式的正确识别次数；N 为某种调制方式的总识别次数。

（2）各调制方式的正确识别概率记录见表 5-2-32。当各种调制方式的正确识别概率均达到产品规范规定的要求时，即为合格。

表 5-2-32 调制方式识别能力测试记录表

序号	工作频率/MHz	识别结果			
		FM	AM	CW	…
1					
2					
⋮					
n					
P_{r}					

3. 测频误差

测频误差是指监测接收机测定的信号频率值与该信号频率实际值之差。

1）测试框图

监测接收机测频误差的测试框图如图 5-2-18 所示。

2）测试步骤

（1）按图 5-2-18 连接监测接收机和测试设备。

（2）在被测接收机工作频率范围内（含上、下限值）任意设置工作频率为 f_1、中频带宽为 B_{if}，解调方式为 FM，增益控制方式为 AGC。

（3）置信号源频率为（$f_i+B_{if}/3$），其中 f_i 为被测接收机当前工作频率，调制方式与被测接收机的解调方式相同，信号源输出电平比被测接收机产品规范规定的灵敏度值大 20dB。

（4）启动被测接收机的测频功能，记录测频结果 f'_i。

（5）改变被测接收机的解调方式，重复步骤（3）~（4）。

（6）改置被测接收机工作频率为 f_2，f_3，…，f_n，重复步骤（3）~（5）。

3）测试记录与数据处理

（1）监测接收机测频误差的测试结果记录见表 5-2-33。

表 5-2-33 测频误差测试记录表 单位：MHz

序号	工作频率	信号源频率（$f_i+B_{if}/3$）	测试结果 f'_i				测频误差 Δf_i	备注
			FM	AM	CW	…		
1								
2								
…								
n								

（2）按式（5-2-29）计算测频误差 $\Delta f_i(i=1,2,\cdots,n)$。

$$\Delta f_i = |f_i - f'_i| \tag{5-2-29}$$

式中：Δf_i 为测频误差（MHz）；f_i 为被测接收机的工作频率（MHz）；f'_i 为被测接收机测定的信号频率（MHz）。当测频误差的最大值符合产品规范的要求时，即为合格。

4. 信道搜索速度

1）测试框图

监测接收机信道搜索速度的测试框图如图 5-2-19 所示。

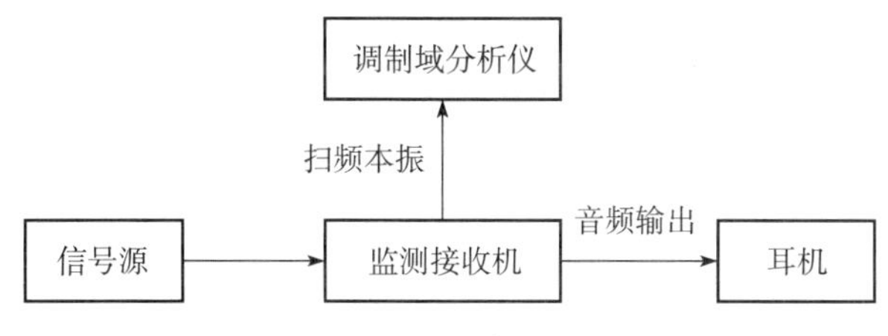

图 5-2-19 信道搜索速度测试框图

2）测试步骤

（1）按图 5-2-19 连接监测接收机和测试设备。

（2）设置被测接收机工作状态为预置信道搜索状态，按产品规范规定设置预置信道的频率（含上、下限值）、解调方式、中频带宽等参数，驻留时间应大于2s，预置信道数 m 应大于或等于2。

（3）启动被测接收机进入信道搜索状态，调整被测接收机的锁定门限，使其正好不能将被测接收机内部噪声锁定时为止。

（4）置信号源输出频率为预置信道中的任意一个频率，输出电平比产品规范规定的灵敏度值大6dB。此时被测接收机应能搜索到该信号并驻留一定时间，耳机中应能听到解调后的调制音频信号。

（5）改变预置信道的频率，重复步骤（4）。

（6）关闭信号源，从调制域分析仪中读取扫频本振的重复周期 T，并按式（5-2-30）计算信道搜索速度。

$$V_{\mathrm{ch}}=\frac{m}{T} \tag{5-2-30}$$

式中：V_{ch} 为信道搜索速度（信道/s）；m 为预置信道数；T 为扫频本振的重复周期（s）。当信道搜索速度符合产品规范的要求时，即为合格。

5. 允许最大输入电平

1）测试框图

监测接收机允许最大输入电平的测试框图如图5-2-20所示。

2）测试步骤

（1）按图5-2-20连接测试设备，其中音频输出为耳机输出或线路输出。

（2）在被测接收机工作频率范围内（含上、下限值）任意设置工作频率为 f_1，按产品规范规定设置中频带宽、解调方式、增益控制方式。

（3）置信号源频率为被测接收机的工作频率，输出电平为产品规范规定的允许最大输入电平值，持续约3s后，调整信号源输出信号电平值为被测接收机灵敏度值。

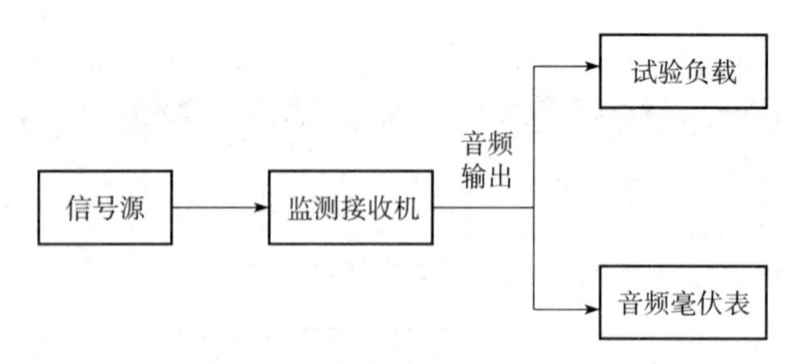

图5-2-20　允许最大输入电平测试框图

（4）按灵敏度的测试步骤测试调频话、调幅话及等幅报的灵敏度，所测灵敏度应能符合产品规范的规定。

（5）改置被测接收机工作频率为 f_2，f_3…，f_n，重复步骤（3）和（4）。

3）测试记录与数据处理

监测接收机允许最大输入电平的测试数据记录见表5-2-34。当允许最大输入电平符合产品规范的要求时，即为合格。

表 5-2-34　允许最大输入电平测试记录表

序号	工作频率/MHz	灵敏度测量值			允许最大输入电平/dBm	备注
		FM	AM	CW		
1						
2						
⋮						
n						

6. 输入阻抗

1）测试框图

监测接收机输入阻抗的测试框图如图 5-2-21 所示。

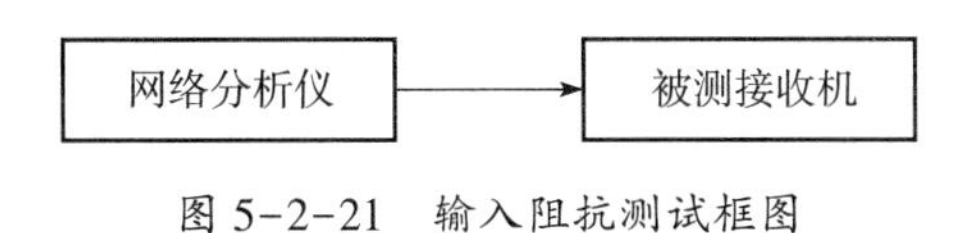

图 5-2-21　输入阻抗测试框图

2）测试步骤

（1）按图 5-2-21 连接测试设备，其中网络分析仪的阻抗应符合产品规范的规定值。

（2）在被测接收机工作频率范围内（含上、下限值）任意设置工作频率为 f_1，按产品规范规定设置中频带宽、解调方式、增益控制方式。

（3）从网络分析仪中读取被测接收机射频输入端在该工作频率点上的电压驻波比。

（4）改置被测接收机工作频率为 f_2，f_3，…，f_n，重复步骤（3）。

3）测试记录与数据处理

输入阻抗的测试数据记录见表 5-2-35。当电压驻波比的最大值符合产品规范的要求时，被测接收机的输入阻抗即为合格。

表 5-2-35　输入阻抗测试记录表

序号	工作频率/MHz	电压驻波比	备注
1			
2			
⋮			
n			

5.2.2　通信干扰设备检测

1. 输出功率的测量

输出功率是指被测干扰机在规定的工作条件下馈送给负载的射频功率。在测试通信干扰设备时，一般采用 50Ω 标准试验负载。

1）测试框图

输出功率测试框图如图 5-2-22 所示。

图 5-2-22　输出功率测试框图

2）测试步骤

（1）按图 5-2-22 连接测试设备。

（2）在被测干扰机工作频率范围内（含上、下限值），任选一测试频率。

（3）置被测干扰机于定频载波发射状态，从通过式功率计上读取测试频率点的输出功率值。

（4）改变测试频率，重复步骤（3）。

3）测试记录与数据处理

输出功率测试数据记录见表 5-2-36。当所测频率点输出功率均符合产品规范的要求时，即为合格。

表 5-2-36　输出功率测试记录表

测试频率/MHz	输出功率/W	备注

2. 输出功率平坦度的测量

输出功率平坦度是指被测干扰机在规定的工作频率范围内输出功率随频率起伏的程度，以输出功率最大值与最小值之比的分贝值表示。

1）测试框图

输出功率平坦度测试框图如图 5-2-22 所示。

2）测试步骤

按输出功率测试的方法测出各频率点输出功率值，并找出被测干扰机工作范围内输出功率的最大值和最小值。

3）测试记录与数据处理

（1）输出功率平坦度测试数据记录见表 5-2-37。

表 5-2-37　输出功率平坦度测试记录表

测试频率/MHz	输出功率/W	输出功率平坦度	备注

（2）按式（5-2-31）计算输出功率平坦度。

$$A = 10\lg \frac{P_{\mathrm{cmax}}}{P_{\mathrm{cmin}}} \tag{5-2-31}$$

式中：A 为输出功率平坦度（dB）；P_{cmax} 为输出功率最大值（W）；P_{cmin} 为输出功率最小值（W）。当输出功率平坦度符合产品规范的要求时，即为合格。

3. 谐波抑制的测量

谐波抑制的测量是测试被测干扰机对所发射的干扰信号的谐波分量的抑制能力，以基波电平分贝值与谐波电平分贝值之差表示。

1）测试框图

谐波抑制测试框图如图 5-2-23 所示。

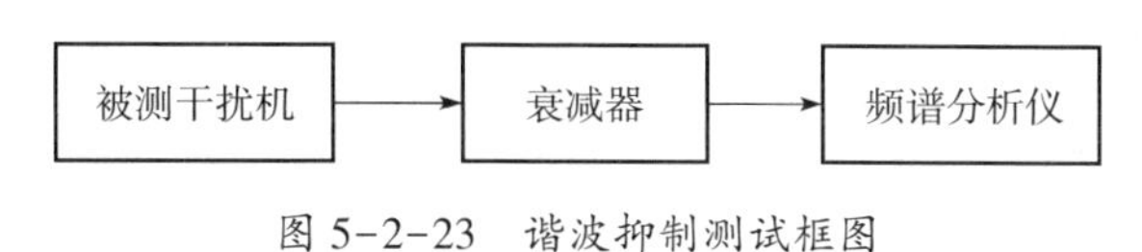

图 5-2-23　谐波抑制测试框图

2）测试步骤

（1）按图 5-2-23 连接测试设备。

（2）按产品规范规定设置频谱分析仪的分析带宽、中频带宽和扫描时间等。

（3）在被测干扰机工作频率范围内（含上、下限值），任选一测试频率。

（4）置被测干扰机于定频载波发射状态，按产品规范规定设置输出功率，从频谱分析仪上读取基波电平与各次谐波（一般仅测试二、三次谐波）电平的差值（以分贝值表示），即为谐波抑制值。

（5）改变测试频率，重复步骤（4）。

3）测试记录与数据处理

谐波抑制测试数据记录见表 5-2-38。当所测谐波抑制值均符合产品规范的要求时，即为合格。

表 5-2-38　谐波抑制测试记录表

测试频率/MHz	二次谐波抑制值/dB	三次谐波抑制值/dB	备注

4. 杂散抑制的测量

杂散抑制的测量是测试被测干扰机对所发射的干扰信号基波和谐波以外的杂散分量的抑制能力，以基波电平分贝值与最大杂散电平分贝值之差表示。

1）测试框图

杂散抑制测试框图如图 5-2-23 所示。

2）测试步骤

（1）按图 5-2-23 连接测试设备。

（2）按产品规范规定设置频谱分析仪的分析带宽、中频带宽和扫描时间等。

（3）在被测干扰机工作频率范围内（含上、下限值），任选一测试频率。

（4）置被测干扰机于定频载波发射状态，按产品规范规定设置输出功率，从频谱分析仪上读取基波电平与最大杂散电平的差值（以分贝值表示），即为杂散抑制值。

（5）改变测试频率，重复步骤（4）。

3）测试记录与数据处理

杂散抑制测试数据记录见表 5-2-39。当所测杂散抑制值均符合产品规定的要求时，即为合格。

表 5-2-39　杂散抑制测试记录表

测试频率/MHz	杂散抑制值/dB	备注

5. 干扰带宽的测量

干扰带宽的测量是测试被测干扰机输出射频干扰信号的有效频带宽度，以干扰频谱半功率点之间的频带宽度表示。

1）测试框图

干扰带宽测试框图如图 5-2-23 所示。

2）测试步骤

（1）按图 5-2-23 连接测试设备。

（2）按产品规范规定设置频谱分析仪的分析带宽、中频带宽和扫描时间等。

（3）置被测干扰机于定频调制工作状态，按产品规范规定设置干扰带宽，任选一干扰样式。

（4）在被测干扰机工作频率范围内（含上、下限值），任选一测试频率。

（5）按产品规范规定设置被测干扰机输出功率，发射干扰信号，从频谱分析仪上读取干扰信号频谱半功率点之间的频带宽度。

（6）改变被测干扰机的干扰带宽，重复步骤（5）。

（7）改变被测干扰机的干扰样式，重复步骤（5）和（6）。

（8）改变被测干扰机的测试频率，重复步骤（5）~（7）。

3）测试记录与数据处理

干扰带宽测试数据记录见表 5-2-40。当所测干扰带宽均符合产品规范要求时，即为合格。

表 5-2-40　干扰带宽测试记录表

测试频率/MHz	干扰样式	干扰带宽/kHz		备注
		规定值	测试值	

6. 干扰样式的测量

干扰样式的测量是测试被测干扰机输出射频干扰信号的调制信号种类及其对干扰载频的调制方式。

1）测试框图

干扰样式测试框图如图 5-2-24 所示。

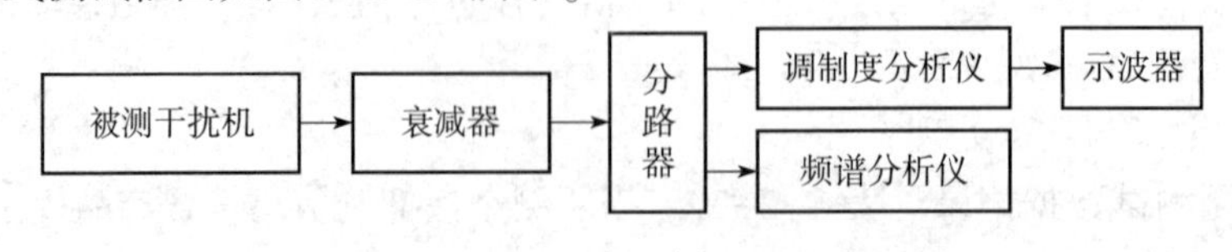

图 5-2-24　干扰样式测试框图

2）测试步骤

（1）按图 5-2-24 连接测试设备。

（2）置被测干扰机于定频调制工作状态，按产品规范规定任选一种调制方式和调制信号。

（3）在被测干扰机工作频率范围内（含上、下限值），任选一测试频率。

（4）置调制度分析仪与被测干扰机的调制方式相同。

（5）按产品规范规定设置被测干扰机输出功率，发射干扰信号，从频谱分析仪观察信号频谱调制方式，利用调制度分析仪对干扰信号进行解调，从调制度分析仪的音频输出和示波器显示波形判断调制信号的种类。

（6）改变调制信号种类，重复步骤（5）。

（7）改变调制方式，重复步骤（4）~（6）。

3）测试记录与数据处理

干扰样式测试数据记录见表 5-2-41。当干扰样式符合产品规范的要求时，即为合格。

表 5-2-41　干扰样式测试记录表

所置干扰样式		所测干扰样式		备注
调制方式	调制信号种类	调制方式	调制信号种类	

7. 最小频率步进的测量

最小频率步进的测量是测试被测干扰机在工作频率范围内输出干扰信号可变化的最小频率间隔。

1）测试框图

最小频率步进测试框图如图 5-2-25 所示。

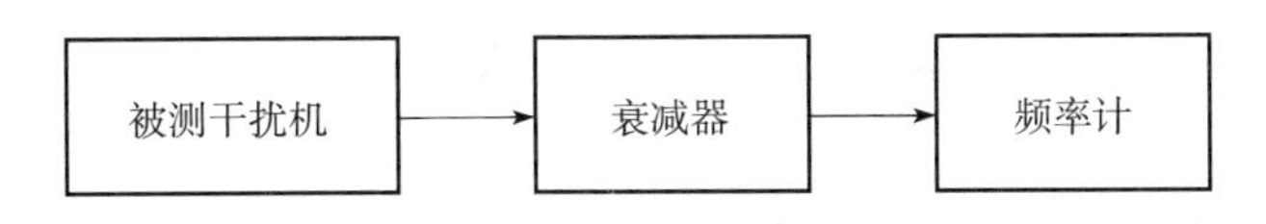

图 5-2-25　最小频率步进测试框图

2）测试步骤

（1）按图 5-2-25 连接测试设备。

（2）置被测干扰机于定频载波发射状态。

（3）在被测干扰机工作频率范围内（含上、下限值），任选一测试频率。

（4）按产品规范规定设置被测干扰机输出功率，从频率计上读取此时的干扰信号频率值，记为 f_1。

（5）按产品规范规定的最小频率步进改变测试频率，从频率计上读取此时干扰信号的频率值，记为 f_2。

（6）改变测试频率，重复步骤（4）和（5）。

3）测试记录与数据处理

（1）最小频率步进测试数据记录见表 5-2-42。

表 5-2-42 最小频率步进测试记录表

测试频率/MHz	f_1/MHz	f_2/MHz	Δf/Hz	最小频率步进/Hz	备注

（2）按式（5-2-32）计算干扰机频率步进。

$$\Delta f = |f_1 - f_2| \times 10^6 \tag{5-2-32}$$

式中：Δf 为频率步进（Hz）；f_1 为第一次从频率计读取的干扰信号频率值（MHz）；f_2 为第二次从频率计读取的干扰信号频率值（MHz）。当所测频率步进均符合产品规范的要求时，即为合格。

8. 频率瞄准误差的测量

频率瞄准误差的测量是测试被测干扰机输出干扰信号载频与目标信号载频之间的差值，因此，不适用于无载频信号的测试。一般通信干扰机都具有定频干扰和跳频干扰能力，因此分两种情况分析。当两种干扰频率瞄准误差均符合产品规范的要求时，即为合格。

1）定频信号频率瞄准误差的测量

（1）测试框图。

定频信号频率瞄准误差测试框图如图 5-2-26 所示。

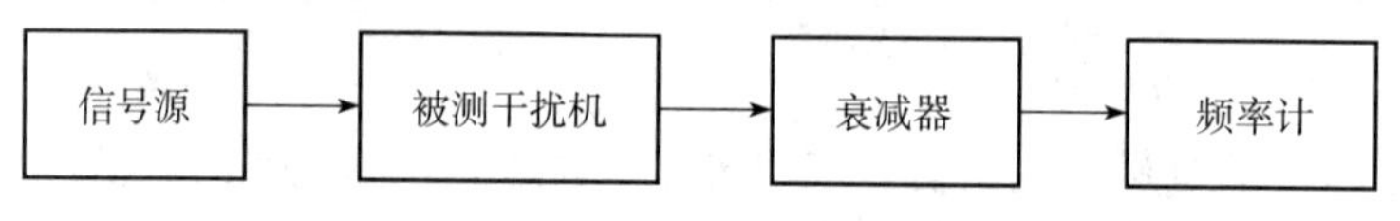

图 5-2-26 定频信号频率瞄准误差测试框图

（2）测试步骤。

① 按图 5-2-26 连接测试设备。

② 在被测干扰机工作频率范围内（含上、下限值），任选一测试频率。

③ 置信号源于载波输出状态，用频率计直接测量信号源当前输出信号频率值 f_{si}，调整信号源输出信号电平使其比产品规范规定的灵敏度电平值大 20dB。

④ 置被测干扰机于定频干扰状态，使干扰机（自动）瞄准信号源频率，发射无调制载波干扰信号，按产品规范规定设置输出功率，从频率计读取当前干扰信号频率值 f_{gij}。

⑤ 停止输出干扰信号，解除频率瞄准，重复步骤④多次。

⑥ 改变测试频率，重复步骤③~⑤。

（3）测试记录与数据处理。

① 定频信号频率瞄准误差测试数据记录见表 5-2-43。

表 5-2-43 定频信号频率瞄准误差测试记录表

信号载频 f_{si}/MHz	干扰信号载频 f_{gij}/MHz	定频信号频率瞄准误差/Hz	备注

② 按式（5-2-33）计算定频干扰信号载频与定频信号载频的差值，取其中的最大值即为频率瞄准误差。

$$\Delta f_{\mathrm{d}ij}=|f_{\mathrm{g}ij}-f_{\mathrm{s}i}|\times 10^{6} \qquad (5-2-33)$$

式中：$\Delta f_{\mathrm{d}ij}$ 为第 i 个频率点第 j 次干扰信号载频与定频信号载频的差值（Hz）；$f_{\mathrm{g}ij}$ 为第 i 个频率点第 j 次干扰信号载频（MHz）；$f_{\mathrm{s}i}$ 为第 i 个频率点定频信号载频（MHz）。

2）跳频信号频率瞄准误差的测量

（1）测试框图。

跳频信号频率瞄准误差测试框图如图 5-2-27 所示。

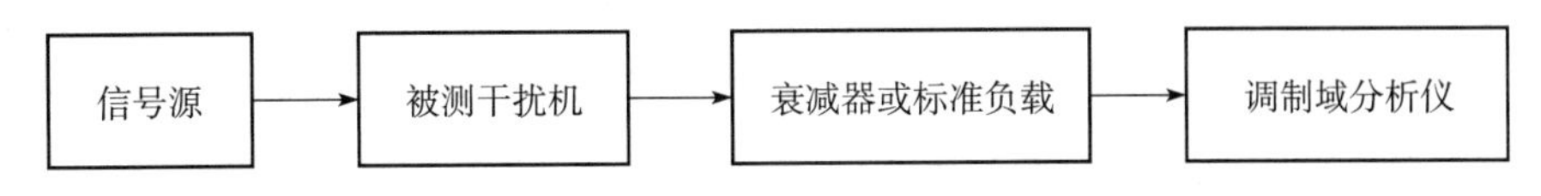

图 5-2-27 跳频信号频率瞄准误差测试框图

（2）测试步骤。

① 按图 5-2-27 连接测试设备。

② 置信号源于跳频工作状态，按产品规范规定设置合适的跳频信号各项参数。

③ 调整信号源输出信号电平使其比产品规范规定的全景显示灵敏度电平值大 20dB，用调制域分析仪直接测量信号源当前输出跳频信号的频率集，记为 f_{s}---$'_{j}$。

④ 置被测干扰机于跳频引导干扰状态，发射无调制载波干扰信号，按产品规范规定设置输出功率，记录调制域分析仪上显示的被测干扰机当前输出干扰信号的频率集，记为 f_{g}---$'_{j}$。

⑤ 在被测干扰机产品规范规定的工作频率范围内（含上、下限值），改变信号源的跳频信号参数，重复步骤③、④。

（3）测试记录与数据处理。

① 跳频信号频率瞄准误差测试数据记录见表 5-2-44。

表 5-2-44 跳频信号频率瞄准误差测试记录表

信号频率集 f_{s}---$'_{j}$/MHz	干扰信号频率集 f_{g}---$'_{j}$/MHz	跳频信号频率瞄准误差/Hz	备注

②按式（5-2-34）计算跳频干扰信号频率集与跳频信号频率集的相应频点载频的差值，取其中的最大值为跳频信号频率瞄准误差。

$$\Delta f_{\mathrm{h}j}=|f_{\mathrm{g}j}-f_{\mathrm{s}j}|\times 10^{6} \qquad (5-2-34)$$

式中：$\Delta f_{\mathrm{h}j}$ 一跳频干扰信号第 j 个频率点与跳频信号频率集中相应频率点的差值，单位 Hz；$f_{\mathrm{g}j}$ 一跳频干扰信号第 j 个频率点的载频，单位 MHz；$f_{\mathrm{s}j}$ 一跳频信号频率集中第 j 个频率点的载频，单位 MHz。

9. 干扰反应时间的测量

干扰反应时间的测量是测试被测干扰机在引导干扰状态下，从目标信号进入引导接收机输入端到干扰发射机开始发出规定输出功率所需的时间。

1）测试框图

干扰反应时间测试框图如图 5-2-28 所示。

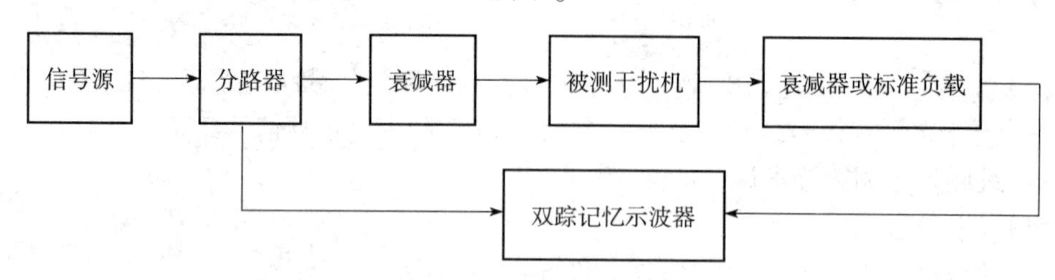

图 5-2-28　干扰反应时间测试框图

2）测试步骤

（1）定频信号干扰反应时间测试步骤。

① 按图 5-2-28 连接测试设备。

② 置信号源于定频工作方式，信号持续时间大于被测干扰机产品规范规定的定频干扰反应时间。在被测干扰机工作频率范围内，任选一测试频率，信号源输出信号电平为-30dBm。

③ 置被测干扰机于定频干扰状态，发射无调制载波干扰信号，按产品规范规定设置输出功率。

④ 调整双踪记忆示波器使其同时显示信号源的输出信号波形和干扰信号波形，测量信号源输出信号波形前沿起始点与干扰信号波形前沿达到稳定值的 90%的时间差，即为定频信号干扰反应时间。

⑤ 改变测试频率，重复步骤③、④n 次。

（2）跳频信号干扰反应时间测试步骤。

① 按图 5-2-28 连接测试设备。

② 置信号源于跳频工作方式，按被测干扰机产品规范规定的要求设置合适的跳频信号各项参数，输出信号幅度为-30dBm。

③ 置被测干扰机于跳频干扰状态，设置相应的跳频干扰参数，发射无调制载波干扰信号，干扰样式为载波，按产品规范规定设置输出功率。

④ 调整双踪记忆示波器使其同时显示信号源的输出信号波形和干扰信号波形，测量两个波形包络的前沿时间差（干扰信号前沿滞后于跳频信号前沿的时间），即为跳频信号干扰反应时间。

⑤ 改变测试频率，重复步骤③、④ n 次。

3）测试记录与数据处理

① 干扰反应时间测试数据记录见表 5-2-45。

表 5-2-45　干扰反应时间测试记录表

测试频率/MHz	定频信号干扰反应时间/ms	跳频信号干扰反应时间/ms	备注
算术平均值			

② 按式（5-2-35）计算干扰反应时间的算术平均值。

$$\bar{t} = \frac{\sum_{i=1}^{n} t_i}{n} \tag{5-2-35}$$

式中：$\bar{t}$ 为干扰反应时间的算术平均值（ms）；t_i 为第 i 次干扰反应时间（ms）；n 为总的测试次数。当干扰反应时间的算术平均值符合产品规范的要求时，即为合格。

10. 电压驻波比的测量

电压驻波比的测量是测试被测干扰机中的功率放大器与发射天线的匹配程度。

1）测试框图

电压驻波比测试框图如图 5-2-29 所示。

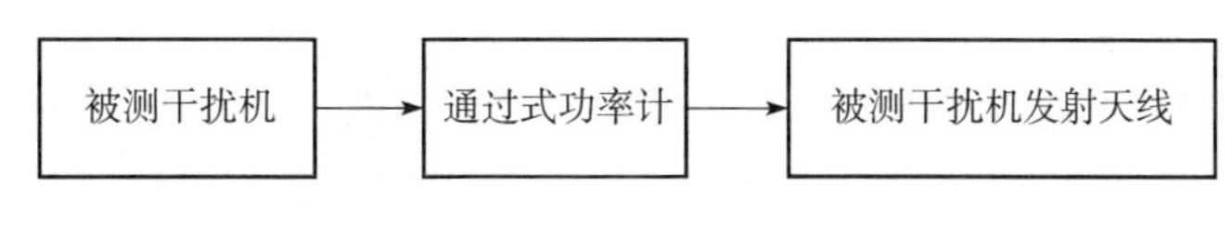

图 5-2-29　电压驻波比测试框图

2）测试步骤

（1）按图 5-2-29 连接测试设备，通过式功率计接在被测干扰机射频输出端与发射天线之间。

（2）置被测干扰机于定频载波发射状态，在被测干扰机工作频率范围内（含上、下限值），任选一测试频率，按产品规范规定设置输出功率，从通过式功率计上读取所测频率的电压驻波比。当不能直接读取电压驻波比时，从通过式功率计读取所测频率的正向功率 P_1、反向功率 P_2。

（3）改变测试频率，重复步骤（2）。

3）测试记录与数据处理

（1）电压驻波比测试数据记录见表 5-2-46。

表 5-2-46　电压驻波比测试记录表

测试频率/MHz	正向功率 P_1/W	反向功率 P_2/W	电压驻波比	备注

（2）当无法直接读取电压驻波比时，按式（5-2-36）计算电压驻波比。

$$S = \frac{\sqrt{P_1} + \sqrt{P_2}}{\sqrt{P_1} - \sqrt{P_2}} \tag{5-2-36}$$

式中：S 为电压驻波比；P_1 为正向功率（W）；P_2 为反向功率（W）。当电压驻波比符合产品规范的要求时，即为合格。

11. 锁定灵敏度的测量

锁定灵敏度的测量是测试被测干扰机中的引导接收机在自动扫频搜索工作方式下，

输入规定调制方式的信号时，能准确锁定信号所需的最小输入信号电平。

1）测试框图

锁定灵敏度测试框图如图 5-2-26 所示。

2）测试步骤

（1）按图 5-2-26 连接测试设备。

（2）置被测干扰机引导接收机于自动扫频搜索工作方式，接产品规范规定设置解调方式、中频带宽，自动增益控制（AGC）方式的时间常数为最短，自动频率微调（AFC）置“通”。

（3）置信号源频率于被测干扰机工作频率范围的下限值。

（4）调节信号源载波输出电平，使其从零逐渐增大，直至被测干扰机引导接收机能锁定输入信号、频率计显示出干扰频率时为止。此时信号源的载波输出电平值即为该频率点的锁定灵敏度值。

（5）按产品规范规定的频率间隔改变信号源的频率，直到被测干扰机工作频率范围的上限值为止，重复步骤（4），测出每一测试频率点的锁定灵敏度值。

3）测试记录与数据处理

锁定灵敏度测试数据记录见表 5-2-47。当所测锁定灵敏度均符合产品规范的要求时，即为合格。

表 5-2-47　锁定灵敏度测试记录表

测试频率/MHz	锁定灵敏度/μV	备注

5.3　光电对抗设备性能检测

考虑到光电对抗设备分为光电侦察设备、光电干扰设备，因此，本节分光电侦察设备检测和光电干扰设备检测讨论。

5.3.1　光电侦察设备检测

光电侦察设备用于对敌方光电设备辐射或散射的光谱信号进行搜索、截获、定位及识别，并迅速判明威胁程度，以获取敌方目标信息情报。光电侦察告警设备分为主动侦察告警设备和被动侦察告警设备。主动侦察告警设备是利用对方光电装备的光学特性而进行的侦察，即向对方发射光束，再对反射回来的光信号进行探测、分析和识别，从而获得敌方情报；被动侦察告警设备是利用各种光电探测装置截获和跟踪对方光电装备的光辐射，并进行分析识别以获取敌方目标信息情报。根据工作波段和用途，光电侦察告警设备可分为激光侦察告警设备、红外侦察告警设备、紫外侦察告警设备等几种形式。在航空领域，目前成熟应用的主要是紫外告警设备。下面以紫外告警设备为例，介绍光电侦察设备技术指标的测试方法。

1. 工作波段的测量

工作波段的测量采用验证的方法，通过测试被测设备能否对规定的光谱波段内的目标辐射进行告警，验证其工作波段是否符合产品规范要求。

1）测试框图

紫外告警设备工作波段的测试框图如图 5-3-1 所示。

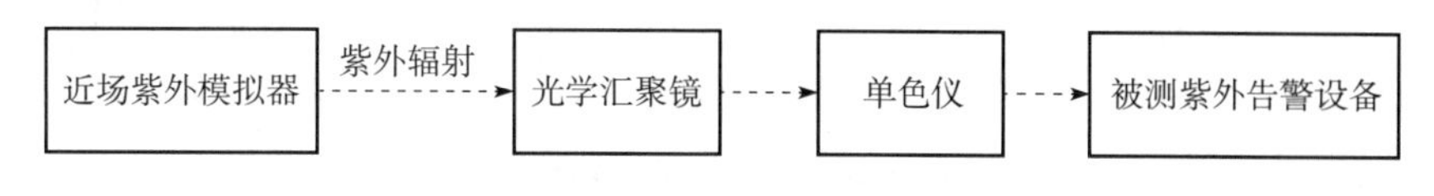

图 5-3-1　工作波段测试框图

2）测试步骤

（1）近场紫外模拟器、光学汇聚镜、单色仪及被测紫外告警设备的任一接收机同轴放置，被测设备接收机的光学窗口置于单色仪出射口处，加电工作。

（2）从产品规范规定的工作波段下限开始，以一定步距、由小到大逐步改变单色仪出射波长至工作波段上限为止，每改变一步，近场紫外模拟器发射一次，记录告警情况。

（3）依次更换其余接收机，重复步骤（2）。

3）测试记录

紫外告警设备工作波段的测试数据记录见表 5-3-1。所有接收机在工作波段内均正常告警为合格。

表 5-3-1　工作波段测试记录表

波长/μm	告警情况	规定工作波段	
		上限值/μm	下限值/μm

2. 灵敏度的测量

灵敏度的测量采用验证的方法，在被测设备接收的辐射照度值为产品规范规定的灵敏度值时，通过测试探测概率来验证其是否满足产品规范规定的要求。

1）测试框图

紫外告警设备灵敏度的测试框图如图 5-3-2 所示。图 5-3-2 中采用近场紫外模拟器模拟导弹来袭过程中的动态信号，近场紫外模拟器在测试面上产生的最大辐射照度值等于被测设备的灵敏度值。

2）测试步骤

（1）近场紫外模拟器、紫外辐射计相向放置并准直。

（2）调节衰减器，改变测试面的紫外辐射照度值，使紫外辐射计的读数等于产品规范规定的灵敏度值。

（3）关闭并移开紫外辐射计，在紫外辐射计标定的位置处放置转台并调零。

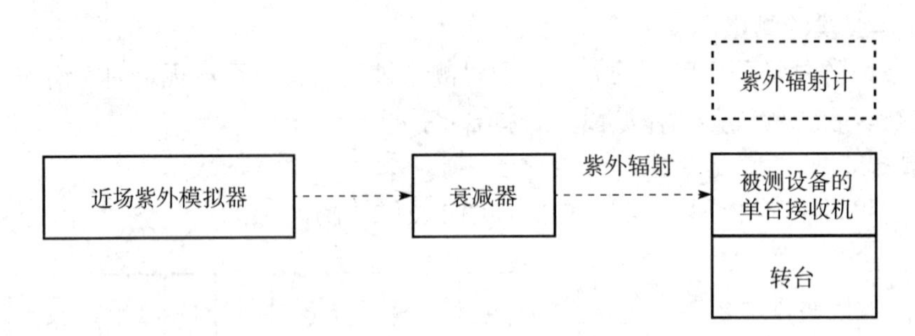

图 5-3-2　灵敏度测试框图

（4）把被测设备任一接收机安装在转台上，准直测试光路。

（5）近场紫外模拟器发射规定次数的紫外信号，观察并记录被测设备的有效告警次数。

（6）把接收机分别转至左、右边缘视场处，重复步骤（5）。

（7）依次更换其余接收机，重复步骤（5）、（6）。

3）测试记录和数据处理

（1）紫外告警设备灵敏度的测试数据记录见表 5-3-2。

表 5-3-2　灵敏度测试记录表

测试面辐射照度（灵敏度）值/(W/cm^2)			
近场紫外模拟器发射次数			
有效告警次数	接收机 1	中心视场	
		左边缘视场	
		右边缘视场	
	⋮	中心视场	
		左边缘视场	
		右边缘视场	
	接收机 n	中心视场	
		左边缘视场	
		右边缘视场	

（2）按式（5-3-1）分别计算被测设备各接收机的探测概率。

$$P_{di}=\frac{m_i}{m_0} \tag{5-3-1}$$

式中：P_{di} 为第 i 个接收机的探测概率；m_i 为第 i 个接收机的有效告警次数；m_0 为近场紫外模拟器发射次数。被测设备所有接收机的探测概率均符合产品规范的规定为灵敏度测试。

3. 告警距离的测量

在试验条件完备的试验场，告警距离的测量一般根据规定的作战剖面，在实际使用状态下进行直接测试，具体方法由被测设备的试验大纲确定。在试验条件有限的其他场合进行时，一般进行非实际安装使用状态下的地面模拟试验，若模拟试验针对空空、地空等应用场合，则采用以下方法对规定作战剖面下的等效告警距离进行测试。

空空和地空作战剖面规定的告警距离按式（5-3-2）折算为地面等效告警距离：

$$L_1 = \left(\frac{e^{-\alpha L_1}}{\tau_{\alpha 2}}\right) L_2 \tag{5-3-2}$$

式中：L_1 为等效告警距离（km）；α 为地面大气衰减系数（km^{-1}）；$\tau_{\alpha 2}$ 为空空或地空作战剖面的大气透过率；L_2 为规定告警距离（km）。

1）测试框图

紫外告警设备等效告警距离的测试框图如图 5-3-3 所示。需要注意的是，图 5-3-3 中的远场紫外模拟器，其光谱、强度、时间及运动辐射等特性与紫外告警设备告警型号导弹的特性基本一致。

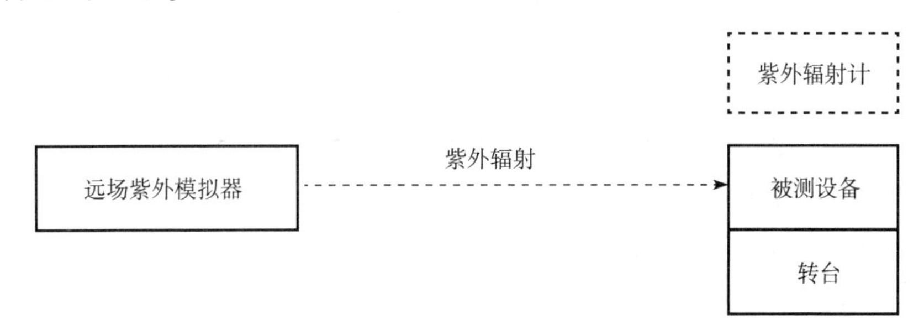

图 5-3-3　等效告警距离测试框图

2）测试步骤

（1）在直视距离大于地面等效告警距离的开阔场地，用测距机测定两测试点距离为地面等效告警距离值 L_1；按图 5-3-3 布设被测设备和测试设备，其中一处固定布设远场紫外模拟器，另一处固定布设安装被测设备。

（2）测定被测设备工作波段内的地面大气衰减系数 α，测试方法见附录 B。

（3）把被测设备的任一接收机固定在转台上，通过观察瞄准装置，调整其水平角度，使光轴正对远场紫外模拟器，被测设备加电进入工作状态。

（4）用观察瞄准装置调整远场紫外模拟器指向，使其光轴正对被测设备方向。

（5）远场紫外模拟器发射规定次数的紫外信号，观察被测设备是否有告警信息，并记录告警次数。

（6）把接收机分别转至左、右边缘视场处，重复步骤（5）。

（7）依次更换其余接收机，重复步骤（4）~（6）。

3）测试记录和数据处理

紫外告警设备等效告警距离的测试数据记录见表 5-3-3。按式（5-3-1）分别计算各接收机的探测概率。被测设备各接收机的探测概率均应符合产品规范的规定为等效告警距离合格。

表 5-3-3　等效告警距离测试记录表

<table>
<tr><td colspan="3">地面大气衰减系数 α</td><td></td></tr>
<tr><td colspan="3">地面等效告警距离 L_1/km</td><td></td></tr>
<tr><td colspan="3">远场紫外模拟器发射次数</td><td></td></tr>
<tr><td rowspan="10">有效告警次数</td><td rowspan="3">接收机 1</td><td>中心视场</td><td></td></tr>
<tr><td>左边缘视场</td><td></td></tr>
<tr><td>右边缘视场</td><td></td></tr>
<tr><td rowspan="3">⋮</td><td>中心视场</td><td></td></tr>
<tr><td>左边缘视场</td><td></td></tr>
<tr><td>右边缘视场</td><td></td></tr>
<tr><td rowspan="3">接收机 n</td><td>中心视场</td><td></td></tr>
<tr><td>左边缘视场</td><td></td></tr>
<tr><td>右边缘视场</td><td></td></tr>
<tr><td colspan="2">合计</td><td></td></tr>
</table>

4. 告警视场的测量

紫外告警设备的告警视场分为方位视场和俯仰视场。

1）测试框图

紫外告警设备告警视场的测试框图如图 5-3-2 所示。

2）测试步骤

（1）近场紫外模拟器、紫外辐射计相向放置并准直。

（2）调节衰减器，改变测试面的紫外辐射照度值，使紫外辐射计的读数值在被测设备的动态范围之内。

（3）关闭并移开紫外辐射计，在紫外辐射计标定的位置处放置转台并调零。

（4）把被测设备任一接收机安装在转台上，准直测试光路。

（5）水平旋转转台，使被测设备的接收机光轴与近场紫外模拟器光轴夹角沿顺时针方向大于半视场规定值。

（6）沿逆时针方向转动转台，当被测设备开始告警时记录当前转台刻度数 α_1；当不告警时，将转台回调，使被测设备告警，记录当前转台刻度数 α_2。

（7）转台置于 α_2 后俯仰下转，使接收机光轴与近场紫外模拟器光轴夹角沿顺时针方向大于半视场规定值。

（8）沿逆时针方向转动转台，当被测设备开始告警时记录当前转台刻度数 β_1；当被测设备不能告警时，将转台回调，使其告警，记录当前转台刻度数 β_2。

（9）依次更换其余接收机，重复步骤（4）~（8）。

3）测试记录和数据处理

（1）紫外告警设备告警视场的测试数据记录见表 5-3-4。

表 5-3-4　告警视场测试记录表　　单位：(°)

接收机序号	方位			俯仰		
	α_1	α_2	FOV_H	β_1	β_2	FOV_V

（2）按式（5-3-3）计算出被测设备各接收机的方位视场。

$$FOV_H = \alpha_2 - \alpha_1 \tag{5-3-3}$$

式中：FOV_H 为单个接收机的方位视场（°）；α_2 为转台指示的方位末告警刻度值（°）；α_1 为转台指示的方位首告警刻度值（°）。

（3）按式（5-3-4）计算出被测设备各接收机的俯仰视场。

$$FOV_V = \beta_2 - \beta_1 \tag{5-3-4}$$

式中：FOV_V 为单个接收机的俯仰视场（°）；β_2 为转台指示的俯仰末告警刻度值（°）；β_1 为转台指示的俯仰首告警刻度值（°）。

（4）各接收机的方位视场值之和及俯仰视场值均符合产品规范的规定为合格。

5. 指向误差的测量

指向误差又称测向误差、方向误差，是指被测设备对目标方向的指示值（包括方位角和俯仰角）与真实值之差，用均方根值表示。

1）测试框图

紫外告警设备指向误差的测试框图如图 5-3-2 所示。需要注意的是，本测试中的指向误差是被测设备告警时所指示的角度相对于平台坐标系的误差；接收机在其他平台安装时对被测设备指向造成的误差在本测试中未考虑；在测试中，更换接收机并保持电气连接关系不变是指原连接的其余 LRU 不变。

2）测试步骤

（1）近场紫外模拟器、紫外辐射计相向放置并准直。

（2）调节衰减器，改变测试面的紫外辐射照度值，使紫外辐射计的读数值在被测设备的动态范围之内。

（3）关闭并移开紫外辐射计，在紫外辐射计标定的位置处放置转台并调零。

（4）把被测设备任一接收机安装在转台上，调整其相对于转台的位置关系至两者零度刻线与零度视场重合并准直测试光路。

（5）近场紫外模拟器发射规定次数的紫外信号，记录被测设备告警时转台度数及被测设备指示度数。

（6）把接收机分别转至左、右 1/4 视场及边缘视场处，重复步骤（4）。

（7）依次更换其余接收机，并保持电气连接关系不变，重复步骤（4）~（6）。

3）测试记录和数据处理

（1）紫外告警设备指向误差的测试数据记录见表 5-3-5。

表 5-3-5　指向误差测试记录表　　单位：(°)

接收机序号	中心视场		左 1/4 视场		右 1/4 视场		左边缘视场		右边缘视场		指向误差
	转台刻度	显示度数	转台刻度	显示度数	转台刻度	显示度数	转台刻度	显示度数	转台刻度	显示度数	

（2）按式（5-3-5）分别计算被测设备各接收机的指向误差：

$$\sigma_\alpha=\sqrt{\frac{1}{5}[(\alpha_0'-\alpha_0)^2+(\alpha_1'-\alpha_1)^2+(\alpha_2'-\alpha_2)^2+(\alpha_3'-\alpha_3)^2+(\alpha_4'-\alpha_4)^2} \tag{5-3-5}$$

式中：σ_α 为被测设备单台接收机的指向误差（°）；α_0'、α_0 为在中心视场显示度数和转台刻度（°）；α_1'、α_1 为在左 1/4 视场显示度数和转台刻度（°）；α_2'、α_2 为在右 1/4 视场显示度数和转台刻度（°）；α_3'、α_3 为在左边缘视场显示度数和转台刻度（°）；α_4'、α_4 为在右边缘视场显示度数和转台刻度（°）。

（3）各接收机的指向误差均符合产品规范的规定为合格。

6. 空间分辨力的测量

空间分辨力是指紫外告警设备在视场范围内能同时区分不同方向两个相同目标源的最小角度。

1）测试框图

紫外告警设备空间分辨力的测试框图如图 5-3-4 所示。空间分辨力的测试采用验证的方法，通过测试被测设备对符合产品规范规定的空间分辨力要求的两个威胁源能否告警并分辨，来验证被测设备的空间分辨力是否满足要求。

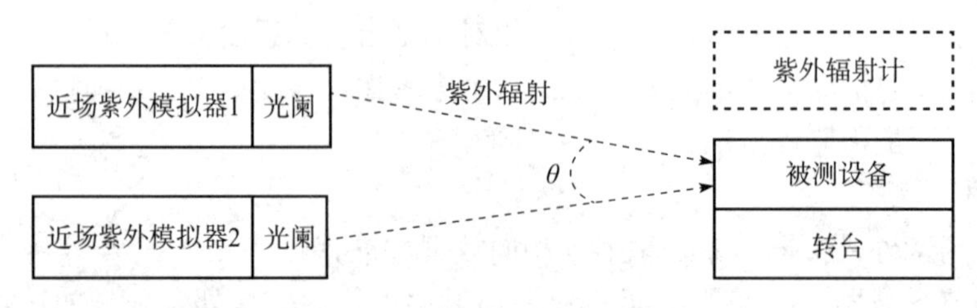

图 5-3-4　空间分辨力测试框图

2）测试步骤

（1）把两个近场紫外模拟器平行放置，其间距应不小于出射光阑直径的 10 倍。

（2）沿两光阑连线的中心法线方向标定一测试点，使该点对两光阑的张角 θ 等于产品规范规定的被测设备空间分辨力值。

（3）将紫外辐射计放置于测试点，并分别调节近场紫外模拟器出射能量，使得每个光阑的出射辐射在测试点处的辐射照度值在被测设备的动态范围之内。

（4）关闭并移开紫外辐射计，把被测设备任一接收机放置于测试点，调整转台，分别在中心视场和左、右边缘视场测试，记录被测设备的告警情况。

（5）依次更换其余接收机，重复步骤（4）。

3）测试记录和数据处理

紫外告警设备空间分辨力的测试数据记录见表 5-3-6。被测设备的各接收机在中心视场和左、右边缘视场处均能对两个目标告警显示，则被测设备的空间分辨力为合格。

表 5-3-6　空间分辨力测试记录表

接收机序号	告警情况		
	左边缘视场	中心视场	右边缘视场
两近场紫外模拟器光阑对接收机的张角 θ(°)：			

7. 动态范围的测量

动态范围的测量是在被测设备接收的辐射照度为其最大可探测辐射照度的条件下，通过测试探测概率，来验证被测设备的动态范围是否符合产品规范的规定。通常，被测设备的最大可探测辐射照度由产品规范规定的动态范围和灵敏度值按式（5-3-6）计算。

$$E_{max} = E_{min} 10^{(D_R/10)} \tag{5-3-6}$$

式中：E_{max} 为最大可探测辐射照度（W/m^2）；E_{min} 为灵敏度（W/m^2）；D_R 为动态范围（dB）。

1）测试框图

紫外告警设备动态范围的测试框图如图 5-3-2 所示。

2）测试步骤

（1）近场紫外模拟器、紫外辐射计相向放置并准直。

（2）逐渐调大近场紫外模拟器输出能量，用紫外辐射计测量接收面处的辐射照度，当满足由式（5-3-6）确定的 E_{max} 时，停止调节。

（3）关闭并移开紫外辐射计，在紫外辐射计标定的位置处放置转台并调零。

（4）把被测设备任一接收机安装在转台上，准直测试光路。

（5）近场紫外模拟器发射规定次数的紫外信号，观察并记录被测设备的有效告警次数。

（6）把接收机分别转至左、右边缘视场处，重复步骤（5）。

（7）依次更换其余接收机，重复步骤（5）、（6）。

3）测试记录和数据处理

紫外告警设备动态范围的测试数据记录表同表 5-3-2。被测各接收机的探测概率（$P_{di} = m_i / m_0$）均符合产品规范的规定动态范围为合格。

8. 探测概率的测量

紫外告警设备各接收机有效告警次数与近场紫外模拟器发射次数之比，即为探测概率。探测概率的测试按灵敏度的测试方法进行。

9. 虚警时间的测量

紫外告警设备在无人工紫外干扰源的自然环境中，发生虚警的平均间隔时间，即为虚警时间。

1）测试步骤

（1）在无人工紫外干扰源的自然环境中，被测设备在各类试验中累积加电工作到产品规范规定的测试时间。

（2）记录各次试验的时间及其间出现虚警的次数。

2）测试记录和数据处理

（1）虚警时间的测试数据记录见表 5-3-7。

表 5-3-7 虚警时间测试记录表

序号	试验时间/h	虚警次数	备注
1			
2			
…			
n			

（2）求出累计虚警时间 T 和累计虚警次数 N。当 $N>0$ 时，按式（5-3-7）计算虚警时间。

$$T_{\mathrm{f}}=\frac{T}{N} \tag{5-3-7}$$

式中：T_{f} 为虚警时间（h）；N 为累计虚警次数；T 为累计试验时间（h）；当 $N=0$ 时，可认定虚警时间不小于产品规范规定值。

（3）虚警时间符合产品规范的规定为合格。

10. 抗光干扰能力的测量

抗光干扰能力的测量采用验证的方法，是通过检验被测设备在日光和人工干扰源的干扰下是否正常工作来验证的。

1）测试框图

紫外告警设备抗光干扰能力的测试框图如图 5-3-5 所示。

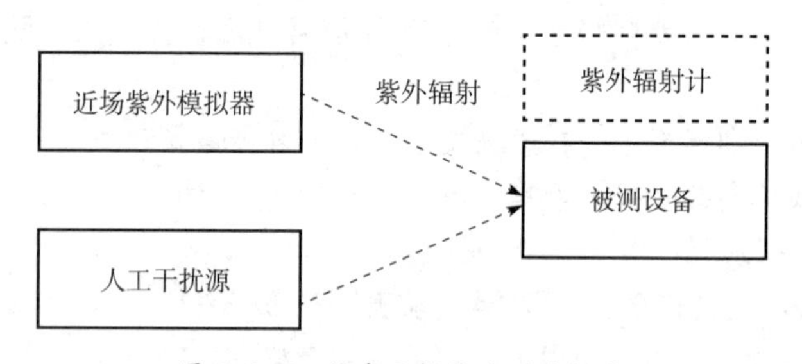

图 5-3-5 抗光干扰能力测试框图

2）测试步骤

（1）按图 5-3-5 布设被测设备和仪器，被测设备置于直射的日光（照度大于 10^4lx 量级）下，被测设备加电工作至规定时间。

（2）近场紫外模拟器、紫外辐射计相向放置并准直。

（3）调节衰减器，改变测试面的紫外辐射照度值，使紫外辐射计的读数等于产品规范规定的灵敏度值。

（4）在产品规范规定时间周期，用近场紫外模拟器照射被测设备各接收机，记录告警情况。

（5）在产品规范规定的时间周期，用人工干扰源照射被测设备各接收机，记录被测设备工作情况。

3）测试记录和数据处理

紫外告警设备抗光干扰能力的测试数据记录见表 5-3-8。紫外告警设备对近场紫外模拟器的照射告警，而对日光和人工干扰源的照射不告警为合格。

表 5-3-8　抗光干扰能力测试记录表

测试条件	被测设备工作情况

11. 威胁等级判断的测量

威胁等级判断的测量采用验证的方法，测试被测设备对威胁源威胁程度的判定等级是否符合产品规范的规定。

1）测试框图

紫外告警设备威胁等级判断的测试框图如图 5-3-2 所示。

2）测试步骤

（1）近场紫外模拟器、紫外辐射计相向放置并准直。

（2）调节衰减器，改变测试面的紫外辐射照度值，使紫外辐射计的读数等于产品规范规定的灵敏度值。

（3）关闭并移开紫外辐射计，在紫外辐射计标定的位置处放置转台并调零。

（4）把被测设备任一接收机安装在转台上，准直测试光路。

（5）根据产品规范的规定，改变近场紫外模拟器发射信号的强度并设定威胁等级，观察并记录被测设备判定的威胁等级。

3）测试记录和数据处理

威胁等级判断的测试数据记录见表 5-3-9。设定的威胁等级与被测设备判定的威胁等级相一致为合格。

表 5-3-9　威胁等级判断记录表

设定威胁等级	判定威胁等级

12. 目标处理能力的测量

目标处理能力用来衡量紫外告警设备对多个同时来袭威胁源的处理能力。

1）测试框图

紫外告警设备目标处理能力的测试框图如图 5-3-6 所示。

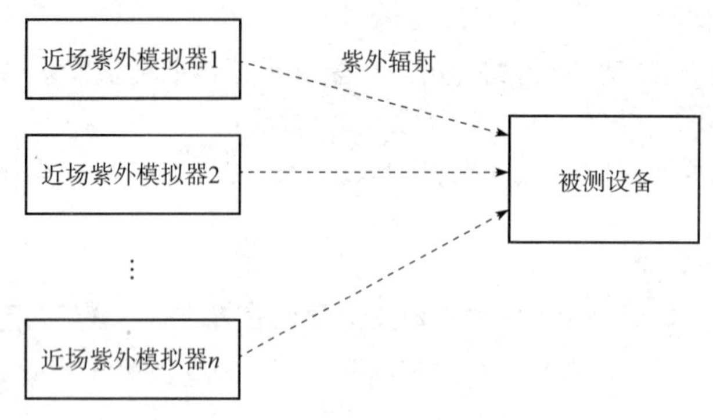

图 5-3-6　多目标处理能力测试框图

2）测试步骤

（1）根据产品规范规定，在被测设备视场内设置 n 个近场紫外模拟器。

（2）近场紫外模拟器同时照射被测设备，观察并记录被测设备显示的目标数。

（3）重复步骤（2）$n-1$ 次。

3）测试记录和数据处理

紫外告警设备目标处理能力的测试数据记录见表 5-3-10。被测设备显示的目标数与设定数相等为合格。

表 5-3-10　多目标处理能力记录表

序号	目标设定数	目标显示数

13. 告警方式的测量

根据产品规范的规定，结合动态范围的测试，对告警信息显示进行目视观察或听觉感知，判断告警方式是否满足规定要求。

14. 反应时间的测量

反应时间是指被测设备从接收到有效紫外辐射到给出告警信号所需的时间。

1）测试框图

紫外告警设备反应时间的测试框图如图 5-3-7 所示。图中使用的紫外探头的波长应与被测设备工作波段匹配，其灵敏度不低于被测设备的灵敏度，响应时间忽略不计。

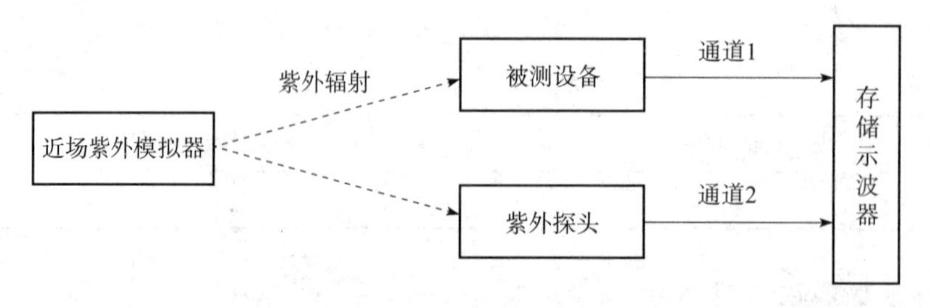

图 5-3-7　告警反应时间测试框图

2）测试步骤

（1）任选设备的一个接收机，与紫外探头均置于近场紫外模拟器的照射光束内。

(2) 设备的告警信号输出端接存储示波器通道 1，紫外探头输出端接存储示波器通道 2。

(3) 调整存储示波器通道的衰减量与信号幅度大小相适应，近场紫外模拟器发射信号后，读取示被器通道 2 与通道 1 输入信号的时间差值。

(4) 按产品规范规定次数重复步骤（3）。

(5) 依次更换其余接收机，重复步骤（3）、(4)。

3) 测试记录和数据处理

紫外告警设备反应时间的测试数据记录见表 5-3-11。分别计算单个接收机各次输入信号时间差的算术平均值，即为接收机的反应时间。取所有接收机反应时间的最大值作为被测设备的反应时间。被测设备的反应时间满足产品规范的规定为合格。

表 5-3-11 反应时间测试记录表 单位：s

<table>
<tr><th>接收机编号</th><th>反应时间</th><th>平均值</th></tr>
<tr><td rowspan="2">1</td><td></td><td rowspan="2"></td></tr>
<tr><td></td></tr>
<tr><td rowspan="2">n</td><td></td><td rowspan="2"></td></tr>
<tr><td></td></tr>
</table>

15. 连续工作时间的测量

连续工作时间的测试采用验证的方法，测试被测设备一次加电后在产品规范规定的连续工作时间内能否正常工作。

1) 测试框图

紫外告警设备连续工作时间的测试框图如图 5-3-8 所示。

2) 测试步骤

(1) 按图 5-3-8 布设被测设备和近场紫外模拟器。

(2) 被测设备加电并正常工作，记录起始工作时刻。

(3) 每间隔一定时间，检查被测设备的工作状态是否正常并记录，直到产品规范规定的时间结束测试。

(4) 若被测设备工作不正常，记录该时刻并停止测试。

图 5-3-8 连续工作时间测试框图

3) 测试记录和数据处理

紫外告警设备连续工作时间的测试数据记录见表 5-3-12。被测设备在产品规范规定的连续工作时间内工作状态正常为合格。

表 5-3-12 连续工作时间记录表

时刻				
被测设备工作状态				

16. 自检功能的测量

自检功能的测试是检查被测设备的自检能力。

1）测试步骤

（1）对被测设备的 LRU 依次人为设定故障。

（2）对被测设备分别作加电自检、启动自检、周期自检等检查。

（3）记录被测设备显示的故障名称。

2）测试记录和数据处理

紫外告警设备自检功能的测试数据记录见表 5-3-13。被测设备故障显示名称与所设定的故障名称一致为合格。

表 5-3-13　自检功能检查记录表

试验内容	设定故障名称	显示故障名称
加电自检		
启动自检		
周期自检		

5.3.2　光电干扰设备检测

光电干扰设备是指用于破坏或削弱敌方光电设备的正常工作，以保护己方目标的一种电子设备。它分为有源光电干扰设备和无源光电干扰设备两种。目前用于飞机的光电干扰设备主要有红外诱饵投放器，因此本节重点讨论红外诱饵投放器的测量。

1. 功能检查

功能检查是指定性衡量红外诱饵投放器主要指标的一种方法。由于红外干扰弹是通过燃烧辐射能量来实现干扰的，因此，为了检查方便和安全，检查设备时常使用假负载。假负载又称模拟弹，它是一块印制板，其上焊有相当于电点火具电阻值的电阻或发光二极管。在检查设备时，可以用假负载代替发射器。

1）显控功能检查

显控功能检查的目的是检查红外诱饵投放器能否正确显示设备的工作状态、干扰弹余弹数、自检结果等。

（1）自检功能检查。

自检功能检查通常是给设备加电，人工启动设备进行自检，检查设备显示自检结果信息是否正常。还可以人为设定故障，人工启动设备进行自检，检查设备能否发现故障，从而检查设备的自检能力。

（2）对外接口信息检查。

对外接口信息检查主要检查设备的交联能力。对外接口信息检查时，通常是给设备加电，并模拟其他设备提供的威胁参数等信息给红外诱饵投放器，观察红外诱饵投放器显示器相应接收区内显示的数据是否与发送值一致，来检查设备的对外交联能力。

（3）控制功能检查。

控制功能检查主要检查设备的控制能力。控制功能检查时，通常是给设备加电，通过变换各种开关的状态，观察并记录红外诱饵投放器显示器显示的相应状态是否正确，来检查设备的控制能力。

(4) 弹种和余弹显示检查。

进行弹种和余弹数显示是保证红外诱饵投放器战术使用的一个重要前提。通常的检查方法是：发射装置安装完成后，给设备加电，观察红外诱饵投放器的余弹显示区显示的弹数及弹种是否与装弹情况一致，若一致，则此功能具备；否则，此功能不具备。

2）发射功能检查

一般情况下，红外诱饵投放器具有三种工作方式：人工、自动、应急。

(1) 人工方式发射功能检查。

在模拟装弹状态下，将工作方式设为人工，在红外诱饵投放器上人工设定投放程序参数，设备自动进行数据处理，观察设备的状态显示是否正常，操作投放（或发射）按钮，观察并记录发射情况及余弹显示情况是否正常，即可完成人工方式发射功能的检查。

(2) 自动方式发射功能检查。

在模拟装弹状态下，将工作方式设为自动，给红外诱饵投放器提供其他设备提供的威胁参数等信息，设备自动进行数据处理，观察设备的状态显示是否正常，操作投放（或发射）按钮，观察并记录发射情况及余弹显示情况是否正常，即可完成自动方式发射功能的检查。

(3) 应急方式发射功能检查。

在模拟装弹状态下，将工作方式设为应急，操作投放（或发射）按钮，观察并记录发射情况及余弹显示情况是否正常，即可完成应急方式发射功能的检查。

2. 性能测量

由于机载红外诱饵投放器一般采用 28V 直流和起落架 28V 直流供电，因此，在测试红外诱饵投放器时需供两路电。

1）投放程序的测量

(1) 测试框图。

投放程序测试框图如图 5-3-9 所示。

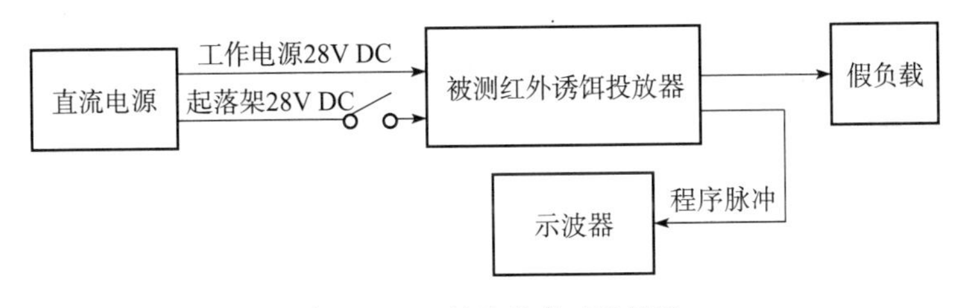

图 5-3-9　投放程序测试框图

(2) 测试步骤。

① 按图 5-3-9 连接测试设备。注意：示波器的输入通道接设备程序脉冲输出端。

② 给红外诱饵投放器加电，使设备工作于人工工作状态，启动设备投放按钮，用示波器检测程序脉冲参数，如齐射数、点射数、组射数、组间隔、点间隔、脉冲幅度、脉冲宽度。

③ 给红外诱饵投放器加电，使设备工作于应急工作状态，启动设备投放按钮，用示波器检测程序脉冲参数，如齐射数、点射数、组射数、组间隔、点间隔、脉冲幅度、脉冲宽度。

2）反应时间的测量

红外诱饵投放器的反应时间是指从接收到投放启动信号到将第一发打弹脉冲输送到发射器触点所需的时间。

（1）测试框图。

反应时间测试框图如图 5-3-10 所示。

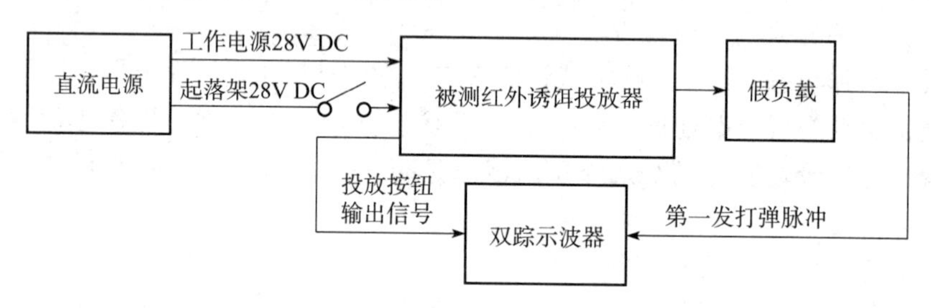

图 5-3-10　反应时间测试框图

（2）测试步骤。

① 按图 5-3-10 连接测试设备。注意：示波器的 1 通道接投放按钮监测端，2 通道接第一个点火脉冲检测端。

② 给红外诱饵投放器加电，使设备工作于人工工作状态，启动设备投放按钮，用示波器检测投放信号和第一发打弹脉冲的间隔时间。

③ 反复测试 10 次，取平均值为测试结果。

3）点火脉冲特性的测量

点火脉冲特性的测量又称发射电流的测量。它包括点火脉冲电流宽度和点火脉冲电流强度两个指标的测试。

（1）测试框图。

点火脉冲特性测试框图如图 5-3-11 所示。

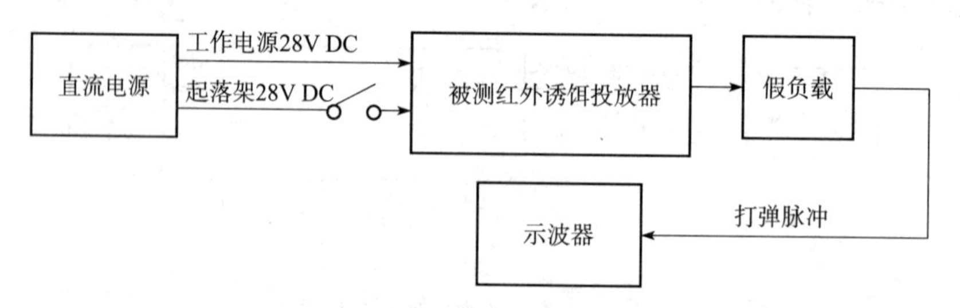

图 5-3-11　点火脉冲特性测试框图

（2）测试步骤。

① 按图 5-3-11 连接测试设备。注意：示波器接点火脉冲检测端。

② 给红外诱饵投放器加电，启动设备工作于人工状态，启动设备投放按钮，用示波器检测打弹脉冲宽度（点火脉冲电流的宽度）和幅度（电压值）。

③ 反复测试 10 次，取平均值为测试结果。

④ 根据公式 $I=V/2$，计算点火脉冲电流的幅度。

4）工作电流的测量

工作电流包括静态工作电流和动态工作电流（又称最大工作电流）。

（1）测试框图。

工作电流测试框图如图 5-3-11 所示。

（2）测试步骤。

① 按图 5-3-11 连接测试设备。

② 给红外诱饵投放器加电，启动设备工作于人工状态，回读直流电源的电流值，得到静态工作电流 I_1。

③ 选择设备工作状态，使其工作于双发齐射（若有四发齐射，则工作于四发齐射）状态，启动设备投放按钮，用示波器检测打弹脉冲幅度 V（电压值）。

④ 根据公式 $I_2=V/2$，计算点火脉冲电流的幅度 I_2。

⑤ 根据公式 $I=I_1+2I_2$（或 $4I_2$），计算动态工作电流 I。

5）电源适应性的测量

（1）测试框图。

电源适应性测试框图如图 5-3-12 所示。

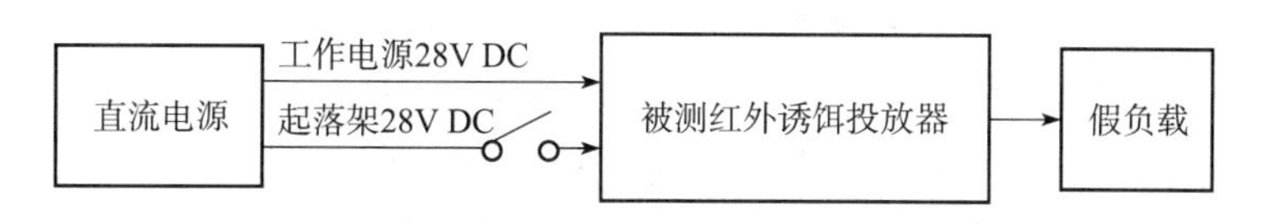

图 5-3-12　电源适应性测试框图

（2）测试步骤。

① 按图 5-3-12 连接测试设备。

② 给红外诱饵投放器输入 28V 直流电源，启动设备工作于人工状态。

③ 将直流电源调至 24. 3V，进行设备电性能检查。

④ 将直流电源调至 29. 7V，进行设备电性能检查。

小结

航空电子对抗设备测量工作贯穿于电子对抗设备全寿命周期的各个阶段，它是电子对抗设备整机验收、技术等级鉴定、维护检修等活动的一项基础性技术工作，是检验电子对抗设备性能指标是否满足设计要求和评价其质量优劣的重要途径。通过本章的学习，使读者掌握航空电子对抗设备性能测量的基本方法、步骤，为后续从事航空电子对抗设备性能测量工作奠定良好的基础。本章主要内容如下：

1. 雷达侦察设备、雷达干扰设备各种性能指标的测试方法。
2. 通信侦察设备、通信干扰设备各种性能指标的测试方法。
3. 光电侦察设备、光电干扰设备各种性能指标的测试方法。

思考题

1. 雷达侦察设备的灵敏度有何含义，如何测量？
2. 雷达侦察设备的动态范围有何含义，如何测量？
3. 说出雷达侦察设备的测向误差的物理意义，如何测量？
4. 雷达侦察设备的脉冲信号参数测量能力如何衡量，如何测量？
5. 雷达侦察设备的频率测量能力如何衡量，如何测量？
6. 雷达侦察设备的信号环境适应能力有何含义，如何测量？
7. 雷达侦察设备的信号处理能力有何含义，如何测量？
8. 雷达干扰设备的干扰功率有何含义，如何测量？
9. 雷达干扰设备的静态噪声功率有何含义，如何测量？
10. 雷达干扰设备的压制性干扰性能有何含义，如何测量？
11. 雷达干扰设备的欺骗性干扰性能有何含义，如何测量？
12. 雷达干扰设备的回答延迟时间有何含义，如何测量？
13. 雷达干扰设备的频率瞄准误差有何含义，如何测量？
14. 通信侦察设备的灵敏度有何含义，如何测量？
15. 通信侦察设备的频率分辨力有何含义，如何测量？
16. 通信侦察设备的频率稳定度有何含义，如何测量？
17. 通信侦察设备的调谐频率误差有何含义，如何测量？
18. 通信侦察设备的信道转换时间有何含义，如何测量？
19. 通信侦察设备的噪声系数有何含义，如何测量？
20. 通信侦察设备的中频选择性有何含义，如何测量？
21. 通信侦察设备的三阶互调抑制有何含义，如何测量？
22. 通信侦察设备的中频抗拒比有何含义，如何测量？
23. 通信侦察设备的机内杂散干扰等效输入电平有何含义，如何测量？
24. 通信侦察设备的锁定灵敏度有何含义，如何测量？
25. 通信干扰设备的输出功率平坦度有何含义，如何测量？
26. 通信干扰设备的谐波抑制有何含义，如何测量？
27. 通信干扰设备的干扰带宽有何含义，如何测量？
28. 通信干扰设备的频率瞄准误差有何含义，如何测量？
29. 通信干扰设备的电压驻波比有何含义，如何测量？
30. 紫外告警设备的灵敏度有何含义，如何测量？
31. 紫外告警设备的指向误差有何含义，如何测量？
32. 紫外告警设备的空间分辨力有何含义，如何测量？
33. 红外诱饵投放器的投放程序参数有哪些？有何含义，如何测量？
34. 红外诱饵投放器的点火脉冲特性有何含义，如何测量？
35. 什么是电子对抗设备的系统反应时间，如何测量？

第6章 航空电子对抗设备自动检测

目前，航空电子对抗设备的内场检测主要由自动检测设备完成，如电子情报侦察系统和电子干扰吊舱等都配有专用的自动测试系统（automatic test system，ATS）。本章首先介绍 ATS 概念、组成、发展历程、存在问题和发展趋势；其次介绍航空对抗设备自动测试系统硬件平台，主要包括 GPIB 仪器、VXI 模块、开关矩阵、阵列接口和测试适配器等；然后介绍航空对抗设备自动测试系统软件平台，主要包括测试软件开发环境和故障诊断平台等；最后介绍航空对抗设备的自动测试。

6.1 自动测试系统综述

一般来说，由人工操作完成特定测试任务的测试系统称为手动测试系统。在人最少参与的情况下，利用计算机执行过程控制并进行数据处理直至以适当方式给出测试结果的测试系统称为自动测试系统。这类系统通常是在标准的测控系统或仪器总线（CAMAC、GPIB、VXI、PXI 等）的基础上组建而成的。自动测试系统具有高速度、高精度、多功能、多参数和宽测量范围等特点。

工程上的自动测试系统往往针对一定应用领域和被测对象，并且常按应用对象命名，如导弹自动测试系统、发动机自动测试系统、集成电路自动测试系统等。因此，航空电子对抗设备自动测试系统就是完成某型（或多型）航空电子对抗设备各种参数自动测试任务的系统。

6.1.1 自动测试系统组成

航空电子对抗设备自动测试系统由三大部分组成，即自动测试设备（automatic test equipment，ATE）、测试程序集（test program set，TPS）和测试开发工具。

ATE 是指测试硬件及其他的操作系统软件。ATE 的心脏是计算机，用来控制复杂的测试仪器（如数字电压表、波形分析仪、信号发生器及开关组件等）。这些设备在测试软件的控制下运行，提供被测对象（电路或部件）所需要的激励，然后测量在不同的引脚、端口或连接点的响应，从而确定该被测对象是否具有规范中规定的功能或性能。ATE 具有自己的操作系统，以实现自测试、自校准等内部事务的管理，跟踪预防维护需求及测试过程排序，存储并检索相应的技术手册内容。

测试程序集是与被测对象（unit under test，UUT）及其测试要求密切相关的。典型的测试程序集由三部分组成，即测试程序软件。测试接口适配器和被测对象测试所需的各种文件。ATE 中的计算机通过运行测试软件，控制 ATE 中的激励设备、测量仪器、电源及开关组件等，将激励信号加到需要加入的地方，并且在合适的点测量被测对象的相应信号，然后再由测试软件来分析测量结果并确定可能是故障的事件，进而提示维修人员更换某一个或几个部件。由于每个被测对象 UUT 有着不同的连接要求和输入/输出端口，因此 UUT 连到 ATE 通常要求有相应的接口设备，称为接口适配器（interface adapter，ITA），它完成 UUT 到 ATE 的正确、可靠的连接，并且为 ATE 中的各个信号点到 UUT 中的相应 I/O 引脚指定信号路径。

测试开发工具要求一系列的软件。这些软件统称为 TPS 软件开发环境，包括 ATE 和 UUT 仿真器、ATE 和 UUT 描述语言，以及编程工具（如各种编译器等）。不同的自动测试系统所能提供的测试程序集软件开发工具有所不同。

6.1.2 自动测试系统发展历程

1. 第一代：专用型航空电子对抗设备自动测试系统

早期的航空电子对抗自动测试系统多为专用系统，是针对具体测试任务而研制的。它主要用于海量的重复测试、高可靠性的复杂测试、短时间内的规定测试。图 6-1-1 为第一代航空电子对抗自动测试系统的基本形式，也是以计算机为中心的现代测量系统的主要形式。它能完成对多点、多种随时间变化参数的快速、实时测量，并能排除噪声干扰，进行数据处理、信号分析，由测得的信号求出与被测对象有关信息的量值或给出航空电子对抗设备的状态判别。

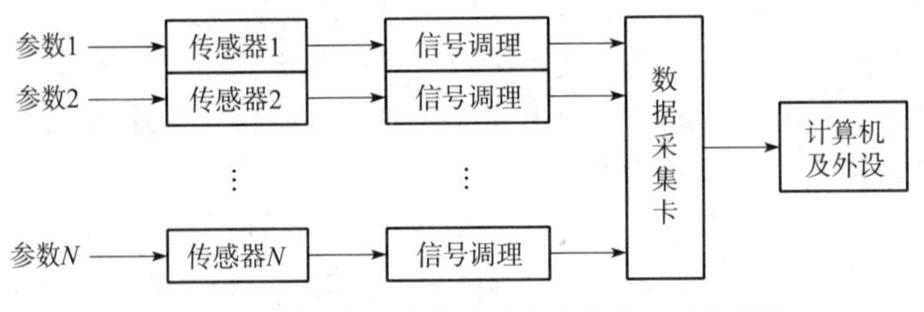

图 6-1-1 第一代航空电子对抗设备自动测试系统

第一代航空电子对抗自动测试系统至今还在应用，各式各样的针对特定测试对象的智能检测仪就是典型代表。近十几年来，随着计算机技术的发展，特别是单片机与嵌入式系统应用技术以及能支持第一代自动测试系统快速组成的计算机总线技术的飞速发展，这类自动测试系统已具有新的测试思路、研制策略和技术支持。第一代自动测试系统是航空电子对抗设备从人工测试向自动测试迈出的重要的一步，是本质上的进步，它在测试功能、测试性能、测试速度以及使用方便等方面明显优于人工测试，还能够完成一些人工测试无法完成的任务。

第一代航空电子对抗设备自动测试系统的缺点体现在接口及标准化方面。当系统比较复杂时，研究工作量大，组建系统时间长，研制费用高。而且，由于这类系统是针对特定的被测对象研制的，系统的适应性不强，改变测试内容往往需要重新设计电路，其根本原因是接口不具备通用性。由于在这类系统的研制过程中，接口设计、仪器/设备选择等方面的工作都由系统的研制者独立进行，系统设计者并未考虑所选仪器/设备的复用性、通用性和互换性问题，由此带来许多复杂突出的问题，造成了测试资源的巨大浪费。

2. 第二代：积木式航空电子对抗设备自动测试系统

第二代航空电子对抗设备自动测试系统是在标准的接口总线（GPIB、CAMAC）的基础上，以积木方式组建的系统。系统中的各个设备（计算机、可程控仪器、可程控开关等）均为台式设备，每台设备都配有符合接口标准的接口电路。组建系统时，用标准的接口总线电缆将系统所含的各台式设备连在一起构成系统。这种系统组建方便，一般不需要自己设计接口电路。由于组建系统时的积木式特点，使得这类系统更改、增减测试内容很灵活，而且设备资源的重用性好。系统中通用仪器（如数字多用表、信号发生器、示波器等）既可作为自动测试系统中的设备来用，也可作为独立的仪器使用。

目前，组建这类自动测试系统普遍采用可程控仪器的通用接口总线 GPIB（又名 IEEE 488、HPIB、IEC 625，我国称为 GB249.1-85 标准）。基于 GPIB 航空电子对抗设备自动测试系统的架构如图 6-1-2 所示。它由一台 PC 机、一块 GPIB 接口卡和若干台 GPIB 仪器构成。GPIB 接口在功能上、电气上和机械上都按国际标准设计，内含 16 条信号线，每条线都有特定的意义。即使不同厂家的产品也相互兼容具有互换性，组建系统时非常方便，一块 GPIB 接口卡可连接多达 15 台仪器。

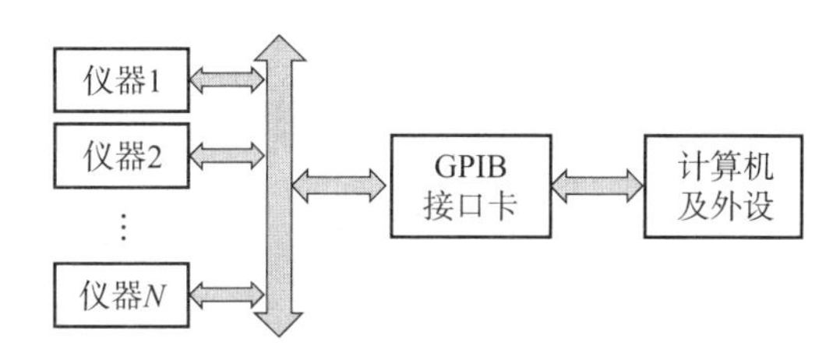

图 6-1-2　第二代航空电子对抗设备自动测试系统

基于 GPIB 总线的自动测试系统的主要缺点表现为：

（1）总线的传输速率不够高（最大传输速率为 1MB/s），难以组建高速、海量数据的自动测试系统；

（2）由于系统中的每台仪器都有自己的机箱、电源、显示面板和控制开关等，阻碍了系统的体积、重量的进一步降低。以 GPIB 总线为基础，按积木方式难以组建体积小、重量轻、机动性好的航空电子对抗设备自动测试系统。

3. 第三代：模块式航空电子对抗设备自动测试系统

第三代航空电子对抗设备自动测试系统基于 VXI、PXI 等测试总线，主要由模块化的仪器组成自动测试系统。VXI（VMEbus extensions for instrumentation）总线是 VME（VERSA module eurocard bus）总线向仪器/测试领域的扩展，具有高达 40MB/s 的数据传输速率。PXI（PCI eXtensions for instrumentation）总线是 PCI（peripheral component interconnect）中的 Compact PCI 总线向仪器/测量领域的扩展，其数据传输速率约为 132~264MB/s。以这两种总线为基础，可组建高速、海量数据的自动测试系统。在 VXI（或 PXI）机箱中，仪器、设备或嵌入式计算机均以 VXI（或 PXI）总线插卡的形式出现，系统中所采用的众多模块化仪器/设备均插入带有 VXI（或 PXI）总线插座、插槽、电源的 VXI（或 PXI）机箱中，仪器的显示面板及操作用统一的计算机显示屏以软面板（soft panel）的形式来实现，从而避免了系统中各仪器、设备在机箱、电源、面板、开关等方面的重复配置，大大降低了系统的体积、重量。

基于 VXI、PXI 等先进的总线，由模块化仪器/设备组成的自动测试系统具有数据传输速率高、数据吞吐量大、体积小、重量轻、系统组建灵活、扩展容易、资源复用性好、标准化程度高等特点，无疑是航空电子对抗设备自动测试系统的主流组建方案。在这类系统中，VXI 总线规范是其硬件标准，VXI 即插即用规范（VXI Plug&Play）为其软件标准，而虚拟仪器开发环境（Lab Windows/CVI、LabVIEW、VEE 等）为研制测试软件提供软件开发工具。

由于 GPIB 仪器应用广泛，加上目前在微波测试领域性能优于 VXI、PXI 模块化仪器，现在许多自动测试系统更多采用 GPIB+VXI 或 GPIB+PXI 的混合总线测试方案。

4. 第四代：网络化航空电子对抗设备自动测试系统

GPIB、VXI 和 PXI 是测试领域专用接口总线，计算机是通用的工业产品。通用的计算机发展快、价格低，测试专用总线发展慢、成本高。测试专用总线的发展始终滞后于计算机技术的发展。但如果依据计算机的通信和互联标准来设计测试仪器的通信接口，情况可能就不一样了。现在许多测试仪器在配置 GPIB 通信接口的同时，也配置有 RS-232 接口，这样计算机无需改动就能用于自动测试，可以通过 RS-232 接口直接与网络互联而实现异地通信。计算机数据通信网络是现代最先进的电子信息载体，可以将多台相互独立的计算机连接起来。将计算机网络技术应用于仪器或测试系统的互联的设想，导致了“网络化自动测试系统”概念的提出。从拓展测试设备定义的角度出发，将从任何地点、在任何时间都能够获取到测量数据的所有硬件、软件条件的有机集合，称为“网络化自动测试系统”。自动测试系统网络化是可能的，有人认为网络化测试技术是一种涵盖范围更宽、应用领域更广的全新现代测试技术，是今后测试技术发展的必然方向之一。但就目前来说，还只能借助现在广泛流行的、先进的计算机网络技术。

LXI 接口标准是安捷伦科技公司和 VXI 科技公司共同开发的，它根据两公司长期的模块化仪器设计经验，整合 GPIB 和 VXI 的成果并借助个人计算机的以太网接口应用，构成新一代模块化的测量仪器标准平台。2004 年 9 月两公司推出 LXI 接口规范并成立 LXI 联合体，且于 2005 年 9 月公布了 LXI 标准 1.0 版。

LXI（LAN 对仪器的扩展，LAN extensions for instrumention）是继机架堆叠式 GPIB 仪器、VXI/PXI 虚拟仪器之后的新一代基于以太网的自动测试系统模块化构架平台标准。LXI 总线的模块化测试标准规范融合了 GPIB 仪器的高性能、VXI/PXI 卡式仪器的小体积以及 LAN 的高吞吐率；并考虑了定时、触发、冷却、电磁兼容等仪器要求。采用 LXI 总线可以获得比 VXI 更小的物理尺寸，获得 GPIB 的高性能测量和 LAN 的吞吐量。LXI 不需要带有很多插槽的机箱和 0 槽控制器，也不需要控制主机和测量仪器之间的昂贵的通信连接。LXI 总线的基础以太网是串行高速总线，线缆的传送速率已达到 10Gb/s，光纤的传送速率将达到 100Gb/s，LXI 模块既能单独使用，又有模块化特点，可组成功能强大复杂的测试系统。LXI 平台提供对等连接测试项目改变时，LXI 在 LAN 上的连接不必改变，从而缩短了测试系统的组建时间。连在 LAN 上的 LXI 模块可以采取分时方式工作，同时服务于不同的测试项目。功能强大、结构复杂、价格昂贵的 LXI 模块，可供多个测试项目共享，提高模块的利用率，降低成本。提供分布式测试方式，可充分发挥测试系统中各模块的特点和优势。

LXI 总线有五大特点：

（1）开放式工业标准：LAN 是业界最稳定和生命周期最长的开放式工业标准，也由于其开发成本低廉，使得各厂商很容易将现有的仪器产品移植到该 LXI 仪器平台上来。

（2）向后兼容性：LXI 模块只占 1/2 的标准机柜宽度，体积上比可扩展式（VXI、PXI）仪器更小。同时，升级现有的 ATS 不需重新配置，并允许扩展为大型卡式仪器系统。

（3）成本低廉：在满足军用和民用客户要求的同时，保留现存台式仪器的核心技术，结合最新科技，保证新的 LXI 模块的成本低于相应的台式仪器和 VXI/PXI 仪器。

（4）互操作性：作为合成仪器（synthetic instruments）模块，只需 30~40 种的通用模块即可解决军用客户的主要测试需求。如此相对较少的模块种类，可以高效且灵活地组合成面向目标服务的各种测试单元，从而进一步压缩 ATS 系统的体积，提高系统的机动性和灵活性。

（5）新技术及时方便的引入：由于这些模块具备完备的 I/O 定义文档（由军标定义），所以，模块和系统的升级仅需核实新技术是否涵盖其替代产品的全部功能。

6.1.3　自动测试系统问题分析

虽然自动测试系统已经发展了四代，从专用型到积木式，从 GPIB 总线到 VXI/PXI，再到 LXI，自动测试系统许多优点为人们称道，但是自动测试系统的一些缺点也逐渐暴露出来。

（1）综合机柜式+单工作位不利于部队维护工作的开展。

目前部队先后配备了多型飞机电子设备自动测试系统。这些 ATE 的特点是：①综合机柜式，从分解到再次组装完毕，至少需要 1 周时间，不利于机动转场；②只有一个工作位，串行工作方式，不利于部队检测工作开展；一套 ATE 系统覆盖无线电通信、导航、雷达、电子对抗等专业，如果部队飞机数量少，各专业定检工作冲突不明显；如果部队飞机数量多，定检时间要求短，单工作位、串行工作模式的矛盾将十分突出。

（2）暂态测试不利于装备工作状态监控。

目前面世的自动测试系统多数采用暂态测试方式。即由计算机运行测试程序，通过矩阵开关、适配器给电子对抗设备某 LRU 加电、控制信号、输入信号，让该 LRU 处于某种工作模式；将检测仪器通过矩阵开关、适配器和 UUT 连接，测出电子对抗设备某一项或几项参数后，断开信号、电源、仪器连接，完成本次测试。这种测试是单次、暂态测试。而航空电子对抗设备和其他电子设备一样，往往工作一段时间后，由于环境温度、压力、湿度等因素影响，可能导致某个元器件失效或故障。这样的故障，ATE 无法检测出来。

（3）性能测试有余、故障诊断略显不足。

目前部队装备的几种机型的自动测试系统的共同特点是性能测试有余、故障诊断略显不足。部队各种机型电子对抗设备需要作 100h、200h、300h、600h、1000h 定检工作，不同机型定检周期不同，与飞机本身定检工作存在关联。除了定检工作外，部队还需要利用 ATE 平台排除 LRU 的故障。目前所有 ATE 基本上能够满足航空电子对抗设备定检和性能测试需要，但由于现役电子对抗装备新、技术含量高、部队急需，ATE 研发者对航空电子对抗设备的熟悉程度、对各型设备故障案例收集、故障规律的把握差强人意，因此 ATE 平台的故障诊断功能略显不足。

（4）连接器测试和开盖测试的矛盾难把握。

目前，部队配备的自动测试系统均基于航空电子对抗设备各 LRU 插座提供的信号，虽然有些 ATE 保留开盖测试的能力，但限于目前部队实际维修能力和其他因素，开盖测试没有向部队开放，或者没有得到相应部门授权。除了目前新研的航空电子对抗设备，在研制任务书中明确要求各 LRU 必须保留 ATE 测试插座，提供足够的信号用于测试和故障诊断。许多在役的电子对抗设备，LRU 连接器提供的信号不足以支撑故障诊断；而开盖测试又面临缺少图纸、资料不全的问题，而且开盖测试势必回到人工测试方式。

（5）芯片和总线技术发展给 ATE 带来新的困惑。

随着嵌入式计算机技术和芯片技术发展，FPGA、CPLD、ARM 层出不穷，1996 年以来研制的航空电子对抗设备，其综合处理器采用阵列式并行 DSP 处理机，采用 TMS320C80 专用 DSP（240 针脚）、双缓存和 SHARCSPORT 高速内总线技术，再结合软件加密、软件可重构技术，在设备研发商和 ATE 开发商之间形成一道屏障。如果航空电子对抗设备的研发者不开放软件内核，雷达信号和通信信号的处理器的自动测试很难做好。

6.1.4 自动测试系统发展趋势

1. 多总线融合式自动测试系统

多总线融合式自动测试系统即在一个自动测试系统中集成 GPIB、VXI、PXI、USB、LAN 和 LXI 等多种测试总线，如图 6-1-3 所示。目前的自动测试系统往往基于 VXI+GPIB 或 PXI+GPIB 混合总线，充分利用 VXI/PXI 总线的高速率和良好的集成度，同时发挥了 GPIB 台式仪器一些特定的测试功能。如果将每种总线的测试平台打造成模块化、开放化结构，同时将测试软件框架统一，这样在设计一个自动测试系统时，就可以利用不同总线测试平台的优势，搭建一个混合的测试系统来满足测试的需求。

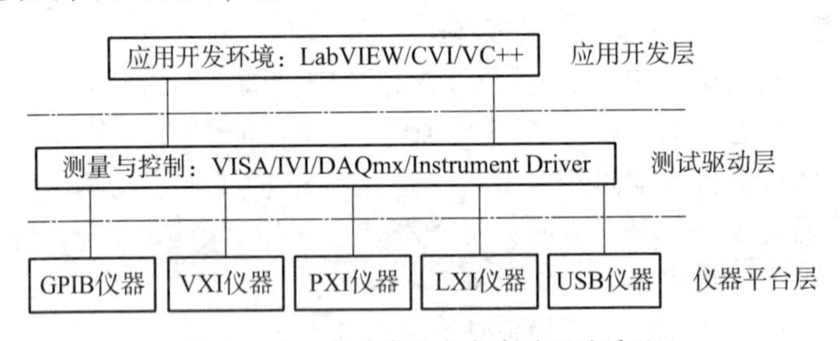

图 6-1-3 多总线融合式自动测试系统

多总线融合式自动测试系统不仅具有 PXI 和 PCI Express 等模块化仪器总线所提供的高吞吐量和优良的集成性，而且具有基于 USB、LAN（包括 LXI）的分立式仪器的特定测试功能和开放的测试系统软硬件结构。研发者容易在现有的系统上升级或添加新的测试部件，而无需重新设计整个系统。

多总线融合式自动测试系统对软件的架构提出了更高的要求，希望无论是在驱动服务层还是在应用软件层都能对不同的总线平台进行无缝的支持，也就是说，一个统一的软件架构将成为整个混合测试系统的核心。

底层是仪器平台层，使用了 GPIB、VXI、PXI、USB、LAN 和 LXI 等多种测试总线，是由测量和控制服务层及应用开发层组成的统一的软件架构。测量和控制服务层包含灵活的设备驱动，用于连接软件和硬件并简化硬件配置部分的测试代码。为了将硬件无缝地集成到软件中，需要有高性能、易于编程且持续可升级的API来帮助开发。

VISA（virtual instrumentation software architecture）标准就是一种负责和驱动软件进行通信，并且独立于所使用的仪器总线的通用API。无论是使用PXI、VXI、GPIB、LAN还是LXI总线，VISA都提供了标准的函数库和仪器进行通信，同时从软件上保证了总线之间的互换性。此外，面向用户开放4000多种仪器驱动，有助于快速开发仪器驱动应用程序。IVI（interchangeable virtual instrument）标准定义了通用仪器的互换性，对于一些指定的仪器类，如示波器、信号源等，可以随意地将现在使用的仪器换成一台其他生产厂家、甚至是其他总线的同类的仪器，而不需要修改任何的软件测试代码。

在应用开发层，开发者总是希望使用符合行业标准的软件开发环境来进行整个系统软件的开发。LabVIEW作为一个专为测试测量设计的编程语言，使用了开发者熟悉的图形化的编程方式，能够帮助用户高效和快速地开发测试应用。伴随着LabVIEW 8的推出，使用LabVIEW进行数据采集和仪器控制的功能被进一步的加强。最新的项目管理和分布式智能更适合混合总线自动测试系统的软件开发。目前，LabVIEW已逐渐成为检测行业标准的软件开发平台。LabVIEW加上标准的测量和控制服务（如VISA、IVI等）就构成了这样一个统一的软件平台，从而简化了软件的复杂性，更好地发挥多总线融合测试系统的强大功能。当然也可以选择其他的编程语言，如Lab Windows/CVI、C++等进行开发。

2. 开发专业自动测试系统

从自动测试系统的问题分析不难看出，以机型电子设备为整体的集中机柜式ATS并不受部队欢迎。由于部队内场测试维修是以专业为单位，而不是以机型为单位，所以应开发专业多机型综合ATS。

3. 开发便携式自动测试设备

随着电子和计算机技术的快速发展，嵌入式技术极大推进了测试系统小型化进程。自动测试设备已从传统的机柜式发展到现代的容箱式；自动测试系统从基于PC机技术发展到基于嵌入式技术。嵌入式ARM处理器PXA255+Windows CE. net操作系统+基于USB通信的检测仪器板卡，使数字万用表、数字示波器、脉冲信号源、微波频率计等多台仪器融合成单台仪器成为可能。

选择USB作为嵌入式ARM处理器与各仪器板卡的数据传输总线，具备许多其他总线无法比拟的优点：速度快、安装和配置容易、易于扩展、采用总线供电。USB2.0协议的理论传输率可达480Mb/s，远快于串口数据传输率115~230kb/s、并口的数据传输率1Mb/s；所有USB总线接口支持热拔插；USB连接的外围最大设备数目为127个，通过Hub或中继器可以使外设距离达到12m；USB总线提供最大达5V/500mA电流，总线供电，无需专门供电电路。

6.2 自动测试系统硬件平台

自动测试系统综合运用自动测试、虚拟仪器、面向对象设计等技术，以工控机为核心，以 VXI（或 PXI）模块仪器和 GPIB 仪器为依托，以 VXI（或 PXI）总线、GPIB 总线和适配器为桥梁，集控制、数据采集、处理、存储、分析、显示、打印于一体。构建自动测试系统的总体设计要求是：

（1）性能测试：该系统能完成航空电子对抗设备技术指标的测试，测试过程实时显示，测试结果既可保存也可按用户要求的报表格式打印输出。

（2）灵活的工作方式：要求系统既能自动地完成 UUT 的测试和故障诊断，又能按照用户的特殊需要选择部分项目组或单个项目进行自动或手动测试，手动测试主要用于开盖故障修理。

（3）故障诊断：故障诊断模块可将故障隔离定位到内场可更换单元。

（4）可扩展性强：在硬件系统和软件系统预留一定的接口和空间以便进一步完善，即在大体上不改变现有资源的情况下，加装部分仪器及其驱动程序、编写相应的测试程序就能测试其他型号的航空电子对抗设备。

（5）通用性好：系统资源尽量采用标准化和通用化的货架产品。

（6）具有较强的稳定性、可靠性和可维修性。

自动测试系统的开发流程如图 6-2-1 所示。

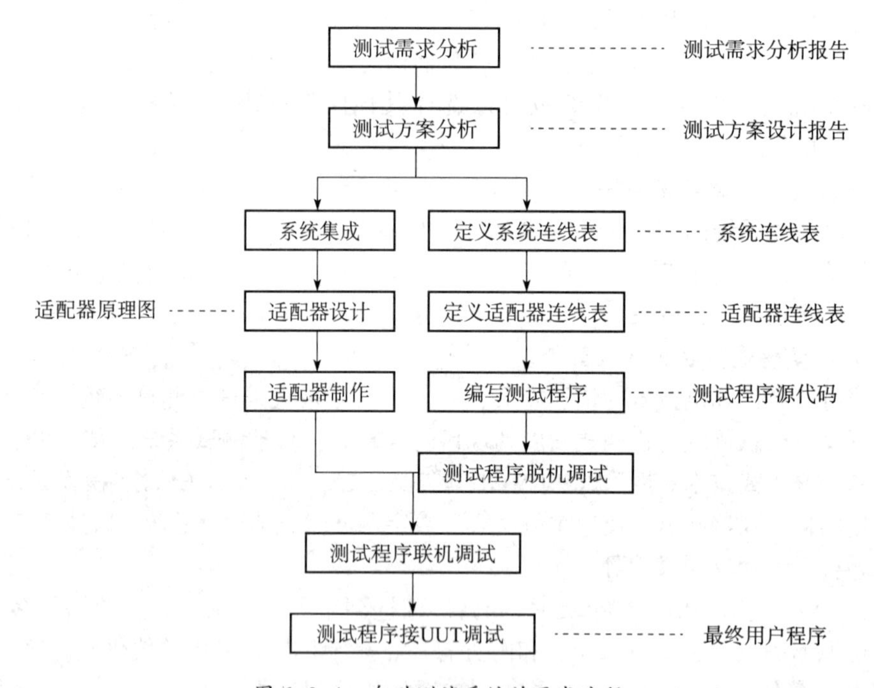

图 6-2-1 自动测试系统的开发流程

首先进行测试需求分析，形成测试需求分析报告，它决定了采用何种测试方案，形成测试方案设计报告。在此基础上，系统硬件平台的搭建与测试程序开发同时进行。本节主要描述自动测试系统的硬件平台。下一节则论述自动测试系统的软件平台。测试程序脱机（仿真）调试完成，与适配器、被测件连接，完成联机调试，完成最终用户程序。

目前大型自动测试与故障诊断系统通常采用 VXI+GPIB 混合总线结构，而小型自动测试系统则多半采用 PXI、PCI+GPIB 混合总线。自动测试系统有的采用机柜式，有的采用容箱式。机柜式比较适合维修基地使用，拆装比较复杂；容箱式便于机动转场，容箱间的信号连接通过快卸连接器实现。一套复杂的自动测试系统需要 8~10 个容箱。国内早期研制的 ATE 均采用机柜结构；目前研制的 ATE 多为容箱结构。下面以某型航空电子对抗设备 ATS 为例，介绍 VXI+GPIB 混合总线结构的硬件平台。

图 6-2-2 为基于 VXI+GPIB 混合总线的 ATS 硬件平台的组成框图，该硬件平台主要由测控计算机、Agilent E8403A VXI 机箱、VXI 测试资源、GPIB 测试资源、ARINC608A 标准阵列接口、接口适配器 TUA、供电控制系统以及附件等组成。

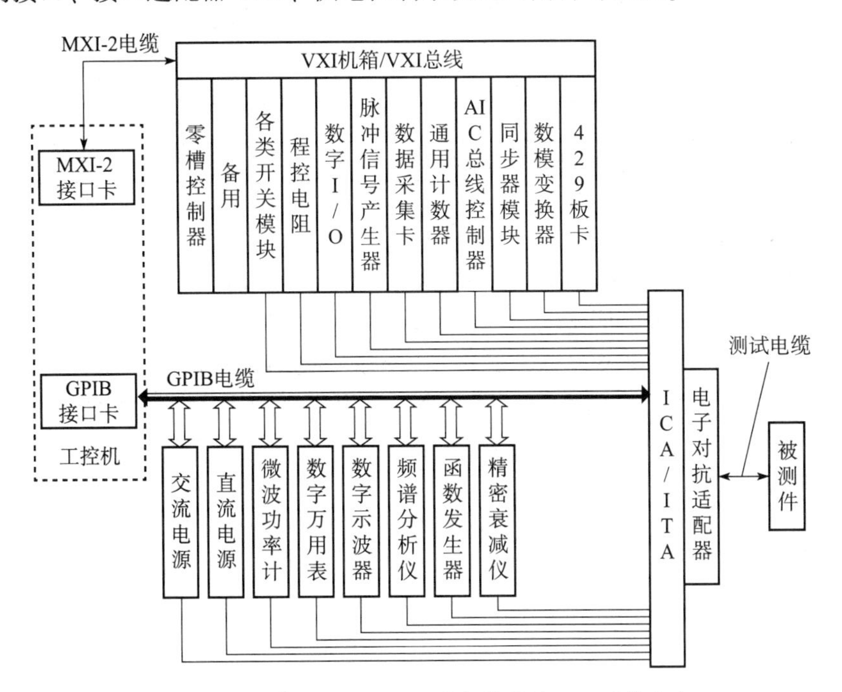

图 6-2-2　基于 VXI+GPIB 混合总线的 ATS 硬件平台

6.2.1　测控计算机

测控计算机（test and control computer，TCC）是自动测试系统的核心，一般采用工控机。工控机负责整个测试系统的配置、控制、监视、数据处理、人机对话和测试数据的读取、处理、存储与显示，是用户的直接操作对象。工控机采用流行配置：CPU：Intel-PV 2.7GHz；内存：1GB；硬盘：300GB；显示：19TFT；主板：875 主板。分别通过 P82350A GPIB 接口卡、PCI8015 VXI 总线控制器控制 GPIB 仪器和 VXI 模块。

6.2.2　测试仪器

1. GPIB 仪器

GPIB 仪器包括交流电源、直流电源、功率计、数字万用表、示波器、频谱仪、射频信号源和函数发生器等 12 个台式仪器。某型航空电子对抗设备 ATS 使用 GPIB 仪器见表 6-2-1。

表 6-2-1　某型航空电子对抗设备 ATS 使用 GPIB 仪器表

序号	型号名称	厂家	数量
1	Ci801RP 单相交流电源	California	1
2	Ci2003RP 三相交流电源	Agilent	1
3	E6673A 大功率直流电源	Agilent	1
4	66000 模块直流电源	Agilent	2
5	8652 微波功率计	Agilent	1
6	34401A 数字万用表	Agilent	1
7	84904A 精密衰减器	Agilent	1
8	54641A 双通道数字示波器	Agilent	1
9	2393A 频谱分析仪	Agilent	1
10	8257C 微波信号源	Agilent	1
11	33120A 任意波形发生器	Agilent	1

2. VXI 总线模块仪器

VXI 仪器具有高速率、高精度、易扩展、小型、轻便等特点，因而在自动检测设备领域得到了广泛应用。某型航空电子对抗设备 ATS 使用 VXI 仪器见表 6-2-2。

表 6-2-2　某型航空电子对抗设备 ATS 使用 VXI 仪器表

序号	型号名称	厂家	数量
1	E8491B 零槽控制器	Agilent	1
2	VXI-PCI-8015 PCI-MAX-2 总线控制器	Agilent	1
3	E1466A 64×4 矩阵开关	VXIT	2
4	SMP5004 30 组单刀双掷开关	VXIT	1
5	SM7374 微波开关	Agilent	1
6	E1420B 通用计数器	Agilent	1
7	E8311A 脉冲图形发生器	VXIT	1
8	VM7004 程控电阻	Agilent	1
9	E1458A（静态）数字 I/O	NI	1
10	6534（动态）数字 I/O	纵横	1
11	JV53113 数据采集卡	纵横	1
12	ARINC 429 板卡	condor	1

6.2.3　各种开关模块

在自动测试系统中，开关矩阵用来实现自动测试设备与各种 UUT 的连接和切换，主要完成以下功能：

（1）将程控电源输出电压加至被测单元（UUT）的插针上；

（2）将 ATE 中各种信号源输出信号转接至被测单元的插针上；

（3）将被测单元输出信号转接至 ATE 测量通道，以便万用表、示波器等测量仪器测量；

（4）为被测单元提供必要的外接组件，如负载、调整旋钮等。

根据使用接点的不同，开关矩阵主要分为继电器方式、普通电子开关方式和插针式连接方式三种。

继电器方式开关矩阵是目前最常用的方式，它具有动态范围大、信道阻抗低、通用性好等优点。这种方式比较适用于电源信道和模拟信号通道，但对于需要同时多路采集的场合很难适用。

普通电子开关可靠性高，体积小，但动态范围很小，耐压低，容易被击穿，且通道电阻大，只能用于小信号和弱电流场合，不能作为信号输出和电源控制开关。

插针式连接方式实际是不使用开关矩阵的，而是采用一个通道对应一个激励/采集通道的方式，所以可靠性高，除了要求电源信道和信号信道分开以外，通用性也很好，但由于一个通道对应一个激励/采集电路，所以设备量特别大，电压动态范围不可能做得很宽。特别适合于数字电路单元的测试。

在 GPIB+VXI 混合总线自动测试系统中会使用多种 VXI 开关模块，主要几类如下：通用开关模块（≤10MHz）、多路开关模块（≤10MHz）、矩阵开关模块（≤10MHz）、射频开关模块（≤1.3GHz）、微波开关模块（≤26GHz）等。

1. 通用开关

最普通的 VXI 总线开关是通用继电器开关模块，这个模块通常被用来连接电源，为多个 UUT 提供电源和地线。通用继电器开关模块分为单刀单掷继电器 SPST、双刀单掷 DPST 继电器、单刀双掷 SPDT 继电器和双刀双掷 DPDT 继电器，开关数量在 30 路、32 路、64 路、80 路不等，使用时接通或断开每个继电器即可。继电器允许最大电流通常为 2A 和 5A，5A 继电器开关长时间工作时电流不能大于 4A，主要控制电源的通断；2A 继电器开关则主要用于信号切换。

2. 多路开关

多路开关通常用于信号与测试仪器间的连接，实现多个通道与一个公共通道的连接。如图 6-2-3(a) 所示的单线多路开关配置和图 6-2-3(b) 所示的双线多路开关配置，可用于多个测试点与同一测量仪器的连接，实现信号的浮动测量，将有效地抑制共模干扰。

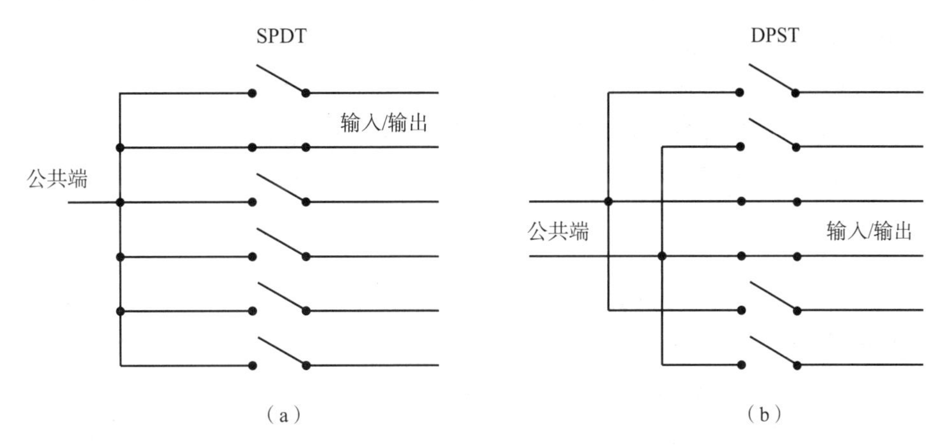

图 6-2-3　单刀继电器和双刀继电器多路开关配置

（a）单线多路开关；（b）双线多路开关。

3. 矩阵开关

用途最广泛的VXI总线开关是矩阵开关模块，如图6-2-4所示。

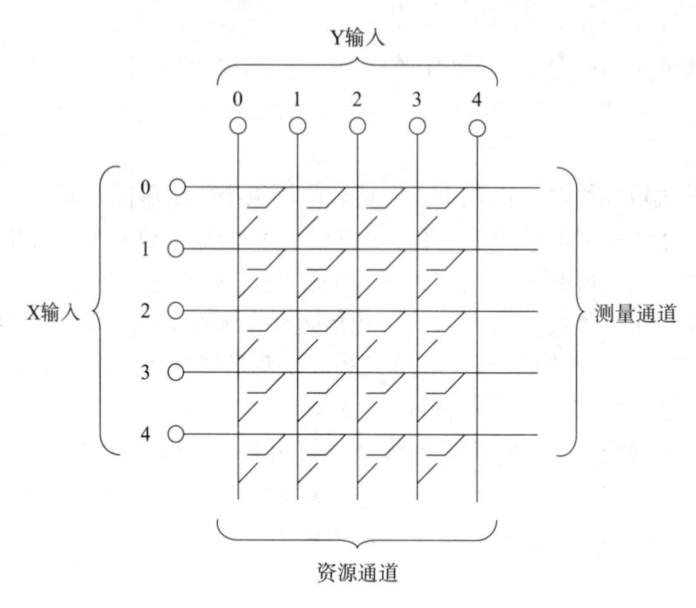

图6-2-4 矩阵开关配置

矩阵开关由大量的继电器组成，这些继电器组成一个栅格网的矩阵结构，每个继电器可以被认为是位于栅格的行和列的交叉点处，接通继电器后，行和列就连通了。这个矩阵开关允许激励和测量仪器与多个UUT I/O管脚间的多个信号通道连接，有了矩阵开关，就可对具有相同的测试要求和不同接口连接的UUT进行测试，只需简单地改变一下控制矩阵开关程序即可。继电器一般采用低电流高电压的型号，如1A/200V的继电器。输入/输出线一般采用双绞线。SMP4003矩阵开关模块具有多种配置方式，可配置为2个独立的4×16双线矩阵开关和4个4×4双线矩阵。某型电子对抗设备自动测试系统中就采用6块SMP4003模块组合构成32个资源通道、128个测量通道。

4. 射频和微波开关模块

VXI总线模块也有特殊应用的开关模块，比如用于电子对抗设备和视频测试的射频和微波开关。需要特别注意的是，这些开关模块要求所用电缆和连接器要尽可能地减少射频损耗。通常每个通道使用同轴线单独连接，要求低串扰。

6.2.4 阵列接口

自动测试系统的阵列接口具有多种类型，如ARINC 608A的VPC30系列、VPC90系列和MAC-PANEL 75系列。VPC30阵列接口机箱宽度按19英寸机架设计，高度比VPC90高，比较适合内场机柜式ATE；VPC90阵列接口高度低，比较适合容箱式ATE。

VPC(Virginia panel corporation）系统采用模块化方式，可以同时建立多种连接，兼顾几乎无限种类的信号通道、电源线、同轴电缆等连接组合，可满足各种输入输出测试和测量需要。

VPC90 是 VXI、PXI 的规范，VPC90 系列阵列接口如图 6-2-5 所示，包括 25、50、75 模块配置。

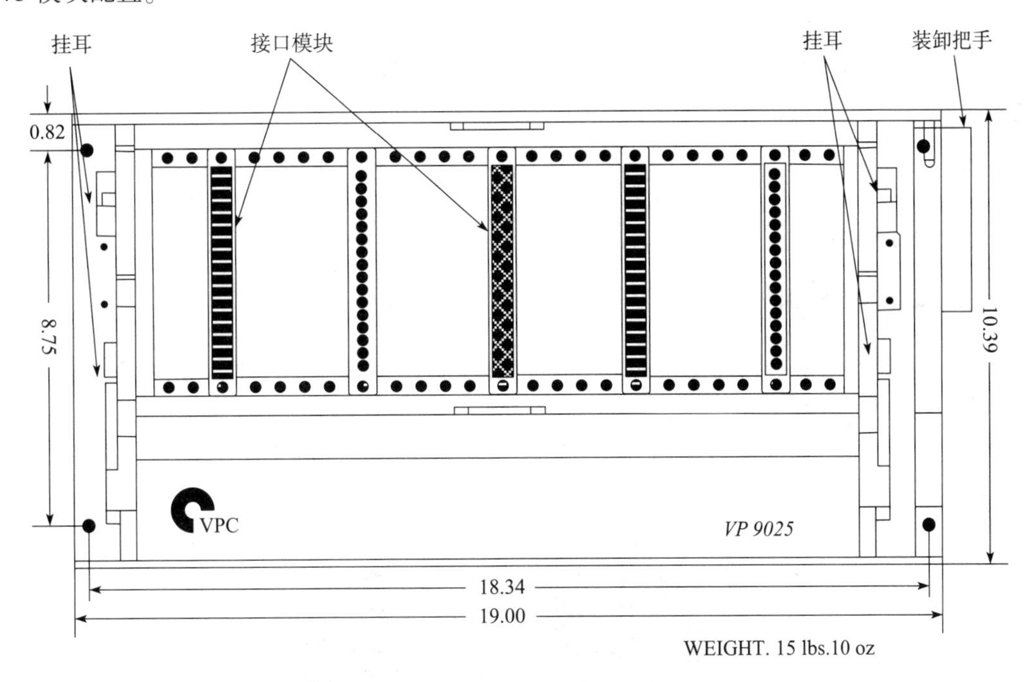

图 6-2-5　VPC90 阵列接口

图 6-2-5 中，从左至右，依次是 J1～J25 模块。在某型航空电子对抗设备 ATS 中，它们的定义如下：

J1 模块为 32 芯微波资源通道开关，最高频率 1.3GHz，分为单刀六掷、单刀四掷、单刀双掷微波开关。

J2～J3 模块为 76 芯袖珍高频同轴模块，最高频率 1.3GHz，主要和双通道数字示波器、任意函数产生器、任意波形产生器、微波功率计、微波信号源的附属端口连接。

J4 模块为 19 芯高频同轴模块，最高频率 1.3GHz，包括 3 组单刀四掷高频同轴开关。

J6～J7 模块为 256 芯信号模块，用于数字万用表 DMM、ARINC 429 总线、4 路串口通信总线、8 通道 ADC 模块、程控电阻、同步器模块、48 路数字 I/O 模块和 32 路离散量模块。

J8～J9 模块为 256 芯信号模块，用于 ARINC 429 总线、8 通道 ADC 模块、程控电阻、同步器模块、48 路数字 I/O 模块和 32 路离散量模块。

J10～J11 模块为 256 芯信号模块，定义矩阵开关 128 路测量（MU）通道。

J12～J13 模块为 256 芯信号模块，用于矩阵开关 32 路资源（SS）通道。

J14～J15 模块为 256 芯信号模块，定义了 30 路单刀双掷 5A 通用开关和 32 路单刀单掷 5A 通用开关。

J16～J17 模块为 256 芯信号模块，定义了单刀八掷开关。

J18～J19 模块为 256 芯信号模块，定义了 80 路 2A 单刀单掷通用开关。

J20 模块为 8 芯同轴模块，最高频率 18GHz。

J21 模块为 8 芯同轴模块，专用模拟器使用。

J22 模块未定义。

J23 模块为 96 芯信号模块，定义了 8 路中功率电源各种端口和 8 路 5A 通用双刀单掷开关。

J24 模块为 16/16 芯电源信号模块，定义了大功率直流电源、三相交流电源等各种端口。

J25 模块为 16/16 芯电源信号模块，备用。

6.2.5　接口适配器

接口适配器在系统阵列接口和 UUT 的连接接口，是被测电子对抗设备信号的预处理和转接装置，负责完成所有被测件与系统仪器的机械、电气连接，使不同的航空电子对抗设备共享同一硬件平台。图 6-2-6 中示意了各种型号的电子对抗设备的测试适配器。

图 6-2-6　各型电子对抗设备适配器示意图

为了防差错，通常接口适配器内还设置有各种识别电阻，一旦接错，测试程序将有提示而且自动退出。

（1）ATE 型号识别。MU#01 为 ATE 型号识别电阻测量通道，防止其他专业适配器接到电子对抗 ATE 上，或者电子对抗适配器接到其他 ATE 上。

（2）设备识别。航空电子对抗设备型号很多，MU#02 为设备识别电阻测量通道，防止不同型号航空电子对抗设备测试连接错误。

（3）LRU 识别。MU#03、MU#04 为各 LRU 识别电阻测量通道。

（4）电缆识别。通过测量各测试电缆内部串接的识别电阻，判断电缆连接是否正确，MU#05～MU#28 为各适配器电缆识别电阻测量的通道。为了保证识别无误，有些 ATE 会采用双识别电阻。

在接口适配器中，必须正确处理直流电源地、信号地、屏蔽地等，以消除电磁干扰。通常将电源地、信号地和屏蔽地严格分开，系统阵列接口在平台分别接地。

此外，在制作接口适配器时，应正确选择信号导线线型。按照被测设备要求，有些信号可以采用普通导线 AF-200-0.35，有些则用单芯屏蔽 AFP-250-0.35，有的必须采用双绞屏蔽线 AFP-250-0.35；视频信号采用常规同轴线 RG316，而微波信号必须用半刚性或柔性 50Ω 射频电缆。

6.2.6　连接电缆

连接电缆有三种：第一种是测控计算机和 VXI 机箱间的 IEEE-1394 总线电缆；第二种是 VXI 模块和接口适配器间的信号输入/输出电缆；第三种是连接适配器和被测件的测试电缆。

6.3　自动测试系统软件平台

无论是大型的电子对抗设备自动测试系统的软件平台，还是小型电子对抗设备自动测试系统的软件平台，都主要包括性能测试软件平台、故障诊断平台和系统管理平台三部分。组成如图 6-3-1 所示。

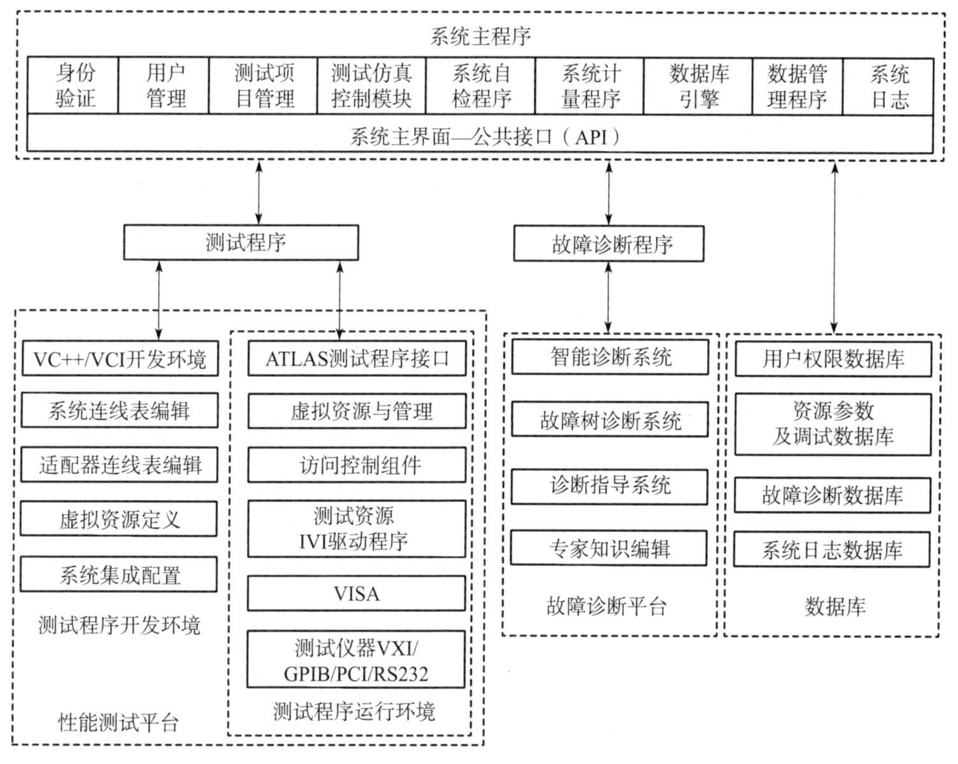

图 6-3-1　自动测试软件平台

6.3.1　性能测试平台

任何与微软视窗系统的 32 位动态链接库（DLL）兼容的应用开发环境均可与 WIN 框架下的软件模块一起工作，均可作为 ATS 的软件开发平台。目前，比较流行的测试软件开发平台分为三类：一类是面向对象的软件开发平台，如 Microsoft 公司的 Visual Basic、Visual C++，Borland 公司的 Delphi，Sybase 公司的 PowerBuilder 等；另一类是面向仪器的软件开发平台，最有代表性的是 NI 公司的 LabWindows/CVI 和 LabView、Agilent 公司的 Agilent VEE 等；第三类是面向信号的软件开发平台，有代表性的是法国宇航的 SMART、美国 TYX 公司的 PAWS、海军航空大学青岛校区与 Easbeacon 公司合作开发的 GPATS 等。

1. 面向对象的软件开发平台

面向对象的软件开发平台是通用可视化编程环境，采用文本式编程语言、面向对象编程，在 ATS 中应用较广的有 Visual Basic、Visual C++、Delphi、PowerBuilder 等。

1）Visual Basic

Visual Basic（简称 VB）是一种可视化集成开发环境，已从 1991 年的 1.0 版本发展到 9.0 版本。它采用标准化语言编程，可充分利用 Windows 提供的一切资源和工具，十分灵活。它具有可视化的程序设计方法、面向对象的程序设计思想、事件驱动的编程机制、结构化程序设计语言、强大的数据库访问能力、高度的可扩充性、支持动态数据交换（dynamic data exchange，DDE）、对象的链接与嵌入（object linking and embedding，OLE）技术、完备的 Help 联机帮助功能等特点，既继承了 BASIC 语言的简单、易学、易用，又能在其智能编辑器的支持下实现可视化编程。

2）Visual C++

Visual C++（简称 VC）是基于 Windows95、Windows98 和 WindowsNT 的编程工具，与操作系统配合紧密，已从最初的 1.0 版本发展到 6.0 版本。它采用可视化交互式的开发环境，对 C++语言中的异常处理能力的进一步支持、对基于对话框应用程序创建的简化、对 OLE 自动化的支持、对 COM 应用程序开发的支持与简化、对数据库应用程序的增强支持、完善的 MFC、强大的调试功能，使得它成为 Windows 环境下最主要的开发系统之一，广泛用于和计算机相关的计算、软件管理和硬件控制系统。

2. 面向仪器的软件开发平台

面向仪器的软件开发平台是专业图形化编程软件，一般是由仪器专业公司开发出来的，在 ATS 中应用较广的有 LabWindows/CVI、LabView、Agilent VEE 等。

1）LabWindows/CVI

LabWindows/CVI（C for virtual instruments）已从最初版本发展到 8.0 版本，是一种基于 C 语言的半图形化、交互式软件开发平台，综合了图形化测试开发平台和标准化平台的优点，它的集成开发平台、交互式编程方法、功能面板和丰富的库函数大大增强了 C 语言的功能，为熟悉 C 语言的开发人员建立检测系统、数据采集系统、过程监控系统等提供了一个理想的软件开发平台。它内含功能齐全的软件工具包（仪器控制、I/O 控制、通信、数据处理等），可完全实现软件与硬件，如 GPIB、VXI、PXI、RS-232、RS-485 数据采集板卡等之间的通信，有很强的数据处理、数据分析功能，非常适合于大型自动测试和控制软件的开发，开发程序效率高、可靠性好。对数据库和网络的支持能力强，能为 TCP/IP 网络组件及 ActiveX 建立标准的软件库，适应分布式测试控制技术的发展要求。

由于 LabWindows/CVI 是真 32 位编译器，能够创建脱离 LabWindows/CVI 环境独立运行的可执行文件，可以采用工程技术人员所熟悉的术语、图标来进行代码自动生成并优化，因而采用 LabWindows/CVI 作为开发平台的测试系统较多，如电子科技大学的 VXI ATC 综合测试系统、西南交通大学的飞机平显自动测试系统等。

2）LabView

LabView 是一种基于“图形”的集成化程序开发环境，已从最初版本发展到 8.20

版本。它是目前国际上唯一的编译型图形化编程语言，在以 PC 机为基础的测量和工控软件中，LabView 的市场普及率仅次于 C++/C 语言。LabView 采用图标、连线和框图代替传统的程序代码，测试人员只要调出代表仪器的图标，输入相关的参数，并用鼠标按测试流程将有关仪器连接起来就完成了全部的编程工作。LabView 可以快速生成显示、分析和控制的图形化用户界面，利用其丰富的库函数及 VI 库可完成数据采集、分析等工作，使用 DataSocket 传送控制命令和试验数据，SQL Toolkits 和报表生成器可以将试验结果存入数据库并按要求生成标准化报表。LabView 使用方便，易于学习，但是缺乏开发的灵活性，适用于简单的测试控制应用程序的开发。

3）Agilent VEE

Agilent VEE（virtual engineering environment）是一种基于图形式开发、调试和运行程序的集成化环境，从最初的 VEE1.0 已发展到 VEE8.0，其与 LabView 在虚拟仪器软件平台具有同等重要的地位。

Agilent VEE 是为优化编写测量方面的应用程序而设计的一种图形化编程语言，具有以下特点：①可视化编程；②能使用 PC 的许多资源，如 ActiveX 等；③可控制 MS Word、Excel 和 Access 等其他应用程序；④仪器管理灵活，Agilent VEE 带有一个编译器，利用该编译器，可生成脱离 VEE 环境而运行的仪器测试程序，为程序的分发提供了方便；⑤语言兼容性好，支持 C/C++、VB、Pascal 等；⑥支持平台多，如 Windows 9x/NT，HP-UNIX 工作站；⑦应用范围广，如功能测试、设计验证、数据获取和控制等。⑧在 GPIB、VXI、串口、PC Plug-in 的 I/O 控制上灵活性强，可从多个厂商处获得库文件，并可通过标准接口使用面板驱动程序、VXI Plug&Play 驱动程序和直接 I/O；⑨调试方便。

Agilent VEE 所支持的仪器类型主要为本公司产品，且不提供仪器驱动开发环境，从这点上看，系统的开放性较差。

3. 面向信号的软件开发平台

面向信号的软件开发平台是通用测试软件平台，它采用 ATLAS（abbreviated test language for all systems，通用缩略测试语言）面向被测信号编程，使用的标识符与英语单词非常接近，有很强的易读性。如 SMART、PAWS、GPATS 等。

1）SMART

SMART（standard modular avionics repair and test system，标准模块式航空电子修理和测试系统）是法国宇航公司自 1991 年研制的 ATEC6 和 SESAR3000 系列平台的软件系统。SMART 的内容涉及 ATLAS 测试程序的开发、ATS 配置定义、人机界面、软件工具等，符合 ARINC608A 硬件标准、ATLAS626（民用）或 ATLAS716（军用）语言及 ARINC627 程序结构等标准。由于采用模块化设计思想，ATEC6 和 SESAR3000 系列构成了一个可根据用户要求灵活配置软硬件结构的通用自动测试平台。ATEC6 和 SESAR3000 系列允许新的测试程序添加到测试程序集（test program sets，TPS）软件包中，拥有综合的 TPS 库，体现了测试技术的标准化、模块化、通用性和开放性特点。

2）PAWS

专业 ATLAS 工作站（professional ATLAS work studio，PAWS）软件平台主要用于 ATS 的软件开发，具有以下特点：①全面支持 Windows 平台；②支持 IEEE 工业标准；

③提供 VISA&VXI Plug&Play 驱动程序、VI Class Drivers & Signal 接口、1553、IEEE488、ARINC429、RS-232/422/485 等测试工业软件、硬件和测试仪器标准接口；④支持模拟和数字测试、光电和激光测试、空气动力和液压测试；⑤可定制输入/输出资源；⑥可定制 Datalogger/Recorder、GUI；⑦兼容以前的各种 ATLAS 版本；⑧RTS Server 支持本地或远程的 TP 运行；⑨RTS 支持多种多媒体、文件格式的显示；⑩测试结果存储格式灵活：支持 XML、Excel 和 Oracle 等数据库。PAWS 软件平台主要包括 PAWS Developers Studio、PAWS/RTS 和 PAWS/TRD。

（1）PAWS Developer's Studio。

PAWS Developer's Studio 用于开发 ATLAS 测试程序、仪器驱动程序、TPS 文件。它是在 Windows 环境下编译、修改、调试、记录 ATLAS 测试程序以及仿真 ATLAS 语言测试程序的工具，为 ATLAS TPS 开发提供特制的可视化开发能力，支持全部通用的 ATLAS 语言子集。PAWS 工具包能修改或扩充 ATLAS 语言子集来满足特殊的 ATS，PAWS/TPS 的输出在 RTS 上运行。

PAWS Developer's Studio 软件主界面如图 6-3-2 所示，它包括 ATS 通用平台开发环境、ATLAS 编译器、基于 Windows 的文本编辑器、设备数据库处理器、开关数据库处理器、接口适配器连线数据库处理器、自动化工程管理、CEM 向导、ATLAS 子集、TPS 仿真器、开发调试器、测试流程图生成器、测试框图生成器、TPS 连线表生成器等模块。

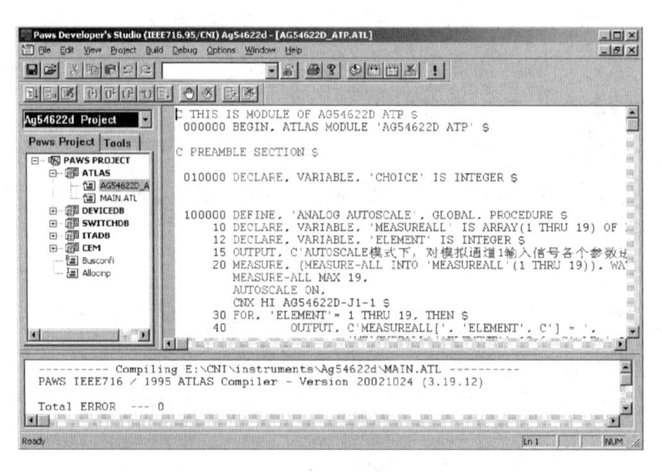

图 6-3-2　PAWS Developer's Studio 主界面

（2）PAWS/RTS。

PAWS/RTS（run-time system，测试执行系统）主要完成测试程序的自动、人工控制和执行。通过控制图 6-3-3 所示的快速、灵活、功能强大的操作面板，便可按实际测试程序的顺序来控制测试站；它执行由 PAWS ATLAS 编译器产生的代码和数据文件，并自动记录实际测试结果。PAWS/RTS 主要包括 RTS 生产服务器、RTS 数据记录器、RTS 服务器等模块。

（3）PAWS/TRD。

PAWS/TRD（test requirements documentation，测试文档需求）是 PAWS 的流程图产生工具。它含有测试程序策略和结构的文档格式，能根据用户提供的 TRD 信息自动生成自定或规定格式 ATLAS 测试程序，是 ATS 的一个辅助设计工具。

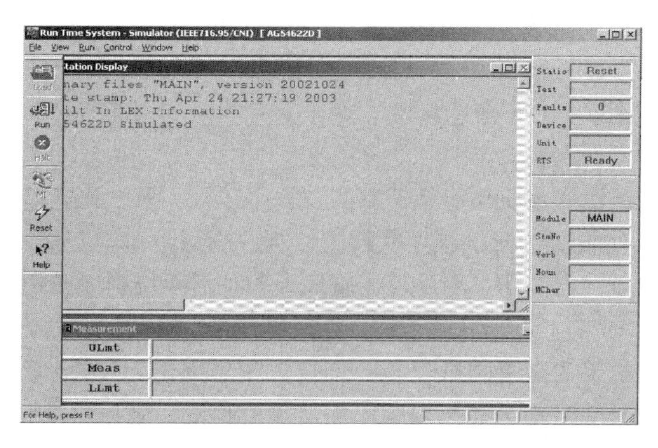

图 6-3-3　PAWS/RTS 主界面

3）GPATS

GPATS（general purpose automatic test software，通用自动测试软件）是一套以标准 ATLAS716 编译器及 IVI COM 技术为核心的集开发、调试、集成和运行功能于一体的通用 ATS 软件平台，具有以下特点：①它采用面向信号的 ATLAS 语言作为编程语言，可读性强；②任何满足标准 ATLAS716-1995 语法的测试程序都能在 GPTS 上正常编译，信号库可由用户任意扩充，底层驱动同时支持 IVI-COM 和 IVI-C，开放性好、通用性强；③采用动态仪器绑定技术使测试程序与系统所使用的总线及仪器无关，便于实现仪器互换，TPS 的系统无关性好；④提供编程模板和向导，不依赖硬件资源进行开发，不需充分熟悉仪器资源即可完成 TPS 的编写、仿真运行、脱机调试，开发效率高；⑤所有软件模块都采用组件技术实现，可维护性好；⑥提供各种仪器软面板，方便测试程序开发、调试和 UUT 的故障诊断；⑦具有较强的系统资源配置管理能力。GPATS 软件平台主要包括 GPATS 集成开发环境和测试程序运行环境。

（1）GPATS 集成开发环境。

GPATS 集成开发环境的主界面如图 6-3-4 所示。其主要功能是在一个统一的软件环境下集成、维护自动测试系统，开发、调试测试程序，建立故障诊断知识库。具体来

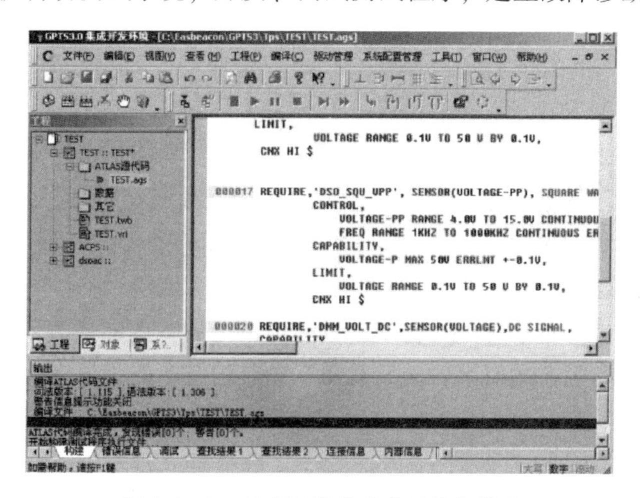

图 6-3-4　GPATS 集成开发环境主界面

说，就是完成仪器驱动开发、系统资源配置、系统连线表建立、适配器连线表编辑、ATLAS 源程序开发、ATLAS 编译、ATLAS 程序调试、测试过程监视、使用软面板对仪器进行设置及结果读取、TPS 安装包生成等。

（2）测试程序运行环境。

测试程序运行环境的主要功能是控制测试程序运行、显示和打印测试结果，主界面如图 6-3-5 所示，主要分为测试程序执行控制板、测试程序状态显示、测试说明显示、测试结果显示、测试仪器显示、测试仪器软面板等。需要特别说明的是，仪器软面板的设置使得在对故障 UUT（unit under test，被测单元）进行测试时，可随时暂停测试程序，并可打开软面板手动操纵测试仪器，不仅方便了对 UUT 进行修理的维修人员，使其了解测试程序在某一时刻的操作内容，而且也给测试程序开发者带来很大方便，可在开发、调试过程中使用手动功能验证测试仪器的工作是否正常、适配器连接是否正确等。

图 6-3-5　测试程序运行环境主界面

4. 几种软件比较

面向对象的软件平台采用文本式编程语言、面向对象编程，编程灵活，编程工作量大，对测试程序开发人员要求较高，早期的测试系统用的比较多，如哈尔滨工业大学的网络化的半导体激光器 ATS 的软件开发，选用 VB 和 VC 混合编程方案，其中 VB 作为界面开发工具，VC 提供动态链接库支持。

面向仪器的软件平台利用仪器提供的接口函数，直接面向仪器功能编写测试程序，编程灵活。由于这种环境和仪器驱动程序具有很好的接口，使得在测试软件中对有关仪器的操作十分简便。但是，要求测试程序开发人员必须非常了解 ATS 硬件平台中仪器的性能和功能，编程工作量大。ATS 中用这类平台的比较多，如电子科技大学的 VXI ATC 综合测试系统等。

面向信号的软件平台采用面向物理信号的接口函数，面向被测信号编程，TPS 开发者不必了解硬件平台复杂的内部构成，只需熟悉阵列接口的具体定义，编程容易且工作量较小，开发效率较高。这类平台采用层次化的体系结构使得 ATS 设备开发和 UUT 的 TPS 开发可完全并行组织，大大缩短开发周期。测试程序与具体测试设备无关，因此具有可移植性，可节省大量程序维护时间。这类平台在测试系统中也得到了广泛应用，如海军航空大学青岛校区某型机机载设备综合测试系统等。

综上所述，面向对象的软件平台和面向仪器的软件平台都是把测试和仪器的驱动集中在一起解决，重点在编辑解决方案的元素上，是一种面向解决方案的环境。面向信号的软件平台把测试和仪器的驱动分开解决，测试工程师的工作重点在测试的描述上而不是设备驱动上，大大增加了软件移植性，缩短了开发周期。

5. 结论

选择哪种测试软件作为 ATS 软件的开发平台，是用户在组建一个 ATS 时必须重点考虑的问题。事实上，前述三类软件经过几十年的发展，功能都在不断完善和加强，也各有特点，具体选择哪一种软件还是综合采用哪几种软件，主要取决于用户组建的 ATS 的复杂程度、规模、研制周期要求、经费投入、扩展性要求、开发人员的编程基础和水平等。单从价格上考虑，优先选择第一类软件平台，第二类软件平台次之，而对于更大型、更复杂的应用，第三类软件平台可能更好。

6.3.2　故障诊断平台

故障诊断平台通常可以提供智能诊断系统、故障树和专家指导系统三种诊断方法。

由于故障树和专家指导系统比较适合航空电子对抗设备开盖测试和诊断，利用万用表和示波器探针，在故障树或专家指导系统指引下，逐步逐级的测量与判断，属于深度维修层面，本节不多涉及。下面主要描述智能故障诊断软件。

智能故障诊断既是被测件维护保障的需求，又是自动测试领域的一大发展方向。其核心是建立专家知识系统和恰当的推理机制。某型航空电子对抗设备 ATS 采用的智能故障诊断软件是 INCON2.0。它是具有图形界面的实时智能故障诊断系统开发平台，它以基于规则的专家系统为基础，结合神经网络、模糊逻辑等技术，利用各种诊断方法的互补性，相互有机组合发挥各个诊断方法的优点、克服其中不足，采用图形化模糊神经网络公用专家知识库进行并行推理，采用推理结果优化策略进行智能决策。智能诊断软件结构如图 6-3-6 所示。

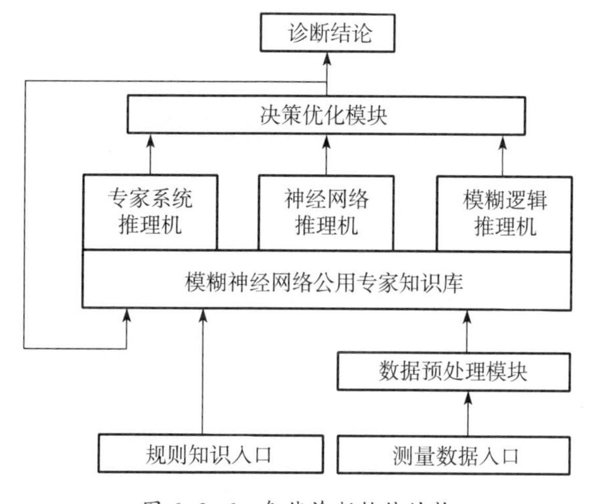

图 6-3-6　智能诊断软件结构

在图 6-3-6 所示智能诊断软件中，核心是公用知识库和专家系统推理机、神经网络推理机、模糊逻辑推理机。模糊神经网络公用专家知识库供三种推理机使用，可提高整个系统的工作效率、减少用户维护的工作量，知识库的结构要充分考虑知识的表达、获取、利用与学习，能同时应用于三种推理机且要避免推理冲突。因此，智能诊断软件采用如图 6-3-7 所示的知识库结构。

专家系统推理机采取正向不精确推理，主要是从知识库所需数据出发，根据知识库中每一数据点相应的一个或多个语义表达和数据范围，将获取的实时数据（测试结果）与知识库中相应数据的语义表达和数据范围进行相似性分析，得出相似性系数。数据、参数的语义表达按专家的与、或规则便形成了各种事件征兆集（故障现象集），各种事件征兆集的输出信息为事件信息。事件信息与权值信息通过运算得出推理结果。

模糊逻辑推理机主要应用模糊规则库进行模糊逻辑关系运算，最终得出推理结果，模糊规则库采用图 6-3-7 所示的知识库结构。首先对数据、参数进行模糊化处理，进入推理机的数据与参数，根据知识库中不同的语义表达，通过合理的选择与构造模糊隶属函数，得出相应的数据、参数在不同语义表达下的模糊隶属度；同时，根据知识库中的模糊规则，形成模糊关系；最终，通过模糊变换获得模糊推理的结果。

根据图 6-3-7 所示的专家知识库结构，神经网络推理机分为五层结构。第一层为数据输入层，来源于测试系统的测试结果输入；第二层为数据、参数语义表达层，第三层为事件征兆层；也称故障现象层；第四层为推理结果层；第五层为处理措施层。

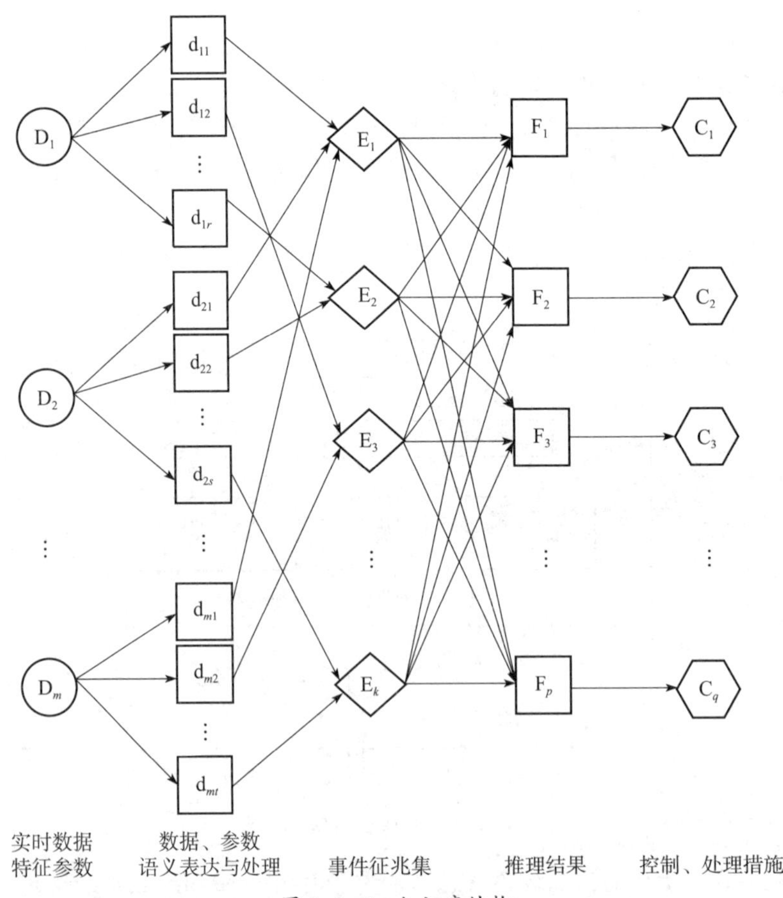

图 6-3-7 知识库结构

由于平台的应用对象是新装备，其特征参数语义表达不够丰富，领域知识比较缺乏，因此智能诊断软件采用自动推理诊断方式，即分别进行专家系统、模糊逻辑、神经网络的推理，各个推理结论通过优化决策后形成结论作为神经网络的样本进行学习，根据学习结果修改调整专家知识库，用于下一轮推理，如此不断地循环进行，直至得出最终诊断结论。

6.3.3 系统管理平台

系统管理平台的主要功能包括：用户管理（添加、删除用户，修改密码等），测试程序管理（添加、删除测试程序，查看测试程序属性等），测试结果管理（浏览、备份、打印测试结果），设置系统运行方式（连机、仿真）；另外，设有仪器管理测试程序管理模块。仪器管理规定仪器的描述方法，如确定仪器逻辑名称、逻辑地址，驱动器类别、接口类别、生产厂家和驱动程序路径等。另外，系统预留了数据库管理接口，用户可根据需要加入数据库管理模块，也可利用其自带的测试结果管理程序。故障诊断模块根据测试结果进行故障诊断。

平台管理软件采用模块化设计，主要包括管理模块、自检模块、帮助模块、数据库模块。管理模块主要完成用户的身份验证、被测件的测试管理、平台仪器的设置和上电、测试应用软件和诊断应用软件的调度、测试和诊断结果数据的管理等功能。自检模块主要完成平台构造检查、仪器自检、信号转接中枢逻辑可靠性和准确性检查以及检测接口连接可靠性检查等；帮助模块包括平台工作向导和各项操作的视频播放，用于用户自我培训、巩固性学习、信息查询，使用方便、灵活。数据库模块用于保存软件要用到的各种数据，包括测量结果数据库、诊断结果数据库、用户权限数据库、平台日志数据库等。

6.4 航空电子对抗设备自动检测

本节以某型航空电子对抗设备 ATS 为例，讨论航空对抗设备的自动测试。某型航空电子对抗设备 ATS 属二线检测设备，是针对单个 LRU（line replace unit，外场可更换单元）进行的测试。在对某个航空电子对抗设备 LRU 测试时，根据 LRU 在实际工作中的输入和输出信号特性及时序，在测试软件的控制下，LRU 所需要的激励信号由 ATE 系统硬件平台提供并通过适配器送到 LRU 的输入端；LRU 的输出信号也通过适配器送到 ATE 硬件平台中的各个测试资源中，由测试软件读取测试结果并判断结果正常与否。

由于测试采用单 LRU 逐一测试的方式，不同于传统的整机测试方式，因此测试项目和性能指标均与传统的测试方式有差异。但这些测试项目的设置，以能充分检查被测设备的功能和性能为基本依据，其测试结果与传统的测试方式具有相同的检验效应。下面以某型电子对抗设备的一个 LRU——宽带测向接收机为例讨论。

1. 宽带测向接收机测试信号分析

某型电子对抗设备共有四个完全相同的宽带测向接收机，每一个宽带测向接收机的接口完全相同，只是名称不同：315°宽带测向接收机的接口为 X7、X35、X13，225°宽带测向接收机的接口为 X8、X36、X14，135°宽带测向接收机的接口为 X9、X37、X15，

45°宽带测向接收机的接口为 X10、X38、X16。这里以 315°宽带测向接收机为例进行测试需求分析。具体插钉信号分析见表 6-4-1、表 6-4-2 和表 6-4-3。

表 6-4-1　电连接器 X7 插钉属性表

插钉号	描述	I/O 特性	信号参数	备注
X7	E、G、I、J 波段射频信号	I	E 波段：2~4GHz；　G 波段：4~8.5GHz； I 波段：8.5~12GHz；J 波段：12~18GHz。 最大输入功率：5dBm；输入阻抗：50Ω； 调制脉冲：脉宽为 0.1~10μs； 重频：650±50~250000Hz	同轴钉，来自 315°测向天线、检波组件

表 6-4-2　电连接器 X35 的插钉属性表

插钉号	描述	I/O 特性	信号参数	备注
X35	K 波段检波后的视频信号	I	脉宽：0.05~10±0.4μs；输入阻抗：50Ω； 重频：650±50~250000Hz	同轴钉，来自 315°测向天线、检波组件

表 6-4-3　电连接器 X13 插钉属性表

插钉号	描述	I/O 特性	信号参数	备注
X13_A	GND（地）			宽带测向接收机信号地。电缆屏蔽地
X13_B	+12V 入	I	电源电压：+12V±0.2V； 电源电流：1A	来自数字分析器 X19_J
X13_C	电源地			
X13_D	-12V 入	I	电源电压：-12V±0.2V； 电源电流：1A	来自数字分析器 X19_E
X13_E	EO	O	脉宽：0.1~10μs；重频：650±50~250000Hz； 视频输出负载：75Ω； 接收机正常工作时，输出 0.4V 脉冲； 自检正常时，输出不小于 1V 视频脉冲序列	输出用 75Ω 同轴线，同轴线外导体接 X13_A，也接在电缆的屏蔽层。去数字分析器 X19_b
X13_F	GO	O	信号参数同 X13_E	去数字分析器 X19_c
X13_G	IO	O	信号参数同 X13_E	去数字分析器 X19_d
X13_H	JO	O	信号参数同 X13_E	去数字分析器 X19_t
X13_J	DF_BIT（自检）	I	TTL 低电平有效	来自数字分析器 X19_a
X13_K	KO	O	脉宽：0.1~10μs； 重频：650±50~250000Hz； 视频输出负载：75Ω； 接收机正常工作时，输出 0.4V 脉冲； 自检正常时，输出不小于 1V 视频脉冲序列	去数字分析器 X19_e

2. 宽带测向接收机测试项目

宽带测向接收机的测试项目与技术指标见表 6-4-4。

表 6-4-4　宽带测向接收机测试项目与技术指标表

序号	测试项目	技术指标	300h 定检	600h 定检
1	波段自检测试	四个波段自检功能正常	√	√
2	灵敏度测试	E、G、I 波段：优于-35dBmW； J 波段：优于-32dBmW； ①在频率交界点 4GHz、8.5GHz、12GHz 的两边频±300MHz、±350MHz、±400MHz 内，灵敏度允许比指标下降 8dB； ②在各个频段内每 200MHz 测试一点，允许有 10%的超差点，最大超差值≤4dB	√	√
3	动态范围测试	最大输入功率为 5dBmW		√

注：上述测试项目可以选择任何一个或全部进行测试，测试后在显示器上给出测试结果，测试结果可以保存。

3. 宽带测向接收机测试原理

宽带测向接收机测试原理框图如图 6-4-1 所示。

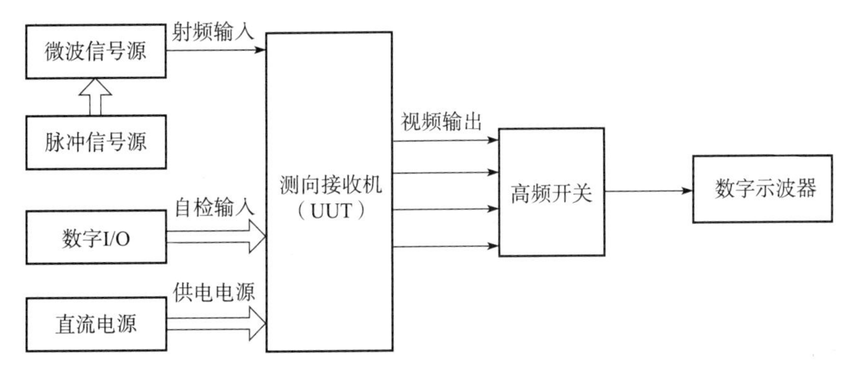

图 6-4-1　宽带测向接收机测试原理框图

直流电源向被测宽带测向接收机提供+6V 和-6V 电源；微波信号源提供射频脉冲信号；数字 I/O 提供自检控制 TTL 信号；数字示波器测试各波段输出的视频信号。

4. 宽带测向接收机测试流程

宽带测向接收机测试流程如图 6-4-2 所示。

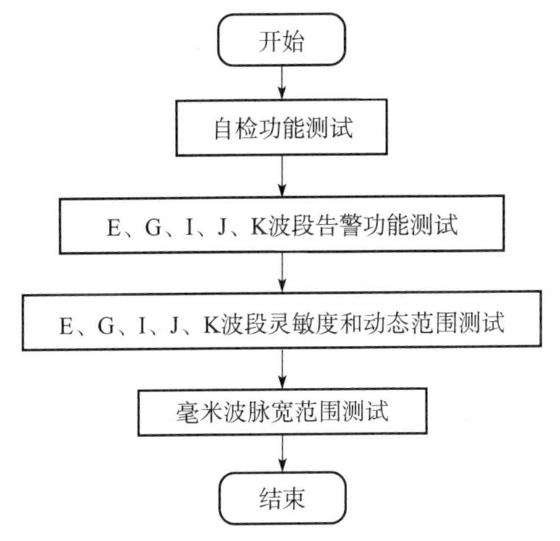

图 6-4-2　宽带测向接收机测试流程图

5. 宽带测向接收机测试步骤

（1）将适配器挂接在 ATE 阵列接口上。

（2）测试电缆连接。测向接收机的测试电缆连接如图 6-4-3 所示。

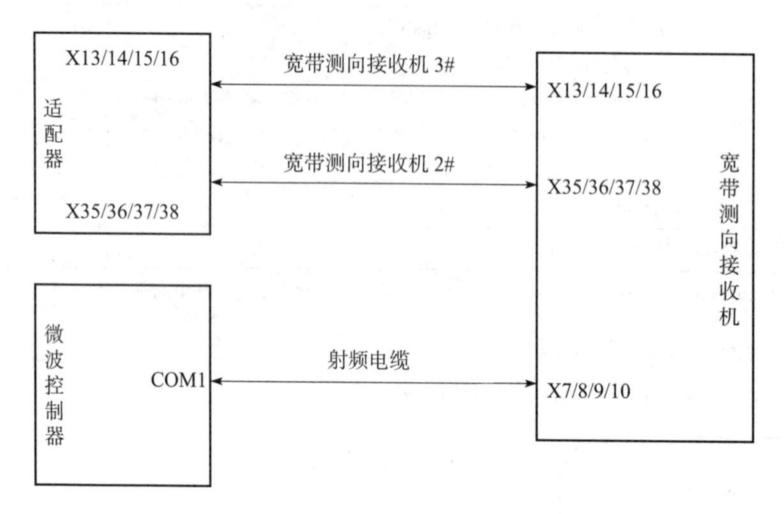

图 6-4-3　宽带测向接收机测试连接示意图

（3）启动测试软件：按照某型航空电子对抗设备 ATS 介绍的方法，进入某型航空电子对抗设备 ATS 测试界面。选择“某型航空电子对抗设备”，再选择“宽带测向接收机”，则进入宽带测向接收机测试界面；按“300 小时定检”键，则在测试内容中自动选择需要测试的项目；按测试界面上的“启动”键，则可以开始相应项目的测试。测试结果自动出现在中间部分的测试结果显示界面中。

6. 宽带测向接收机故障隔离

宽带测向接收机内含三个 SRU，分别是限幅放大器、频分检波组件、视频放大组件。在内场，通过对宽带测向接收机的测试可将故障隔离到 SRU。宽带测向接收机故障隔离如图 6-4-4 所示。

步骤 1：自检测试。检查哪些波段没有通过测试。

步骤 2：E 波段功能测试。检查是否和自检结果一致。如果一致且没有通过，打开接收机机盖，将本波段的频分检波输出接到自检通过波段的释放输入，然后检查被接的波段是否有输出。若有，则 SRU3 故障，否则，SRU2 故障。

步骤 3：G 波段功能测试。同步骤 2。

步骤 4：I 波段功能测试。同步骤 2。

步骤 5：J 波段功能测试。同步骤 2。

步骤 6：K 波段功能测试。同步骤 2。

步骤 7：所有波段的灵敏度测试。如果前面步骤都通过，灵敏度测试不能通过，则判频分检波组件 SRU2 故障。

步骤 8：根据步骤 2~7 还无法判断故障的情况有：所有波段自检和功能测试都不通过，判 SRU1 故障。

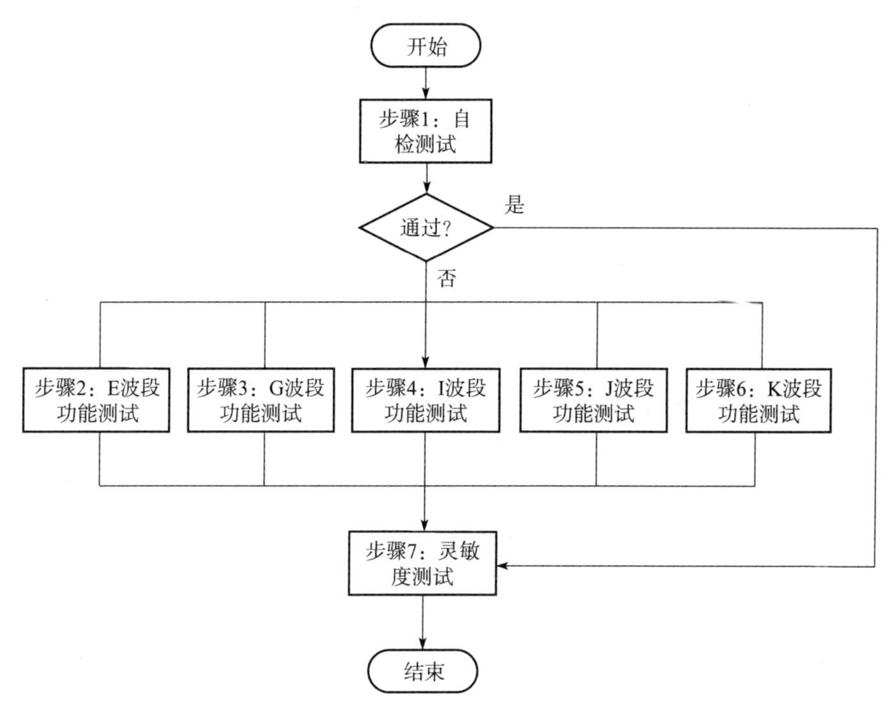

图 6-4-4　宽带测向接收机故障隔离流程

小结

目前，航空电子对抗设备的内场检测主要由自动测试系统完成。本章主要内容如下：

1. 航空电子对抗设备自动测试系统由三大部分组成，即自动测试设备、测试程序集和测试开发工具。

2. ATS 的发展历程：第一代为专用型航空电子对抗设备自动测试系统；第二代为积木式航空电子对抗设备自动测试系统；第三代为模块式航空电子对抗设备自动测试系统；第四代为网络化航空电子对抗设备自动测试系统。

3. ATS 问题分析：综合机柜式+单工作位不利于部队维护工作的开展；暂态测试不利于装备工作状态监控；性能测试有余、故障诊断略显不足；连接器测试和开盖测试的矛盾难把握；芯片和总线技术发展给 ATE 带来新的困惑。

4. 自动测试系统是以工控机为核心，以 VXI（或 PXI）模块仪器和 GPIB 仪器为依托，以 VXI（或 PXI）总线、GPIB 总线和适配器为桥梁，集控制、数据采集、处理、存储、分析、显示、打印于一体的系统。硬件平台主要由测控计算机、VXI 机箱、VXI 测试资源、GPIB 测试资源、标准阵列接口、接口适配器、供电控制系统以及附件等组成。软件平台主要包括性能测试软件平台、故障诊断平台和系统管理平台三部分。

5. 某型航空电子对抗设备 ATS 属二线检测设备，是针对单个 LRU 进行的测试。在对某个航空电子对抗设备 LRU 测试时，根据 LRU 在实际工作中的输入和输出信号特性及时序，在测试软件的控制下，LRU 所需要的激励信号由 ATE 系统硬件平台提供并通过适配器送到 LRU 的输入端；LRU 的输出信号也通过适配器送到 ATE 硬件平台中的各个测试资源中，由测试软件读取测试结果并判断结果正常与否。

思考题

1. 自动测试系统由哪些部分组成？
2. 简述自动测试系统发展历程。
3. 试分析 ATE 存在哪些问题。
4. 自动测试系统中通常采用哪些总线？
5. 自动测试系统硬件平台通常由哪些部分构成？
6. 在构建自动测试系统硬件平台时，GPIB 仪器和 VXI 模块仪器有何区别？
7. 自动测试系统软件平台主要分为哪几部分？
8. 测试软件开发环境分为哪两类？
9. 在测试程序开发过程中，用户需要编写哪五类文件？
10. 故障诊断平台通常可以提供哪三种诊断方法？
11. 系统管理的主要功能是什么？

附　录

附录 A　干扰信号参考波形

1. 距离波门拖引干扰样式参考波形图

距离波门拖引干扰样式参考波形如图 A-1 所示。

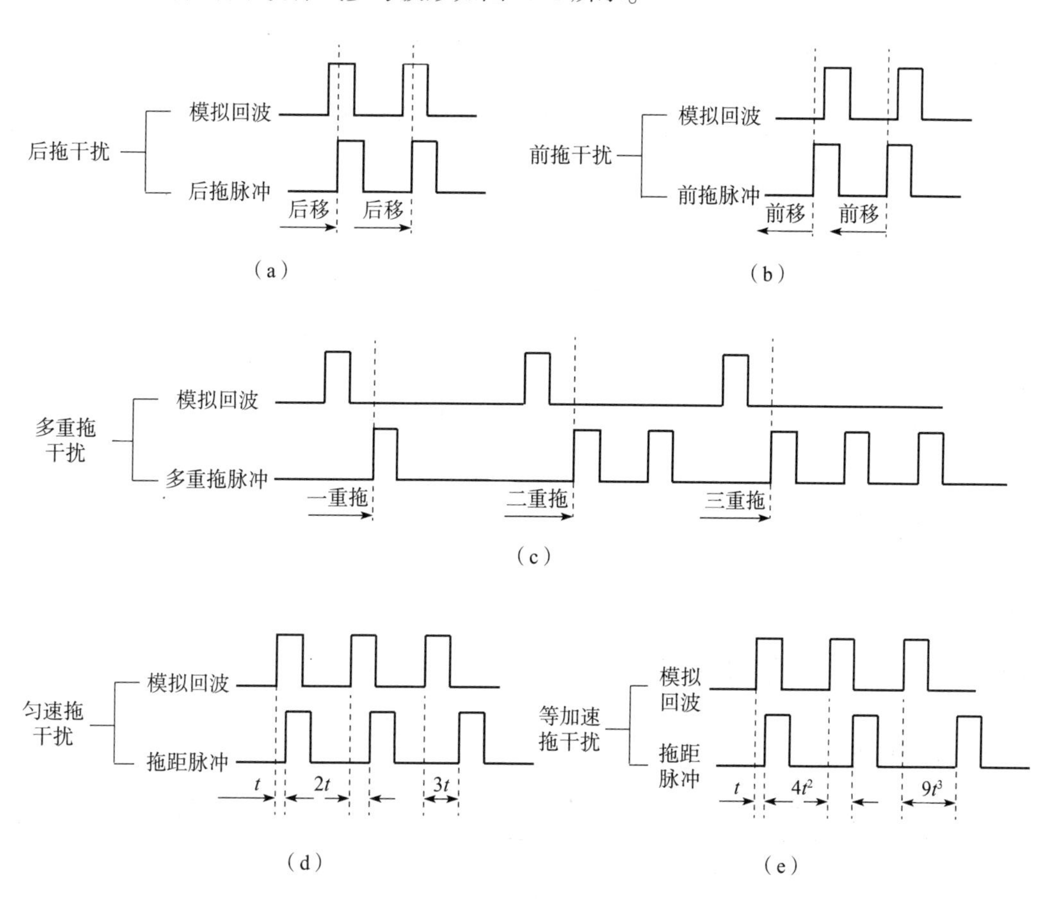

图 A-1　距离波门拖引干扰样式参考波形图

(a) 后拖距干扰脉冲；(b) 前拖距干扰脉冲；

(c) 多重拖距干扰脉冲；(d) 匀速拖距干扰脉冲；(e) 等加速拖距干扰脉冲。

2. 速度波门拖引干扰方式和干扰频谱参考波形图

速度波门拖引干扰方式和干扰频谱参考波形如图 A-2 所示。

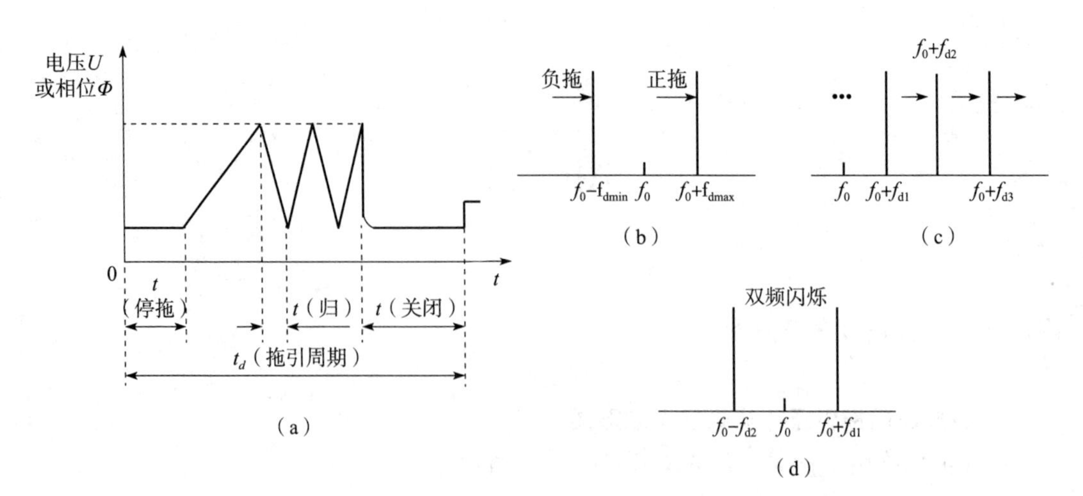

图 A-2　速度波门拖引干扰方式和干扰频谱参考波形图

（a）速度波门拖引波形图；（b）正拖负拖频谱图；

（c）多重拖速欺骗频谱图；（d）闪烁假目标速度欺骗频谱图。

3. 假目标参考波形图

假目标干扰脉冲参考波形如图 A-3 所示。

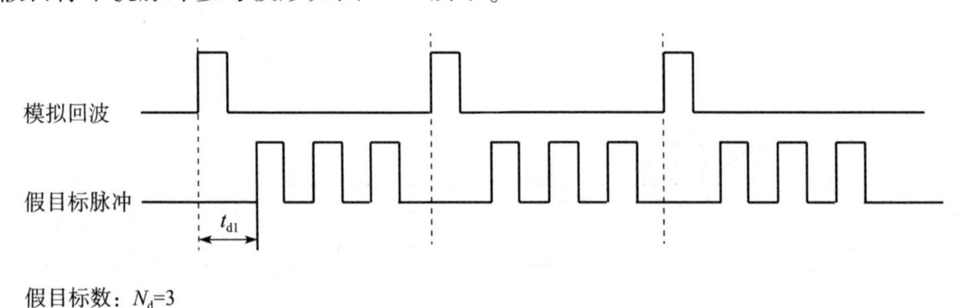

图 A-3　假目标干扰脉冲参考波形图

附录 B　地面大气衰减系数测试

1. 测试框图

地面大气衰减系数测试框图如图 B-1 所示。

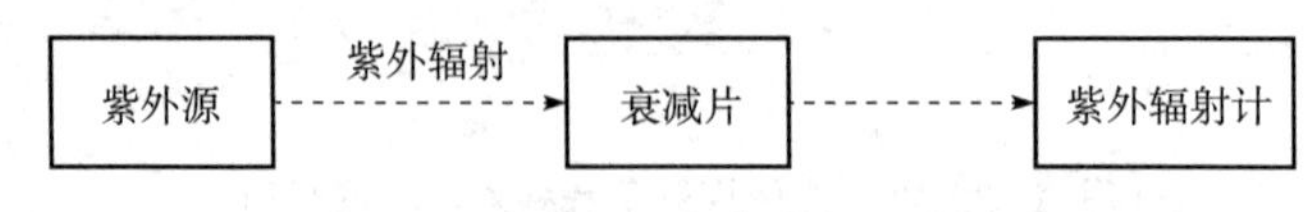

图 B-1　地面大气衰减系数测试框图

2. 测试步骤

（1）把紫外源和紫外辐射计相向置于相距 20m 的同一平面。

（2）在紫外辐射计前加 100 倍衰减片。

（3）开启紫外源，预热稳定。

（4）紫外辐射计加电工作，观察显示测量值 E_0，记录并换算为衰减前的值 $E_1=100E_0$。

（5）把紫外辐射计分别移至距强紫外源大于 1000m 处，去掉衰减片，测量并记录紫外源辐射照度值 E_2。

3. 测试数据处理

按下式计算地面大气衰减系数：

$$\alpha=\frac{1}{L_2-L_1}\ln\left[\frac{E_1}{E_2}\times\left(\frac{L_1}{L_2}\right)^2\right] \tag{B. 1}$$

式中：α 为地面大气衰减系数；L_1 为近距离（km）；L_2 为远距离（km）；E_1 为近距辐射照度值（W/m^2）；E_2 为远距辐射照度值（W/m^2）。

参考文献

[1] 侯印鸣，等．综合电子战［M］．北京：国防工业出版社，2000.

[2] 赵国庆．雷达对抗原理［M］．西安：西安电子科技大学出版社，1999.

[3] 冯小平，等．通信对抗原理［M］．西安：西安电子科技大学出版社，2009.

[4] 熊群力，等．综合电子战［M］．北京：国防工业出版社，2010.

[5] 邓斌，等．雷达性能参数测量技术［M］．北京：国防工业出版社，2010.

[6] 初晓军．航空雷达检测仪器与测量技术［M］．北京：海潮出版社，2011.

[7] 韩春久，等．电子对抗装备战术指标体系构建方法［J］．电子信息对抗技术，2006，21（1）：3-5.

[8] 张永瑞，等．电子测量技术基础［M］．西安：西安电子科技大学出版社，1994.

[9] 王玖珍，薛正辉．天线测量实用手册［M］．北京：人民邮电出版社，2018.

[10] 雷振亚．射频/微波电路导论［M］．西安：西安电子科技大学出版社，2005.08.

[11] 朱辉．实用射频测试和测量［M］．北京：电子工业出版社，2010.

[12] 吴政江．电子测量技术及仪器［M］．武汉：武汉理工大学出版社，2006.

[13] 田华．电子测量技术［M］．西安：西安电子科技大学出版社，2005.